"十二五"普通高等教育本科国家级规划教材

概率论基础

Gailülun Jichu

第 三 版

复旦大学 李贤平

高等教育出版社·北京

内 容 提 要

本书系统讲述概率论的基本概念、方法、理论和应用。内容有事件与概率，条件概率与统计独立性，随机变量与分布函数，数字特征与特征函数，极限定理等五章。每章有简要的小结并配有精选的习题。只假定读者具有微积分基础知识，可供高等学校数学类专业作为教材使用，也可供理工科各专业和经济、金融类专业作为教学参考书使用。

本书前两版为各高校广泛采用，普遍反映体系合理，材料丰富，结构严密，文字通顺，很适合作为教材使用。实践证明，此书理论性较强，但叙述深入浅出，易于接受，涉及面广，强调应用，有利于读者进一步发展。新版增添不少精彩内容与应用实例，对表述加以优化，对习题作了调整并新设解答。

第三版前言

本书的前两版受到普遍的欢迎:兄弟院校广泛采用,广大师生热情肯定;逐年加印,累计发行量逾30万册;第一版获第一届国家级优秀教材奖,第二版又获教育部科技进步奖。这缘于时代的需要,也说明作者试图写出一本既有苏联教本的系统严谨、又有美国书籍的生动活泼、体现我国教学经验、理论与应用兼备的教材的夙愿得到一定程度的实现。

复旦大学编的《概率论》是根据1977年理科教材编写会议的计划为即将高考入学的新生而赶写的教材,初始定位是教学参考书,因此决定写全概率、统计、过程三册。《概率论基础》作为它的第一册,在以北京大学为主审单位有全国14所兄弟院校26名代表参加的广州审稿会中获得一致的好评,决定作为教科书立即出版,因而成了"文革"后的第一本,先入为主地奠定了它后来的地位。

《概率论》的四位编写者中我承包第一册是自然的分工,因为"文革"前复旦大学数学系的概率论课由我上,所以我已写过66、67届两本讲义,在20世纪70年代又写过一本油印教材。本书第一版的结构大体沿用讲义,内容则有重大扩充,编写时间前后不过百日。

编者期待本书通过下列几个方面形成自己的特色。

第一,只假定读者具有微积分的基础知识,但把公理化结构贯彻到底,以使概率论的重要概念如事件、**概率**、随机变量、独立性、收敛性等都有严格的定义,只留少数几个要用**测度论**才能证明的结论。不过这部分内容只用细线条进行,对初学者并不苛求。

第二，与通常教本相比，用较多篇幅介绍古典结果和离散场合，在引入概率、随机变量、数学期望、极限定理时均是如此，这为读者提供更多概率直观，避免了分析化倾向，而且似慢实快。此外，本书采用模块式结构以适应多种教学需要。

第三，充分重视分布，特别是它们的个性和彼此的联系。分布是一个个数学模型，沟通理论与应用，在概率花园里，它们是百花，这是概率论的特色之一。本书用伯努利试验串起离散型分布，用泊松过程串起连续型等待时间分布，并形成对照。概率论的三大分布均设专节介绍，统计学三大分布都有理论推导。

第四，关心概率论的应用，这主要通过大量实例体现。各版在这方面都有所增益。要在极短的篇幅里扼要而清晰地介绍一种重要应用甚至一个交叉学科，难度很大。虽作努力，但囿于作者的水平和实践，遗憾甚多。例如关于概率论在统计物理学和遗传学中的重要应用，就未能展开。

第五，把趣味性作为一个子目标。

第六，每章有简要的小结并配有精选的习题。

总的说，写第一版时还有不少条框，因此下笔谨慎小心。1996年出第二版时补上第一版有意略去的一些材料并增添许多新内容，但时间较多花在文本的规范化上面。此次准备第三版有充裕的时间，因此反反复复修改，希望较充分表达自己的想法。

由于本书的结构受到一致的肯定，这次未加更改。因此修改的重点放在表述的优化和增添典型实例。

有些内容是新增的。例如，具有历史意义的正态分布的高斯推导被写入正文。又如用"典型分解"讲解二元正态，这既突显它的特质，也省去繁复的计算。再如在不相关与独立性的讨论中指明了二值变量的特殊地位。

不少段落作了改写。最大的变动集中在"随机变量的函数及其分布"、"方差，相关系数，矩"与"伯努利试验场合的极限定理"这三节。另外，新版以新颖的"机票超售"问题代替传统的"车间用电"问题贯串全书。

许多表述作了仔细修改。新增实例十余则,特别强调概率论在数理统计中的基础性地位,从上一版起也反映了近年来概率论对金融学的成功应用。

利用出新版的机会,对习题作了较大调整,又新设了习题解答,对全部数值题给出答案,使对学生的训练更加到位。为适应不同需要,本书配题较多,共有习题270道,教学中选用半数即可。

配合新版还编写了配套的教学指导书,为使用本书的师生提供全面的指导。

最后,编制了索引,这样一来,配合目录和常用分布一览表,读者可以方便实现各种检索。

希望通过这些修改使本书的质量有所提高。预料书中还会存在不少缺点与错误,热情期待广大师生的批评、指正。

标有星号的节、段内容较专门,又有相对独立性,跳过它们不损害全书的连贯。新版篇幅略有增加,如为学时所限,建议舍去相对独立的熵与信息一节和相当专深的最后两节。

写一本教材要感谢很多人。在我的概率论早期生涯中,得到郑绍濂、吴立德、陶宗英、汪嘉冈、何声武、卞国瑞、徐家鹄等师友的大量帮助,后来又接受了许多人的恩惠,前后三版的审稿人和出版社编辑为本书付出大量心血,在此一并致谢。

李贤平

2010 年元宵节

第二版前言

本书第一版受到出乎意料的欢迎:各兄弟院校广泛采用;发行20余万册;获第一届国家级优秀教材奖。这应归功于时代的需要,也说明作者试图写出一本既有前苏联教本的系统严谨,又有美国书籍的生动活泼,体现我国教学经验,理论与应用兼备的教材的目标得到一定程度的实现。

广大师生的热情反映和意见,写作时就存在的不少遗憾,陆续发现的一些不足甚至错误,18年来在教学和科研中的些许心得,这些成了第二版修改的依据。

本书的结构受到一致的肯定,这次未加更改,只是重写了过于薄弱的数字特征部分,因而增加一节,并恢复了初版时因篇幅考虑而删去的全书小结。

增写了不少典型应用事例,补写上几个影响学科初期发展的名例,改写了一些平淡无味的实例,这些使本书的理论与应用更为均衡,更为尊重历史事实,也更准确地反映概率论这一学科目前在整个自然科学和社会科学中的重要地位。相信也增添了本书的趣味性。

一种分布就是一个数学模型。初版重视分布及它们之间联系的传统得到发扬。正式引入负二项分布与埃尔朗分布,使两个等待时间分布序列的对比更为明显。改动了一些例题与习题。这样一来,本书把分布按重要性分成三类:第一类三大分布有专门的节加以介绍;第二类包括十几种重要分布,在正文中指明其背景、性质以及它与其他分布的关系;第三类则多数在习题中出现。最后在附录一中汇总。关于多元分布,新版也较前重视。

几个定理的证明被局部更动,多数为改善,少数为改正。增添了唯一的一个定理(移植自浅野、江岛两位先生与作者合著的一本日文书),用极其简练的办法证明了重要的多元中心极限定理。

　　习题是本书的重要组成部分。这次略作调整,基本题约占四分之三,与正文紧密配合,标有星号的题目对正文作了补充,双星号的是难题。为适应不同需要,配题较多,教学中选用约半数即可。

　　以上是关系全局的一些较大变动,其他增删所在多是。定理、公式、图表的编号作了统一编排。关键词附上英文,重要数学家的名字也都标出原文,译名有些更动。希望通过这些修改能使原书的质量有所提高。预料书中仍会存在不少缺点与错误,欢迎广大师生批评、指正。

　　修改后的第二版篇幅略有增加,如为学时所限,建议舍去相对独立的熵与信息一节和相当专深的最后两节。

　　在我的概率论生涯中,得到郑绍濂、吴立德、陶宗英、汪嘉冈、何声武、卞国瑞、徐家鹄等师友的许多帮助,高尚华为本书的前后两版付出大量心血,缪铨生教授主持了第二版的审稿,在此一并致谢。

李贤平
1996 年中秋

目 录

第一章 事件与概率 ... 1
- §1. 随机现象与统计规律性 ... 1
- §2. 样本空间与事件 ... 9
- §3. 古典概型 ... 17
- §4. 几何概率 ... 35
- §5. 概率空间 ... 42
- 第一章小结 ... 55
- 习题一 ... 56

第二章 条件概率与统计独立性 ... 62
- §1. 条件概率,全概率公式,贝叶斯公式 ... 62
- §2. 事件独立性 ... 72
- §3. 伯努利试验与直线上的随机游动 ... 81
- §4. 二项分布与泊松分布 ... 94
- 第二章小结 ... 110
- 习题二 ... 111

第三章 随机变量与分布函数 ... 116
- §1. 随机变量及其分布 ... 116
- §2. 随机向量,随机变量的独立性 ... 142
- §3. 随机变量的函数及其分布 ... 158
- 第三章小结 ... 176
- 习题三 ... 178

第四章 数字特征与特征函数 ... 184
- §1. 数学期望 ... 184
- §2. 方差,相关系数,矩 ... 200
- *§3. 熵与信息 ... 226

  *§4. 母函数 ………………………………………………… 238
  §5. 特征函数 ………………………………………………… 247
  *§6. 多元正态分布 …………………………………………… 259
  第四章小结 …………………………………………………… 271
  习题四 ………………………………………………………… 273

第五章 极限定理 ……………………………………………… 280
  §1. 伯努利试验场合的极限定理 …………………………… 280
  §2. 收敛性 …………………………………………………… 301
  §3. 独立同分布场合的极限定理 …………………………… 319
  *§4. 强大数定律 ……………………………………………… 329
  *§5. 中心极限定理 …………………………………………… 345
  第五章小结 …………………………………………………… 356
  习题五 ………………………………………………………… 357

全书小结 ………………………………………………………… 364
参考书目 ………………………………………………………… 367
习题答案 ………………………………………………………… 370
附录一 泊松分布 $P\{\xi=r\} = \dfrac{\lambda^r}{r!}\mathrm{e}^{-\lambda}$ 的数值表 …………… 378
附录二 标准正态分布密度函数的数值表 ……………………… 381
附录三 标准正态分布函数的数值表 …………………………… 384
附录四 常用分布一览表 ………………………………………… 387
索引 ……………………………………………………………… 392

第一章 事件与概率

§1. 随机现象与统计规律性

一、随机现象

概率论(probability theory)是研究随机现象的数量规律的数学分支.本节概述它的研究对象和特殊地位.

为了说明什么是随机现象,让我们先来看一个例子.航空公司电脑订座系统的普遍采用给旅客和公司都带来极大的方便,但是也对管理工作提出更高的要求.例如一架 200 座的飞机到底应出售多少座位?

简单而常用的方法是限定出售 200 座.不过,这并不是一个很好的答案,因为常有订了座位的旅客临时不来上机,出现空位,造成浪费.于是就实行超售,即在飞机起飞前出售的座位超过实有的座位.

据统计,国内航班中订座而到时不来上机的旅客超过 5%,因此若照实有座位数售座,则不可避免会出现大量空位.这些空座位的浪费,不仅使有些想搭乘此航班的客人失去了乘机的机会,而且也给航空公司造成经济损失,最后也被航空公司用提价的方式转嫁给旅客.

因此,超售是正确的选择.但是超售会造成拒登机,即有些持票者上不了机.虽然航空公司可以通过给自愿推迟者某种补偿(譬如提供一张免票或免费安排食宿等)来化解矛盾,但还是会带来种种负面影响,使公司蒙受损失.

从理论上讲,超售越多,空位损失越小,但拒登机的可能性越大;反之,超售越少,拒登机的可能性越小,但空位损失会越大,因此这是一个优化问题.

航空公司要确定准确的超售数额,这就要求确定该航班订座旅客不来上机的人数,但是这个量在登机前是无法准确确定的.订座的旅客为什么不来上机呢?原因各别,但大体上都是受一些偶然因素的影响,例如计划变动,行程更改,交通延误以及改乘其他航班等等.因此这里我们要处理的是一个受许多偶然因素影响的量,这正是概率论研究的对象.

超售问题是很典型的概率论问题,用概率论方法可以给这个问题以相当完满的解决.这里略述思路:假定每个订座旅客准时上机的可能性为95%,则采用适当的概率模型可以算出在不同的出售额 N 下,发生拒登机的可能性 P 列于下表:

N	201	202	203	204	205	206	207
P	0.000	0.002	0.007	0.015	0.032	0.062	0.109

航空公司可以根据这些数据制定自己的超售和补偿方案.实践证明,超售带来巨大的经济效益,而且以超售为起点,当代航空业已发展出一套很先进的管理方法——收益管理.

类似的例子在许多实际问题中出现,解决这类问题当然具有重要意义.它们都牵涉到一类现象——随机现象,要求处理一类变量——随机变量,它的数值受许多偶然因素的影响,事先无法确知.

原来,在自然界和人类社会中都存在着两类不同的现象.

当我们多次观察自然现象和社会现象后,会发现许多事情在一定的条件下必然会发生.例如在没有外力作用的条件下,作等速直线运动的物体必然继续作等速直线运动;又如在生活中,水加热到 100℃ 时必然会沸腾等等.这种在一定条件下,必然会发生的事情称为**必然事件**.反之,那种在一定条件下,必然不会发生的事情就称为**不可能事件**.例如在不受外力作用的条件下,作等速直线运动的物体改变其等速直线运动状态是不可能的.

从所举例子中看出,必然事件和不可能事件,虽然形式相反,但是两者的实质是相同的.必然事件的反面就是不可能事件,而不可能事件的反面就是必然事件.

所有这种现象我们称之为**决定性现象**,它广泛地存在于自然现象和社会现象中.

但是在自然现象和社会现象中也还广泛存在着与决定性现象有着本质区别的另一类现象,上述机票超售问题就是一例.

类似的例子还可以举出很多,例如用同一仪器多次测量同一物体的重量,所得结果彼此总是略有差异,这是由于诸如测量仪器受大气影响,观察者生理上或心理上的变化等等偶然因素引起的.同样地,同一门炮向同一目标发射多发同种炮弹,弹落点也不一样,因为炮弹制造时种种偶然因素对炮弹质量有影响,此外,炮筒位置的误差,天气条件的微小变化等等都影响弹落点.再如从某生产线上用同一种工艺生产出来的灯泡的寿命也有差异等等.总之,所举这些现象的一个共同的特点是:在基本条件不变的情况下,一系列试验或观察会得到不同的结果.换句话说,就个别的试验或观察而言,它会时而出现这种结果,时而出现那种结果,呈现出一种偶然性.这种现象称为**随机现象**(random phenomenon).对于随机现象通常关心的是在试验或观察中某个结果是否出现,这些结果称为**随机事件**,简称**事件**(event).例如过马路交叉口时可能遇上各种颜色的交通指挥灯,这是一个随机现象,而"遇到红灯"则是一个随机事件.以后我们一般都用 A,B,C 等大写拉丁字母表示随机事件.

二、频率稳定性

正如恩格斯所指出的,表面上是偶然性在起作用的地方,这种偶然性始终是受内部隐蔽着的规律支配的,而问题只是在于发现这些规律.

人们经过长期的实践发现,虽然个别随机事件在某次试验或观察中可以出现也可以不出现,但在大量试验中它却呈现出明显的规律性——频率稳定性.

对于随机事件 A,若在 N 次试验中出现了 n 次,则称

$$F_N(A) = \frac{n}{N}$$

为随机事件 A 在 N 次试验中出现的**频率**.

下面是关于频率稳定性的几个有名例子.援引这类例子是因为它们不但具有一定的权威性,而且都是可以反复验证的.

在掷一枚硬币时,既可能出现正面,也可能出现反面,预先作出确定的判断是不可能的,但是假如硬币均匀,直观上出现正面与出现反面的机会应该相等,即在大量试验中出现正面的频率,应接近于 50%,为了验证这点,历史上曾有不少人做过这个试验,其结果如下页所示[1].

实 验 者	掷硬币次数	出现正面次数	频 率
蒲　　丰	4 040	2 048	0.506 9
皮 尔 逊	12 000	6 019	0.501 6
皮 尔 逊	24 000	12 012	0.500 5

又如,在英语中某些字母出现的频率远远高于另外一些字母.在进行了更深入的研究之后,人们还发现各个字母被使用的频率相当稳定.例如,下面就是英文字母使用频率的一份统计表[2].其

---

[1] 引自格涅坚科.概率论教程.高等教育出版社,第 44 页.
[2] 引自 Brillouin L. Science and Information Theory. New York: Academic Press, 1956.

他各种文字也都有着类似的规律.

字母	空格	E	T	O	A	N	I	R	S
频率	0.2	0.105	0.072	0.065 4	0.063	0.059	0.055	0.054	0.052
字母	H	D	L	C	F	U	M	P	Y
频率	0.047	0.035	0.029	0.023	0.022 5	0.022 5	0.021	0.017 5	0.012
字母	W	G	B	V	K	X	J	Q	Z
频率	0.012	0.011	0.010 5	0.008	0.003	0.002	0.001	0.001	0.001

近年来对汉语的统计研究有了很大的发展.关于汉字的使用频率已有初步统计资料,对汉语常用词也作了一些统计研究.特别是结合汉字输入方案等的研制,正在对汉字的结构作深入的统计分析.这些研究对实现汉字信息处理自动化无疑具有重要的意义.

另一个验证频率稳定性的著名试验是由英国生物统计学家高尔顿(Galton)设计的.它的试验模型如图 1.1.1 所示.

自上端放入一小球,任其自由下落,在下落过程中当小球碰到钉子时,从左边落下与从右边落下的机会相等.碰到下一排钉子时又是如此.最后落入底板中的某一格子.因此,任意放入一球,则此球落入哪一个格子,预先难以确定.但是实验证明,如放入大量小球,则其最后所呈现的曲线,几乎总是一样的.也就是说,小球落入各个格子的频率十分稳定.这个试验模型称为**高尔顿板**.试验中呈现出来的规律性,在学习第五章极限定理之后,就会有更深刻的理解.

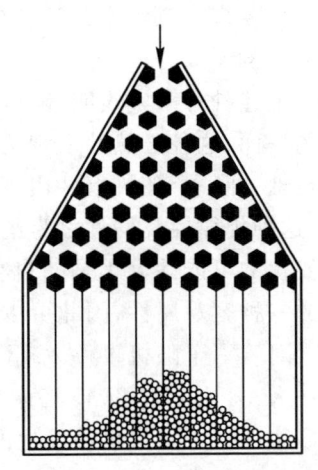

图 1.1.1　高尔顿板

另一呈现频率稳定性的有名例子是:在人类的生育中,男婴的出生率约为 $\frac{22}{43}$.

同样,如果多次测量同一物体,其结果虽略有差异,但当测量次数增加时,就会越来越清楚地呈现出一些规律性:测量值的平均值在某固定常数附近波动,诸测量值在此常数两旁的分布呈现某种对称性.又如在射击的例子中,当射击次数不多时,炮弹的弹落点似乎是前后左右杂乱无章,看不出什么明显的规律;但当射击次数增加时,弹落点的分布就会呈现出一定的规律性:如弹落点关于目标的分布略呈对称性,偏离目标远的弹落点比偏离目标近的弹落点少等等.其他如灯泡寿命等,在进行多次观察或试验后,也都可以发现类似的规律性.

日常生活中也不乏有趣的例子,例如衣服和用具总在同样部位以相似的方式破损,下雨时地面各处总是差不多同时淋湿等等.读者只要多注意观察,就不难发现许多关于频率稳定性的有说服力的实例.

上述种种事实表明,随机现象有其偶然性的一面,也有其必然性的一面.这种必然性表现为大量试验中随机事件出现的频率的稳定性,即一个随机事件出现的频率常在某个固定的常数附近摆动,这种规律性我们称之为**统计规律性**.频率的稳定性说明随机事件发生的可能性大小是随机事件本身固有的、不随人们意志而改变的一种客观属性,因此可以对它进行度量.

对于一个随机事件 A,用一个数 $P(A)$ 来表示该事件发生的可能性大小,这个数 $P(A)$ 就称为随机事件 A 的**概率**(probability).因此概率度量了随机事件发生的可能性的大小.

对于随机现象,只讨论它可能出现什么结果,价值不大,而指出各种结果出现的可能性的大小则具有很大意义.有了概率的概念就使我们能对随机现象进行定量研究,由此建立了一个新的数学分支——概率论.

三、频率与概率

既然概率 $P(A)$ 度量了随机事件 A 发生的可能性大小,可以预料,在 N 次重复试验中,若 $P(A)$ 较大,则频率 $F_N(A) = \dfrac{n}{N}$ 也较大. 反之若 $P(A)$ 很小,则 $F_N(A)$ 也很小,而且概率 $P(A)$ 应与频率有许多相似的性质. 以下我们先对频率的性质进行一番考察.

首先,频率具有非负性

$$F_N(A) \geqslant 0 \tag{1.1.1}$$

其次,对于必然发生的事件,在 N 次试验中应出现 N 次. 若以 Ω 记必然事件,则应有

$$F_N(\Omega) = 1 \tag{1.1.2}$$

还有,若 A 及 B 是两个不会同时发生的随机事件,以 $A+B$ 表示 A 或 B 至少出现其一这个事件,则应有

$$F_N(A+B) = F_N(A) + F_N(B) \tag{1.1.3}$$

这个性质称为**频率的可加性**.

当然还可以列出频率的许多性质,但上述三个性质是最基本的. 例如,"不可能事件在 N 次试验中出现的频率为 0","任何随机事件在 N 次试验中出现的频率不大于 1","对于有限个两两不会同时发生的随机事件也有频率可加性",这些性质都可以由(1.1.1)式,(1.1.2)式及(1.1.3)式推出.

最后,根据上述频率稳定性的讨论似乎可以提出这样的猜想,即当 N 足够大时 $F_N(A)$ 与 $P(A)$ 应充分接近. 这一想法有很大的启发性,在历史上它一直是概率论研究的一个重大课题. 以后我们将会看到,在很一般的条件下,这个结论的确成立,但同时还须对问题的提法进一步明确化.

频率与概率的上述关系有时还提供了求某事件概率的一种手段,即当 N 足够大时,用它的频率来作为概率的近似值. 以后我们将会看到,这种做法大有用处.

四、概率论简史

概率论是一门研究随机现象数量规律的学科,一般把 1654 年作为概率论诞生的一年,这年中,法国数学家帕斯卡与费马就机会博弈中的一些问题作了通信讨论.后来惠更斯也加入研究.在这些研究中建立了概率论的一些基本概念,如事件、概率、数学期望等.

其后,在对伯努利概型的深入研究中,发现了两种形式的极限定理——大数定律和中心极限定理,奠定了概率论在数学中的理论地位.这些发展与概率论在射击、保险、测量等领域的应用密切相关.这个时期先后对概率论作出重要贡献的有伯努利、棣莫弗、拉普拉斯、高斯和泊松,都是当时一流的数学家.

经过早期的辉煌之后,概率论的发展有些停滞,极限定理的研究在 18 世纪和 19 世纪整整 200 年中成了概率论研究的中心课题,虽然内容和形式都有发展,但没有得到较好的解决.更严重的是概率论的严格的数学基础一直没有建立,从而游离在数学大家庭的边缘.

20 世纪是概率论复兴和大发展的世纪.

首先,概率论的严格数学基础被建立起来,古典问题得到解决和深化,随机过程成为新的主题,研究领域明显扩大,内涵大为加深,概率论一跃成为数学的主要分支之一.这当中俄罗斯学派起了主导作用.

其次,随着量子力学的创立和分子遗传学的发展,人们认识到无论是物理现象还是生命现象都维系着随机性,在人类社会生活中更是充满着不确定性,因此长期统治学术界的机械决定论迅速溃退,概率论的思想渗入各个学科成了近代科学发展的明显特征之一.近几十年来,概率论结合各个工程技术和社会学科,形成了大量边缘学科,如信息论、排队论、可靠性理论、数理金融学等.

尤其值得指出的是,古老的统计学在 20 世纪初期由于引入概率思想,发展成为数理统计学(mathematical statistics),它以概率论为理论基础,又为概率论的直接应用提供了有力的工具.二者联手,在强大的计算能力的支持下,已成为最有力的定量分析手段,在近代物理、无线电与自动控制、网络通信、质量管理、生物工程、医药和农业试验、金融保险业等等方面都找到了重要应用.

§2. 样本空间与事件

一、样本空间

从本节开始,我们将逐步引进概率论的基本概念.样本空间与事件是最基本的两个概念.

对随机现象的研究必然要联系到对客观的事物进行"调查"、"观察"或"实验",以后我们统称之为(**随机**)**试验**(trial),并假定这种"试验"可以在相同条件下重复进行.

我们感兴趣的是试验的结果.例如掷一次硬币,我们关心的是出现正面或出现反面,这是两个可能出现的结果.假如我们考察的是掷两次硬币的试验,则可能出现的结果有(正,正),(正,反),(反,正),(反,反)四种;如果掷三次硬币,则结果还要复杂,但还是可以把它们描述出来.总之,为了研究随机试验,首先需要知道这个试验可能出现的结果.这些结果称为**样本点**(sample point),一般用 ω 表示.样本点全体构成**样本空间**(sample space),用 Ω 表示.在具体问题中,给定样本空间是描述随机现象的第一步.

下面举一些例子.

[例1] 在研究英文字母使用情况时,把样本空间选为 $\Omega = \{$空格$, A, B, \cdots, Z\}$ 是适宜的,这个样本空间只有有限个样本点,是比较简单的样本空间.

[例2] 观察一小时中落在地球上某一区域的粒子数,可能的结果一定是非负整数,而且很难指定一个数作为它的上界,这样,可以把样本空间取为 $\Omega = \{0, 1, 2, \cdots\}$.这个样本空间含有无

穷多个样本点,但这些样本点可以依照某种次序排列出来,以后我们将称它的点数为可列个.

[例3] 讨论某地区的气温时,我们自然把样本空间取为 $\Omega = (-\infty, \infty)$,或 $\Omega = [a,b]$. 这个样本空间包含有无穷多个样本点,它们充满一个区间,不是一个可列集.

[例4] 考察地震震源时,可以把样本点取为 (x,y,z),其中 x 表示震源的经度,y 表示纬度,z 表示深度. 这时,样本空间是三维空间中某一区域.

[例5] 金融分析师把道·琼斯指数作为研究对象,每日的指数涨跌用一条曲线 $x(t), 0 \leq t \leq T$ 表示,作为一个样本点,这时样本空间是函数空间,这类样本空间是随机过程(stochastic process)理论的研究对象.

从以上例子可以看出,随着问题不同,样本空间可以相当简单,也可以十分复杂.

在今后讨论中,经常把样本空间认为是预先给定的. 当然对于一个实际问题或一个随机现象,如何用一个恰当的样本空间来描述它也很值得研究. 但是在概率论的研究中,一般都假定样本空间是给定的. 这是必要的抽象,这种抽象使我们能更好地把握住随机现象的本质,而且得到的结果能广泛地应用. 事实上,一个样本空间可以概括各种实际内容很不相同的问题:例如只包含两个样本点的样本空间既能作为掷硬币出现正、反面的模型,也能用于产品检验中出现"合格品"及"废品",又能用于气象中"下雨"与"不下雨",以及公用事业排队现象中"有人排队"与"无人排队"等等. 尽管问题的实际内容如此不同,但有时却能归结为相同的概率模型. 我们后面常以摸球等作为例子也是出于这种考虑,它能使问题的本质更为突出.

二、事件

有了样本空间的概念,就可以定义事件. 我们还是从考察一个例子开始.

[例6] 口袋中装有4只白球和2只黑球,我们考虑依次从中摸出两球所可能出现的事件.若对球进行编号,4只白球分别编为1,2,3,4号,2只黑球编为5,6号.如果用数对(i,j)表示第一次摸得i号球,第二次摸得j号球,则可能出现的结果是

$$(1,2),(1,3),(1,4),(1,5),(1,6)$$
$$(2,1),(2,3),(2,4),(2,5),(2,6)$$
$$(3,1),(3,2),(3,4),(3,5),(3,6) \quad(*)$$
$$(4,1),(4,2),(4,3),(4,5),(4,6)$$
$$(5,1),(5,2),(5,3),(5,4),(5,6)$$
$$(6,1),(6,2),(6,3),(6,4),(6,5)$$

把这30个结果作为样本点,则构成了样本空间.在这个问题中,这些样本点是我们感兴趣的事件;但是我们也可以研究下面另外一些事件:

A:第一次摸出黑球;

B:第二次摸出黑球;

C:第一次及第二次都摸出黑球.

后面这些事件与前面那些事件的不同处在于这些事件是可以分解的,例如为了A出现必须而且只需下列样本点之一出现:

$$(5,1),(5,2),(5,3),(5,4),(5,6)$$
$$(6,1),(6,2),(6,3),(6,4),(6,5)$$

前面的30个事件由单个样本点构成;后面这三个事件,每一个事件都是由若干个样本点构成的,总之,它们都是样本点的某个集合.

所谓给定一个点的**集合**S,是指对于任何一个点ω,都可以确定它是不是属于S.如果是,则记为$\omega \in S$;如果不是,则记为$\omega \bar{\in} S$.按照这种定义,单个点也是一个集合.习惯上还约定不包含任何点的集合也是一个集合,称为空集,记为$\varnothing$.

今后,我们把**事件**定义为样本点的某个集合,称某事件发生当

且仅当它所包含的某一个样本点出现.

因此,虽然试验的全部可能结果在试验前就很明确,但是只有到了试验之后,才能确定某一特定的事件是否发生.

我们把样本空间 Ω 也作为一个事件,因为在每次试验中必然出现 Ω 中的某个样本点,也即 Ω 必然发生,所以常称 Ω 为**必然事件**.类似地,我们把空集 $\varnothing$ 也作为一个事件,它在每次试验中都不会发生,称为**不可能事件**.

必然事件 Ω 在试验中必然发生.相反地,不可能事件 $\varnothing$ 在任何试验中不可能发生,必然事件与不可能事件可以说不是随机事件,但为了今后研究的方便,我们还是把必然事件与不可能事件作为随机事件的两个极端情形来统一处理.

三、事件的运算

在一个样本空间中显然可以定义不止一个事件.概率论的重要研究课题之一是希望从简单事件的概率推算出复杂事件的概率.在实际生活中,往往要求我们同时考察几个在同样条件下的事件以及它们之间的联系.详细地分析事件之间的关系,不仅帮助我们更深刻地认识事件的本质,而且可以大大简化一些复杂事件的概率计算.

下面就讨论事件间的关系及事件的运算,先讨论两个事件 A 与 B 之间的关系.

若 A 中的每一个样本点都包含在 B 中,则记为 $A \subset B$ 或 $B \supset A$,并称 **A 被包含于 B**,亦称**事件 B 包含了事件 A**,这时事件 A 发生必然导致事件 B 发生.例如若以 A 记"来到呼叫不超过 5 个",以 B 记"来到呼叫不超过 6 个",则 $A \subset B$.显然对任何事件 A,必有 $\varnothing \subset A \subset \Omega$.

如果 $A \supset B$ 与 $B \supset A$ 同时成立,则称 **A 与 B 等价**或称 **A 等于 B**,记为 $A = B$,等价的两个事件同时发生,因此可看作是一样的.

对于事件 A,由所有不包含在 A 中的样本点所组成的事件称

为 A 的**逆事件**,或称 A 的**对立事件**,记为 $\bar{A}$,$\bar{A}$ 表示 A 不发生. 例如若以 A 表示"来到呼叫不超过 5 个",则 $\bar{A}$ 表示"来到呼叫超过 5 个". 显然,若 $\bar{A}$ 是 A 的对立事件,则 A 也是 $\bar{A}$ 的对立事件,即 $\bar{\bar{A}} = A$. 必然事件与不可能事件互为对立事件.

其次,对于事件 A 及事件 B,定义两个新事件:

用 $A \cap B$ 或 AB 表示所有同时属于 A 及 B 的样本点的集合,称它为 A 与 B 的**交**,事件 AB 表示事件 A 与事件 B 同时发生.

用 $A \cup B$ 表示至少属于 A 或 B 中的一个的所有样本点的集合,称它为 A 与 B 的**并**,事件 $A \cup B$ 表示事件 A 或事件 B 或它们二者发生,也即表示事件 A 与事件 B 至少发生一个.

若 $AB = \emptyset$,则表示 A 与 B 不可能同时发生,称 A 与 B **互不相容**. 样本点是互不相容的.

本书特别约定:对于互不相容事件 A 与 B,我们称它们的并为**和**,并记作 $A + B$.

用 $A - B$ 表示包含在 A 中而不包含在 B 中的样本点全体,称之为 A 与 B 的**差**,事件 $A - B$ 表示事件 A 发生而事件 B 不发生.

关于事件运算的顺序作如下约定:先进行逆的运算,再进行交的运算,最后才进行并或差的运算. 这与数式运算中,先函数,再乘除,后加减的约定相似.

用上面的记号可以把对立事件之间的关系表述如下:$A \cup \bar{A} = \Omega$,$A \cap \bar{A} = \emptyset$,这也可以作为对立事件的定义. 显然 $\bar{A} = \Omega - A$.

事件运算成立如下德摩根(De Morgan)定理,亦称**对偶原理**:

$$\overline{A \cup B} = \bar{A} \cap \bar{B}, \qquad \overline{A \cap B} = \bar{A} \cup \bar{B}$$

于是,定义了逆运算后,交与并可以互相表示,差也可以用它们表示:

$$A \cup B = \overline{\bar{A} \cap \bar{B}}, \qquad A \cap B = \overline{\bar{A} \cup \bar{B}}$$
$$A - B = A \cap \bar{B} = \overline{\bar{A} \cup B}$$

因此本质上只需要两种运算:"交与逆"或"并与逆",不过定义4种运算自有其方便之处.

有时用平面上某正方形中的图形来表示事件间的关系或运算较为直观,这种表示法称为文(Venn)图.

事件 $\Omega, A, \bar{A}, A \cup B, AB, A-B$ 在图1.2.1中分别以阴影表出. 不难理解, $B \supset A$ 相应于 A 的图形完全包含在 B 的图形中; A 和 B 互不相容,则相应于 A 和 B 的图形不相交.

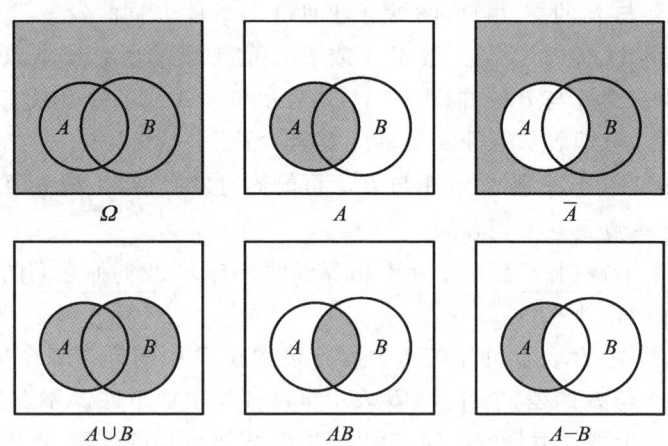

图 1.2.1 事件运算

我们用例6来说明这些关系.(*)中30种可能结果就是样本点全体,它们构成必然事件 Ω.

A 记第一次摸得黑球,则它由第5行及第6行的10个样本点构成;这时 $\bar{A}$ 表示第一次摸得白球,它由第一行至第四行的20个样本点构成. 显然 A 与 $\bar{A}$ 互不相容,而且 $A + \bar{A} = \Omega$.

B 记第二次摸得黑球,它由下列10个样本点构成:

$(1,5),(1,6),(2,5),(2,6),(3,5)$

$(3,6),(4,5),(4,6),(5,6),(6,5)$

事件 $A \cup B$ 表示第一次或第二次中至少有一次摸得黑球,它包含下列 18 个样本点：

$(1,5),(1,6),(2,5),(2,6),(3,5),(3,6)$
$(4,5),(4,6),(5,1),(5,2),(5,3),(5,4)$
$(5,6),(6,1),(6,2),(6,3),(6,4),(6,5)$

事件 AB 表示两次都摸得黑球,它由下列两个样本点构成: $(5,6),(6,5)$,这是 A 与 B 共同包含的样本点.因此 $C=AB$.

事件 $A-B$ 表示第一次摸得黑球而第二次摸出白球,包含了 $(5,1),(5,2),(5,3),(5,4),(6,1),(6,2),(6,3),(6,4)$ 等 8 个样本点.

不难把上面定义推广到多个事件的场合.

例如,对于 n 个事件 $A_1,A_2,\cdots,A_n$,用 $A_1\cup A_2\cup\cdots\cup A_n$ 或 $\bigcup_{i=1}^{n}A_i$ 表示 $A_1,A_2,\cdots,A_n$ 中至少发生一个,称为 $A_1,A_2,\cdots,A_n$ 的并,特别当 $A_1,A_2,\cdots,A_n$ 两两互不相容时,并特称为和,记作 $A_1+A_2+\cdots+A_n$ 或 $\sum_{i=1}^{n}A_i$.相应地,用 $A_1A_2\cdots A_n$ 或 $\bigcap_{i=1}^{n}A_i$ 表示 $A_1,A_2,\cdots,A_n$ 同时发生等等.

这时,对偶原理仍然成立:

$$\overline{\bigcup_{i=1}^{n}A_i}=\bigcap_{i=1}^{n}\overline{A}_i,\qquad \overline{\bigcap_{i=1}^{n}A_i}=\bigcup_{i=1}^{n}\overline{A}_i$$

并且有很明显的概率意义:至少发生一个的对立面是一个也不发生;全部发生的对立面是至少有一个不发生.

对于可列个事件的场合,我们定义

$$\bigcup_{i=1}^{\infty}A_i=\lim_{n\to\infty}\bigcup_{i=1}^{n}A_i,\qquad \bigcap_{i=1}^{\infty}A_i=\lim_{n\to\infty}\bigcap_{i=1}^{n}A_i$$

这时依然有对偶原理.

事件的运算成立下列关系式,它们的证明留给读者.

(1) 交换律:$A\cup B=B\cup A$, $AB=BA$;

(2) 结合律:$(A\cup B)\cup C=A\cup(B\cup C)$, $(AB)C=A(BC)$;

(3) 分配律:$(A\cup B)\cap C=AC\cup BC$,

$$(A \cap B) \cup C = (A \cup C) \cap (B \cup C).$$

熟悉集合论的读者或许早就发现,事件间的关系及运算与集合论中或布尔(Boole,1815—1864)代数中集合的关系及运算是完全相似的,而且这个相似性在建立概率论的严格数学基础时非常重要. 不过,我们应该强调另一面,就是要学会用概率论的语言来解释这些关系及运算,并且会用这些运算关系来表示各种事件.

［例7］ 若 A,B,C 是三个事件,则

（1）所有这三个事件都发生可以表示为:ABC;

（2）这三个事件恰好发生一个可以表示为:$A\bar{B}\bar{C} + \bar{A}B\bar{C} + \bar{A}\bar{B}C$;

（3）这三个事件恰好发生两个可以表示为:$AB\bar{C} + A\bar{B}C + \bar{A}BC$;

（4）这三个事件中至少发生一个可以表示为:$A \cup B \cup C$ 或 $A\bar{B}\bar{C} + \bar{A}B\bar{C} + \bar{A}\bar{B}C + AB\bar{C} + A\bar{B}C + \bar{A}BC + ABC$;

还有一种看似复杂的表示法:$\overline{\bar{A}\bar{B}\bar{C}}$,正是对偶公式,今后很有用.

（5）A 发生而 B 与 C 都不发生可以表示为:$A\bar{B}\bar{C}$ 或 $A - B - C$ 或 $A - (B \cup C)$;

（6）A 与 B 都发生而 C 不发生可以表示为:$AB\bar{C}$ 或 $AB - C$ 或 $AB - ABC$.

四、有限样本空间

我们先考虑只有有限个样本点的样本空间,这种样本空间称为**有限样本空间**. 这是最简单的样本空间,研究它有助于深入研究更为复杂的样本空间.

若 Ω 是有限样本空间,其样本点为 $\omega_1,\omega_2,\cdots,\omega_n$,在这种场合可以把 Ω 的任何子集都当作事件. 这时,样本点作为单点集,当然是事件. 在这种样本空间中引进概率,只要对每个样本点 ω_i,给定一个数与它对应,此数称为 ω_i 的概率,并记之为 $P(\omega_i)$,它是非负的,而且满足

$$P(\omega_1) + P(\omega_2) + \cdots + P(\omega_n) = 1$$

这样,我们对样本点定义了概率,用它来度量每个样本点出现的可能性的大小.由此出发,我们不难定义更为一般的事件的概率.

定义 1.2.1 任何事件 A 的概率 $P(A)$ 是 A 中各样本点的概率之和.

按照这个定义,显然有 $P(\Omega)=1, 0 \leqslant P(A) \leqslant 1$.

如在例 6 中,若定义每个样本点出现的概率均为 $\frac{1}{30}$(这相当于假定各个球外形完全一样,并且摸球是随机的,各个球被摸到的机会均等),则得 $P(A)=\frac{10}{30}, P(B)=\frac{10}{30}, P(C)=\frac{2}{30}$, $P(A\cup B)=\frac{18}{30}, P(A-B)=\frac{8}{30}$ 等等.

我们将在下一节研究一种特殊的有限样本空间.

把上面做法推广到有可列个样本点的样本空间是不难的,这种空间称为**离散样本空间**.但是当把上面做法推广到不可列个样本点的场合,则会遇到实质性的困难,对于这种一般场合的讨论,以后将逐渐展开.

§3. 古 典 概 型

一、模型与计算公式

在讨论一般随机现象之前,我们先讨论一类最简单的随机现象.这种随机现象具有下列两个特征:

(1)在试验中它的全部可能结果只有有限个,譬如为 n 个,记为 $\omega_1, \omega_2, \cdots, \omega_n$,而且这些事件是两两互不相容的;

(2)事件 $\omega_1, \omega_2, \cdots, \omega_n$ 的发生或出现是等可能的,即它们发生的概率都一样.

这类随机现象在概率论发展初期即被注意,许多最初的概率论结果也是对它作出的,一般把这类随机现象的数学模型称为**古典概型**.古典概型在概率论中占有相当重要的地位,一方面,由于它简单,对它的讨论有助于直观地理解概率论的许多基本概念,因此,我们常从讨论古典概型开始引入新的概念;另一方面,古典概型概率的计算在产品质量抽样检查等实际问题以及理论物理的研究中都有重要应用.

显然,古典概型是有限样本空间的一种特例.可以选 $\Omega = \{\omega_1, \omega_2, \cdots, \omega_n\}$ 作为样本空间,而且此时应有

$$P(\omega_1) = P(\omega_2) = \cdots = P(\omega_n) = \frac{1}{n}$$

对于任何事件 A,它总可以表示为样本点之和,例如 $A = \omega_{i_1} + \omega_{i_2} + \cdots + \omega_{i_m}$,因此由事件概率的定义

$$P(A) = P(\omega_{i_1}) + P(\omega_{i_2}) + \cdots + P(\omega_{i_m})$$
$$= \frac{1}{n} + \frac{1}{n} + \cdots + \frac{1}{n} = \frac{m}{n} \tag{1.3.1}$$

所以在古典概型中,事件 A 的概率是一个分数,其分母是样本点的总数 n,而分子是事件 A 中所包含的样本点的个数 m,由于 $\omega_{i_1}, \omega_{i_2}, \cdots, \omega_{i_m}$ 的出现必导致 A 的出现,即它们的出现对 A 的出现"有利",因此习惯上常称 $\omega_{i_1}, \omega_{i_2}, \cdots, \omega_{i_m}$ 是 A 的"有利场合",这样,

$$P(A) = \frac{m}{n} = \frac{A \text{ 的有利场合的数目}}{\text{样本点总数}} \tag{1.3.2}$$

法国数学家拉普拉斯(Laplace,1749—1827)在 1812 年把上式作为概率的一般定义.现在通常称它为**概率的古典定义**,因为它只适用于古典概型场合.

古典概型有着多方面应用,产品抽样检查就是其中之一.

产品抽样检查的技术,在各个生产部门中被广泛采用.许多大工厂产量很高,每天生产的产品数以万计,对这些产品的质量如果要进行全面的逐件检验通常是不可能的或是不经济的;另外,在有

些情况下,产品的检验方法带有破坏性(如电灯泡寿命检验和棉纱强度试验),这样,最适宜的检验方法是采用抽样检查,即从产品中随机地抽出若干件来检验,并根据检验结果来判断整批产品的质量.

关于产品的质量,可以有多种多样的衡量标准,例如可能要考虑产品的某种形状或尺寸,或把产品分成若干等级,我们先考虑最简单的情形,即把产品分成合格品(好品)与次品(废品)两个类型的场合.

假如产品的好坏从外形上看不出来,而且我们又是随机抽样,那么任何一件产品被抽到的可能性都一样,这正是古典概型.

有一个口袋,内装 a 只黑球,b 只白球,它们除颜色不同外,外形完全一样(以后若非特别声明,均作此假定). 这样一来,当我们从袋子中任意摸出一球时,这 $a+b$ 只球中的任意一只被摸到的可能性都一样.

若把黑球作为废品,白球作为好品,则这个摸球模型就可以描述产品抽样. 假如产品分为更多等级,例如一等品,二等品,三等品,等外品等等,则可用装有多种颜色的球的口袋的摸球模型来描述.

这种模型化的方法能使问题更清楚,更容易看出其随机性本质而不致被个别情况下的具体属性所蒙蔽. 不仅如此,这种抽象化的模型带有普遍性,它还可以描述许多别的具体问题,从而有着多方面应用. 例如种水稻地块的调查,某电视节目收视率的调查,某种疾病的抽查等都能用这个模型.

事实上,古典概型的大部分问题都能形象化地用摸球模型来描述. 以后我们经常研究摸球模型,意义即在于此.

前节例 6 及其有关概率的计算是古典概型的一个例子,但并不是所有古典概型的事件的概率计算都这么容易. 事实上,古典概型中许多概率的计算相当困难而富有技巧. 计算的要点是给定样本空间和样本点,并计算它的总数,而后再计算有利场合的数目.

在这些计算中,经常要用到一些排列与组合公式.

二、基本的组合分析公式

1. 全部组合分析公式的推导基于下列两条原理:

乘法原理 若进行 A_1 过程有 n_1 种方法,进行 A_2 过程有 n_2 种方法,则进行 A_1 过程后再接着进行 A_2 过程共有 $n_1 \times n_2$ 种方法(图 1.3.1).

加法原理 若进行 A_1 过程有 n_1 种方法,进行 A_2 过程有 n_2 种方法,假定 A_1 过程与 A_2 过程是并行的,则进行过程 A_1 或过程 A_2 的方法共有 $n_1 + n_2$ 种(图 1.3.2).

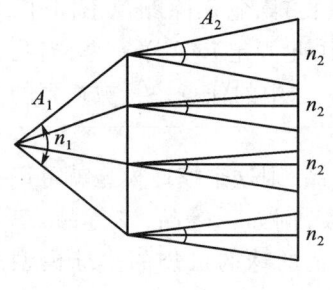
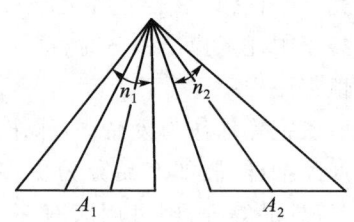

图 1.3.1 乘法原理　　　　图 1.3.2 加法原理

显然这二条原理可以拓广到多个过程的场合.

2. 排列:

从包含有 n 个不同的元素的总体中取出 r 个来进行排列,这时既要考虑到取出的元素也要顾及其取出顺序.

这种排列可分为两类:第一类是有放回地选取,这时每次选取都是在全体元素中进行,同一元素可被重复选中;另一类是不放回选取,这时一个元素一旦被取出便立刻从总体中除去,因此每个元素至多被选中一次,在后一类情况,必有 $r \leq n$.

(1)在有放回选取中,从 n 个不同的元素中取出 r 个元素进行排列,这种排列称为**有重复的排列**,其总数共有 n^r 种.

(2) 在不放回选取中,从 n 个不同的元素中取出 r 个元素进行排列,其总数为
$$A_n^r = n(n-1)(n-2)\cdots(n-r+1)$$
这种排列称为**选排列**. 特别当 $r = n$ 时,称为**全排列**.

(3) n 个不同的元素的全排列数为
$$P_n = n(n-1)\cdots 3 \cdot 2 \cdot 1 = n!$$

3. 组合:

(1) 从 n 个不同的元素中取出 r 个元素而不考虑其顺序,称为**组合**,其总数为
$$C_n^r = \binom{n}{r} = \frac{A_n^r}{r!} = \frac{n(n-1)\cdots(n-r+1)}{r!} = \frac{n!}{r!(n-r)!}$$

这里 $\binom{n}{r}$ 称为**二项系数**,是下列二项展开式的系数:
$$(a+b)^n = \sum_{r=0}^{n} \binom{n}{r} a^r b^{n-r}.$$

(2) 若 $r_1 + r_2 + \cdots + r_k = n$,把 n 个不同的元素分成 k 个部分,第一部分 r_1 个,第二部分 r_2 个,……,第 k 部分 r_k 个,则不同的分法有
$$\frac{n!}{r_1! \, r_2! \, \cdots r_k!} \qquad (1.3.3)$$

种,上式中的数称为**多项系数**,因为它是 $(x_1 + x_2 + \cdots + x_k)^n$ 展开式中 $x_1^{r_1} x_2^{r_2} \cdots x_k^{r_k}$ 的系数,当 $k = 2$ 时,即为二项系数.

(3) 若 n 个元素中有 n_1 个带足标"1", n_2 个带足标"2",……,n_k 个带足标"k",且 $n_1 + n_2 + \cdots + n_k = n$,从这 n 个元素中取出 r 个,使得带有足标"i"的元素有 r_i 个($1 \leqslant i \leqslant k$),而 $r_1 + r_2 + \cdots + r_k = r$,这时不同取法的总数为
$$\binom{n_1}{r_1}\binom{n_2}{r_2}\cdots\binom{n_k}{r_k} \qquad (1.3.4)$$

(4) 从 n 个不同的元素中有重复地取 r 个,不计顺序,则不同的取法有

$$\binom{n+r-1}{r}$$

种,这个数称为**有重复组合数**.

4. 关于二项系数的一些公式:

在二项系数的定义式中,若约定 $0! = 1$,则对一切 $0 \leq k \leq n$,成立

$$\binom{n}{k} = \binom{n}{n-k}$$

此外,对正整数 n 及 k,若 $k > n$,则

$$\binom{n}{k} = 0$$

下列展开式在关于二项系数的讨论中很有用

$$(1+x)^n = \sum_{r=0}^{n} \binom{n}{r} x^r$$

令 $x = 1$ 得到

$$\binom{n}{0} + \binom{n}{1} + \binom{n}{2} + \cdots + \binom{n}{n} = 2^n$$

利用幂级数乘法又可以证明,对一切正整数 a, b,成立

$$\binom{a}{0}\binom{b}{n} + \binom{a}{1}\binom{b}{n-1} + \cdots + \binom{a}{n}\binom{b}{0} = \binom{a+b}{n} \quad (1.3.5)$$

特别地

$$\binom{n}{0}\binom{n}{n} + \binom{n}{1}\binom{n}{n-1} + \cdots + \binom{n}{n}\binom{n}{0} = \binom{2n}{n}$$

即

$$\binom{n}{0}^2 + \binom{n}{1}^2 + \cdots + \binom{n}{n}^2 = \binom{2n}{n} \quad (1.3.6)$$

把排列公式推广到 r 是正整数而 n 是任意实数 x 的场合,有时是需要的,这时记

$$A_x^r = x(x-1)(x-2)\cdots(x-r+1)$$

同样定义

$$\binom{x}{r} = \frac{A_x^r}{r!} = \frac{x(x-1)(x-2)\cdots(x-r+1)}{r!}$$

约定 $\binom{x}{0} = 1$.

不难验算：

$$\binom{-a}{k} = (-1)^k \binom{a+k-1}{k} \tag{1.3.7}$$

这时，对任意实数 α，有牛顿二项式

$$(1+x)^\alpha = \sum_{r=0}^{\infty} \binom{\alpha}{r} x^r$$

当 α 为正整数 n 时，它化为上述展开式.

三、概率直接计算的例子

[例1] 一部四册的文集按任意次序放到书架上去，问各册自右向左或自左向右恰成 1,2,3,4 的顺序的概率是多少？

[解] 若以 a,b,c,d 分别表示自左向右排列的书的册号，则上述文集放置的方式可与向量 (a,b,c,d) 建立一一对应，因为 a,b,c,d 取值于 1,2,3,4，因此这种向量的总数相当于 4 个元素的全排列数 $4! = 24$，由于文集按"任意的"次序放到书架上去，因此这 24 种排列中出现任意一种的可能性都相同，这是古典概型概率，其有利场合有 2 种，即自左向右或自右向左成 1,2,3,4 顺序，因此所求概率为 $\frac{2}{24} = \frac{1}{12}$.

[例2] 在幸运 37 选 7 福利彩票中，每期从 $1,2,\cdots,37$ 中开出 7 个基本号码和一个特殊号码，彩民们在购买每一张彩票时都预先选定 7 个号码. 规定 7 个基本号码全部选中者获一等奖，选中 6 个基本号码及特殊号码者获二等奖. 试求购买一张彩票中一等奖的概率 p_1 及中二等奖的概率 p_2.

[解] 把从 37 个数中取 7 个的各种取法作为样本点全体，

这是古典概型;总数虽大,为 $\binom{37}{7}=10295472$,但还是有限的;由于摇奖时各数地位的对称性,因此这些样本点的出现是等可能的.

一等奖的有利场合数目为 $\binom{7}{7}\binom{30}{0}=1$,故

$$p_1 = \frac{1}{\binom{37}{7}} = 9.713 \times 10^{-8}$$

即中一等奖的概率约为一千万分之一.

二等奖的有利场合数目为 $\binom{7}{6}\binom{1}{1}\binom{29}{0}=7$,故

$$p_2 = \frac{7}{\binom{37}{7}} = 7 \times p_1 = 6.8 \times 10^{-7}$$

[例3] 甲有 $n+1$ 个硬币,乙有 n 个硬币,双方投掷之后进行比较,求甲掷出的正面数比乙掷出的正面数多的概率.

[解] 这个问题初看非经繁复计算难求答案,但是若充分利用它特有的对称性并选择适当的样本空间,则能迅速求解.

若以 A 记"甲的正面数 > 乙的正面数",则 $\bar{A}$ 表示"甲的正面数 ≤ 乙的正面数",但是考虑到甲只比乙多一个硬币这一特殊情况,则 $\bar{A}$ 又表示"甲的反面数 > 乙的反面数". 再由硬币的对称性,显然 $P(A)=P(\bar{A})$. 因此我们如果构造只有两个样本点的样本空间 $\Omega=\{A,\bar{A}\}$,便可轻而易举地写出答案 $P(A)=\frac{1}{2}$.

[例4] (投球入格)设有 n 个球,每个球都能以同样的概率 $\frac{1}{N}$ 落到 N 个格子($N \geq n$)的每一个格子中,试求:

(1)某指定的 n 个格子中各有一个球的概率;

(2)任何 n 个格子中各有一个球的概率.

[解] 这是一个古典概型问题,由于每个球可落入 N 个格子

中的任一个,所以 n 个球在 N 个格子中的分配相当于从 N 个元素中选取 n 个进行有重复的排列,故共有 N^n 种可能分配.

在第一个问题中,有利场合相当于 n 个球在那指定的 n 个格子中全排列,总数为 $n!$,因而所求概率为

$$P_1 = \frac{n!}{N^n}$$

在第二个问题中,n 个格子可以任意,即可以从 N 个格子中任意选出 n 个来,这种选法共有 $\binom{N}{n}$ 种,对于每种选定的 n 个格子,有利场合正如第一个问题一样为 $n!$,故所求概率为

$$P_2 = \frac{\binom{N}{n}n!}{N^n} = \frac{N!}{N^n(N-n)!}$$

这个例子是古典概型中一个很典型的问题,不少实际问题都可以归结为它.

例如,若把球解释为粒子,把格子解释为相空间中的小区域,则这个问题便相应于统计物理学中的麦克斯韦-玻尔兹曼(Maxwell-Boltzmann)统计.

这也联系着概率论历史上有名的**生日问题**:求参加某次集会的 n 个人中至少有两个人生日相同的概率 p_n. 若把 n 个人看作上面问题中的 n 个球,而把一年的 365 天作为格子,则 $N=365$,这时所求的概率就是 $1-P_2$,即

$$p_n = 1 - 365 \times 364 \times \cdots \times (366-n)/365^n$$

下表给出若干 n 与 p_n 的数值:

n	5	10	20	23	30	40	60
p_n	0.027	0.117	0.411	0.507	0.706	0.891	0.994

当 $n=23$ 时,同生日的概率就超过 $\frac{1}{2}$;当 $n=40$ 时,该概率几

达九成;进一步当 $n=60$ 时,几乎可以肯定必有二人同生日.

总之,投球问题中球相遇的概率比预料的大得多,这种意外在研究随机现象中时常遇见,也算是随机现象的特性之一吧!

四、抽签与顺序无关

抽签是人为地引进随机性的一个最简单的例子,不单在体育比赛中广泛采用,而且在日常生活中也时常可见.关于抽签所体现的公平性,即结果虽然不同但机会却是均等的这种概念,只有通过概率论才能清楚阐明.

进一步可以说,抽签是随机化方法的一种特例,随机化方法在抽样调查、试验设计和决策中都有广泛应用,是人类可以主动利用随机性的一个例证.

下面的摸球问题值得读者仔细推敲.

[例5] 口袋中有 a 只黑球,b 只白球,它们除颜色不同外,其他方面没有差别,现在把球随机地一只只摸出来,求第 k 次摸出的一只球是黑球的概率($1 \leqslant k \leqslant a+b$).

[第一种解法] 把 a 只黑球及 b 只白球都看作是不同的(例如设想把它们进行编号),若把摸出的球依次放在排列成一直线的 $a+b$ 个位置上,则可能的排列法相当于把 $a+b$ 个元素进行全排列,总数为 $(a+b)!$,把它们作为样本点全体.有利场合数为 $a \times (a+b-1)!$,这是因为第 k 次摸得黑球有 a 种取法,而另外 $(a+b-1)$ 次摸球相当于 $a+b-1$ 只球进行全排列,有 $(a+b-1)!$ 种构成法,故所求概率为

$$P_k = \frac{a \times (a+b-1)!}{(a+b)!} = \frac{a}{a+b}$$

这个结果与 k 无关!

细想一下,就会发觉这个结果与我们平常的生活经验是一致的.例如在体育比赛中进行抽签,对各队机会均等,与抽签的先后次序无关.

[第二种解法] 把 a 只黑球看作是没有区别的,把 b 只白球也看作是没有区别的. 仍把摸出的球依次放在排列成一直线的 $a+b$ 个位置上,因若把 a 只黑球的位置固定下来则其他位置必然是放白球,而黑球的位置可以有 $\binom{a+b}{a}$ 种放法,以这种放法作为样本点. 这时有利场合数为 $\binom{a+b-1}{a-1}$,这是由于第 k 次摸得黑球,这个位置必须放黑球,剩下的黑球可以在 $a+b-1$ 个位置上任取 $a-1$ 个位置,因此共有 $\binom{a+b-1}{a-1}$ 种放法. 故所求概率为

$$P_k = \frac{\binom{a+b-1}{a-1}}{\binom{a+b}{a}} = \frac{a}{a+b}$$

两种不同的解法答案相同!

注意考察一下两种解法的不同,就会发现主要在于选取的样本空间不同. 在前一种解法中把球看作是"有个性的",而在后一种解法中则对同色球不加区别,因此在第一种解法中要顾及各黑球间及各白球间的顺序而用排列,第二种解法则不注意顺序而用组合,但最后还是得出了相同的答案.

这种情况的产生并不奇怪,这说明对于同一随机现象,可以用不同的模型来描述,只要方法正确,结论总是一致的. 在这个例子中,第二种解法中的每一个样本点是由第一种解法中的 $a! \cdot b!$ 个样本点合并而成的.

这个例子还告诉我们,在计算样本点总数及有利场合数时,必须对同一个确定的样本空间考虑,因此其中一个考虑顺序,另一个也必须考虑顺序,否则结果一定不正确.

既然同一个随机现象可用不同的样本空间来描述,因此对同一个概率也常常有多种不同的求法,我们应逐步训练自己能采用最简便的方法解题,为此熟悉同一问题的多种不同解法是重要的.

例如,对例5就存在着多种不同的解法,上面提供的只是比较自然的两种.注意到在这两种解法中,我们对不同的 k 用的是同一个样本空间,也就是说,我们构造了一个可以描述 $a+b$ 次摸球的样本空间,并利用它一举解决了"第 $k(1\leqslant k\leqslant a+b)$ 次摸得黑球"这一概率的计算.假如允许对不同的 k 用不同的样本空间,则我们完全可以构造一个只包含前 k 次试验,甚至只包含第 k 次试验的样本空间,这时也能求得有关概率.特别是选用最后一种样本空间并利用对称性马上可以看出正确答案,不过这种做法对初学者或许不那么容易理解.

五、二项分布与超几何分布

产品抽样检查有两类,即有放回抽样与不放回抽样.在有放回抽样中,被抽出的产品检验后仍放回产品中,再抽第二次,因此这件产品以后仍然可能再次被抽到.更常用的是第二类方法,即不放回的抽样方法,这时被抽到的产品不再放回,因而以后不会再被抽到.与此相应地,我们的摸球模型也假定为有放回与不放回摸球两类,这两个情形得到的结果是不同的.

下面是古典概型概率计算中的一个典型问题,它有着多方面应用,特别在产品检验方面起很大作用.

[例6] 如果某批产品中有 a 件次品 b 件合格品,我们采用有放回及不放回抽样方式从中抽 n 件产品,问正好有 k 件是次品的概率各是多少?

所求的概率显然与抽样方式有关,下面我们分别来讨论.

[有放回抽样场合] 把 $a+b$ 件产品进行编号,有放回抽 n 次,把可能的重复排列全体作为样本点,总数为 $(a+b)^n$,其中有利场合(即次品正好出现 k 次)的数目是 $\binom{n}{k}a^k b^{n-k}$,故所求概率为

$$b_k = \frac{\binom{n}{k} a^k b^{n-k}}{(a+b)^n} = \binom{n}{k} \left(\frac{a}{a+b}\right)^k \left(\frac{b}{a+b}\right)^{n-k} \quad (1.3.8)$$

b_k 是二项式 $\left(\dfrac{a}{a+b} + \dfrac{b}{a+b}\right)^n$ 展开式的一般项,上述概率称为**二项分布**(分布一词的意义将在第三章阐明).关于二项分布更一般的讨论在以后各章陆续进行.

[不放回抽样场合] 从 $a+b$ 件产品中取出 n 件产品的可能组合全体作为样本点,总数为 $\binom{a+b}{n}$,有利场合数为 $\binom{a}{k}\binom{b}{n-k}$,故所求概率为

$$h_k = \frac{\binom{a}{k}\binom{b}{n-k}}{\binom{a+b}{n}} \quad (1.3.9)$$

这个概率称为**超几何分布**.

从直观上看,当产品总数很大而抽样数不大时,采用有放回抽样与采用不放回抽样,差别应该不大.

事实上,因为

$$h_k = \frac{\binom{a}{k}\binom{b}{n-k}}{\binom{a+b}{n}} = \frac{\dfrac{A_a^k}{k!} \cdot \dfrac{A_b^{n-k}}{(n-k)!}}{\dfrac{A_{a+b}^n}{n!}} = \binom{n}{k}\frac{A_a^k A_b^{n-k}}{A_{a+b}^n}$$

$$= \binom{n}{k}\frac{a^k b^{n-k}}{(a+b)^n} \cdot \frac{\dfrac{A_a^k}{a^k} \cdot \dfrac{A_b^{n-k}}{b^{n-k}}}{\dfrac{A_{a+b}^n}{(a+b)^n}}$$

而当 k 比 a 小得多,$n-k$ 比 b 小得多时:

$$\frac{\dfrac{A_a^k}{a^k} \cdot \dfrac{A_b^{n-k}}{b^{n-k}}}{\dfrac{A_{a+b}^n}{(a+b)^n}} \approx 1$$

因此

$$h_k \approx b_k$$

在实际工作中,抽样一般都采用不放回方式,因此计算次品数为 k 的概率时应该用超几何分布,但(1.3.9)的数值计算较繁复. 若产品数甚大而抽样数不太大,则可利用上述性质,计算二项分布作为近似值,这时有许多专门表格可查,这样可以大大节省计算工作量.

利用上例结果,马上可以计算下列概率:若一批产品共有 N 件,其中有次品 $M(M<N)$ 件,今抽取 n 件,则其中恰有 m 件次品的概率是

$$P_m = \frac{\binom{M}{m}\binom{N-M}{n-m}}{\binom{N}{n}}, \quad \begin{array}{l} 0 \leq n \leq N, 0 \leq m \leq M \\ 0 \leq n-m \leq N-M \end{array} \quad (1.3.10)$$

这是超几何分布的另一种常见形式.

学到这里,细心的读者可能会发觉这样一个矛盾,在我们前面讨论中都假定产品中的次品数已知,然后根据它来计算种种概率,而在实际问题中,情况恰恰相反,次品数是未知的,并且正是我们希望通过抽样检查来确定的.

这个矛盾可通过下面办法来解决.

不难理解,抽出来的样本的质量情况在某种程度上反映了整批产品的质量情况,例如,如果整批产品中次品很多,则抽查的样本中含有次品的可能性就相当大;反之,若产品中极少次品,则从中抽查一两件产品而得到次品的可能性就很小,因而样本中所含次品数的多少就为我们估计整批产品中的次品数提供了某种信

息.例如为了确定某批产品的次品率,通常采用的方法是从这批产品中抽若干件产品作为样本来检验,并用样本的次品率来估计整批产品的次品率.关于这个课题的研究,构成了数理统计的重要内容.

由于抽样带有随机性,因而不同的抽样可能得到不同的结果,所以我们有必要对各种结果出现的可能性大小进行讨论,这为我们根据样本情况推断整批产品情况提供了理论依据,这种研究是概率论的任务.从这里也看出,概率论与数理统计有着很密切的联系.

[例7] 从某鱼池中捕得 1 200 条鱼,做了红色的记号之后再放回池中,经过适当的时间后,再从池中捕 1 000 条鱼,数出其中有红色记号的鱼的数目,共有 100 条,试估计鱼池中共有多少条鱼?

[解] 设池中共有 n 条鱼,n 未知,是我们要估计的.更一般地,设第一次捕得的鱼有 n_1 条(针对本例,$n_1 = 1\ 200$),第二次捕得 r 条(针对本例,$r = 1\ 000$),而其中有记号的有 k 条(针对本例,$k = 100$).

现在,在第二次捕鱼中有 k 条有记号鱼的概率按超几何分布(1.3.10)给出:

$$p_k(n) = \binom{n_1}{k}\binom{n-n_1}{r-k} \Big/ \binom{n}{r}$$

因为实际上在 r 条鱼中有 k 条有记号,因此我们求 n 使得上式概率达到最大,并把这个数值作为池中鱼数的估计.

由于

$$\frac{p_k(n)}{p_k(n-1)} = \frac{(n-n_1)(n-r)}{(n-n_1-r+k)n} = \frac{n^2 - nn_1 - nr + n_1 r}{n^2 - nn_1 - nr + nk} = \rho$$

因此当 $nk < n_1 r$ 时,$\rho > 1$,而当 $nk > n_1 r$ 时,$\rho < 1$,即 $p_k(n)$ 当 $n < \dfrac{n_1 r}{k}$

时是 n 的增函数,而当 $n > \dfrac{n_1 r}{k}$ 时是 n 的减函数,所以当 n 等于

$$\hat{n} = \left[\dfrac{n_1 r}{k}\right]$$

时, $p_k(n)$ 达到最大值. 这样我们把 $\left[\dfrac{n_1 r}{k}\right]$ 作为鱼池中鱼总数 n 的估计量.

在这个例子中:

$$\hat{n} = \dfrac{1\,200 \times 1\,000}{100} = 12\,000$$

这里解题的基本思路是把概率 $p_k(n)$ 看作未知参数 n 的函数,称为似然函数(likelihood function),再通过求其最大值而得到 n 的估计,这是数理统计中著名的**最大似然估计法**. 这个方法可以溯源到拉普拉斯及高斯.

六、概率的基本性质

古典概型中,若样本空间为 $\Omega = \{\omega_1, \omega_2, \cdots, \omega_n\}$,分别以 $n(A), n(B), n(A \cup B)$ 及 $n(AB)$ 记事件 $A, B, A \cup B$ 及 AB 所包含的样本点数,则显然成立计数公式

$$n(A \cup B) = n(A) + n(B) - n(AB)$$

两边除以 n,即得概率的等式

$$P(A \cup B) = P(A) + P(B) - P(AB)$$

以后将会看到,这是概率论中普遍成立的一个等式.

如果 A 与 B 不相容,即 $AB = \varnothing$,立刻得到

$$P(A + B) = P(A) + P(B) \qquad (1.3.11)$$

不难把这个结果推广到有限个事件的场合,即若 $A_1, A_2, \cdots, A_m$ 是 m 个两两互不相容的事件,则

$$P(A_1 + A_2 + \cdots + A_m) = P(A_1) + P(A_2) + \cdots + P(A_m) \qquad (1.3.12)$$

这个结论可借助(1.3.11)用归纳法证明.

系　　$P(\bar{A}) = 1 - P(A).$　　　　　　　　　　(1.3.13)

[证]　由于 $A + \bar{A} = \Omega$，$A\bar{A} = \emptyset$ 所以
$$P(\Omega) = P(A + \bar{A}) = P(A) + P(\bar{A}) = 1$$
因此
$$P(\bar{A}) = 1 - P(A)$$

对立事件概率等式(1.3.13)很简单,意义也很明确,但相当有用,它为计算某些事件的概率提供了很大方便.

[例8]（德·梅尔问题）　一颗骰子投4次至少得到一个六点与两颗骰子投24次至少得到一个双六,这两件事中哪一件有更多的机会遇到?

[解]　以 A 表示一颗骰子投4次至少得到一个六点这一事件,为求 $P(A)$,在这种场合最方便的方法是利用(1.3.13)式,先求 $P(\bar{A})$,这时 $\bar{A}$ 表示投一颗骰子4次都没有出现六点,因此不难得出
$$P(\bar{A}) = \frac{5^4}{6^4}$$
从而得到
$$p_1 = P(A) = 1 - \left(\frac{5}{6}\right)^4 = 0.5177$$

若以 B 表示两颗骰子投24次至少得到一个双六这一事件,则用同样的方法可以求得
$$p_2 = P(B) = 1 - \left(\frac{35}{36}\right)^{24} = 0.4914$$

这样一来,我们知道前者的机会大于 $\frac{1}{2}$,而后者的机会小于 $\frac{1}{2}$.

这个问题在概率论发展史上颇有名气,因为它是德·梅尔向帕斯卡(Pascal,1623—1662)提出的问题之一. 正是这些问题导致了帕斯卡的研究和他与费马(Fermat,1601—1665)的著名通信. 前已指出,他们的研究标志着概率论的诞生.

[例9]　一口袋中装有 $N-1$ 只黑球及1只白球,每次从袋中

随机地摸出一球,并换入一只黑球,这样继续下去,问第 k 次摸球时摸到黑球的概率是多少?

[解] 若以 A 表示第 k 次摸到黑球这一事件,则 $\bar{A}$ 表示第 k 次摸到白球. 现在计算 $P(\bar{A})$.

因为袋中只有一只白球,而每次摸出球总是换入黑球,故为了在第 k 次摸到白球,则前面的 $k-1$ 次一定不能摸到白球. 因此 $\bar{A}$ 等价于下列事件:在前 $k-1$ 次摸球时都摸出黑球而第 k 次摸出白球,这一事件的概率为

$$\frac{(N-1)^{k-1} \cdot 1}{N^k} = \left(1 - \frac{1}{N}\right)^{k-1} \cdot \frac{1}{N}$$

这样

$$P(A) = 1 - P(\bar{A}) = 1 - \left(1 - \frac{1}{N}\right)^{k-1} \cdot \frac{1}{N}$$

公式(1.3.13)的应用使这个题目很快获得解决,假如直接计算 $P(A)$ 则困难得多. 从公式(1.3.13)中容易看出,只要 $P(A)$ 或 $P(\bar{A})$ 中的任何一个知道了,则可以求得另一个. 在不同问题中,有的求 $P(A)$ 容易,求 $P(\bar{A})$ 困难;有的正好相反. 利用式(1.3.13),我们就可以先求容易的一个,再去求另一个.

从古典概型的概率研究中,我们发现概率有下面三个基本性质:

(i) 对于任何事件 A, $P(A) \geq 0$;

(ii) $P(\Omega) = 1$;

(iii) 若 $A_1, A_2, \cdots, A_m$ 两两互不相容,则

$$P(A_1 + A_2 + \cdots + A_m) = P(A_1) + P(A_2) + \cdots + P(A_m)$$

第一个性质称为概率的**非负性**,第二个性质称为概率的**规范性**,第三个性质称为概率的**(有限)可加性**.

§4. 几 何 概 率

一、例子与计算公式

在古典概型中利用等可能性的概念,成功地计算了某一类问题的概率;不过,古典概型要求可能场合的总数必须有限,因此历史上有不少人企图把这种做法推广到有无限多结果而又有某种可能性的场合.这类问题一般可以通过几何方法来求解.

先从几个简单的例子开始.

[例1] 某人午觉醒来,发觉表停了,他打开收音机,想听电台整点报时,求他等待的时间短于10分钟的概率.

[例2] 如果在一个 $5 \times 10^4 \text{ km}^2$ 的海域里有表面积达 40 km^2 的大陆架贮藏着石油,假如在这海域里随意选定一点钻探,问钻到石油的概率是多少?

[例3] 在400 mL自来水中有一个大肠杆菌,今从中随机取出 2 mL 水样放到显微镜下观察,求发现大肠杆菌的概率.

一种相当自然的答案是认为例1所求的概率等于 $\dfrac{1}{6}$,例2中钻到石油的概率等于 $\dfrac{8}{10\,000}$,而例3所求的概率等于 $\dfrac{1}{200}$. 在求这些概率时,我们事实上是利用了几何的方法,并假定了某种等可能性.

在例1中,因为电台每小时报时一次,我们自然认为这个人打开收音机时处于两次报时之间,例如(13:00,14:00),而且取各点的可能性一样,要遇到等待时间短于10分钟,只有当他打开收音机的时间正好处于 13:50 至 14:00 之间才有可能,相应的概率是 $\dfrac{10}{60} = \dfrac{1}{6}$.

在例2中,由于选点的随机性,可以认为该海域中各点被选中的可能性是一样的,因而所求概率自然认为等于贮油海域的面积与整个海域面积之比,即等于 $\dfrac{40}{50\,000}$.

同样地,例3中由于取水样的随机性,所求概率等于水样的体积与总体积之比 $\dfrac{2}{400}$.

总之,在这类问题中,试验的可能结果是某区域 Ω 中的一个点.这个区域可以是一维的,也可以是二维的,还可以是三维的,甚至可以是 n 维的,这时不管是可能结果全体或是我们所感兴趣的结果都是无限的.因而等可能性是通过下列方式来赋予意义的:落在某区域 g 的概率与区域 g 的测度(长度、面积、体积等等)成正比并且与其位置及形状无关.

因此,若以 A_g 记"在区域 Ω 中随机地取一点,而该点落在区域 g 中"这一事件,则其概率定义为

$$P(A_g) = \frac{g\text{ 的测度}}{\Omega\text{ 的测度}} \tag{1.4.1}$$

据此定义,则上述诸例之解是明显的.下面再举一个例子.

[例4](会面问题) 两人相约7点到8点在某地会面,先到者等候另一人20分钟,过时就可离去,试求这两人能会面的概率.

[解] 以 x,y 分别表示两人到达时刻,则会面的充要条件为

$$|x-y| \leq 20$$

这是一个几何概率问题,可能的结果全体是边长为60的正方形里的点,能会面的点的区域用阴影标出(图1.4.1).所求概率为

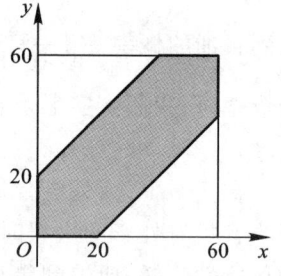

图 1.4.1 会面问题

$$p = \frac{60^2 - 40^2}{60^2} = \frac{5}{9}$$

二、蒲丰问题

1777年法国科学家蒲丰(Buffon,1701—1788)提出了下列著名问题,这是几何概率的一个早期例子.

[投针问题] 平面上画着一些平行线,它们之间的距离都等于 a,向此平面任投一长度为 $l(l<a)$ 的针,试求此针与任一平行线相交的概率.

[解] 以 x 表示针的中点到最近的一条平行线的距离,φ 表示针与平行线的交角. 针与平行线的位置关系见图 1.4.2.

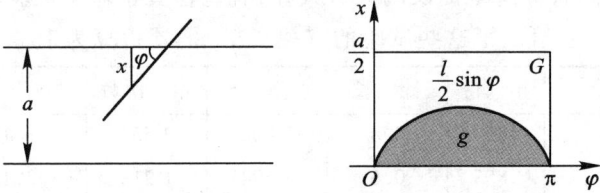

图 1.4.2 蒲丰问题

显然有 $0 \leqslant x \leqslant \dfrac{a}{2}, 0 \leqslant \varphi \leqslant \pi$,以 G 表示边长为 $\dfrac{a}{2}$ 及 π 的长方形. 为使针与平行线相交,必须 $x \leqslant \dfrac{l}{2}\sin\varphi$,满足这个关系式的区域记为 g,在图 1.4.2 中用阴影表出,所求的概率为

$$p = \frac{g\text{ 的面积}}{G\text{ 的面积}} = \frac{\dfrac{1}{2}\int_0^\pi l\sin\varphi\,\mathrm{d}\varphi}{\dfrac{1}{2}a\pi} = \frac{2l}{\pi a} \qquad (1.4.2)$$

由于最后的答案与 π 有关,因此蒲丰设想利用它来计算 π 的数值,其方法是投针 N 次,计算针与线相交的次数 n,再以频率值

$\dfrac{n}{N}$ 作为概率 p 之值代入(1.4.2),求得

$$\pi = \frac{2lN}{an} \qquad (1.4.3)$$

粗看这是一个笨办法,耗力费时,而且很难达到当时用数学方法已算得小数点后一百多位精确数值这样一个精度.但仔细考量则会发现这是一个了不起的创意,它提出了一个全新的计算方案:建立一个概率模型,它与某些我们感兴趣的量——这里是常数 π——有关,然后设计适当的随机试验,并通过这个试验的结果来确定这些量.

据说蒲丰曾亲自做过试验,可惜结果没有留传下来.

历代欣赏蒲丰提议的大有人在,有些还真正做了试验.

下表①给出了这些试验的有关资料(把 a 折算为 1).

实验者	年份	针长	投掷次数	相交次数	π的实验值
Wolf	1850	0.8	5 000	2 532	3.159 6
Smith	1855	0.6	3 204	1 218.5	3.155 4
De Morgan, C.	1860	1.0	600	382.5	3.137
Fox	1884	0.75	1 030	489	3.159 5
Lazzerini	1901	0.83	3 408	1 808	3.141 592 9
Reina	1925	0.541 9	2 520	859	3.179 5

现在,随着计算机科学的发展,已按照上述思路建立起一类新的方法,称为**随机模拟法**,蒲丰投针实开其先河.

三、积分计算的蒙特卡罗法

二战后期,一批从事原子弹研究的美国科学家,与第一架数字

---

① 引自 Gridgeman, N T. Geometric probability and the number π. Scripta Mathematica, 25(1960), 183-195.

电子计算机的诞生几乎同时提出了一系列随机模拟的计算方案. 一大类是关于粒子运动的模拟,另一大类则是以积分计算为代表的新计算方法. 他们还以赌城的名字命名这类方法,这就是著名的**蒙特卡罗**(Monte Carlo)**方法**. 下面介绍定积分计算的蒙特卡罗法.

设在$[a,b]$上,函数$0 \leq f(x) \leq M$,要求计算

$$I = \int_a^b f(x)\,\mathrm{d}x \tag{1.4.4}$$

在图 1.4.3 中,积分 I 等于阴影所标的曲边梯形的面积. 它被以 $\overline{ab}$ 为边,高为 M 的矩形 G 所包围,假如我们在 G 中随机地取点,则该点落在阴影部分的概率为

$$P = \frac{I}{(b-a)M}$$

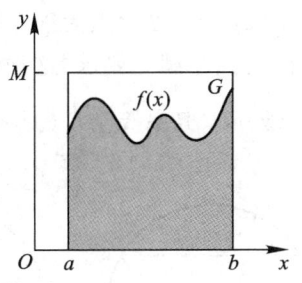

图 1.4.3　积分计算

仿照蒲丰投针问题的做法,投点 N 次,计算落入阴影部分的次数 n,并以频率值 $\dfrac{n}{N}$ 作为概率 P 之值代入上式,求得

$$I = \frac{nM(b-a)}{N} \tag{1.4.5}$$

这个做法不难推广到多重积分与任意边界的场合.

应当说明,当年设计的蒙特卡罗新计算方法大都因效率不及传统方法的改良方案而遭淘汰,但是积分计算却因两大优点而生存:一是其误差与维数无关;二是适合于复杂的被积函数或边界. 因此高维复杂积分的计算中,蒙特卡罗法仍有一席之地,而动态蒙特卡罗方法则方兴未艾. 蒙特卡罗方法的发展也大大推动了随机数的研究.

四、贝特朗(Bertrand)**奇论**

几何概率在现代概率概念的发展中曾经起过重大作用. 19 世

纪时,不少人相信,只要找到适当的等可能性描述,就可以给概率问题以唯一的解答,然而有人却构造出这样的例子,它包含着几种似乎都同样有理但却互相矛盾的答案,下面就是一个著名的例子.

[贝特朗奇论] 在半径为 1 的圆内随机地取一条弦,问其长超过该圆内接等边三角形的边长 $\sqrt{3}$ 的概率等于多少?

这是一个几何概率问题,但是基于对术语"随机地"的含义的不同解释,这个问题却存在多种不同答案,下面是其中的三种.

[解法一] 任何弦交圆周两点,不失一般性,先固定其中一点于圆周上,以此点为顶点作一等边三角形,显然只有落入此三角形内的弦才满足要求,这种弦的另一端跑过的弧长为整个圆周的 $\frac{1}{3}$,故所求概率等于 $\frac{1}{3}$(见图 1.4.4(a)).

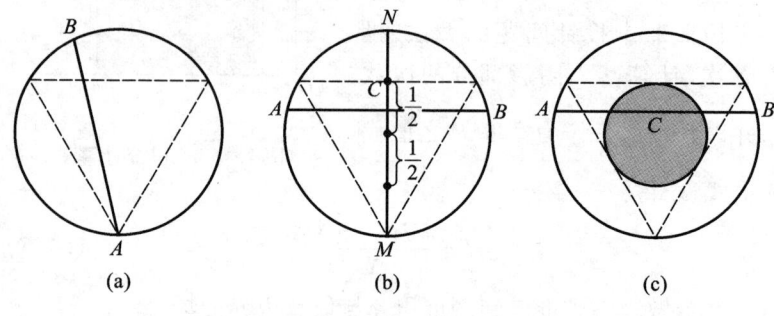

图 1.4.4 贝特朗奇论

[解法二] 弦长只跟它与圆心的距离有关,而与方向无关,因此可以假定它垂直于某一直径. 当且仅当它与圆心的距离小于 $\frac{1}{2}$ 时,其长才大于 $\sqrt{3}$,因此所求概率为 $\frac{1}{2}$(见图 1.4.4(b)).

[解法三] 弦被其中点唯一确定,当且仅当其中点属于半径为 $\frac{1}{2}$ 的同心圆内时,弦长大于 $\sqrt{3}$,此小圆面积为大圆面积的 $\frac{1}{4}$,故

所求概率等于 $\frac{1}{4}$（见图 1.4.4（c））.

同一问题有三种不同的答案,细究其原因,发现是在取弦时采用不同的等可能性假定. 在第一种解法中,假定端点在圆周上均匀分布,在第二种解法中则假定弦的中点在直径上均匀分布,而在第三种解法中又假定弦的中点在圆内均匀分布. 这三种答案是针对三种不同的随机试验,对于各自的随机试验而言,它们都是正确的.

因此在使用术语"随机地"、"等可能"、"均匀分布"等时,应明确指明其含义;这又因试验而异.

1899 年贝特朗在巴黎出版《概率论》,书中对几何概率提出了批评,并以这一生动的实例引起大家的注意. 这种善意的批评,推动了概率论的发展.

由于采用等可能性来定义概率有这种困难,因此后来就选择另外的途径,即在定义概率这一基本概念时只指明概率应具有的基本性质,而把具体概率的给定放在一边. 这样做的好处是能针对不同的随机试验给定适当的概率.

与概率的频率解释及古典概型一样,几何概率的研究对于我们了解应要求概率具有哪些基本性质是很有帮助的.

五、几何概率基本性质

几何概率的定义及计算与几何图形的测度密切相关,因此所考虑的事件应是某种可定义测度的集合. 这类集合的并、交也还应该是事件,甚至对它们的可列次并、交也应有这个要求. 例如考察在 $(0,1)$ 中投一个点的随机试验,若以 A 记该点落入 $\left(0,\frac{1}{2}\right)$ 中这个事件,而以 A_n 记该点落入 $\left[\frac{1}{2^{n+1}},\frac{1}{2^n}\right)$ 中这一事件, $n=1,2,\cdots$ 则

$$A = \sum_{n=1}^{\infty} A_n$$

如果假定所投的点落入某区间的概率等于该区间的长度,则 $P(A) = \frac{1}{2}$,而 $P(A_n) = \frac{1}{2^{n+1}}$,这时有

$$P(A) = \sum_{n=1}^{\infty} P(A_n)$$

这里我们遇到了事件及概率的可列运算.

综上所述,几何概率应具有如下性质:

(i) 对任何事件 A, $P(A) \geq 0$;
(ii) $P(\Omega) = 1$;
(iii) 若 $A_1, A_2, \cdots$ 两两互不相容,则

$$P\left(\sum_{n=1}^{\infty} A_n\right) = \sum_{n=1}^{\infty} P(A_n) \qquad (1.4.6)$$

前两个性质即非负性及规范性与古典型概率相同,(1.4.6)则要求对可列个两两互不相容事件成立,这性质称为**可列可加性**.

§5. 概 率 空 间

一、走向概率论公理化结构

到本世纪初,概率论的各个领域已经得到了大量的成果,而且人们对概率论在其他基础学科和工程技术上的应用也产生了越来越大的兴趣. 但是直到那时为止,关于概率论的一些基本概念——例如事件、概率等——却没有明确的定义. 这是一个很大的矛盾,这个矛盾不仅可能导致贝特朗奇论那样的怪现象产生,而且也使许多人对概率的客观含义,甚至概率论结论的可应用性都产生了怀疑. 因此可以说,到那时为止,概率论作为一个数学分支来说,还缺乏严格的理论基础,这就大大妨碍了它的进一步发展.

在概率论发展早期,所研究的随机现象比较简单,大部分可以归入古典概型. 对这种模型,利用对称性概率的计算可以通过某种

等可能性的假设进行,其结果也有相当明确的解释.这种成功使得人们试图通过给定某种等可能性来定义概率.于是,由拉普拉斯提出的概率的古典定义在整个 19 世纪被人们广泛接受.但是,这种定义的局限性很快也暴露了出来,它既要求试验的可能结果总数有限,又要求某种等可能性,所以它的适用范围极其有限.当把这个结果推广到有无限多种可能结果的场合,例如几何概率时,不但适用范围依然有限,而且出现了新问题.况且,用等可能性来定义概率还有循环定义之嫌.总之,对一般的随机现象明确地定义概率及其他基本概念,在那时成了一个突出的问题.

解决这个问题的时机也在不断成熟.首先是通过对概率论的两个最基本概念——事件与概率的长期研究,发觉事件的运算与集合的运算完全相似,概率与测度有相同性质,这个事实随着当时在实变函数论中关于勒贝格(Lebesgue,1875—1941)测度和积分的研究以及一般抽象测度和积分理论的发展而日益明确起来.

另外,19 世纪末以来,数学的各个分支广泛流行着一股公理化潮流,这个流派主张把最基本的假定公理化,其他结论则由它们经过演绎导出.

在这种背景下,1933 年,前苏联数学家科尔莫戈罗夫(Колмогоров А Н,1903—1987)提出了概率论公理化结构,这个结构综合了前人成果,明确定义了基本概念,使概率论成为严谨的数学分支,对近几十年来概率论的迅速发展起了积极作用.科尔莫戈罗夫的这个理论已被普遍接受,本书的各部分就是在这个结构中展开的.

二、事件域

在公理化结构中,事件不是最基本的概念,它通过更基本的概念——样本点来定义.**样本点**相应于随机试验的结果,我们已在前三节中进行过不少描述.在古典概型中,它们是可能结果全体,被用来定义一般的事件.在几何概率中,它们相应于区域 Ω 中的点,也被用来定义一般的事件.以后,我们把样本点 ω 看作抽象的点,它们的全体构成**样本空间** Ω.

正如§2中所做的那样,我们把事件 A 定义为 Ω 的一个子集,它包含若干样本点,事件 A 发生当且仅当 A 所包含的样本点中有一个发生.

一般并不把 Ω 的一切子集都作为事件,因为这将对给定概率带来困难,譬如在几何概率中,若把不可测集也作为事件,将带来不可克服的困难.

另一方面,又必须把问题中感兴趣的事件都包括进来.例如若 A 是事件,则应要求 $\bar{A}$ 也是事件;若 A 与 B 是事件,则 $A \cup B$ 及 AB 也应是事件.当样本空间 Ω 由无限多个点构成时——在几何概率中就是如此——显然还得考虑可列个事件的并与交.此外,把 Ω 及 $\varnothing$ 作为事件有很大方便.

总之,我们若把事件的全体记为 $\mathscr{F}$,它是由 Ω 的一些子集构成的集类.而且为了使讨论便于进行,还得对 $\mathscr{F}$ 加上某些限制:

(i) $\Omega \in \mathscr{F}$;

(ii) 若 $A \in \mathscr{F}$,则 $\bar{A} \in \mathscr{F}$;

(iii) 若 $A_n \in \mathscr{F}$, $n=1,2,\cdots$,则 $\bigcup_{n=1}^{\infty} A_n \in \mathscr{F}$.

一般地,称空间 Ω 上满足上述三个要求的集类为 σ **域**,亦称 σ **代数**.

若 $\mathscr{F}$ 为 σ 域,则由(i)及(ii)可得
$$\varnothing \in \mathscr{F}$$
此外,若 $A_n \in \mathscr{F}$, $n=1,2,\cdots$,则
$$\bigcap_{n=1}^{\infty} A_n = \overline{\bigcup_{n=1}^{\infty} \bar{A}_n} \in \mathscr{F}$$
$$\bigcup_{n=1}^{k} A_n = A_1 \cup A_2 \cup \cdots \cup A_k \cup \varnothing \cup \varnothing \cdots \in \mathscr{F}$$
$$\bigcap_{n=1}^{k} A_n = A_1 \cap A_2 \cap \cdots \cap A_k \cap \Omega \cap \Omega \cdots \in \mathscr{F}$$

据此定义,σ 域对逆、并、交、差的可列次运算封闭,并且包含了 Ω 及 $\varnothing$.

定义 1.5.1 若 $\mathscr{F}$ 是由样本空间 Ω 的一些子集构成的一个 σ 域,则称它为**事件域**(event field),$\mathscr{F}$ 中的元素称为**事件**,Ω 称为**必然事件**,$\varnothing$ 称为**不可能事件**.

值得指出,按照这种定义,样本点并不一定是事件.

下面我们来举一些事件域的例子.

[例 1] $\mathscr{F} = \{\varnothing, \Omega\}$,不难验证 $\mathscr{F}$ 是一个 σ 域,这时只有必然事件 Ω 与不可能事件 $\varnothing$ 是事件.

[例 2] $\mathscr{F} = \{\varnothing, A, \bar{A}, \Omega\}$. 这时 $\mathscr{F}$ 也是一个 σ 域,$\Omega, A, \bar{A}, \varnothing$ 是事件.

[例 3] $\Omega = \{\omega_1, \cdots, \omega_n\}$,$\mathscr{F}$ 由 Ω 的一切子集构成,这时它包含不可能事件 $\varnothing$,$\binom{n}{1}$ 个单点集,$\binom{n}{2}$ 个双点集,$\cdots$,$\binom{n}{n-1}$ 个 $n-1$ 点集,还有必然事件 Ω,因此计有

$$\binom{n}{0} + \binom{n}{1} + \binom{n}{2} + \cdots + \binom{n}{n-1} + \binom{n}{n} = 2^n$$

个元素. 不难验证,$\mathscr{F}$ 是一个 σ 域.

[例 4] 对于一般的 Ω,若 $\mathscr{F}$ 由 Ω 的一切子集构成,可以验证 $\mathscr{F}$ 是一个 σ 域.

从上面几个例子中看到,事件域可以很简单,也可以选得十分复杂,这就需要我们根据问题的不同要求来选择适当的事件域.

表面看,当 Ω 确定后,把事件域 $\mathscr{F}$ 选得越大,能处理的事件越多,就越方便. 但是概率论最关心的毕竟是概率,过大的事件域对概率的给定带来困难,并不可取. 不过,如果定义概率没有困难,那么,事件域当然可以尽量选大. 因此对有限样本空间和离散样本空间,以后我们将看到,通常都取 Ω 的一切子集作为事件域.

对一个试验,当 Ω 给定后,总有些子集必须作为事件处理,但它们未必能满足 σ 域的要求,该怎么办?

下面证明:若给定 Ω 的一个非空集类 $\mathscr{G}$,必存在唯一的一个 Ω 上的 σ 域 $\mathrm{m}(\mathscr{G})$,具有如下两个性质:(1) 包含 $\mathscr{G}$;(2) 若有其他 σ 域包含 $\mathscr{G}$,则必包含 $\mathrm{m}(\mathscr{G})$. 这个 $\mathrm{m}(\mathscr{G})$ 称为**包含 $\mathscr{G}$ 的最小 σ 域**,亦称**由 $\mathscr{G}$ 产生的 σ 域**.

先证明必存在包含 $\mathscr{G}$ 的 σ 域,显然由 Ω 的一切子集构成的集类包含了 $\mathscr{G}$,由例 4 知此集类是一个 σ 域,因此至少存在 Ω 上的一个 σ 域 m,有 $\mathrm{m}\supset\mathscr{G}$.

现在只要取 Ω 上一切包含 $\mathscr{G}$ 的 σ 域之交作为 $\mathrm{m}(\mathscr{G})$,则它是具有上述两个性质的 σ 域. 这点作为习题留给读者自行验证.

因此,从必须作为事件处理的子集出发,通过添加其他子集,必能得到 Ω 上的 σ 域. 不过,上述最小 σ 域因便于给定概率而受重视.

按照这种观点,例 1 是只把不可能事件 $\varnothing$ 及必然事件 Ω 看作事件的平凡事件域,而例 2 是由事件 A 产生的事件域.

当 Ω 有限或可列,如果要求每一个样本点都是事件,则包含它的最小 σ 域就是 Ω 的一切子集(如例 3). 因此在这两种场合,事件域的选取实际上没有困难.

真正要关心的是样本空间为一维或 n 维欧几里得(Euclid)空间的场合. 这里的许多结果是由博雷尔(Borel,1871—1956)建立的.

下面就是这两个非常有用的 σ 域.

[**一维博雷尔点集**] 以后我们将以 $\mathbf{R}^1$ 记数直线或实数全体,并称由一切形为 $[a,b)$ 的有界左闭右开区间构成的集类所产生的 σ 域为**一维博雷尔 σ 域**,记之为 $\mathscr{B}_1$,称 $\mathscr{B}_1$ 中的集为**一维博雷尔点集**.

若 x,y 为任意实数,由于

$$\{x\} = \bigcap_{n=1}^{\infty} \left[x, x+\frac{1}{n}\right)$$

$$(x,y) = [x,y) - \{x\}$$

$$[x,y] = [x,y) + \{y\}$$
$$(x,y) = [x,y) + \{y\} - \{x\}$$

因此 $\mathscr{B}_1$ 中包含一切开区间,闭区间,单个实数,可列个实数,以及由它们经可列次逆、并、交运算而得出的集合. 这是相当大的一个集类,足够把实际问题中感兴趣的点集都包括在内.

显然,若不从左闭右开区间 $[a,b)$ 出发,而从 $(a,b]$ 或 (a,b), 或 $[a,b]$, 甚至 $(-\infty,x)$ 出发,都将产生同一个 σ 域.

[n 维博雷尔点集] 以 $\mathbf{R}^n$ 记 n 维欧几里得空间,可以类似地定义 n **维博雷尔点集**, 它们是由一切 n 维矩形产生的 n **维博雷尔 σ 域** $\mathscr{B}_n$ 中的集合, 也可以把 $\mathbf{R}^n$ 中我们感兴趣的点集都包括在内.

至于如何在函数空间上定义事件域则超出本书的讨论范围.

三、概率

在公理化结构中,概率是针对事件定义的,即对应于事件域 $\mathscr{F}$ 中的每一个元素 A 有一个实数 $P(A)$ 与之对应,一般把这种从集合到实数的映射称为集合函数. 因此,概率是定义在事件域 $\mathscr{F}$ 上的一个集合函数. 此外,在公理化结构中只规定概率应满足的性质,而不具体给出它的计算公式或计算方法.

概率应有什么性质呢？

因为概率通过频率稳定性与随机试验相联系,因此我们自然想到概率应有与频率类似的性质. 关于频率的性质,我们已在 §1 中总结为非负性,规范性以及有限可加性.

在古典概型中,概率是通过有利场合数与可能结果总数之比来定义的,它同样具有这三个性质.

在几何概率中,情况也类似,但有一点不同,就是它要求对可列个不相容事件之和有可加性,即可列可加性.

在一般场合,处理可列个事件之和是完全必要的,因此保留这种可列可加性要求看来是合理的.

综上所述,我们如下定义概率.

定义 1.5.2 定义在事件域 $\mathscr{F}$ 上的一个集合函数 P 称为**概率**,如果它满足如下三个要求:

(i) $P(A) \geq 0$,对一切 $A \in \mathscr{F}$;

(ii) $P(\Omega) = 1$;

(iii) 若 $A_i \in \mathscr{F}$, $i = 1, 2, \cdots$ 且两两互不相容,则

$$P\left(\sum_{i=1}^{\infty} A_i\right) = \sum_{i=1}^{\infty} P(A_i) \tag{1.5.1}$$

性质(i)称为**非负性**,性质(ii)称为**规范性**,性质(iii)称为**可列可加性**或**完全可加性**.

利用概率的基本性质(i),(ii),(iii)可以推出概率的另外一些重要性质.

性质 1 不可能事件的概率为 0,即 $P(\varnothing) = 0$.

[证明] 因为

$$\Omega = \Omega + \varnothing + \cdots$$

所以

$$P(\Omega) = P(\Omega) + P(\varnothing) + \cdots$$

因此 $P(\varnothing) = 0$.

性质 2 概率具有有限可加性. 即若 $A_i A_j = \varnothing\,(i \neq j)$,则

$$P(A_1 + A_2 + \cdots + A_n) = P(A_1) + P(A_2) + \cdots + P(A_n) \tag{1.5.2}$$

[证明] 因为

$$A_1 + A_2 + \cdots + A_n = A_1 + A_2 + \cdots + A_n + \varnothing + \varnothing + \cdots$$

由可列可加性及性质 1

$$P(A_1 + A_2 + \cdots + A_n) = P(A_1) + P(A_2) + \cdots + P(A_n)$$

性质 3 对任何事件 A 有

$$P(\bar{A}) = 1 - P(A) \tag{1.5.3}$$

[证明] 因 $A \cup \bar{A} = \Omega, A\bar{A} = \varnothing$,故

$$1 = P(\Omega) = P(A \cup \bar{A}) = P(A) + P(\bar{A})$$

性质 4 如果 $A \supset B$,则
$$P(A - B) = P(A) - P(B) \quad (1.5.4)$$
[证明] 因为 $A = AB + A\bar{B}$,故
$$P(A - B) = P(A\bar{B}) = P(A) - P(AB)$$
特别当 $A \supset B$ 时,得到式(1.5.4).

推论 1 (单调性)如果 $A \supset B$,则 $P(A) \geq P(B)$.

由此即知,对任意事件 A,有 $P(A) \leq 1$,再注意到概率的非负性,所以成立
$$0 \leq P(A) \leq 1 \quad (1.5.5)$$

性质 5 $P(A \cup B) = P(A) + P(B) - P(AB)$. (1.5.6)

[证明] 因 $A \cup B = A \cup (B - AB)$,而且 $A \cap (B - AB) = \emptyset$,故 $P(A \cup B) = P(A) + P(B - AB)$,又 $AB \subset B$,于是由性质 4 得到
$$P(A \cup B) = P(A) + P(B) - P(AB)$$

公式(1.5.6)称为**概率的加法公式**,在古典概型场合,我们曾直接加以证明,如今则作为可加性的直接推论,说明在一般场合也成立. 由它可得如下推论:

推论 2 (布尔不等式)
$$P(A \cup B) \leq P(A) + P(B) \quad (1.5.7)$$

推论 3 (Bonferroni 不等式)
$$P(AB) \geq P(A) + P(B) - 1 \quad (1.5.8)$$

利用归纳法不难把这两个不等式推广到 n 个事件的场合.
$$P(A_1 \cup A_2 \cup \cdots \cup A_n) \leq P(A_1) + P(A_2) + \cdots + P(A_n)$$
$$P(A_1 A_2 \cdots A_n) \geq P(A_1) + P(A_2) + \cdots + P(A_n) - (n-1)$$

性质 6 (一般加法公式) 若 $A_1, A_2, \cdots, A_n$ 为 n 个事件,则
$$P(A_1 \cup A_2 \cup \cdots \cup A_n) = \sum_{i=1,\cdots,n} P(A_i) - \sum_{\substack{i<j \\ i,j=1,\cdots,n}} P(A_i A_j)$$
$$+ \sum_{\substack{i<j<k \\ i,j,k=1,\cdots,n}} P(A_i A_j A_k) - \cdots + (-1)^{n-1} P(A_1 A_2 \cdots A_n)$$

$$(1.5.9)$$

公式(1.5.9)可以用数学归纳法证明,留给读者作为习题.

当然,概率还有其他性质,不过上述列出的各条是最重要的.它们是以后讨论中经常要用到的基本结果,务必牢记.

值得提醒的是概率的这些重要性质的推导实质上只用到非负性、规范性和有限可加性.

[概率计算的公式法] 利用上面推导的公式来作概率计算,常能使解题思路清晰,计算便捷.

[例5] (最大车牌号) 某城有 N 辆卡车,车牌号从 1 到 N,有一个外地人到该城去,把遇到的 n 辆车子的牌号抄下(可能重复抄到某些车牌号),求抄到的最大号码正好为 k 的概率($1 \leqslant k \leqslant N$).

[解] 可以看作古典概型问题,即设每辆卡车被遇到的机会相同.若以 A_k 记抄到的最大号码为 k 这一事件,又以 B_k 记抄到的最大号码不超过 k 这一事件,则明显有 $A_k = B_k - B_{k-1}$,而且 $B_k \supset B_{k-1}$,所以由性质4知 $P(A_k) = P(B_k) - P(B_{k-1})$,而由直接计算可得 $P(B_k) = \dfrac{k^n}{N^n}$,因此最后得到

$$P(A_k) = \frac{k^n - (k-1)^n}{N^n}$$

这种方法曾在第二次世界大战中被盟军用来估计敌方的军火生产能力,从被击毁的战车上的出厂号码推测其生产批量,得到相当精确的有用情报.

[例6] (匹配问题) 某人写好 n 封信,又写好 n 只信封,然后在黑暗中把每封信放入一只信封中,试求至少有一封信放对的概率.

[解] 若以 A_i 记第 i 封信与信封符合,则所求事件为 $A_1 \cup A_2 \cup \cdots \cup A_n$,所以可以用一般加法公式,不难求得

$$P(A_i) = \frac{(n-1)!}{n!} = \frac{1}{n}$$

$$P(A_iA_j) = \frac{(n-2)!}{n!} = \frac{1}{n(n-1)}$$

$$P(A_iA_jA_k) = \frac{1}{n(n-1)(n-2)}, \cdots, P(A_1A_2\cdots A_n) = \frac{1}{n!}$$

因此

$$P(A_1 \cup A_2 \cup \cdots \cup A_n)$$

$$= \binom{n}{1}\frac{1}{n} - \binom{n}{2}\frac{1}{n(n-1)}$$

$$+ \binom{n}{3}\frac{1}{n(n-1)(n-2)} - \cdots + (-1)^{n-1}\frac{1}{n!}$$

$$= 1 - \frac{1}{2!} + \frac{1}{3!} - \cdots + (-1)^{n-1}\frac{1}{n!}$$

这个问题若直接计算有利场合数,无疑是十分复杂的.

四、可列可加性与连续性

下面我们对可列可加性作进一步讨论. 从性质 2 知道,由可列可加性可以推出有限可加性,但是一般来讲,由有限可加性并不能推出可列可加性.

事实上,若 $A_i \in \mathscr{F}$, $i = 1, 2, \cdots$ 且两两互不相容,则由概率的有限可加性只能推出(1.5.2)式成立,即

$$P\left(\sum_{i=1}^{n} A_i\right) = \sum_{i=1}^{n} P(A_i) \qquad (1.5.10)$$

这个等式的左边对任意 n 都不超过 1,因此右边的正项级数收敛. 这样应有

$$\lim_{n\to\infty} P\left(\sum_{i=1}^{n} A_i\right) = \lim_{n\to\infty} \sum_{i=1}^{n} P(A_i) = \sum_{i=1}^{\infty} P(A_i) \qquad (1.5.11)$$

与(1.5.1)式比较一下就可以知道,为了具有可列可加性,还需要下式成立:

$$\lim_{n\to\infty} P\left(\sum_{i=1}^{n} A_i\right) = P\left(\sum_{i=1}^{\infty} A_i\right) \qquad (1.5.12)$$

或者写成更富有启发性的等式:

$$\lim_{n\to\infty} P\Big(\sum_{i=1}^{n} A_i\Big) = P\Big(\lim_{n\to\infty}\sum_{i=1}^{n} A_i\Big) \qquad (1.5.13)$$

即要允许把极限号移到概率号里面去,这就提出了一个新要求.

现在就来考察这个新要求.若记

$$S_n = \sum_{i=1}^{n} A_i$$

则 $S_n \in \mathscr{F}$, $n=1,2,\cdots$ 而且 $S_n \subset S_{n+1}$,即 S_n 是 $\mathscr{F}$ 中一个单调不减的集序列,这时可改写(1.5.13)式成为下式:

$$\lim_{n\to\infty} P(S_n) = P(\lim_{n\to\infty} S_n) \qquad (1.5.14)$$

一般,对于 $\mathscr{F}$ 上的集合函数,若它对 $\mathscr{F}$ 中任何一个单调不减的集序列 $\{S_n\}$ 均成立(1.5.14)式,则我们称它是**下连续的**.因此前面的推导表明,为保证概率的可列可加性成立,除要求它具有有限可加性外,还要求它是下连续的.

下面的定理明确地阐明了这三个概念之间的关系.

定理 1.5.1 若 P 是 $\mathscr{F}$ 上满足 $P(\Omega)=1$ 的非负集合函数,则它具有可列可加性的充要条件为

(i) 它是有限可加的;

(ii) 它是下连续的.

[证明] 充分性只要重新考察前面的推导过程.实际上,若沿用有关记号,则有限可加性保证了(1.5.10)式的成立,而下连续性保证了(1.5.13)式即(1.5.12)式的成立,通过(1.5.11)式立刻得到可列可加性.

必要性:其中(i)我们早已建立.为证(ii),设 $\{S_n\}$ 是 $\mathscr{F}$ 中一个单调不减的集序列,那么

$$\bigcup_{i=1}^{\infty} S_i = \lim_{n\to\infty} S_n$$

若定义 $S_0 = \emptyset$,则

$$\bigcup_{i=1}^{\infty} S_i = \sum_{i=1}^{\infty} (S_i - S_{i-1})$$

这里的 $(S_i - S_{i-1})$, $i = 1, 2, \cdots$ 由于 S_i 的单调性,显然两两互不相容,因此由可列可加性得

$$P\left(\bigcup_{i=1}^{\infty} S_i\right) = \sum_{i=1}^{\infty} P(S_i - S_{i-1}) = \lim_{n \to \infty} \sum_{i=1}^{n} P(S_i - S_{i-1})$$

但是

$$\sum_{i=1}^{n} P(S_i - S_{i-1}) = P\left(\sum_{i=1}^{n}(S_i - S_{i-1})\right) = P(S_n)$$

因此

$$P\left(\lim_{n \to \infty} S_n\right) = \lim_{n \to \infty} P(S_n)$$

这就证得了 P 的下连续性.

系 1 概率是下连续的.

系 2 概率是上连续的,即若 $B_i \in \mathscr{F}$,而且 $B_i \supset B_{i+1}$, $i = 1, 2, \cdots$,则

$$\lim_{n \to \infty} P(B_n) = P\left(\lim_{n \to \infty} B_n\right) \qquad (1.5.15)$$

[证明] 记 $S_i = \overline{B_i}$,则 $\{S_i\}$ 是单调不减的,由系 1 可得

$$\lim_{n \to \infty} P(S_n) = P\left(\lim_{n \to \infty} S_n\right) = P\left(\bigcup_{i=1}^{\infty} S_i\right) = P\left(\overline{\bigcap_{i=1}^{\infty} B_i}\right)$$

因此由 (1.5.3) 式,可知

$$1 - \lim_{n \to \infty} P(B_n) = 1 - P\left(\bigcap_{i=1}^{\infty} B_i\right)$$

注意到 $\lim\limits_{n \to \infty} B_n = \bigcap\limits_{i=1}^{\infty} B_i$,即得式 (1.5.15).

系 3 $P\left(\bigcup\limits_{i=1}^{\infty} A_i\right) \leqslant \sum\limits_{i=1}^{\infty} P(A_i)$.

五、概率空间

在科尔莫戈罗夫的概率论公理化结构中,称三元总体 $(\Omega, \mathscr{F}, P)$ 为**概率空间**,其中 Ω 是样本空间,$\mathscr{F}$ 是事件域,P 是概率,它们都认为是预先给定的,并以此作为出发点讨论种种问题. 至于实际

问题中,如何选定 Ω,怎样构造 $\mathscr{F}$,怎样给定 P,则要视具体情况而定.

下面讨论几个具体例子.

[例7] (有限概率空间) 设 Ω 中只有 n 个点,这类概率空间在§2 中已有讨论,古典概型即为其特例. 在这种场合,一般可取 $\mathscr{F}$ 为 Ω 的所有子集全体,这仍是一个有限的集合,元素总数为 2^n,它满足事件域的三个要求,而且样本点(看作一个单点集)是事件. 至于概率,只要对样本点 $\omega_i, i=1,2,\cdots,n$,给定满足

$$p(\omega_i) \geqslant 0, \quad i = 1, 2, \cdots, n$$
$$p(\omega_1) + p(\omega_2) + \cdots + p(\omega_n) = 1$$

的一组数 $p(\omega_1), p(\omega_2), \cdots, p(\omega_n)$,那么,若 A 是 $\mathscr{F}$ 中元素,包含样本点 $\omega_{i_1}, \cdots, \omega_{i_k}$,则由概率的可加性,自然应令

$$P(A) = p(\omega_{i_1}) + \cdots + p(\omega_{i_k})$$

这就给定了事件 A 的概率,从而构成了概率空间 $(\Omega, \mathscr{F}, P)$.

这时显然有 $P(\{\omega_i\}) = p(\omega_i), i = 1, 2, \cdots, n$.

从这个例子中看到下面两点.

(1) 选定了 $(\Omega, \mathscr{F})$ 之后,对于事件概率的给定还有相当大的灵活性,这表现在 $p(\omega_i)$ 的选取上. 因为只有这样,才能用概率空间来描述不同的随机现象. 例如在投一次硬币的试验中,Ω 总是由出正面(ω_1)及出反面(ω_2)两个样本点构成. 对于均匀的硬币,可以假定它出正面及反面的概率均为 $\frac{1}{2}$;但对于很不均匀的硬币,例如出正面可能性大得多的硬币,则必须给定另外的概率,而这只须适当给定 $p(\omega_1)$ 就可以了.

(2) 一旦诸 $p(\omega_i)$ 给定后,事件 A 的概率并不能任意给定,即在事件域中,各事件的概率有一定关系,给定概率时必须满足这些关系.

[例8] (离散概率空间) Ω 由可列个点构成:$\Omega = \{\omega_1, \omega_2, \cdots\}$,这时 $\mathscr{F}$ 还是可以选为 Ω 的子集全体,它满足事件域的三

个要求.这时样本点也是事件.为给定概率,可选择可列个非负的数 $p_i, i = 1, 2, \cdots$ 满足

$$\sum_{i=1}^{\infty} p_i = 1$$

分别作为样本点 ω_i 的概率,而一般事件 $A \in \mathscr{F}$ 的概率,则必须取为它所含的样本点的概率之和.

[例9] 若 $\Omega = \mathbf{R}^1$,即样本空间由全体实数构成,这时 $\mathscr{F}$ 不能取为 Ω 的一切子集,因为这个集类太大,无法在其上定义概率.这时通常取 $\mathscr{F}$ 为直线上博雷尔点集全体 $\mathscr{B}_1$,这是相当大的一个集类,可以把实际问题中所有感兴趣的点集都包括在内.另一方面在博雷尔 σ 域上定义概率相当方便,这只要对左闭右开区间给定概率即可.这些我们将在第三章中作深入讨论.

顺便指出,若 Ω 不是 $\mathbf{R}^1$,而是它的一部分,也可类似处理.譬如 Ω 为一个区间,这时 $\mathscr{F}$ 可取为该区间上的博雷尔点集全体:它们通过直线上博雷尔点集与该区间之交而得到.

[例10] 若 $\Omega = \mathbf{R}^n$(或 $\mathbf{R}^n$ 的一部分),这时可类似于一维场合取 n 维欧几里得空间中的博雷尔点集全体 $\mathscr{B}_n$ 作为事件域 $\mathscr{F}$,在第三章 §2 中将对这种场合进行深入讨论.

第一章小结

本章中介绍了一类新的现象——随机现象,这是一种普遍存在的现象.在大量随机现象中存在着统计规律性,概率论便是研究随机现象的数量规律的一门数学学科.

"事件"与"概率"是概率论中最基本的两个概念,我们在公理化结构中严格地定义了这两个概念.

为了使读者清楚地理解事件与概率的直观意义,我们采用由具体到抽象,由简单到复杂,由特殊到一般的方式分别介绍了频率、古典概型、几何概率,并从中归纳出事件与概率的本质特征,为

公理化定义作准备,这种讲法基本上与概率概念的历史发展平行.

事件的运算及概率的性质是本章的基本内容,也是学习以后各章的必要基础,务必牢固掌握.

我们较完整地研究了古典概型,并介绍了它在产品抽样检查中的应用.对于古典概型的讨论有助于对概率论基本概念的直观理解,而且在以后讨论更一般的情况时,也常以它为特例加以考察.古典概型中概率的计算有较高的技巧性,读者应该掌握一些最基本的计算方法.

几何概率是很有启发性的一类问题,不过它的严格表述只有用到第三章的一些概念才能做到.

搞清频率与概率的关系是十分重要的一个课题,今后我们将一再回到这个问题上来.

书中我们着重把现代概率论公理化结构作为一个历史发展过程来描述,有兴趣的读者不妨试着进行相反而相成的另一项工作:用公理化结构来概括古典概型、几何概率等特殊模型.

尽管公理化结构是对抽象样本空间给定的,但应用中我们还是最关心欧几里得空间,在这种场合,博雷尔点集是一个重要的概念,在第三章中,它将起关键作用.

习 题 一

1. 在某城市中,共发行三种报纸 A,B,C. 在这城市的居民中,订阅 A 的占 45%,订阅 B 的占 35%,订阅 C 的占 30%,同时订阅 A 及 B 的占 10%,同时订阅 A 及 C 的占 8%,同时订阅 B 及 C 的占 5%,同时订阅 A,B,C 的占 3%,试求下列百分率:(1) 只订阅 A 的;(2) 只订阅 A 及 B 的;(3) 只订阅一种报纸的;(4) 正好订阅两种报纸的;(5) 至少订阅一种报纸的;(6) 不订阅任何报纸的.

2. 若 A,B,C 是随机事件,说明下列关系式的概率意义:(1) $ABC=A$;(2) $A\cup B\cup C=A$;(3) $AB\subset C$;(4) $A\subset\overline{BC}$.

3. 在某班学生中任选一个同学,以事件 A 表示选到的是男同学,事件 B 表示选到的人不喜欢唱歌,事件 C 表示选到的人是运动员.(1) 表述 $AB\bar{C}$ 及 $A\bar{B}C$;(2) 什么条件下成立 $ABC = A$;(3) 何时成立 $\bar{C} \subset B$;(4) 何时同时成立 $A = B$ 及 $\bar{A} = C$.

4. 试证:$\bigcup_{i=1}^{n} A_i = A_1 + \bar{A}_1 A_2 + \bar{A}_1 \bar{A}_2 A_3 + \cdots + \bar{A}_1 \bar{A}_2 \bar{A}_3 \cdots \bar{A}_{n-1} A_n$,并对 $n = 4$,画出文图.

5. 为"剪刀·石头·布"游戏造一个样本空间,定义有关事件,并考虑如何给定概率.

6. 若 A, B, C, D 是四个事件,试用这四个事件表示下列各事件:(1) 这四个事件至少发生一个;(2) A, B 都发生而 C, D 都不发生;(3) 这四个事件恰好发生两个;(4) 这四个事件都不发生;(5) 这四个事件中至多发生一个.

*7. 从 $0, 1, 2, \cdots, 9$ 中随机地取出 5 个数(可重复),以 E_i 记某些数正好出现 i 次这一事件(例如 52353,既属于 E_1,也属于 E_2 及 E_0),试用文图表示 E_0,$E_1, \cdots, E_6$ 的关系.

8. 证明下列等式:

(1) $\binom{n}{1} + 2\binom{n}{2} + 3\binom{n}{3} + \cdots + n\binom{n}{n} = n 2^{n-1}$

(2) $\binom{n}{1} - 2\binom{n}{2} + 3\binom{n}{3} + \cdots + (-1)^{n-1} n\binom{n}{n} = 0$

(3) $\sum_{k=0}^{a-r} \binom{a}{k+r}\binom{b}{k} = \binom{a+b}{a-r}$

9. 一部五卷的文集,按任意次序放到书架上去,试求下列概率:(1) 第一卷出现在旁边;(2) 第一卷及第五卷出现在旁边;(3) 第一卷或第五卷出现在旁边;(4) 第一卷及第五卷都不出现在旁边;(5) 第三卷正好在正中.

10. 甲袋中有 3 只白球,7 只红球,15 只黑球,乙袋中有 10 只白球,6 只红球,9 只黑球,现从两袋中各取一球,求两球颜色相同的概率.

11. 袋中有 n 只球,记有号码 $1, 2, \cdots, n$,求下列事件的概率:(1) 任意取出 2 球,号码为 1, 2;(2) 任意取出 3 球,没有号码 1;(3) 任意取出 5 球,号码 1, 2, 3 中至少出现一个.

12. 袋中装有 $1, 2, \cdots, N$ 号的球各一只,采用(1) 有放回;(2) 不放回方式摸球,试求在第 k 次摸球时首次摸到 1 号球的概率.

13. 从6双不同的手套中任取4只,问其中恰有一双配对的概率是多少?

14. 从n双不同的鞋子中任取$2r(2r<n)$只,求下列事件发生的概率:(1)没有成对的鞋子;(2)只有一对鞋子;(3)恰有两对鞋子;(4)有r对鞋子.

15. m个男孩和n个女孩$(n\le m)$随机地沿着圆桌坐下,试求任意两个女孩都不相邻的概率.

16. (分赌注问题) 甲、乙二人各出赌注a,约定谁先胜三局则赢得全部赌注,现已赌三局,甲二胜一负,这时因故中止赌博,若二人赌技相同,问应如何分配赌注,才算公平合理?

17. 从52张扑克牌中任意取出13张,求:(1)有5张黑桃,3张红心,3张方块,2张草花的概率;(2)牌型分布为7-3-2-1(最长花色有7张,最短花色有1张,其余二花色分别有3张及2张)的概率.

18. 桥牌游戏中(四人各从52张纸牌中分得13张),求4张A集中在一个人手中的概率.

*19. 在扑克牌游戏中(从52张牌中任取5张),求下列事件的概率:(1)以A打头的同花顺次五张牌;(2)其他同花顺次五张牌;(3)有四张牌同点数;(4)三张同点数且另两张也同点数;(5)五张同花;(6)异花顺次五张牌;(7)三张同点数,另外两张不同点数;(8)五张中有两对;(9)五张中有一对;(10)其他情况.

20. 从装有号码$1,2,\cdots,N$的球的箱子中有放回地摸了n次球,依次记下其号码,试求这些号码按严格上升次序排列的概率.

21. 在上题中这些号码按上升(不一定严格)次序排列的概率.

22. 任意从数列$1,2,\cdots,N$中不放回地取出n个数并按大小排列成:$x_1<x_2<\cdots<x_m<\cdots<x_n$,试求$x_m=M$的概率.这里$1\le M\le N$.

*23. 上题中,若采用有放回取数,这时$x_1\le x_2\le\cdots\le x_m\le\cdots\le x_n$,试求$x_m=M$的概率.

24. 从(0,1)中随机地取两个数,求下列概率:(1)两数之和小于1.2;(2)两数之积小于$\frac{1}{4}$;(3)以上两个要求同时满足.

25. 从(0,1)中随机地取二数b及c,试求方程$x^2+bx+c=0$有实根的概率.

26. 在一张打上方格的纸上投一枚直径为1的硬币,方格要多小才能使硬币与线不相交的概率小于 1%.

27. 某码头只能容纳一只船,现预知某日将独立来到两只船,且在 24 小时内各时刻来到的可能性都相等,如果它们需要停靠的时间分别为 3 小时及 4 小时,试求有一船要在江中等待的概率.

28. 两人约定于 7 点到 8 点在某地会面,试求一人要等另一人半小时以上的概率.

29. 在一线段 AB 中随机地取两个点把线段截为三段,求这三段可以构成一个三角形的概率(三线段能构成三角形的充要条件是任意二边之和大于第三边).

30. 在线段 $[0,1]$ 上任意投三个点,问由 0 至三点的三线段能构成三角形与不能构成三角形这两个事件中哪一个事件的概率大.

*31. 从一只装有 100 只灯泡的箱子中任抽 5 只灯泡,发现有 2 只是次品,你对此批灯泡的次品数作何估计?(这种抽查当然用不放回方式.比较用最大似然估计法所得结果与用频率估计概率法的结果是否相同.)

*32. 利用概率论的想法证明下列恒等式:

$$1 + \frac{A-a}{A-1} + \frac{(A-a)(A-a-1)}{(A-1)(A-2)} + \cdots + \frac{(A-a)\cdots 2 \cdot 1}{(A-1)\cdots(a+1)a} = \frac{A}{a}$$

其中 A, a 都是正整数,且 $A > a$.

33. 设 $A_1, A_2, \cdots, A_n$ 是随机事件,试用归纳法证明下列公式

$$P(A_1 \cup A_2 \cup \cdots \cup A_n)$$
$$= \sum_{i=1}^{n} P(A_i) - \sum_{1 \leq i < j \leq n} P(A_i A_j)$$
$$+ \sum_{1 \leq i < j < k \leq n} P(A_i A_j A_k) - \cdots + (-1)^{n-1} P(A_1 A_2 \cdots A_n)$$

34. 某班有 N 个士兵,每人各有一支枪,这些枪外形完全一样,在一次夜间紧急集合中,若每人随机地取走一支枪,问至少有一个人拿到自己的枪的概率.

*35. 在上题中求恰好有 $k (0 \leq k \leq N)$ 个人拿到自己的枪的概率.

36. 从一副扑克牌中有放回地一张张抽取,求在抽取第 6 张时得到全部 4 种花色的概率.

*37. 考试时共有 N 张考签,n 个学生参加考试 ($n \geq N$),被抽过的考签立刻放回,求在考试结束之后,至少有一张考签没有被抽到的概率.

*38. (赠券收集)食品厂把印有水浒108将之一的画卡作为赠券装入某种儿童食品袋中,每袋一卡,试求购买 n 袋这种食品而能收齐全套画卡的概率.

*39. 用概率论想法求 N 阶行列式的展开式中包含主对角线元素的项数.

40. 有 w 只白球与 b 只黑球任你放入两个袋子中,让你的朋友随机抽一袋并从中摸出一只球,你将如何做以使你的朋友摸得黑球的概率最大.

*41. 甲,乙,丙三人按下面规则进行比赛,第一局由甲,乙参加而丙轮空,由第一局的优胜者与丙进行第二局比赛,而失败者则轮空,比赛用这种方式一直进行到其中一个人连胜两局为止,连胜两局者成为整场比赛的优胜者,若甲,乙,丙胜每局的概率各为 $\frac{1}{2}$,问甲,乙,丙成为整场比赛优胜者的概率各是多少?

*42. 父,母,子三人举行比赛,每局总有一人胜一人负(没有和局),每局的优胜者就与未参加此局的人再进行比赛,如果某人首先胜了两局,则他就是整个比赛的优胜者,由父决定第一局由哪两人参加,其中儿子实力最强,所以父为了使自己得胜的概率达到最大,就决定第一局由他与妻子先比赛,试证父的决策为最优策略(任何一对选手中一人胜对方的概率在整个比赛中是不变的).

43. 给定 $p = P(A), q = P(B), r = P(A \cup B)$,求 $P(A\bar{B})$ 及 $P(\bar{A}\bar{B})$.

44. 设 p_1, p_2, p_{12} 是给定的实数,试证存在两个事件 A_1 及 A_2 使得 $P(A_1) = p_1, P(A_2) = p_2, P(A_1 A_2) = p_{12}$ 的充要条件是下列四个不等式同时成立:

$$p_{12} \geq 0, \quad p_1 - p_{12} \geq 0, \quad p_2 - p_{12} \geq 0, \quad 1 - p_1 - p_2 + p_{12} \geq 0$$

45. 证明:$\left| P(AB) - P(A)P(B) \right| \leq \frac{1}{4}$,并讨论等号成立的条件.

46. 求包含事件 A, B 的最小 σ 域.

47. 证明:(1) Ω 的一切子集组成的集类是一个 σ 域;(2) σ 域之交仍为 σ 域.

48. 证明:包含一切形为 $(-\infty, x)$ 的区间的最小 σ 域是一维博雷尔 σ 域.

49. (1) 设 Q 是定义在 σ 域上的非负广义实值函数(即可以取有限或无限值的函数),如果它具有可列可加性,并且 $Q(\varnothing) = 0$,则称 Q 为**测度**,试说

明测度概念是算术中计数概念及几何中长度、面积、体积等概念的推广;
(2)用测度概念解释古典概型、几何概率及概率论公理化结构中关于概率的定义.

*50. 试证:概率定义1.5.2中的三个要求可用下列两个要求代替:

(i) $P(A) \geqslant 0$,对一切 $A \in \mathscr{F}$;

(ii) 若 $A_i \in \mathscr{F}, i=1,2,\cdots$,两两互不相容,且 $\sum\limits_{i=1}^{\infty} A_i = \Omega$,则 $\sum\limits_{i=1}^{\infty} P(A_i) = 1$.

第二章 条件概率与统计独立性

§1. 条件概率,全概率公式,贝叶斯公式

一、条件概率

对概率的讨论总是在一组固定的条件限制下进行的. 以前的讨论总是假定除此之外再无别的信息可供使用,可是,有时我们却会遇到这样的情况,即已知某一事件 B 已经发生,要求另一事件 A 发生的概率. 例如考虑有两个孩子的家庭,假定男女出生率一样,则两个孩子(依大小排列)的性别为(男,男),(男,女),(女,男),(女,女)的可能性是一样的. 若以 A 记随机选取的这样一个家庭中有一男孩、一女孩这一事件,则显然 $P(A) = \frac{1}{2}$,但是如果我们预先知道这家庭至少有一个女孩,那么,上述事件的概率便应是 $\frac{2}{3}$.

两种情况下算出的概率不同. 这也很容易理解,因为在第二种情况下,我们多知道了一个条件:事件 B(这一家庭至少有一女孩)发生,因此我们算得的概率事实上是"在已知事件 B 发生的条件下,事件 A 发生的概率",这个概率我们将记之为 $P(A|B)$.

这种带有条件的概率很重要,下面我们就来研究它. 在给出严格定义之前,先考察一些特殊的场合.

就从上述例子出发. 这是一个古典概型问题,样本点总数 $n = $

4,有利于事件 A 的场合数 $m_A = 2$,因此 $P(A) = \dfrac{1}{2}$;但是假如已知事件 B 发生,即至少有一女孩,那么可能发生的样本点是(男,女),(女,男),(女,女),总数为 $m_B = 3$,而有利场合(至少有一女孩,而且有一男孩、一女孩)数 $m_{AB} = 2$,因此

$$P(A\mid B) = \frac{2}{3} = \frac{m_{AB}}{m_B} = \frac{\dfrac{m_{AB}}{n}}{\dfrac{m_B}{n}} = \frac{P(AB)}{P(B)}$$

这式子很重要,虽然我们以特例形式引入,但读者不难证明,它对一般古典概型问题也成立.

在几何概率中,若以 $m(A), m(B), m(AB), m(\Omega)$ 分别记事件 A, B, AB, Ω 所对应点集的测度,且 $m(B) > 0$,则

$$P(A\mid B) = \frac{m(AB)}{m(B)} = \frac{\dfrac{m(AB)}{m(\Omega)}}{\dfrac{m(B)}{m(\Omega)}} = \frac{P(AB)}{P(B)}$$

结果与古典概型相同.

对频率也有类似结果,请读者自行验证.

在一般场合,我们将把这个算式作为条件概率的定义.

定义 2.1.1 设 $(\Omega, \mathscr{F}, P)$ 是一个概率空间,$B \in \mathscr{F}$,而且 $P(B) > 0$,则对任意 $A \in \mathscr{F}$,记

$$P(A\mid B) = \frac{P(AB)}{P(B)} \tag{2.1.1}$$

并称 $P(A\mid B)$ 为**在事件 B 发生的条件下事件 A 发生的条件概率**(conditional probability).

若未经特别指出,今后出现条件概率 $P(A\mid B)$ 时,都假定 $P(B) > 0$.

不过,即使 $P(B) = 0$,由于这时 $P(AB)$ 也必为 0,因此 (2.1.1) 式为待定型,进一步的研究是可能的,但已超出本书的范围.

由(2.1.1)式立刻得到
$$P(AB) = P(B)P(A|B) \qquad (2.1.2)$$
这个等式被称为概率的**乘法公式**或**乘法定理**.

若还有 $P(A) > 0$，则也可定义 $P(B|A)$，这时有
$$P(AB) = P(A)P(B|A) = P(B)P(A|B) \qquad (2.1.3)$$

[**例1**] 在肝癌普查中发现，某地区的自然人群中，每十万人内平均有40人患原发性肝癌，有34人甲胎球蛋白高含量，有32人既患原发性肝癌又出现甲胎球蛋白高含量.

从这个地区的居民中任抽一人，若他患有原发性肝癌则记为 C，甲胎球蛋白高含量记为 D，这时

$P(C) = 0.0004, P(D) = 0.00034, P(CD) = 0.00032$

由条件概率定义可得

$$P(D|C) = \frac{P(CD)}{P(C)} = \frac{0.00032}{0.0004} = 0.8$$

$$P(C|D) = \frac{P(CD)}{P(D)} = \frac{0.00032}{0.00034} = 0.9412$$

通过计算得知，患原发性肝癌的人有80%其甲胎球蛋白呈现出高含量，而甲胎球蛋白的测定大大有助于发现原发性肝癌患者：若出现高含量，则有高达94%以上的概率对患原发性肝癌作出正确诊断.

由于事件 D 的发生，使事件 C 发生的概率由 0.0004 一下子上升到 0.9412. 可见，事件发生的概率，与条件有关，也即与信息有关.

下面讨论条件概率的性质.

首先，不难验证条件概率 $P(A|B)$ 具有概率的三个基本性质：非负性、规范性、可列可加性.

(i) $P(A|B) \geqslant 0$;

(ii) $P(\Omega|B) = 1$;

(iii) $P\left(\sum_{i=1}^{\infty} A_i \,\middle|\, B\right) = \sum_{i=1}^{\infty} P(A_i|B)$.

因此,类似于概率,对条件概率也可由三个基本性质导出其他一些性质,例如
$$P(\varnothing|B) = 0$$
$$P(A|B) = 1 - P(\bar{A}|B)$$
$$P(A_1 \cup A_2|B) = P(A_1|B) + P(A_2|B) - P(A_1A_2|B)$$
特别当 $B = \Omega$ 时,条件概率化为无条件概率,因此把一般的概率看作条件概率也未尝不可.

[推广的乘法公式] 可以把乘法公式推广到任意 n 个事件之交的场合:
$$P(A_1A_2\cdots A_n) = P(A_1)P(A_2|A_1)P(A_3|A_1A_2)\cdots$$
$$P(A_n|A_1A_2\cdots A_{n-1}) \qquad (2.1.4)$$
这里当然要求 $P(A_1A_2\cdots A_{n-1}) > 0$.

[例2] (波利亚坛子模型)坛子中有 b 只黑球及 r 只红球,随机取出一只,把原球放回,并加进与抽出球同色的球 c 只,再摸第二次,这样下去共摸了 n 次,问前面的 n_1 次出现黑球,后面的 $n_2 = n - n_1$ 次出现红球的概率是多少?

[解] 以 A_1 表示第一次摸出黑球这一事件,$\cdots$,A_{n_1} 表示第 n_1 次摸出黑球,A_{n_1+1} 表示第 n_1+1 次摸出红球,$\cdots$,A_n 表示第 n 次摸出红球. 则

$$P(A_1) = \frac{b}{b+r}, \quad P(A_2|A_1) = \frac{b+c}{b+r+c}$$
$$P(A_3|A_1A_2) = \frac{b+2c}{b+r+2c}, \quad \cdots$$
$$P(A_{n_1}|A_1\cdots A_{n_1-1}) = \frac{b+(n_1-1)c}{b+r+(n_1-1)c}$$
$$P(A_{n_1+1}|A_1\cdots A_{n_1}) = \frac{r}{b+r+n_1c}$$
$$P(A_{n_1+2}|A_1\cdots A_{n_1+1}) = \frac{r+c}{b+r+(n_1+1)c}, \cdots$$

$$P(A_n | A_1 \cdots A_{n-1}) = \frac{r + (n_2 - 1)c}{b + r + (n - 1)c}$$

因此

$$P(A_1 A_2 \cdots A_n) = \frac{b}{b+r} \cdot \frac{b+c}{b+r+c} \cdot \frac{b+2c}{b+r+2c}$$

$$\cdots \frac{b + (n_1 - 1)c}{b + r + (n_1 - 1)c}$$

$$\cdot \frac{r}{b + r + n_1 c} \cdot \frac{r + c}{b + r + (n_1 + 1)c}$$

$$\cdots \frac{r + (n_2 - 1)c}{b + r + (n - 1)c}$$

注意这个答案只与黑球及红球出现次数有关,而与出现的顺序无关.

这个模型曾被波利亚(Pólya)用来作为描述传染病的数学模型.这是很一般的摸球模型,特别取 $c = 0$,则是有放回摸球;取 $c = -1$,则是不放回摸球.

二、全概率公式

概率论的重要研究课题之一是希望从已知的简单事件的概率推算出未知的复杂的事件的概率.为达到这个目的,经常把一个复杂事件分解为若干个不相容的简单事件之和,再通过分别计算这些简单事件的概率,最后利用概率的可加性得到最终结果.这里,全概率公式起着很重要的作用.

我们还是从最简单的情况开始.为计算 $P(B)$,找一个有关的事件 A,利用下列关系式

$$P(B) = P(AB) + P(\overline{A}B)$$
$$= P(A)P(B|A) + P(\overline{A})P(B|\overline{A}) \quad (2.1.5)$$

便是常用的方法之一.

例如为计算从装有 a 只黑球和 b 只白球的袋子中不放回摸球,第二次摸得黑球的概率 $P(B)$,我们可以选 A 为第一次摸得黑

球,则

$$P(B) = \frac{a}{a+b} \cdot \frac{a-1}{a+b-1} + \frac{b}{a+b} \cdot \frac{a}{a+b-1}$$

$$= \frac{a}{a+b}$$

这不就是摸球与顺序无关吗？是的,但这个计算让我们对这个结论有了新的理解:后摸者可能处于"不利境况",那就是先摸者摸到黑球,这时他摸到黑球的概率降为 $\frac{a-1}{a+b-1}$;但是他也可能处于"有利境况",那就是先摸者摸到白球,从而使他摸到黑球的概率升为 $\frac{a}{a+b-1}$,最终,正确的答案是二者的加权平均,这些权 $\frac{a}{a+b}$ 及 $\frac{b}{a+b}$,正是处于"不利境况"与"有利境况"的概率. 这样一看,这答案既合情又合理.

下面讨论一般的情况.

设事件 $A_1, A_2, \cdots, A_n, \cdots$ 是样本空间 Ω 的一个**分割**,亦称**完备事件组**,即 $A_i(i=1,2,\cdots,n,\cdots)$ 两两互不相容,而且

$$\sum_{i=1}^{\infty} A_i = \Omega$$

这样一来

$$B = \sum_{i=1}^{\infty} A_i B$$

这里的 $A_i B(i=1,2,\cdots,n,\cdots)$ 也两两互不相容(参看图 2.1.1).

由概率的完全可加性

$$P(B) = \sum_{i=1}^{\infty} P(A_i B)$$

再利用乘法公式即得

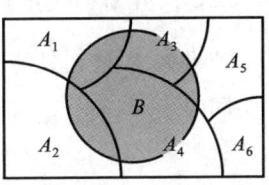

图 2.1.1 样本空间的分割

$$P(B) = \sum_{i=1}^{\infty} P(A_i)P(B|A_i) \qquad (2.1.6)$$

这公式称为**全概率公式**,它是概率论中使用频率最高的一个基本公式.

从推导中可以看出,当 $P(A_i)=0$ 时,只要把相应的项当作 0 即可. 在多数问题中,(2.1.6)式只含有限项.

[例3] 雨伞掉了. 落在图书馆中的概率为 50%,这种情况下找回的概率为 0.80;落在教室里的概率为 30%,这种情况下找回的概率为 0.60;落在商场的概率为 20%,这种情况下找回的概率为 0.05,求找回雨伞的概率.

[解] 以 B 表示找回雨伞,而以 A_1,A_2,A_3 分别记雨伞落在图书馆,教室和商场,显然 A_1,A_2,A_3 满足

$$B = \sum_{i=1}^{3} A_i B$$

而且 $P(A_1)=0.5, P(A_2)=0.3, P(A_3)=0.2, P(B|A_1)=0.8, P(B|A_2)=0.6, P(B|A_3)=0.05$,因此

$$P(B) = \sum_{i=1}^{3} P(A_i)P(B|A_i)$$
$$= 0.5 \times 0.8 + 0.3 \times 0.6 + 0.2 \times 0.05 = 0.59$$

可以看出,全概率公式之所以有力,就在于它概括了一种普遍的解题策略:各个击破或分而食之.

三、贝叶斯(Bayes)公式

若事件 B 能且只能与两两互不相容的事件 $A_1,A_2,\cdots,A_n,\cdots$ 之一同时发生,即

$$B = \sum_{i=1}^{\infty} BA_i$$

由于

$$P(A_i B) = P(B)P(A_i|B) = P(A_i)P(B|A_i)$$

故
$$P(A_i|B) = \frac{P(A_i)P(B|A_i)}{P(B)}$$

再利用全概率公式即得

$$P(A_i|B) = \frac{P(A_i)P(B|A_i)}{\sum_{j=1}^{\infty} P(A_j)P(B|A_j)} \qquad (2.1.7)$$

这个公式称为**贝叶斯公式**.

贝叶斯公式提出了重要的逻辑推理思路,在概率论和数理统计中有着多方面的应用.假定 $A_1, A_2, \cdots$ 是导致试验结果的"原因",$P(A_i)$ 称为**先验概率**,它反映了各种"原因"发生的可能性大小,一般是以往经验的总结,在这次试验前已经知道.现在若试验产生了事件 B,这个信息将有助于探讨事件发生的"原因".条件概率 $P(A_i|B)$ 称为**后验概率**,它反映了试验之后对各种"原因"发生的可能性大小的新知识.例如在医疗诊断中,医生为了诊断病人到底是患了疾病 $A_1, A_2, \cdots, A_n$ 中的哪一种,对病人进行观察与检查,确定了某个指标 B(譬如是体温、脉搏、血液中转氨酶含量等等),他想用这类指标来帮助诊断.这时就可以用贝叶斯公式来计算有关概率.首先必须确定先验概率 $P(A_i)$,这实际上是确定人患各种疾病的可能性大小,以往的资料可以给出一些初步数据;其次是要确定 $P(B|A_i)$,这里当然主要依靠医学知识.有了它们,利用贝叶斯公式就可算出 $P(A_i|B)$.显然,对应于较大 $P(A_i|B)$ 的"病因" A_i,应多加考虑.在实际工作中,检查的指标 B 一般有多个,综合所有的后验概率,当然会对诊断有很大帮助.在实现计算机自动诊断或辅助诊断的专家系统时,这方法是有实用价值的.

下面介绍应用贝叶斯公式的几个例子.

[例4] 在数字通信中,由于存在着随机干扰,因此接收到的信号与发出的信号可能不同,为了确定发出的信号,通常要计算各种概率.下面只讨论一种比较简单的模型——二进位信道.

若发报机以 0.7 和 0.3 的概率发出信号 0 和 1(譬如分别用低电平与高电平表示),由于随机干扰的影响,当发出信号 0 时,接收机不一定收到 0,而是以概率 0.8 和 0.2 收到信号 0 和 1;同样地,当发报机发出信号 1 时,接收机以概率 0.9 和 0.1 收到信号 1 和 0. 其关系如图 2.1.2 所示.

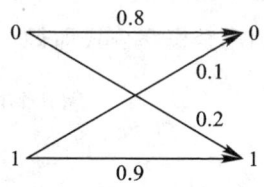

图 2.1.2 二进位信道

假如接收机收到信号 0,则这时有两种可能情况:第一种情况是发报机确实发出信号 0,而信号传输中没有出错;第二种情况是发报机发出信号 1,但是传输中出现错误,因此接收到信号 0. 所以在这类问题中,计算"当接收机收到信号 0 时,发报机是发出信号 0 的概率"便很有必要.

把发报机发出信号 0 记为事件 A_0,发出信号 1 记为事件 A_1,接收机接到信号 0 记为事件 B,我们要求的是 $P(A_0|B)$.

由于 $P(A_0)=0.7,P(A_1)=0.3,P(B|A_0)=0.8,P(B|A_1)=0.1$,用贝叶斯公式,

$$P(A_0|B)=\frac{P(A_0)P(B|A_0)}{P(A_0)P(B|A_0)+P(A_1)P(B|A_1)}$$

$$=\frac{0.7\times0.8}{0.7\times0.8+0.3\times0.1}=\frac{0.56}{0.59}=0.949$$

[例 5] 假定用血清甲胎球蛋白法诊断肝癌,$P(A|C)=0.95,P(\bar{A}|\bar{C})=0.90$,这里 C 表示被检验者患有肝癌这一事件,A 表示判断被检验者患有肝癌这一事件. 又设在自然人群中 $P(C)=0.0004$. 现在若有一人被此检验法诊断为患有肝癌,求此人真正患有肝癌的概率 $P(C|A)$.

[解] 由贝叶斯公式,

$$P(C|A)=\frac{P(C)P(A|C)}{P(C)P(A|C)+P(\bar{C})P(A|\bar{C})}$$

$$= \frac{0.000\,4 \times 0.95}{0.000\,4 \times 0.95 + 0.999\,6 \times 0.1}$$
$$= 0.003\,8$$

既然检验法相当可靠,那么为什么用该法诊断为肝癌的人真正患有肝癌的可能性却如此之小呢？经过分析可以看出,主要是先验概率 $P(C)$ 很小. 对自然人群来讲肝癌毕竟是一种罕见病. 假如对十万人进行普查,肝癌患者约 40 人,用该法检查,可正确查出约 38 人,漏掉 2 人；但对于 99 960 个正常者,虽然该法的误检率只有 10%,却要错判 9 996 人,因此在 38 + 9 996 = 10 034 个嫌疑者中,每人事实上只有 $\frac{38}{10\,034} = 0.003\,8$ 的可能性真的患有肝癌.

如果我们检查的是一个肝癌的可疑人群,譬如一批普查中筛选出的甲胎球蛋白高含量者,这时相应的先验概率就高得多,例如就取例 1 中的 0.941 2,那么

$$P(C|A) = \frac{0.941\,2 \times 0.95}{0.941\,2 \times 0.95 + 0.058\,8 \times 0.1} = 0.993\,5$$

因此相应的后验概率也就大大提高. 实际上,从预防医学的普查到治疗医学的诊断正是如此一级一级筛选的.

这个数值例子给我们的最大启示是：后验概率的大小很受先验概率选取的影响.

在贝叶斯公式的使用中,最有争议之点就是先验概率的选取. 我们上面所举的两个例子中,这些先验概率都是通过以往大量实际调查而得出的,符合概率的频率解释,因此使用中不致于发生疑问.

不过,在贝叶斯公式的使用中也还存在着另一种情况,就是先验概率是由某一种主观的方式给定的,譬如对于未来宏观经济形势的看法,对物价、利率、汇率变化的估计,对某种新型产品上市后受欢迎程度的预估,甚至对某星球上存在生命现象的估计等等. 这种把概率解释为信任程度的做法含有明显的主观性,通常称为**主**

观概率.

主观概率与贝叶斯学派的发展息息相关,后者是二战后得到很快发展的统计学派,理论上与决策理论关系密切,并且找到不少应用.因此对于主观概率的争论看来将长期持续下去.

贝叶斯方法的大量应用出现在决策问题中,下面是自动识别系统的一个例子.

[例6] (贝叶斯决策) 为了判断一个字母是"C"还是"O",通常采用先抽取它的某一个特征 X,然后再根据这个特征作出判决,这时贝叶斯决策是常用方法之一.

以 A_1, A_2 分别记被检验的字母为 C 或 O 这一事件,它们的先验概率 $P(A_1)$ 及 $P(A_2)$ 应预先给定,此外要通过试验确定 $P(X|A_1)$ 及 $P(X|A_2)$,由贝叶斯公式得

$$P(A_i \mid X) = \frac{P(A_i)P(X \mid A_i)}{\sum_{j=1}^{2} P(A_j)P(X \mid A_j)}$$

其中,$i=1,2$. 若 $P(A_1|X) > P(A_2|X)$,则作出决策:具有特征 X 的字母是 C.

这个方法在模式识别这一新兴学科中有重要应用,当然,这里是大为简化了的模型.

§2. 事件独立性

一、两个事件的独立性

本节中我们引进一个新的概念——统计独立性.先从两个事件的独立性开始,然后讨论更为一般的场合.

还是从考虑古典概型的一个例子作为出发点.

[例1] 一口袋中装有 a 只黑球和 b 只白球,采用有放回摸球,求:

（1）在已知第一次摸得黑球的条件下,第二次摸出黑球的概率;

（2）第二次摸出黑球的概率.

［解］ 以事件 A 表示第一次摸得黑球,事件 B 表示第二次摸得黑球.则

$$P(A) = \frac{a}{a+b}, P(AB) = \frac{a^2}{(a+b)^2}, P(\bar{A}B) = \frac{ba}{(a+b)^2}$$

所以

$$P(B \mid A) = \frac{P(AB)}{P(A)} = \frac{a}{a+b}$$

而

$$P(B) = P(AB) + P(\bar{A}B) = \frac{a^2}{(a+b)^2} + \frac{ba}{(a+b)^2} = \frac{a}{a+b}$$

注意这里的 $P(B|A) = P(B)$,即事件 A 发生与否,对事件 B 发生的概率没有影响.从直观上讲,这很自然.因为我们这里采用的是有放回摸球,因此第二次摸球时袋中球的组成与第一次摸球时完全相同,当然第一次摸球的结果实际上不影响第二次摸球.在这种场合可以说,事件 A 与事件 B 的出现有某种"独立性".

对此,我们引进

定义 2.2.1 对事件 A 及 B,若

$$P(AB) = P(A)P(B) \tag{2.2.1}$$

则称它们是**统计独立的**,简称独立的(independent).

注意,按照这个定义,必然事件 Ω 及不可能事件 $\varnothing$ 与任何事件独立.此外,从(2.2.1)中看出,A 与 B 的位置对称,因此亦称 A 与 B 相互独立.

推论 1 若事件 A, B 独立,且 $P(B) > 0$,则

$$P(A|B) = P(A) \tag{2.2.2}$$

［证明］ 由条件概率定义及(2.2.1)得

$$P(A|B) = \frac{P(AB)}{P(B)} = \frac{P(A)P(B)}{P(B)} = P(A)$$

因此,若事件 A,B 相互独立,则 A 关于 B 的条件概率等于无条件概率 $P(A)$,这表示 B 的发生对于事件 A 是否发生没有提供任何信息,独立性就是把这种关系从数学上加以严格定义.

推论 2 若事件 A 与 B 独立,则下列各对事件也相互独立:
$$\{\bar{A},B\},\{A,\bar{B}\},\{\bar{A},\bar{B}\}$$

[证明] 由于
$$\begin{aligned}P(\bar{A}B) &= P(B-AB) = P(B) - P(AB)\\ &= P(B) - P(A)P(B) = P(B)[1 - P(A)]\\ &= P(\bar{A})P(B)\end{aligned}$$

所以 $\bar{A}$ 与 B 相互独立,由它立刻推出 $\bar{A}$ 与 $\bar{B}$ 相互独立,由 $\bar{\bar{A}} = A$ 又推出 $A,\bar{B}$ 相互独立.

不放回摸球模型提供了不独立的一个简单的例子.

[例 2] 在前例中,若采用不放回摸球,试求同样那两个事件的概率.

[解] 这时
$$P(A) = \frac{a}{a+b}, \quad P(AB) = \frac{a(a-1)}{(a+b)(a+b-1)}$$
$$P(\bar{A}B) = \frac{ba}{(a+b)(a+b-1)}$$

所以
$$P(B|A) = \frac{P(AB)}{P(A)} = \frac{a-1}{a+b-1}$$

而
$$P(B) = P(AB) + P(\bar{A}B) = \frac{a}{a+b}$$

这里 $P(B|A) \neq P(B)$,即事件 B 与事件 A 不是相互独立的.因为第一次摸得黑球,事实上已使袋中球的组成成分改变了,当然要影响第二次摸得黑球的概率.而 $P(A) = P(B)$,即抽签与顺序无关.

二、多个事件的独立性

我们先定义三个事件 A,B,C 的独立性.

定义 2.2.2 对于三个事件 A,B,C,若下列四个等式同时成立,则称它们**相互独立**.

$$\left.\begin{array}{c}P(AB)=P(A)P(B)\\P(BC)=P(B)P(C)\\P(AC)=P(A)P(C)\end{array}\right\} \quad (2.2.3)$$

$$P(ABC)=P(A)P(B)P(C) \quad (2.2.4)$$

按两个事件独立性的定义,我们知道若(2.2.3)成立,则 A 与 B,B 与 C,C 与 A 都相互独立,即 A,B,C 两两独立.

读者自然会提出这样一个问题:三个事件 A,B,C 两两独立,能否保证它们相互独立呢?即能否由(2.2.3)推出(2.2.4)?回答是否定的,这从下面简单的例子就可看出.

[例3](伯恩斯坦反例) 一个均匀的正四面体,其第一面染成红色,第二面染成白色,第三面染成黑色,而第四面同时染上红,白,黑三种颜色.现在以 A,B,C 分别记投一次四面体出现红,白,黑颜色朝下的事件,则由于在四面体中有两面有红色,因此

$$P(A)=\frac{1}{2}$$

同理 $P(B)=P(C)=\frac{1}{2}$,容易算出

$$P(AB)=P(BC)=P(AC)=\frac{1}{4}$$

所以(2.2.3)成立,即 A,B,C 两两独立,但是

$$P(ABC)=\frac{1}{4}\neq\frac{1}{8}=P(A)P(B)P(C)$$

因此(2.2.4)不成立,从而 A,B,C 不相互独立.

下面再提供一个例子说明由(2.2.4)不能推出(2.2.3),进一步说明要 A,B,C 相互独立必须同时要求(2.2.3)及(2.2.4)

成立.

[例4] 若有一个均匀正八面体,其第 1,2,3,4 面染红色,第 1,2,3,5 面染白色,第 1,6,7,8 面染上黑色,现在以 A,B,C 分别表示投一次正八面体出现红,白,黑的事件,则

$$P(A) = P(B) = P(C) = \frac{4}{8} = \frac{1}{2}$$

$$P(ABC) = \frac{1}{8} = P(A)P(B)P(C)$$

但是

$$P(AB) = \frac{3}{8} \neq \frac{1}{4} = P(A)P(B)$$

现在我们可以定义 n 个事件的独立性.

定义 2.2.3 对 n 个事件 $A_1, A_2, \cdots, A_n$,若对于所有可能的组合 $1 \leq i < j < k < \cdots \leq n$ 成立着

$$\left.\begin{array}{r} P(A_i A_j) = P(A_i) P(A_j) \\ P(A_i A_j A_k) = P(A_i) P(A_j) P(A_k) \\ \cdots\cdots \\ P(A_1 A_2 \cdots A_n) = P(A_1) P(A_2) \cdots P(A_n) \end{array}\right\} \quad (2.2.5)$$

则称 $A_1, A_2, \cdots, A_n$ **相互独立**.

这里第一行有 $\binom{n}{2}$ 个式子,第二行有 $\binom{n}{3}$ 个式子等等,因此共应满足

$$\binom{n}{2} + \binom{n}{3} + \cdots + \binom{n}{n} = 2^n - n - 1$$

个等式. 由三个事件的场合可看出同时满足这些关系式是必须的.

显然若 n 个事件相互独立,则它们中的任何 $m (2 \leq m < n)$ 个事件也相互独立. 此外对于多个相互独立的事件也成立着类似于上述推论 1 及推论 2 的结果,读者试自行叙述并验证之.

最后,称无穷多个事件是相互独立的,如果其中任意有限多个

事件都相互独立.

三、事件独立性与概率的计算

从事件独立性的定义立刻能看出:若事件是独立的,则许多概率的计算就可以大为简化. 下面先举两个例子.

[相互独立事件至少发生其一的概率的计算] 若 $A_1, A_2, \cdots, A_n$ 是 n 个相互独立的事件,则由于

$$\overline{A_1 \cup A_2 \cup \cdots \cup A_n} = \bar{A}_1 \bar{A}_2 \cdots \bar{A}_n$$

因此

$$\begin{aligned} P(A_1 \cup A_2 \cup \cdots \cup A_n) &= 1 - P(\bar{A}_1 \bar{A}_2 \cdots \bar{A}_n) \\ &= 1 - P(\bar{A}_1)P(\bar{A}_2) \cdots P(\bar{A}_n) \end{aligned}$$

(2.2.6)

这个公式比起不独立的场合,要简便得多,它经常被用到.

[例5] 假若每个人血清中含有肝炎病毒的概率为 0.4%,混合 100 个人的血清,求此血清中含有肝炎病毒的概率.

[解] 以 $A_i (i=1,2,\cdots,100)$ 记第 i 个人的血清含有肝炎病毒这一事件,可以认为它们相互独立,所求概率为 $P(A_1 \cup \cdots \cup A_{100})$,由(2.2.6)得

$$P(A_1 \cup \cdots \cup A_{100}) = 1 - P(\bar{A}_1) \cdots P(\bar{A}_{100}) = 1 - 0.996^{100} \approx 0.33$$

虽然每个人有病毒的概率很小,但是混合后则有很大的概率,在实际工作中,这类效应值得充分重视.

顺带指出,没有独立性的假定,上述计算便无从进行. 当然这里的独立性只能是一种近似. 当把某种数学模型用于实际问题时,这种近似是不可避免的. 因此,作理论研讨时,独立性必须按定义验证;解决实际问题时,独立性通常只是一种恰当的假定.

[在可靠性理论中的应用] 对于一个元件,它能正常工作的概率 p,称为它的**可靠性**. 元件组成系统,系统正常工作的概率称为该系统的可靠性. 随着近代电子技术的迅猛发展,关于元件和系统可靠性的研究已发展成为一门新的学科——可靠性理论.

这里,我们通过一些例子来说明有关的概念.

[例6] 如果构成系统的每个元件的可靠性均为 $r, 0 < r < 1$, 且各元件能否正常工作是相互独立的,试求下面附加通路系统的可靠性[见图 2.2.1(a)].

[解] 每条通路要能正常工作,当且仅当该通路上各元件正常工作,故其可靠性为

$$R_C = r^n$$

即通路发生故障的概率为 $1 - r^n$. 由于系统是由两通路并联而成的,两通路同时发生故障的概率为 $(1 - r^n)^2$,因此附加通路系统的可靠性为

$$R_S = 1 - (1 - r^n)^2 = r^n(2 - r^n) = R_C(2 - R_C)$$

注意到 $R_C < 1$,故 $R_S > R_C$,所以附加通路能使系统的可靠性增加.

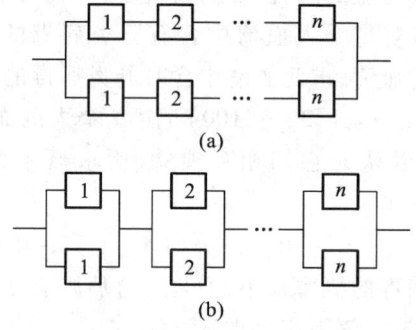

图 2.2.1 附加备份系统

[例7] 在前例条件下,试求下面附加元件系统的可靠性[见图 2.2.1(b)].

[解] 每对并联元件的可靠性为

$$R' = 1 - (1 - r)^2 = r(2 - r)$$

系统由各对并联元件串联而成,故其可靠性为

$$R'_S = (R')^n = r^n(2-r)^n$$

显然 $R'_S > R_C$. 因此用附加元件的方法同样也能增加系统的可靠性.

利用数学归纳法不难证明当 $n \geq 2$ 时，$(2-r)^n > 2-r^n$，即 $R'_S > R_S$. 因此虽然上面两个系统同样由 $2n$ 个元件构成，作用也相同，但是第二种构成方式比第一种方式可靠性来得大. 寻找可靠性较大的构成方式也是可靠性理论的研究课题之一.

从上述讨论可以看出，元件与系统的可靠性是用概率来定义的，所以概率论是研究可靠性理论的重要工具.

四、试验的独立性

有了事件独立性的概念，我们可以定义试验的独立性. 直观上，试验 E_1 与试验 E_2 要能说是独立的，应是指试验 E_1 的结果的发生与试验 E_2 的结果的发生是独立的，所以自然想到通过各试验的事件间的独立性来定义试验的独立性. 为了做到这点，首先要构造一个能描述这些试验的公共的样本空间.

设试验 E_1 的样本空间是 $\Omega_1 = \{\omega^{(1)}\}$，试验 E_2 的样本空间是 $\Omega_2 = \{\omega^{(2)}\}$，……试验 E_n 的样本空间是 $\Omega_n = \{\omega^{(n)}\}$，为描述这 n 次试验，应构造复合试验 E，它表示依次进行试验 $E_1, E_2, \cdots, E_n$，其样本点为

$$\omega = (\omega^{(1)}, \omega^{(2)}, \cdots, \omega^{(n)})$$

这个样本空间为 $\Omega_1, \Omega_2, \cdots, \Omega_n$ 的乘积空间，记作

$$\Omega = \Omega_1 \times \Omega_2 \times \cdots \times \Omega_n$$

[例8] 若试验 E_1 是掷一枚硬币，$\Omega_1 = \{正, 反\}$，试验 E_2 是从装有红白黑三球的袋子中摸出一球，$\Omega_2 = \{红, 白, 黑\}$，则复合试验 E 表示先掷一枚硬币再摸一球，它相应的样本空间 $\Omega = \Omega_1 \times \Omega_2$ 由下列 6 个样本点构成：(正,红)，(正,白)，(正,黑)，(反,红)，(反,白)，(反,黑).

接着我们可以引进"与第 k 次试验有关的事件"的概念，这种事件发生与否仅与第 k 次试验的结果有关，即为了判断某一样本

点是否属于这个事件,只需察看它的第 k 个分量. 例如在例 8 中,"第 2 次试验摸出红球"这一事件就是一个与第 2 次试验有关的事件. 值得指出,必然事件 Ω 及不可能事件 $\varnothing$ 可以认为与所有的试验有关.

现在若以 $\mathscr{A}_k$ 记与第 k 次试验有关的事件全体,则可以通过下列方式定义试验的独立性.

定义 2.2.4 若对于任意的
$$A^{(1)} \in \mathscr{A}_1, A^{(2)} \in \mathscr{A}_2, \cdots, A^{(n)} \in \mathscr{A}_n$$
均成立
$$P(A^{(1)}A^{(2)}\cdots A^{(n)}) = P(A^{(1)})P(A^{(2)})\cdots P(A^{(n)})$$
则称试验 $E_1, E_2, \cdots, E_n$ **是相互独立的**.

注意到 $\Omega \in \mathscr{A}_i, i=1,2,\cdots,n$,因此由定义立刻推出,若 n 个试验相互独立,则其中的 $m(2 \leqslant m < n)$ 个试验也是相互独立的.

在例 8 中,若对样本空间 Ω 中的 6 个样本点都给定概率 $\dfrac{1}{6}$,则不难验证试验 E_1 与试验 E_2 是相互独立的. 读者可以思考一下,是否还可以给定其他概率使试验 E_1 与试验 E_2 独立?

n 次有放回摸球所构成的 n 个试验是相互独立的,而 n 次不放回摸球模型则是 n 个试验不独立的简单例子.

特别重要的一类试验是所谓**重复独立试验**,这时 $\Omega_1 = \Omega_2 = \cdots = \Omega_n$,有关事件的概率保持不变,而且各次试验是相互独立的. 投 n 次硬币或进行 n 次有放回摸球是重复独立试验的简单例子. 重复独立试验是作为"在同样条件下重复试验"的数学模型而出现的,它在概率论中很有地位,因为随机现象的统计规律性只有在大量重复试验中才会显示出来.

我们在下一节将研究一类最简单的重复独立试验——伯努利(J. Bernoulli,1654—1705)试验.

§3. 伯努利试验与直线上的随机游动

一、伯努利概型

在许多问题中,我们对试验感兴趣的是试验中某事件 A 是否发生. 例如在产品抽样检查中注意的是抽到废品,还是抽到好品;在掷硬币时注意的是出正面还是出反面;在股票市场中关心的是涨还是跌. 在这类问题中我们可以把事件域取为 $\mathscr{F}=\{\varnothing,A,\bar{A},\Omega\}$,并称出现 A 为"成功",出现 $\bar{A}$ 为"失败". 这种只有两个可能结果的试验称为**伯努利试验**.

有些试验的结果不止两个,譬如,在电报传输中,既要传送字母 $A,B,\cdots,Z$ 等,又要传送其他符号. 但是假如我们所关心的只是字母在传送中所占的百分比,而不再区别到底是哪一个字母,则我们可以把出现字母当作是成功,出现其他符号一律当作是失败,这时就可以把问题看作伯努利试验. 同样地,显像管的寿命可以是不小于 0 的任一数值,但是有时根据需要,我们可以把寿命大于 50 000 小时的显像管当作合格品,其余都作为次品. 那么,这类问题还是可以归结为伯努利试验. 这种例子可以举出不少.

在伯努利试验中,首先是要给出下面概率

$$P(A)=p, \quad P(\bar{A})=q \tag{2.3.1}$$

显然 $p\geqslant 0, q\geqslant 0$,且 $p+q=1$.

现在考虑重复进行 n 次独立的伯努利试验,这里的"重复",是指在每次试验中事件 A,从而事件 $\bar{A}$ 出现的概率都保持不变. 这种试验称为 n **重伯努利试验**,记作 E^n.

总之,n 重伯努利试验有下面四个约定:

(i) 每次试验至多出现两个可能结果之一:A 或 $\bar{A}$;

(ii) A 在每次试验中出现的概率 p 保持不变;

(iii) 各次试验相互独立;

(iv) 共进行 n 次试验.

下面先给出 n 重伯努利试验的概率空间.

n 重伯努利试验 E^n 的样本点形如：

$$(\hat{A}_1, \hat{A}_2, \cdots, \hat{A}_n) \qquad (2.3.2)$$

其中 $\hat{A}_i$ 是 A_i 或 $\bar{A}_i$，分别表示第 i 次试验中出现 A 或 $\bar{A}$，显然这种样本点共有 2^n 个，这是一个有限样本空间.

像对所有有限样本空间一样，可以把样本点的任意子集作为事件，构成事件域，不过在这个场合一般不用明显写出.

为书写方便起见，在本节中将把样本点 (2.3.2) 简记为 $\hat{A}_1\hat{A}_2\cdots\hat{A}_n$，例如，$(A_1, A_2, \cdots, A_{n-1}, \bar{A}_n)$ 表示前 $n-1$ 次试验均出现事件 A 而第 n 次试验出现事件 $\bar{A}$，简记为 $A_1A_2\cdots A_{n-1}\bar{A}_n$.

为了给定样本点 (2.3.2) 的概率，主要看其中 A 或 $\bar{A}$ 出现的次数，例如若其中有 l 个 A，从而有 $n-l$ 个 $\bar{A}$，则利用试验的独立性及 (2.3.1) 式，必有

$$\begin{aligned} P(\hat{A}_1\hat{A}_2\cdots\hat{A}_n) &= P(\hat{A}_1)P(\hat{A}_2)\cdots P(\hat{A}_n) \\ &= p^l q^{n-l} \end{aligned} \qquad (2.3.3)$$

特殊地，$P(A_1A_2\cdots A_{n-1}\bar{A}_n) = p^{n-1}q$.

一般事件的概率由它所含样本点的概率求和得到. 这样一来，我们已对 n 重伯努利试验给定了概率空间.

有时也需要考虑**可列重伯努利试验** E^∞ 的场合，这时样本点形如

$$(\hat{A}_1, \hat{A}_2, \cdots, \hat{A}_n, \cdots) \qquad (2.3.4)$$

其中 $\hat{A}_i$ 仍取 A_i 或 $\bar{A}_i$，这时样本空间不再有限，甚至也不可列，事实上它可与 $[0,1]$ 区间进行一一对应，对这种试验就不能把样本空间的任意子集都看作事件.

伯努利试验是一种非常重要的概率模型，它是"在同样条件下进行重复试验"的一种数学模型，特别在讨论某事件出现的频

率时常用这种模型.历史上,伯努利概型是概率论中最早研究的模型之一,也是得到最多研究的模型之一,在理论上具有重要意义,在我们这门课程中,一些较为深入的结果也是结合伯努利概型进行讨论的.另一方面,它有着广泛的实际应用,例如在工业产品质量检查中,在当代遗传学中它都占有重要地位.

我们将以伯努利试验为模型探讨机票超售问题.每个订座旅客当作一次试验,则他或到时不登机,记为 A,或到时登机,记为 $\bar{A}$;$P(A)$ 按过去统计资料取为 5%.主要的难点在于能否把旅客是否登机看作是独立的,显然对于购买团体票的旅客作此假定是不适合的,此外,大型的交通堵塞等偶然事件也会使这个假定偏离,不过在一般场合作此假定还是合适的.全体订座旅客数 n 作为试验总数,这便构成伯努利概型.

二、伯努利概型中的一些分布

下面我们计算伯努利概型中所出现的一些事件的概率,这些概率非常重要.

1. 伯努利分布

若只进行一次伯努利试验,则或是事件 A 出现,或是事件 $\bar{A}$ 出现,其概率由(2.3.1)给出,称为**伯努利分布**,这是最简单的情况.

2. 二项分布

我们来确定 n 重伯努利试验中事件 A 出现 k 次的概率,这概率我们记之为 $b(k;n,p)$.

若以 B_k 记 n 重伯努利试验中事件 A 正好出现 k 次这一事件,而以 A_i 表示第 i 次试验中出现事件 A,以 $\bar{A}_i$ 表示第 i 次试验中出现 $\bar{A}$,则

$$B_k = A_1 A_2 \cdots A_k \bar{A}_{k+1} \cdots \bar{A}_n + \cdots + \bar{A}_1 \bar{A}_2 \cdots \bar{A}_{n-k} A_{n-k+1} \cdots A_n$$

(2.3.5)

右边的每一项表示在某 k 次试验中出现事件 A,在另外 $n-k$ 次试

验中出现 $\bar{A}$,这种项共有 $\binom{n}{k}$ 个,而且两两互不相容. 由(2.3.3)可知(2.3.5)中右边各项所对应事件的概率均为 $p^k q^{n-k}$,利用概率的可加性得

$$P(B_k) = \binom{n}{k} p^k q^{n-k}$$

即

$$b(k;n,p) = \binom{n}{k} p^k q^{n-k}, \quad k = 0,1,2,\cdots,n \quad (2.3.6)$$

注意到 $b(k;n,p), k=0,1,2,\cdots,n$,是二项式 $(q+ps)^n$ 展开式中 s^k 项的系数,因此(2.3.6)称为**二项分布**(binomial distribution). 特别地

$$\sum_{k=0}^{n} b(k;n,p) = \sum_{k=0}^{n} \binom{n}{k} p^k q^{n-k} = (q+p)^n = 1 \quad (2.3.7)$$

[例1] 若在 N 件产品中有 M 件废品,现进行 n 次有放回的抽样检查,问共抽得 k 件废品的概率是多少?

[解] 由于抽样是有放回的,因此这是 n 重伯努利试验,若以 A 记各次试验中出现废品这一事件,则

$$p = P(A) = \frac{M}{N}$$

因此所求的概率为

$$b\left(k;n,\frac{M}{N}\right) = \binom{n}{k}\left(\frac{M}{N}\right)^k \left(1-\frac{M}{N}\right)^{n-k}$$

这概率在第一章§3中曾出现过.

*[例2] 在群体遗传学中,假定可遗传的指标是依赖于基因的. 基因总是成对出现并且具有两种形式 A 及 a 中的一种. 假定每一代具有 $2N$ 个基因,则其中 A 所占的比例数 $\frac{i}{2N}$ 称为基因频率. 基因频率的变化过程与群体的进化情况有着密切的关系.

如果进行的是随机交配,也就是说任何个体有同样的机会和

任何其他个体配种,则遗传学中对基因的遗传作下面假定:子代个体是按伯努利概型从上一代每个亲体中取得基因的.

因此若上一代的基因频率为 $\frac{i}{2N}$,则下一代的基因频率为 $\frac{j}{2N}$ 的概率由二项分布给出

$$p_{ij} = \binom{2N}{j} \left(\frac{i}{2N}\right)^j \left(1 - \frac{i}{2N}\right)^{2N-j}$$

在这个例子中基因频率 $\frac{i}{2N}$ 相当于伯努利试验中出现成功的概率 p.

3. 几何分布

现在讨论在伯努利试验中首次成功出现在第 k 次试验的概率,要使首次成功出现在第 k 次试验,必须而且只需在前 $k-1$ 次试验中都出现事件 $\bar{A}$,而第 k 次试验出现 A,因此这事件(记为 W_k)可表示为

$$W_k = \bar{A}_1 \bar{A}_2 \cdots \bar{A}_{k-1} A_k \tag{2.3.8}$$

利用试验的独立性,其概率为

$$P(W_k) = P(\bar{A}_1) P(\bar{A}_2) \cdots P(\bar{A}_{k-1}) P(A_k) = q^{k-1} p$$

记

$$g(k;p) = q^{k-1} p, \quad k = 1, 2, \cdots \tag{2.3.9}$$

$g(k;p)$ 是几何级数的一般项,因此(2.3.9)称为**几何分布**. 这里有

$$\sum_{k=1}^{\infty} g(k;p) = \sum_{k=1}^{\infty} q^{k-1} p = p \frac{1}{1-q} = 1 \tag{2.3.10}$$

几何分布给出了等待事件 A 出现共试验了 k 次的概率,这类概率在许多问题中出现,我们在第一章§3中曾遇到它. 下面是一个模型化了的例子.

[例3] 一个人要开门,他共有 n 把钥匙,其中仅有一把是能开这门的. 他随机地选取一把钥匙开门,即在每次试开时每一把钥匙都以概率 $\frac{1}{n}$ 被使用,这人在第 s 次试开时才首次成功的概率是

多少?

[解] 这是一个伯努利试验,$p = \dfrac{1}{n}$,由(2.3.9),所求概率为

$$g\left(s;\dfrac{1}{n}\right) = \left(\dfrac{n-1}{n}\right)^{s-1}\dfrac{1}{n}$$

应当指出,讨论事件 A 的首次出现事实上牵涉到可列次伯努利试验,因此它的样本空间应取为(2.3.4)所表示的样本点全体. 这个空间不是可列的,所以不能把它的一切子集都作为事件. 在上述讨论中,我们只是把用(2.3.8)表出的 W_k 作为事件,并以(2.3.9)给出其概率,这里的 W_k 事实上也包含了不可列个用(2.3.4)表出的样本点. 当然在讨论这个问题时,我们也可以干脆把 W_k 作为样本点,这时样本空间取为 $\{W_1, W_2, W_3, \cdots\}$,并以(2.3.9)给出其概率,这就成了一个离散样本空间.

下面讨论的是更复杂一点的情况,即帕斯卡分布,它可以看作几何分布的一种推广.

4. 帕斯卡分布

考虑伯努利试验,让我们考察要多长时间才会出现第 r 次成功.

若第 r 次成功发生在第 ζ 次试验,则必然有 $\zeta \geq r$.

让我们以 C_k 表示第 r 次成功发生在第 k 次试验这一事件,并以 $f(k;r,p)$ 记其概率,C_k 发生当且仅当前面的 $k-1$ 次试验中有 $r-1$ 次成功,$k-r$ 次失败,而第 k 次试验的结果为成功,这两个事件的概率分别为 $\dbinom{k-1}{r-1} p^{r-1} q^{k-r}$ 与 p,于是利用试验的独立性,得到

$$P(C_k) = \binom{k-1}{r-1} p^{r-1} q^{k-r} \cdot p = \binom{k-1}{r-1} p^r q^{k-r}$$

即

$$f(k;r,p) = \binom{k-1}{r-1} p^r q^{k-r}, \quad k = r, r+1, \cdots \quad (2.3.11)$$

注意到
$$\sum_{k=r}^{\infty} f(k;r,p) = \sum_{k=r}^{\infty} \binom{k-1}{r-1} p^r q^{k-r}$$
$$= \sum_{l=0}^{\infty} \binom{r+l-1}{r-1} p^r q^l = \sum_{l=0}^{\infty} \binom{r+l-1}{l} p^r q^l$$
$$= \sum_{l=0}^{\infty} \binom{-r}{l}(-1)^l p^r q^l = p^r(1-q)^{-r} = 1 \quad (2.3.12)$$

这里利用了推广的二项系数公式(1.3.7)和牛顿二项式.

$f(k;r,p)$ 称为**帕斯卡分布**. 特别当 $r=1$ 时,我们得到几何分布.

帕斯卡分布与著名的**分赌注问题**有关. 这个问题来源甚古, 但直到德·梅尔向帕斯卡提出并导致帕斯卡与费马的通信, 后又引起惠更斯(Huygens, 1629—1695)的兴趣, 才由他们三人分别给出正确答案. 帕斯卡和费马在解题中归结到取胜的概率, 而惠更斯则引入数学期望的概念. 可以说这宣告了概率论这一学科的诞生.

分赌注问题大意如下: 甲、乙两个赌徒按某种方式下注赌博, 说定先胜 t 局者将赢得全部赌注, 但进行到甲胜 r 局, 乙胜 s 局($r<t$, $s<t$)时, 因故不得不中止, 试问如何分配这些赌注才公平合理?

有人建议用已胜局数作比例分配赌注, 即以 $r:s$ 来分配, 但这种分法显然没有考虑到最终取胜的概率. 若以 $n=t-r$ 及 $m=t-s$ 分别记甲及乙为达到最后胜利所须再胜的局数, 又设甲在每局中取胜的概率为 p, 我们便可以把分赌注问题归结为如下概率问题: 在伯努利试验中, 求在出现 m 次 $\bar{A}$ 之前出现 n 次 A 的概率.

若以 $p_甲$ 记上述概率, 则它为甲最终取胜的概率, 那么赌注以 $p_甲 : 1-p_甲$ 分配是公平合理的. 帕斯卡和费马都在某种程度上达到这个结果.

现在, 若利用帕斯卡分布, 则容易写出答案
$$p_甲 = \sum_{k=0}^{m-1} \binom{n+k-1}{k} p^n q^k \quad (2.3.13)$$

或

$$p_甲 = \sum_{k=n}^{\infty} \binom{m+k-1}{k} p^k q^m \qquad (2.3.14)$$

另外,容易证明,再赌 $n+m-1$ 局一定可以决定胜负.因此甲为取得最终胜利只须而且必须在后继的 $n+m-1$ 局中至少胜 n 局.这样,利用二项分布可以知道,

$$p_甲 = \sum_{k=n}^{n+m-1} \binom{n+m-1}{k} p^k q^{n+m-1-k} \qquad (2.3.15)$$

可以证明上述三个答案是一致的(习题29).

下面是与帕斯卡分布有关的另一个有名例子.

[例4] (巴拿赫火柴盒问题)数学家的左、右衣袋中各放有一盒装有 N 根火柴的火柴盒,每次抽烟时任取一盒用一根,求发现一盒用光时,另一盒有 r 根的概率.

[解] 看作 $p = \frac{1}{2}$ 的伯努利试验.要左边空而右边剩 r 根,应该是左边摸过 $N+1$ 次(前 N 次用去 N 根火柴,最后一次发觉火柴盒是空的),而右边摸过 $N-r$ 次,这事件的概率为

$$f\left(2N-r+1; N+1, \frac{1}{2}\right) = \binom{2N-r}{N}\left(\frac{1}{2}\right)^{2N-r+1}$$

对于右边先空的情况可同样考虑,因此所求的概率为

$$u_r = 2 \cdot f\left(2N-r+1; N+1, \frac{1}{2}\right) = \binom{2N-r}{N} 2^{-2N+r}$$

三、直线上的随机游动

考虑 x 轴上的一个质点,假定它只能位于整数点,在时刻 $t=0$ 时,它处于初始位置 a(a 是整数),以后每隔单位时间,它总受到一个外力的随机作用,使位置发生变化,分别以概率 p 及概率 $q=1-p$ 向正的或负的方向移动一个单位,我们所关心的是质点在时刻 $t=n$ 时的位置.用这种方式描述的质点运动称为**随机游动**.

若质点可以在整个数轴的整数点上游动,则称这种随机游动为**无限制随机游动**. 若在某点 d 设有一个吸收壁,质点一到达这点即被吸收而不再游动,因而整个游动也就结束了,这种随机游动称为**在 d 点有吸收壁的随机游动**. 此外还可以考虑带有反射壁及弹性壁的随机游动. 在一个随机游动中还可以具有不止一个壁.

当 $p=q=\dfrac{1}{2}$ 时,随机游动称为**对称的**,这时质点向左或向右移动的可能性相等.

自然科学中的大量问题归结为随机游动问题,例如随机游动模型可以作为布朗运动的初步近似. 股票价格涨落和汇率变化是否具有随机游动特征,更是现代金融界最充满火药味的论争之一. 概率论中的一些古典问题也引导到随机游动问题,事实上,随机游动可以看作是伯努利试验的一种描述法.

关于随机游动,已进行过许多研究,我们只介绍它的两个最简单的模型.

无限制随机游动 假定质点在时刻 0 从原点出发,以 S_n 记它在时刻 $t=n$ 时的位置. 为了使质点在时刻 $t=n$ 时位于 k (k 也可以是负整数),必须而且只须在前 n 次游动中向右游动的次数比向左游动的次数多 k 次,若以 x 记它在前 n 次游动中向右游动的次数, y 记向左移动的次数,则

$$\begin{cases} x+y=n \\ x-y=k \end{cases}$$

即 $x=\dfrac{n+k}{2}$,因为 x 是整数,所以 k 必须与 n 具有相同的奇偶性.

事件 $\{S_n=k\}$ 发生相当于要求在前 n 次游动中有 $\dfrac{n+k}{2}$ 次向右, $\dfrac{n-k}{2}$ 次向左,利用二项分布即得

$$P\{S_n = k\} = \binom{n}{\frac{n+k}{2}} q^{\frac{n-k}{2}} p^{\frac{n+k}{2}}$$

当 k 与 n 奇偶性相反时,概率为 0.

两端带有吸收壁的随机游动 假定质点在时刻 $t=0$ 时,位于 $x=a$,而在 $x=0$ 及 $x=a+b$ 处各有一个吸收壁,我们来求质点在 $x=0$ 被吸收或在 $x=a+b$ 被吸收的概率. 用的是差分方程法.

若以 q_n 记质点的初始位置为 n 而最终在 $a+b$ 点被吸收的概率. 显然

$$q_0 = 0, \quad q_{a+b} = 1 \qquad (2.3.16)$$

如果某时刻质点位于 $x=n$,这里 $1 \leq n \leq a+b-1$,则它要被 $x=a+b$ 吸收,有两种方式来实现:一种是接下去一次移动是向右的而最终被 $x=a+b$ 吸收;另一种是接下去一次移动是向左的而最终被 $x=a+b$ 吸收. 所以按全概率公式有

$$q_n = pq_{n+1} + qq_{n-1}, \quad n=1,2,\cdots,a+b-1 \qquad (2.3.17)$$

这样,我们得到了关于 q_n 的一个二阶差分方程(2.3.17),再用边界条件(2.3.16)就可以求解. 利用这个差分方程系数的特殊性,比较方便的解法是把(2.3.17)改写成

$$p(q_{n+1} - q_n) = q(q_n - q_{n-1}), \quad n=1,2,\cdots,a+b-1$$

若记 $c_n = q_{n+1} - q_n, r = \dfrac{q}{p}$,则又能写成

$$c_n = rc_{n-1}, \quad n=1,2,\cdots,a+b-1$$

下面分两种情况求解:

(i) $r=1$,即 $p=q=\dfrac{1}{2}$,也即对称随机游动的场合. 这时 $c_n = c_{n-1}$,因此,若记

$$q_{n+1} - q_n = q_n - q_{n-1} = \cdots = q_1 - q_0 = d$$

则

$$q_n = q_0 + nd$$

由于 $q_0=0, q_{a+b}=1$,故有
$$q_n = \frac{n}{a+b}$$

特别地
$$q_a = \frac{a}{a+b} \qquad (2.3.18)$$

(ii) $r \neq 1$,即 $p \neq q$ 的场合.

这时
$$c_n = rc_{n-1} = r^2 c_{n-2} = \cdots = r^n c_0$$

从而
$$q_n - q_0 = \sum_{k=0}^{n-1}(q_{k+1} - q_k) = \sum_{k=0}^{n-1} c_k = \sum_{k=0}^{n-1} r^k c_0 = \frac{1-r^n}{1-r} c_0$$

由于 $q_0=0, q_{a+b}=1$,故有
$$\frac{1-r^{a+b}}{1-r} c_0 = 1$$

因此
$$q_n = \frac{1-r^n}{1-r^{a+b}}$$

特别地
$$q_a = \frac{1-r^a}{1-r^{a+b}} = \frac{1-\left(\frac{q}{p}\right)^a}{1-\left(\frac{q}{p}\right)^{a+b}} \qquad (2.3.19)$$

若以 p_n 记质点自 n 出发而在 0 点被吸收的概率,同样可以列出差分方程
$$p_n = p p_{n+1} + q p_{n-1}, \quad n=1,2,\cdots,a+b-1$$

及边界条件
$$p_0 = 1, \quad p_{a+b} = 0$$

类似地可以求得,当 $p = q = \frac{1}{2}$ 时

$$p_a = \frac{b}{a+b} \qquad (2.3.20)$$

而在 $p \neq q$ 的场合

$$p_a = \frac{1-\left(\frac{p}{q}\right)^b}{1-\left(\frac{p}{q}\right)^{a+b}} = \frac{\left(\frac{q}{p}\right)^a - \left(\frac{q}{p}\right)^{a+b}}{1-\left(\frac{q}{p}\right)^{a+b}} \qquad (2.3.21)$$

不管在什么场合,都有

$$p_a + q_a = 1$$

也就是说随机游动的质点最终一定要被两个端点之一所吸收.

注意,(2.3.18) 及 (2.3.20) 也可以通过 (2.3.19) 及 (2.3.21),令 $p \to q$ 用洛必达法则得到.

顺便指出,两端有吸收壁的随机游动与概率论发展史上有名的**赌徒输光问题**有密切联系. 这个问题是这样叙述的:甲、乙进行赌博,其赌本分别为 a 及 b,若每局赌注为 1,而甲、乙在每局中赢的概率分别为 p 及 q,试求乙(或甲)把赌本输光的概率.

这个问题最初由惠更斯以具体问题的形式提出并给出正确答数,后由伯努利得到一般性公式.

四、推广的伯努利试验与多项分布

二项分布可以容易地推广到 n 次重复独立试验且每次试验可能有若干个结果的情形. 把每次试验的可能结果记为 $A_1, A_2, \cdots, A_r$,而 $P(A_i) = p_i, i = 1, 2, \cdots, r$,且

$$p_1 + p_2 + \cdots + p_r = 1, \quad p_i \geq 0 \qquad (2.3.22)$$

当 $r = 2$ 时,我们得到伯努利试验.

在这种推广的伯努利试验中,不难导出,在 n 次试验中 A_1 出现 k_1 次,A_2 出现 k_2 次,$\cdots\cdots A_r$ 出现 k_r 次的概率为

$$\frac{n!}{k_1! \, k_2! \cdots k_r!} p_1^{k_1} p_2^{k_2} \cdots p_r^{k_r} \qquad (2.3.23)$$

这里 $k_i \geq 0$,且 $k_1 + k_2 + \cdots + k_r = n$.

公式(2.3.23)称为**多项分布**,因为它是 $(p_1 + p_2 + \cdots + p_r)^n$ 的展开式的一般项,而且由(2.3.22)知

$$\sum_{\substack{k_i \geq 0 \\ k_1 + k_2 + \cdots + k_r = n}} \frac{n!}{k_1! \ k_2! \ \cdots k_r!} p_1^{k_1} p_2^{k_2} \cdots p_r^{k_r} = 1 \quad (2.3.24)$$

显然多项分布是二项分布的推广. 二项分布中的许多结果都能平行地推广到多项分布的场合,以后我们只详细讨论二项分布的有关问题.

在产品检查中,若对产品质量所用的标准不只是好品与废品,而是分得更细,例如有一等品,二等品,三等品,等外品四类,则从中有放回地取出 n 件,求一等品有 k_1 件,二等品有 k_2 件,三等品有 k_3 件,等外品有 k_4 件的概率时便得到多项分布.

[例 5] 人类的血型分为 O,A,B,AB 四型,假定某地区的居民中这四种血型的人的百分比分别为 0.4, 0.3, 0.25, 0.05,若从此地区居民中随机地选出 5 人,求有两个为 O 型,其他三个分别是 A,B,AB 型的概率.

[解] 推广的伯努利试验可以用于这个场合,所求的概率为

$$P = \frac{5!}{2! \ 1! \ 1! \ 1!} \times 0.4^2 \times 0.3 \times 0.25 \times 0.05 = 0.036$$

也可以研究平面上或空间的随机游动,下面是简单的一例.

[例 6] (平面上随机游动) 一质点从平面上某点出发,等可能地向上,下,左,右方向移动,每次移动的距离为 1,求经过 $2n$ 次移动后回到出发点的概率.

[解] 这可以归结为上述推广的伯努利试验的问题,分别以事件 A_1, A_2, A_3, A_4 表示质点向上,下,左,右移动一格,则 $p_1 = p_2 = p_3 = p_4 = \frac{1}{4}$. 若要在 $2n$ 次移动后回到原来的出发点,则向左移动的次数与向右移动的次数应该相等,向上移动的次数与向下移动的次数也应该相等. 而总移动次数为 $2n$,因此所求概率为

$$P = \sum_{k+m=n} \frac{(2n)!}{(k!)^2(m!)^2}\left(\frac{1}{4}\right)^{2n}$$

$$= \sum_{k=0}^{n} \frac{(2n)!}{(k!)^2[(n-k)!]^2}\left(\frac{1}{4}\right)^{2n}$$

$$= \left(\frac{1}{4}\right)^{2n}\frac{(2n)!}{(n!)^2}\sum_{k=0}^{n}\left[\frac{n!}{k!(n-k)!}\right]^2$$

$$= \left(\frac{1}{4}\right)^{2n}\binom{2n}{n}\sum_{k=0}^{n}\binom{n}{k}^2 = \left(\frac{1}{4}\right)^{2n}\binom{2n}{n}^2$$

最后一个等式用到(1.3.6).

§4. 二项分布与泊松分布

一、二项分布的性质及计算

1. 二项分布的计算

在上一节中我们导出了在 n 次伯努利试验中正好出现 k 次成功的概率 $b(k;n,p)$:

$$b(k;n,p) = \binom{n}{k}p^k q^{n-k}, \quad k = 0,1,2,\cdots,n \quad (2.4.1)$$

其中 $q = 1 - p$.

$b(k;n,p), k = 0,1,2,\cdots,n$ 称为**二项分布**,在概率论中占有很重要的地位. 由于在许多实际问题中出现二项分布,并且要计算其数值,因此讨论二项分布的计算显得非常重要.

二项分布有现成的表可查,这种表对不同的 n 及 p 给出了 $b(k;n,p)$ 的数值.

为了增加对二项分布的感性认识及计算的需要,我们选取了下列二项分布数值表.

表 2.4.1 中给出了对于 $n = 20$ 及 $p_1 = 0.1, p_2 = 0.3, p_3 = 0.5$ 的二项分布数值表.

二项分布表只对 $p \leqslant 0.5$ 给出,因为对于 $p > 0.5$ 的概率不难经下式计算得到:
$$b(k;n,p) = b(n-k;n,1-p) \qquad (2.4.2)$$
当 $p > 0.5$ 时,$1-p < 0.5$,仍能利用分布数值表.

表 2.4.1　二项分布数值表

k	$b(k;20,p)$			k	$b(k;20,p)$		
	$p_1=0.1$	$p_2=0.3$	$p_3=0.5$		$p_1=0.1$	$p_2=0.3$	$p_3=0.5$
0	0.121 6	0.000 8	—	11	—	0.012 0	0.160 2
1	0.270 2	0.006 8	—	12	—	0.003 9	0.120 1
2	0.285 2	0.027 8	0.000 2	13	—	0.001 0	0.073 9
3	0.190 1	0.071 6	0.001 1	14	—	0.000 2	0.037 0
4	0.089 8	0.130 4	0.004 6	15	—	—	0.014 8
5	0.031 9	0.178 9	0.014 8	16	—	—	0.004 6
6	0.008 9	0.191 6	0.037 0	17	—	—	0.001 1
7	0.002 0	0.164 3	0.073 9	18	—	—	0.000 2
8	0.000 4	0.114 4	0.120 1	19	—	—	—
9	0.000 1	0.065 4	0.160 2	20	—	—	—
10	—	0.030 8	0.176 2				

为了对二项分布的变化情况有个直观了解,我们把表 2.4.1 中的几个分布用图 2.4.1 表示出来.

从图中可以看出,对于固定的 n 及 p,当 k 增加时,$b(k;n,p)$ 先随之增加并达到某极大值,以后又下降. 此外,当概率 p 越与 $\frac{1}{2}$ 接近时,分布越接近对称.

[例1]　一大批电子管中有 10% 已损坏,若我们从这批电子管中随机地选取 20 个来组成一个线路,问这线路能正常工作(即

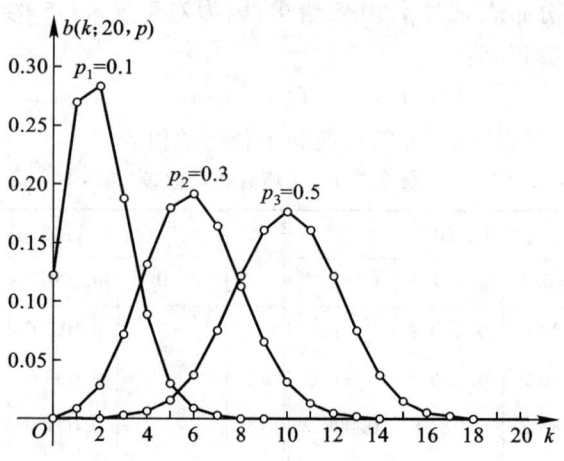

图 2.4.1 二项分布图

所选的 20 个电子管全部是好的)的概率是多少?

[解] 因为这批电子管数量很大,因此可近似地把选取 20 个管作为进行独立试验.若把选到一个好电子管作为成功,其概率为 0.9,则这是一个伯努利概型问题,所求的概率为

$$b(20;20,0.9) = \binom{20}{20} 0.9^{20} = 0.9^{20}$$

这个数值可以利用对数表计算,但更方便的是利用表 2.4.1 计算,由(2.4.2),

$$b(20;20,0.9) = b(0;20,0.1)$$

利用表 2.4.1 知所求的概率为 0.121 6.

[例 2] (血清的试验)设在家畜中感染某种疾病的概率是 30%,新发现了一种血清可能对预防此病有效,为此对 20 只健康的动物注射这种血清.若注射后只有一只动物受感染,我们应对此种血清的作用作何评价?

假如血清毫无价值,那么注射后的动物受感染的概率还是

30%,则这 20 只动物中有 k 只受感染的概率为 $b(k;20,0.3)$.

发生只有一只动物受感染或更好的情况(无动物受感染)的概率为

$b(0;20,0.3) + b(1;20,0.3) = 0.0008 + 0.0068 = 0.0076$

这个概率如此之小,因此我们不能认为血清毫无价值.

如果注射后的 20 只动物中有 4 只受感染,我们是否相信此种血清有效? 这个问题留给读者思考.

这里的做法是:先依照我们关心的问题提出一个假设,然后用实验得出的数据,利用概率论方法,计算某个事件在假设成立下的概率,最后根据这概率的大小来决定是接受还是拒绝原来的假设,这是数理统计中有名的**统计假设检验法**.

2. 二项分布的性质

我们来考察 $b(k;n,p)$ 随 k 及 n 变化的情况. 从图 2.4.1 可以看出, 当 n 固定时, $b(k;n,p)$ 先随 k 增加而增大, 达到某一极大值后又逐渐下降. 现在对它进行严格讨论.

由于对 $0 < p < 1$,

$$\frac{b(k;n,p)}{b(k-1;n,p)} = \frac{(n-k+1)p}{kq} = 1 + \frac{(n+1)p-k}{kq}$$

因此

当 $k < (n+1)p$ 时, $b(k;n,p) > b(k-1;n,p)$

当 $k = (n+1)p$ 时, $b(k;n,p) = b(k-1;n,p)$

当 $k > (n+1)p$ 时, $b(k;n,p) < b(k-1;n,p)$

因为 $(n+1)p$ 不一定是整数,而二项分布中的 k 只取整数值,所以存在整数 m,使得 $(n+1)p - 1 < m \leq (n+1)p$,而且当 k 从 0 变到 n 时,$b(k;n,p)$ 起先单调上升,当 $k = m$ 时达到极大值,后来又单调下降. 但若 $(n+1)p = m$,则这时 $b(m;n,p) = b(m-1;n,p)$ 同时达到极大值.

使 $b(k;n,p)$ 取最大值的项 $b(m;n,p)$ 称为 $b(k;n,p)$ 的**中心项**,而 m 称为**最可能成功次数**. 由上面讨论知 $m = [(n+1)p]$(即

m 是 $(n+1)p$ 的整数部分). 若 $(n+1)p$ 是整数, 则 $m-1$ 亦为最可能成功次数.

[例3] 设某种疾病的发病率为 0.01, 问在 500 人的社区中进行普查最可能的发病人数是多少? 并求其相应的概率.

[解] 这是伯努利概型, 发病人数服从二项分布. $n=500, p=0.01, (n+1)p=5.01, [(n+1)p]=5$. 所以最可能发病人数为 5. 相应概率为

$$b(5;500,0.01) = \binom{500}{5}(0.01)^5 \cdot (0.99)^{495} = 0.17635$$

(2.4.3)

应该注意, 若 $0<p<1$, 则当 n 值相当大时, 即便是最可能成功次数 m 发生的概率也相当小, 对于其他的 k, 则 $b(k;n,p)$ 自然更小了, 以后将会看到最可能成功次数 m 发生的概率接近于

$$(2\pi npq)^{-\frac{1}{2}}$$

(当 n 相当大时), 因此当 $n \to \infty$ 时, 这概率趋于 0.

3. 产品抽样验收与 (n,c) 方案

由于生产过程总有种种无法完全控制的因素, 因此工艺规范也允许加工的尺寸有一定的公差, 或允许产品中含有少量废品, 这事实上是承认生产过程的随机性.

在产品质量管理中, 全面检验一般是不可能的, 因此采用抽样检查的办法.

抽样检验若用于生产过程中, 则成为在线生产过程质量管理的一部分, 此外就是用于产品的验收.

如果每个产品要么是好品要么是废品, 那么这时关心的是废品数或废品率, 这是计数抽样验收中最简单的情况.

对质量的要求大体上可以归结为: 存在 p_0 及 p_1 满足 $0<p_0 \leq p_1<1$, 当废品率 $p \leq p_0$ 时, 接收这批产品; 而当 $p \geq p_1$ 时, 拒绝这批产品.

最简单也是最基本的验收方案是: 抽 n 件产品进行检验, 当废

品数≤c时,接收该批产品;否则拒绝.

这个方案称为(n,c)**方案**.

由于抽样的随机性,任何验收方案都可能犯两类错误:其一,拒收一批合格品;其二,接收一批不合格品.前者为生产者风险;后者为消费者风险.当然希望减小这两类风险,即降低犯两类错误的概率.这也为比较两种不同验收方案的优劣提供了客观的标准.

为刻画验收方案的性能,一般引进$L(p)$,它表示当废品率为p时,接收该批产品的概率.若以p为横坐标,$L(p)$为纵坐标作图,则所得的曲线称为**抽检特性曲线**(operating characteristic curve),简称 OC 曲线(见图 2.4.2).

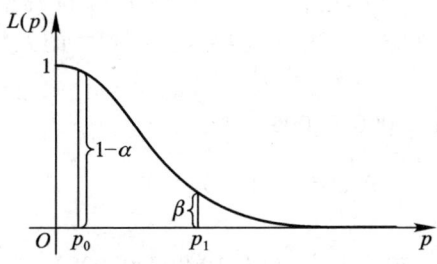

图 2.4.2　OC 曲线

对(n,c)方案而言,若抽样是放回的,则利用二项分布容易得到

$$L(p) = \sum_{k=0}^{c} \binom{n}{k} p^k (1-p)^{n-k} \qquad (2.4.4)$$

因此,问题归结为找n及c,使得

$$\begin{cases} L(p) \geq 1-\alpha, & \text{当}\ p \leq p_0\ \text{时} \\ L(p) \leq \beta, & \text{当}\ p > p_1\ \text{时} \end{cases} \qquad (2.4.5)$$

这里α,β是两个不大的正数,按需要给定.

理想的验收方案要求$\alpha = \beta = 0$,这是无法实现的,但可作为比较的基准.

4. 应用实例

我们举一些应用的例子,说明二项分布的重要性,同时也提出一些问题.

[例4](人寿保险) 保险业是最早使用概率论的部门之一. 保险公司为了决定保险金数额,估算公司的利润和破产的风险,需要计算各种各样的概率. 下面是典型问题之一. 根据生命表知道,某年龄段保险者里,一年中每个人死亡的概率为 0.005,现有 10 000 个这类人参加人寿保险,试求在未来一年中在这些保险者里面,(1) 有 40 个人死亡的概率;(2) 死亡人数不超过 70 个的概率.

[解] 作为初步近似,可以利用伯努利概型,$n = 10\,000$,$p = 0.005$,设 μ 为未来一年中这些人里面死亡的人数,则所求的概率分别为

(1) $b(40;10\,000,0.005)$

$$= \binom{10\,000}{40}(0.005)^{40}(0.995)^{9\,960} \quad (2.4.6)$$

(2) $P\{\mu \leq 70\} = \sum_{k=0}^{70} b(k;10\,000,0.005)$

$$= \sum_{k=0}^{70} \binom{10\,000}{k}(0.005)^{k}(0.995)^{10\,000-k}$$

$$(2.4.7)$$

直接计算这些数值相当困难,要有更好的计算方法.

[例5](机票超售) 某航线历史资料表明:订座旅客有 5% 不来登机,问一架 200 座飞机应出售多少座位?

[解] 前已讲明可以利用伯努利概型. 鉴于该问题实际牵涉面甚广,要考虑各方利弊,因此模型应有一定适应性. 假定超售 m 个座位,则共售出 $200 + m$ 个座位,这时要求登机的旅客数 μ 服从二项分布 $b(k;200+m,0.95)$,我们所关心的是发生拒登机的概率

$$P = P\{\mu > 200\} = \sum_{k>200} b(k;200+m,0.95)$$

较妥当的处理办法是：对各种适当的 m，算出 P，供主管部门最后决策时作参考.

[例6]（车间用电） 某车间有 200 台车床，由于经常需要检修、测量、调换刀具、变换位置等种种原因，每台只有 60% 的时间在开动用电，若每台开动时耗电 1 千瓦，问应供给这个车间多少电力才能保证正常生产？

[解] 若假定各台车床的工作是独立的，则能利用伯努利概型，此时 $n=200, p=60\%$，问题转化为找到某个 r，使"开动着的车床数 $\mu \leqslant r$"这一事件有足够大的概率发生，例如

$$P\{\mu \leqslant r\} = \sum_{k=0}^{r} b(k; 200, 0.6) \geqslant 0.999 \qquad (2.4.8)$$

这里的概率 0.999 是举例性的，它相当于 8 小时工作中有半分钟会超负荷，大小可选，方法不变.

[例7]（分子运动） 甲、乙两容器，容量各为 1 升，每个各含 2.7×10^{22} 个气体分子，现将两容器接触，经过相当长的时间后$\left(\text{即这时每个分子落在两容器中的概率各为} \frac{1}{2}\right)$，求两容器中分子数之差超过分子总数的 100 亿分之一的概率.

[解] 两容器中分子总数为 5.4×10^{22}，其一百亿分之一（即 10^{-10}）为 5.4×10^{12}，设混和后甲容器的分子数为 μ，则乙容器的分子数为 $5.4 \times 10^{22} - \mu$，现要求事件

$$|\mu - (5.4 \times 10^{22} - \mu)| > 5.4 \times 10^{12}$$

即事件

$$|\mu - 2.7 \times 10^{22}| > 2.7 \times 10^{12}$$

的概率，由二项分布

$$P\{|\mu - 2.7 \times 10^{22}| > 2.7 \times 10^{12}\}$$
$$= \sum_{k} b\left(k; 5.4 \times 10^{22}, \frac{1}{2}\right) \qquad (2.4.9)$$

上式和号对一切满足 $|k - 2.7 \times 10^{22}| > 2.7 \times 10^{12}$ 的 k 求和，这概

率是无法直接计算的.

从上面几个例子中可以看到,计算二项分布的数值时,由于试验次数 n 经常很大,因此实际计算 $b(k;n,p)$ 及 $\sum_{k} b(k;n,p)$ 都很困难,有时甚至不可能.例如(2.4.9)中须算的项数有 5.4×10^{12} 之多,逐项计算是不可能的.

在这种情况下,寻找更有效的计算法是必要的,即便是近似公式也好.这可以利用概率论中的极限定理来实现,关于极限定理的讨论将在第五章进行.

二、二项分布的泊松逼近

在很多应用问题中,我们常常遇到这样的伯努利试验,其中,相对地说,n 大,p 小,而乘积 $\lambda = np$ 大小适中.对这种情况,泊松(Poisson,1781—1840)找到了一个便于使用的近似公式,下面我们来推导它.

定理 2.4.1(泊松) 在独立试验中,以 p_n 代表事件 A 在试验中出现的概率,它与试验总数 n 有关,如果 $np_n \to \lambda$,则当 $n \to \infty$ 时,
$$b(k;n,p_n) \to \frac{\lambda^k}{k!} e^{-\lambda}$$

[证明] 记 $\lambda_n = np_n$,则
$$b(k;n,p_n) = \binom{n}{k} p_n^k (1-p_n)^{n-k}$$
$$= \frac{n(n-1)\cdots(n-k+1)}{k!} \left(\frac{\lambda_n}{n}\right)^k \left(1-\frac{\lambda_n}{n}\right)^{n-k}$$
$$= \frac{\lambda_n^k}{k!} \left(1-\frac{1}{n}\right)\left(1-\frac{2}{n}\right)\cdots\left(1-\frac{k-1}{n}\right)\left(1-\frac{\lambda_n}{n}\right)^{n-k}$$

由于对固定的 k 有
$$\lim_{n \to \infty} \lambda_n^k = \lambda^k, \quad \lim_{n \to \infty} \left(1-\frac{\lambda_n}{n}\right)^{n-k} = e^{-\lambda}$$

及

$$\lim_{n\to\infty}\left(1-\frac{1}{n}\right)\left(1-\frac{2}{n}\right)\cdots\left(1-\frac{k-1}{n}\right)=1$$

因此

$$\lim_{n\to\infty}b(k;n,p_n)=\frac{\lambda^k}{k!}\mathrm{e}^{-\lambda}$$

定理证毕.

$$p(k;\lambda)=\frac{\lambda^k}{k!}\mathrm{e}^{-\lambda},\quad k=0,1,2,\cdots \qquad (2.4.10)$$

称为**泊松分布**(Poisson distribution),λ 称为它的参数.

特别地

$$\sum_{k=0}^{\infty}p(k;\lambda)=\sum_{k=0}^{\infty}\frac{\lambda^k}{k!}\mathrm{e}^{-\lambda}=\mathrm{e}^{-\lambda}\cdot\mathrm{e}^{\lambda}=1 \qquad (2.4.11)$$

泊松分布是概率论中很重要的一种分布.

在应用中,当 p 相当小(一般当 $p\leqslant 0.1$)时,我们用下面近似公式

$$b(k;n,p)\approx\frac{(np)^k}{k!}\mathrm{e}^{-np} \qquad (2.4.12)$$

例如在例 3 中,我们要计算 $b(5;500,0.01)$,这时 $n=500$,相当大,而 $p=0.01$ 相当小,但 $np=5$,正好适中,所以很适合用泊松逼近,查表得到 $p(5;5)=0.175\,467$,与精确值 $0.176\,35$ 十分接近.

[例 8] 假如生三胞胎的概率为 10^{-4},求在 100 000 次生育中,有 0,1,2 次生三胞胎的概率.

[解] 这可以看作伯努利试验;$n=100\,000$,$p=0.000\,1$,所求的概率直接计算为

$$b(0;100\,000,0.000\,1)=0.000\,045\,378$$
$$b(1;100\,000,0.000\,1)=0.000\,453\,82$$
$$b(2;100\,000,0.000\,1)=0.002\,269\,3$$

这时也可用泊松逼近,$\lambda=np=10$,而

$$p(0;10) = 0.000\,045$$
$$p(1;10) = 0.000\,454$$
$$p(2;10) = 0.002\,270$$

可见近似程度很令人满意.

图 2.4.3 给出了泊松分布逼近二项分布的一个图示,吻合程度甚好.

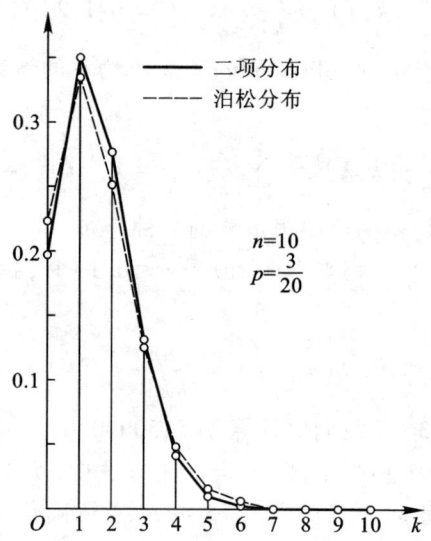

图 2.4.3　二项分布与泊松分布

三、泊松分布

在历史上泊松分布是作为二项分布的近似,于 1837 年由法国数学家泊松引入的.近数十年来,泊松分布日益显示其重要性,成了概率论中最重要的几个分布之一.其原因主要是下面两点.

首先是已经发现许多随机现象服从泊松分布.这种情况特别集中在两个领域中.一是社会生活,对服务的各种要求,诸如电话交换台中来到的呼叫数,网站访问数,公共汽车站来到的乘客数等等都近似地服从泊松分布,因此在运筹学及管理科学中泊松分布占有很突出的地位;另一领域是物理科学,放射性分裂落到某区域的质点数,热电子的发射,显微镜下落在某区域中的血球或微生物的数目等等都服从泊松分布.

其次,对泊松分布的深入研究(特别是通过对泊松过程的研究)已发现它具有许多特殊的性质和作用,打个不很恰当的譬喻,似乎泊松分布是构造随机现象的"基本粒子"之一.

图 2.4.4 是对于不同 λ 值的泊松分布图. 为了计算泊松分布的数值,有许多专门的表格可供查用. 本书附录一中也附有这样的表. 例 8 的数值可从该表查到.

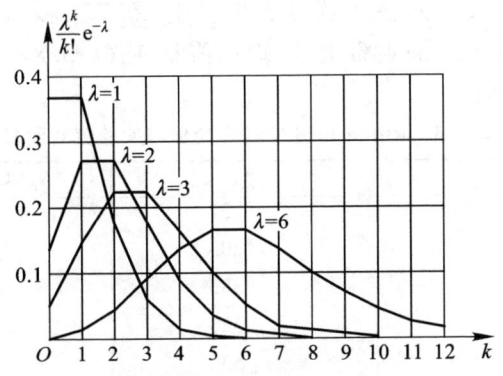

图 2.4.4　泊松分布图

下面提供两个有关的统计资料作为例子.

[例9] 对上海市某公共汽车站的客流进行调查,统计了某天上午 10:30 至 11:47 左右每隔 20 秒钟来到的乘客批数(每批可能有数人同时来到),共得 230 个记录,分别计算了来到 0 批,1 批,2 批,3 批,4 批及 4 批以上乘客的时间区间的频数,结果列于表 2.4.2 中,其相应的频率与 $\lambda=0.87$ 的泊松分布符合得很好.

表 2.4.2 公共汽车客流统计

来到批数 i	0	1	2	3	≥4	总 共
频数 n_i	100	81	34	9	6	230
频率 $f_i = \dfrac{n_i}{n}$	0.43	0.35	0.15	0.04	0.03	
$p_i = \dfrac{\lambda^i}{i!}\mathrm{e}^{-\lambda}$	0.42	0.36	0.16	0.05	0.01	

[例10] 放射性物质放射出的 α 质点数是服从泊松分布的有名例子. 1910 年 Rutherford 等人的著名实验揭露了这个事实.

在这个实验中, 观察了长为 7.5 秒的时间间隔里到达某指定区域的质点数, 共观察了 $N = 2\,608$ 次, 表 2.4.3 给出观察值与理论值的对照, N_k 表示在 N 次观察中发生"在 7.5 秒内落到指定区域的质点数为 k"的观察次数, 理论值是 $Np(k;3.870)$, 理论值与实验值很近似.

表 2.4.3 Rutherford 实验理论值与实验值对照表[①]

k	N_k	$Np(k;3.870)$
0	57	54.399
1	203	210.523
2	383	407.361
3	525	525.496
4	532	508.418
5	408	393.515
6	273	253.817
7	139	140.325
8	45	67.882
9	27	29.189
$k \geq 10$	16	17.075
总 计	2 608	2 608.000

[①] 引自费勒. 概率论及其应用, 离散空间(上册). 科学出版社. 1964, 第 155 页.

在说明了泊松分布的常见性之后,我们转入介绍产生泊松分布的机制.经过研究,已经弄清了服从泊松分布的条件.为了便于理解,我们将结合电话呼叫流来叙述这个重要结果.

我们先证明一个以后屡次要用到的数学分析结论.

引理 2.4.1(柯西) 若$f(x)$是连续函数(或单调函数),且对一切x,y(或一切$x \geq 0, y \geq 0$)成立

$$f(x)f(y) = f(x+y) \quad (2.4.13)$$

则

$$f(x) = a^x \quad (2.4.14)$$

其中$a \geq 0$,是某一常数.

[证明] 由(2.4.13)知对任意x,

$$f(x) = \left[f\left(\frac{x}{2}\right)\right]^2 \geq 0$$

因此$f(x)$非负.反复使用(2.4.13),对任意正整数n及实数x有

$$f(nx) = [f(x)]^n$$

在上式中取$x = \frac{1}{n}$,得

$$f(1) = \left[f\left(\frac{1}{n}\right)\right]^n$$

记$a = f(1) \geq 0$,则

$$f\left(\frac{1}{n}\right) = a^{\frac{1}{n}}$$

因此,对任意正整数m及n,成立

$$f\left(\frac{m}{n}\right) = \left[f\left(\frac{1}{n}\right)\right]^m = a^{\frac{m}{n}}$$

这样,我们已证得(2.4.14)对一切有理数成立,再利用连续性或单调性可以证明对无理数也成立,从而证明了引理.

[泊松过程] 考虑来到某交换装置的电话呼叫数,假定它具有下面三个性质:

(i) **平稳性** 在$[t_0, t_0 + t)$中来到的呼叫数只与时间间隔长

度 t 有关而与时间起点 t_0 无关. 若以 $P_k(t)$ 记在长度为 t 的时间区间中来到 k 个呼叫的概率, 当然

$$\sum_{k=0}^{\infty} P_k(t) = 1 \qquad (2.4.15)$$

对任何 $t > 0$ 成立.

过程的平稳性表示了它的概率规律不随时间的推移而改变.

(ii) **独立增量性(无后效性)** 在 $[t_0, t_0+t)$ 内来到 k 个呼叫这一事件与时刻 t_0 以前发生的事件独立. 换言之, 在对时刻 t_0 以前的事件发生情况所作的任何假定之下, 计算出来的在 $[t_0, t_0+t)$ 内发生 k 个呼叫的条件概率都等于同一事件的无条件概率. 独立增量性表明在互不相交的时间区间内过程进行的相互独立性.

(iii) **普通性** 在充分小的时间间隔中, 最多来到一个呼叫. 即, 若记

$$\psi(t) = \sum_{k=2}^{\infty} P_k(t) = 1 - P_0(t) - P_1(t) \qquad (2.4.16)$$

应有 $\psi(t) = o(t)$, 即

$$\lim_{t \to 0} \frac{\psi(t)}{t} = 0 \qquad (2.4.17)$$

普通性表明, 在同一时间瞬间来两个或两个以上呼叫实际上是不可能的.

下面我们求 $P_k(t)$.

对 $\Delta t > 0$, 考虑 $[0, t+\Delta t)$ 中来到 k 个呼叫的概率 $P_k(t+\Delta t)$, 由独立增量性及全概率公式

$$P_k(t+\Delta t) = P_k(t)P_0(\Delta t) + P_{k-1}(t)P_1(\Delta t) + \cdots$$
$$+ P_0(t)P_k(\Delta t), k \geq 0 \qquad (2.4.18)$$

(对 $n \geq 1$, 假定 $P_{-n}(t) = 0$.)

特别地

$$P_0(t+\Delta t) = P_0(t)P_0(\Delta t) \qquad (2.4.19)$$

$P_0(t)$ 表示在长度为 t 的时间间隔中没有来呼叫的概率, 因此它关

于 t 单调下降,由引理 2.4.1 知
$$P_0(t) = a^t$$
其中 $a \geq 0$,若 $a = 0$,则 $P_0(t) \equiv 0$,这说明在不管怎么短的时间间隔内都要来呼叫,因此在有限时间间隔中要来无穷多个呼叫,这种情形不在我们的考虑之列.此外,因 $P_0(t)$ 是概率,故应有 $a \leq 1$,而当 $a = 1$ 时,$P_0(t) \equiv 1$,这表明永不来呼叫,也不是我们感兴趣的情形,所以应有 $0 < a < 1$,从而存在 $\lambda > 0$,使
$$P_0(t) = e^{-\lambda t} \qquad (2.4.20)$$
因此当 $\Delta t \to 0$ 时,我们有
$$P_0(\Delta t) = e^{-\lambda \Delta t} = 1 - \lambda \Delta t + o(\Delta t)$$
$$P_1(\Delta t) = 1 - P_0(\Delta t) - \psi(\Delta t) = \lambda \Delta t + o(\Delta t)$$
$$\sum_{l=2}^{\infty} P_{k-l}(t) P_l(\Delta t) \leq \sum_{l=2}^{\infty} P_l(\Delta t) = \psi(\Delta t) = o(\Delta t)$$
故由 (2.4.18) 得
$$P_k(t + \Delta t) = P_k(t)(1 - \lambda \Delta t) + P_{k-1}(t) \cdot \lambda \Delta t + o(\Delta t)$$
$$k \geq 1$$
因此
$$\frac{P_k(t + \Delta t) - P_k(t)}{\Delta t} = \lambda [P_{k-1}(t) - P_k(t)] + o(1)$$
$$k \geq 1$$
令 $\Delta t \to 0$,得
$$P_k'(t) = \lambda [P_{k-1}(t) - P_k(t)], \quad k \geq 1$$
由于已知 $P_0(t) = e^{-\lambda t}$,故有 $P_1'(t) = \lambda [e^{-\lambda t} - P_1(t)]$,可解得 $P_1(t) = \lambda t e^{-\lambda t}$,这样下去,可解得一切 $P_k(t)$.
$$P_k(t) = \frac{(\lambda t)^k}{k!} e^{-\lambda t}, \quad k = 0, 1, 2, \cdots$$
这正是泊松分布,参数为 λt.

在随机过程理论中,这里所得的结果及所用的方法将被大大推广.

第二章小结

本章中我们讨论了(统计)独立性的概念,它是概率论中最重要的概念之一.独立性是概率论特有的概念,它的引进大大推动了概率论的发展,前期概率论中最重要的一些结果大都是在独立性的假定下获得的,只有到了近代才开始研究一些不独立但常在另一种较弱独立性假定下的概率模型.读者能在本书的后面部分充分体验到独立性的重要性.

我们定义了事件的独立性与试验的独立性,读者应把它们进行对比.此外,两个事件独立性的定义与多个事件独立性的定义形式上也有区别,应理解为什么会发生这种情况.

条件概率是概率论中另一重要概念,它与独立性有密切联系.在不具有独立性的场合,它将扮演重要角色.条件概率也是某种概率.

本章还导出几个基本公式:乘法公式及其推广形式,全概率公式,贝叶斯公式,它们以后经常被用到.

伯努利试验是概率论中最重要的概型之一.正是通过对这个概型的不断深入研究,逐渐提出了概率论特有的课题,创造出相应的工具与方法.它对后来的发展有着不可估量的影响.伯努利试验概型在应用上也很重要.在第五章,我们将继续讨论这个概型,证明有关的极限定理并最后解决一些本章遗留的计算问题.

随机游动是概率论中最早研究的一个动态模型,可追溯到17世纪惠更斯对机会博弈中赌徒输光问题的研究,它开了随机过程理论研究的先河.当代,随机游动理论的研究仍在深入,应用既广且深.

二项分布与泊松分布是概率论中最重要的三个分布中的两个,另一个分布——正态分布,将在下章出现.这两个分布在理论研究和实际应用中都很重要.二项分布广泛应用于抽样检查等场合,而泊松分布则大量出现于社会生活和物理现象中.泊松过程的结构分析是随机过程理论的最基本成果之一.

从某些假定出发,利用全概率公式导出某个方程,最后通过解方程求出答案,在随机游动和泊松过程研究中使用的这种方法颇为有力,它是随机过程理论研究中的分析方法的特例.

到目前为止,本课程的展开基本上还是与概率论的历史发展相平行的,而且,我们已经为概率论另一重要概念——随机变量的引入作了不少准备.

习 题 二

1. 把字母 S、T、A、T、I、S、T、I、C、S 分别写在一张卡片上,充分混和后重新排列,问正好得到顺序 STATISTICS 的概率是多少?

2. 若 M 件产品中包含 m 件废品,今在其中任取两件,求:(1) 取出的两件中至少有一件是废品的概率;(2) 已知取出的两件中有一件是废品的条件下,另一件也是废品的条件概率;(3) 已知两件中有一件不是废品的条件下,另一件是废品的条件概率.

3. 甲袋中有 a 只白球, b 只黑球,乙袋中有 α 只白球, β 只黑球,某人从甲袋中任取两球投入乙袋,然后在乙袋中任取两球,问最后取出的两球全为白球的概率是多少?

4. 设一个家庭中有 n 个小孩的概率为

$$p_n = \begin{cases} \alpha p^n, & n \geq 1 \\ 1 - \dfrac{\alpha p}{1-p}, & n = 0 \end{cases}$$

这里 $0 < p < 1, 0 < \alpha < \dfrac{1-p}{p}$,若认为生一个小孩为男孩或女孩是等可能的,求证一个家庭有 $k(k \geq 1)$ 个男孩的概率为 $2\alpha p^k / (2-p)^{k+1}$.

5. 在上题假定下:(1) 已知家庭中至少有一个男孩,求此家庭至少有两个男孩的概率;(2) 已知家庭中没有女孩,求正好有一个男孩的概率.

6. 已知产品中 96% 是合格的,现有一种简化的检查方法,它把真正的合格品确认为合格品的概率为 0.98,而误认废品为合格品的概率为 0.05,求以简化法检查下为合格品的一个产品确实是合格的概率.

7. 炮战中,若在距目标 250 米,200 米,150 米处射击的概率分别为 0.1,0.7,0.2,而在各该处射击时命中目标的概率分别为 0.05,0.1,0.2,现在已知目标被击毁,求击毁目标的炮弹是由距目标 250 米处射出的概率.

8. 飞机坠落在 A、B、C 三个区域之一,营救部门判断其概率分别为 0.7,0.2,0.1;用直升机搜索这些区域,若有残骸,被发现的概率分别为 0.3,0.4,0.5,若已用直升机搜索过 A 区域及 B 区域,没有发现残骸,在这种情况下,试计算飞机坠落在 C 区域的概率.

9. 选择题有 4 个答案,只有一个是正确的.不懂的学生从中随机选择.假定一个学生懂与不懂的概率都是 1/2,求答对的学生对该题确实懂的概率.

10. 甲袋中有 3 只黑球,7 只白球;乙袋中有 7 只黑球,13 只白球;丙袋中有 12 只黑球,8 只白球.先以 1:2:2 的概率选择甲、乙、丙中的一只袋子.再从选中的袋子中先后摸出 2 球,求:(1) 先摸到的是黑球的概率;(2) 已知后摸到的是白球,求先摸到的是黑球的概率.

11. 甲、乙两人轮流射击,先击中目标者获胜.设甲、乙击中目标的概率分别为 p_1 及 p_2,甲先射,试求甲获胜的概率.

12. 飞机有三个不同的部分遭到射击,在第一部分被击中一弹或第二部分被击中两弹,或第三部分被击中三弹时,飞机才能被击落,其命中率与每一部分的面积成正比,设三个部分的面积的百分比为 0.1,0.2,0.7.若已击中两弹,求击落飞机的概率.

13. 证明:对于事件 A,B,关系式

$$P^2(AB) + P^2(\bar{A}B) + P^2(A\bar{B}) + P^2(\bar{A}\bar{B}) = \frac{1}{4}$$

成立的充要条件为

$$P(A) = P(B) = \frac{1}{2}, \quad P(AB) = \frac{1}{4}$$

14. 若 A 与 B 独立,证明 $\{\varnothing, A, \bar{A}, \Omega\}$ 中任何一个事件与 $\{\varnothing, B, \bar{B}, \Omega\}$ 中任何一个事件是相互独立的.

15. 若 $0 < P(B) < 1$,试证:

(1) $P(A|B) = P(A|\bar{B})$;

（2）$P(A|B) + P(\bar{A}|B) = 1$

均为 A 与 B 相互独立的充要条件.

16. （费勒）抽查一个家庭,考察两个事件,A:至多有一个女孩;B:男女孩子都有.假设男女的出生率都是 1/2.试证:对 3 个孩子之家,A 与 B 独立;而对 4 个孩子之家,A 与 B 不独立.

17. 事件 A,B,C 两两独立,$ABC = \emptyset$,$P(A) = P(B) = P(C)$,且已知 $P(A \cup B \cup C) = \dfrac{9}{16}$,试求 $P(A)$.

18. 设 A,B,C 三事件相互独立,求证(1) $A \cup B, AB, A - B$ 皆与 C 独立;(2) $\bar{A}, \bar{B}, \bar{C}$ 亦相互独立.

*19. 证明:事件 $A_1, A_2, \cdots, A_n$ 相互独立的充要条件是下列 2^n 个等式成立:
$$P(\hat{A}_1 \hat{A}_2 \cdots \hat{A}_n) = P(\hat{A}_1)P(\hat{A}_2)\cdots P(\hat{A}_n)$$
其中 $\hat{A}_i$ 取 A_i 或 $\bar{A}_i$.

20. 三个工作小组独立对某个密码进行破译,如果他们成功的概率分别为 0.4,0.5,0.7,试求该密码被成功破译的概率.

21. 设 $A_1, A_2, \cdots, A_n$ 相互独立,而 $P(A_k) = p_k$,试求:(1) 所有事件全不发生的概率;(2) 诸事件中至少发生其一的概率;(3) 恰好发生其一的概率.

22. 当元件 K 或者元件 K_1 及 K_2 都发生故障时电路断开,元件 K 发生故障的概率等于 0.3,而元件 K_1, K_2 发生故障的概率各为 0.2,求电路断开的概率.

23. 说明"重复独立试验中,小概率事件必然发生"的确切意思.

24. 甲、乙、丙三人进行某项比赛,若三人胜每局的概率相等,比赛规定先胜三局者为整场比赛的优胜者,若甲胜了第一、三局,乙胜了第二局,问丙成为整场比赛优胜者的概率是多少?

25. 设实验室器皿中产生甲类细菌与乙类细菌的机会是相同的,若某次发现产生了 $2n$ 个细菌,求(1) 至少有一个甲类细菌的概率;(2) 甲、乙两类细菌各占其半的概率.

26. 掷硬币出现正面的概率为 p,掷了 n 次,求下列概率:(1) 至少出现一次正面;(2) 至少出现两次正面.

27. 甲、乙均有 n 个硬币,全部掷完后分别计算掷出的正面数,试求两人掷出的正面数相等的概率.

28. 在伯努利试验中,事件 A 出现的概率为 p,求在 n 次独立试验中事件 A 出现奇数次的概率.

*29. 在伯努利试验中,若 A 出现的概率为 p,试证在出现 m 次 $\bar{A}$ 之前出现 n 次 A 的概率,即分赌注问题中甲最终取胜的概率,可由(2.3.13),(2.3.14),(2.3.15)中的任一式子表出,即它们是相等的.

30. 袋中有 10 只黑球,10 只白球,从中将球一只只摸出,求在第 9 次摸球时摸得第 3 只黑球的概率.

31. 设有 N 个袋子,每个袋子中装有 a 只黑球,b 只白球,从第一袋中取出一球放入第二袋中,然后从第二袋中取出一球放入第三袋中,如此下去,问从最后一个袋中取出一球而为黑球的概率是多少?

32. 甲袋中有 $N-1$ 只白球和 1 只黑球,乙袋中有 N 只白球,每次从甲、乙两袋中分别取出一只球并交换放入另一袋中去,这样经过了 n 次,问黑球出现在甲袋中的概率是多少,并讨论 $n \to \infty$ 时的情况.

*33. 投硬币 n 回,第一回出正面的概率为 c,第二回后每次出现与前一次相同表面的概率为 p,求第 n 回时出正面的概率,并讨论当 $n \to \infty$ 时的情况.

*34. 甲、乙两袋各装一只白球一只黑球,从两袋中各取出一球相交换放入另一袋中,这样进行了若干次. 以 p_n, q_n, r_n 分别记在第 n 次交换后甲袋中将包含两只白球、一只白球一只黑球、两只黑球的概率. 试导出 $p_{n+1}, q_{n+1}, r_{n+1}$ 用 p_n, q_n, r_n 表出的关系式,利用它们求 $p_{n+1}, q_{n+1}, r_{n+1}$ 的表达式,并讨论当 $n \to \infty$ 时的情况.

35. 一个工厂出产的产品中废品率为 0.005,任意取来 1 000 件,试计算下面概率:(1) 其中至少有两件废品;(2) 其中不超过 5 件废品;(3) 能以 90% 的概率希望废品件数不超过多少?

36. 试给出泊松试验的严格表述.

37. 某厂长有 7 个顾问,假定每个顾问贡献正确意见的百分比为 0.6,现为某事可行与否而个别征求各顾问意见,并按多数人的意见作出决策,求作出正确决策的概率.

38. 一本 500 页的书,共有 500 个错字,每个字等可能地出现在每一页上,试求在给定的一页上至少有 3 个错字的概率.

39. 某商店中出售某种商品,据历史记录分析,每月销售量服从泊松分布,参数为 7,问在月初进货时要库存多少件此种商品,才能以 0.999 的概率充分满足顾客的需要.

40. 螺丝钉生产中废品率为 0.015,问一盒应装多少只才能保证每盒中至少有 100 只好螺丝钉的概率不小于 80%(提示:用泊松逼近,设应装 100 + k 只).

41. 某疫苗中所含细菌数服从泊松分布,每 1 毫升中平均含有一个细菌,把这种疫苗放入 5 只试管中,每试管放 2 毫升,试求:(1) 5 只试管中都有细菌的概率;(2) 至少有 3 只试管中有细菌的概率.

42. 实验室器皿中产生甲、乙两类细菌的机会是相等的,且产生 k 个细菌的概率为

$$p_k = \frac{\lambda^k}{k!}e^{-\lambda}, \quad k = 0,1,2,\cdots$$

试求:(1) 产生了甲类细菌但没有乙类细菌的概率;(2) 在已知产生了细菌而且没有甲类细菌的条件下,有 2 个乙类细菌的概率.

43. 若每条蚕的产卵数服从泊松分布,参数为 λ,而每个卵变为成虫的概率为 p,且各卵是否变为成虫彼此独立,求每蚕养活 k 只小蚕的概率.

44. 通过某交叉路口的汽车流可看作泊松过程,若在一分钟内没有车的概率为 0.2,求在 2 分钟内有多于一车的概率.

45. 若已知 $t = 0$ 时,某分子与另一分子碰撞,又知对任何 $t \geq 0$ 和 $\Delta t > 0$,若不管该分子在时刻 t 以前是否遭受碰撞,在 $(t, t + \Delta t)$ 中遭到碰撞的概率等于 $\lambda \Delta t + o(\Delta t)$,试求该分子在时刻 τ 还没有再受到碰撞的概率.

*46. 利用概率论的想法证明下面恒等式:

$$\sum_{k=0}^{N} \binom{N+k}{k} \frac{1}{2^k} = 2^N$$

47. 某车间宣称自己产品的合格率超过 99%,检验人员从该车间的 10 000 件产品中抽查了 100 件,发现有两件次品,能否据此断定该车间谎报合格率?

48. 产品验收方案规定:在一批 20 件产品中,抽取其中 4 件,若发现 1 件或 0 件次品,则接受此批产品. 如果一批 20 件产品中含有 5 件次品,若依上述方案验收,试求这批产品被接受的概率.

*49. 系统中每个元件正常工作的概率为 p,有半数元件正常则系统可工作,对什么 p 值,$2k + 1$ 个元件的系统比 $2k - 1$ 个元件的系统好?

**50. 通过构造适当的概率模型证明:从正整数中随机地选取两数,此两数互素的概率等于 $\frac{6}{\pi^2}$.

第三章　随机变量与分布函数

§1. 随机变量及其分布

一、随机变量的定义

在随机现象中,有很大一部分问题与数值发生关系,例如在产品检验问题中,我们关心的是抽样中出现的废品数;在机票超售问题中我们关心的是某航班实到旅客数;在电话问题中关心的是某段时间中的话务量,它与呼叫的次数及各次呼叫占用交换设备的时间长短有关. 此外如测量时的误差,气体分子运动的速度,信号接收机所收到的信号(用电压表示或数字表示)的大小,也都与数值有关.

有些初看起来与数值无关的随机现象,也常常能联系数值来描述. 例如在掷硬币问题中,每次出现的结果为正面或反面,与数值没有关系,但是我们能用下面方法使它与数值联系起来,当出现正面时对应数"1",而出现反面时对应数"0",为了计算 n 次投掷中出现的正面数就只须计算其中"1"出现的次数了.

一般地,如果 A 为某个随机事件,则一定可以通过如下示性函数使它与数值发生联系:

$$\mathbf{1}_A = \begin{cases} 1, \text{如果 } A \text{ 发生} \\ 0, \text{如果 } A \text{ 不发生} \end{cases}$$

总之,这些例子中,试验的结果能用一个数 ξ 来表示,这个数 ξ 是随着试验的结果的不同而变化的,也即它是样本点的一个函数,这种量以后称为**随机变量**(random variable).本书中将主要用希腊字母 $\xi,\eta,\zeta,\cdots$ 来表示随机变量.下面我们就来考虑应当如何给这种量以严格的数学定义.

正如对随机事件一样,我们所关心的不仅是试验会出现什么结果,更重要的是要知道这些结果将以怎样的概率出现,也即对随机变量,我们不但要知道它取什么数值,而且要知道它取这些数值的概率.

从随机现象可能出现的结果来看,随机变量至少有两种不同的类型.一种是试验结果 ξ 所可能取的值为有限个或至多可列个,我们能把其可能结果一一列举出来,这种类型的随机变量称为**离散型随机变量**.在日常生活中经常碰到离散型随机变量,例如废品数、电话呼叫数等等.前面讨论过的随机现象大部分都能用离散型随机变量来描述.例如古典概型中只有有限个可能结果,若对应于每一个结果用一个数值来表征,则得到一个离散型随机变量.又如在 n 次伯努利试验中,若以 μ 记事件 A 出现的次数,则 μ 可取值 $0,1,2,\cdots,n$.在上章的应用实例中我们就是这样做的.在呼叫流的研究中,若以 $\xi(t)$ 记 $[0,t]$ 中来到的呼叫数,则 $\xi(t)$ 可取值 $0,1,2,\cdots$ 这些都是离散型随机变量.

从上章的讨论可以看到,要描述这类随机变量并不难,以 n 次伯努利试验中事件 A 出现的次数 μ 为例,我们知道它是样本点 ω 的函数,也就是说,严格来讲,应写作 $\mu(\omega)$,其中 $\omega\in\Omega$,它取的值是 $0,1,2,\cdots,n$,并且知道 $\mu(\omega)$ 取这些值的概率为①

---

① 下面出现记号 $\{\mu(\omega)=k\}$,对于不熟悉这类记号的读者,我们特作如下说明. $\{\mu(\omega)=k\}$ 是 $\{\omega:\mu(\omega)=k\}$ 的简写,它表示具有如下性质的样本点 ω 的集合:在其上 μ 取固定值 k.一般地,对于从样本空间 Ω 到数直线 $\mathbf{R}^1$ 上的单值映射 $\xi(\omega)$,若 A 是 $\mathbf{R}^1$ 的某一子集,常以 $\{\xi(\omega)\in A\}$ 作为 $\{\omega:\xi(\omega)\in A\}$ 的简写,用来表示使 $\xi(\omega)$ 之值属于 A 的那些样本点 ω 的集合,有时还进一步简记作 $\xi^{-1}(A)$;特别地,$\{\xi(\omega)<x\}$ 即为 $\{\omega:\xi(\omega)\in(-\infty,x)\}$,这里 x 是某一实数.

$$P\{\mu(\omega)=k\} = \binom{n}{k}p^k q^{n-k}, \quad k=0,1,2,\cdots,n$$

这里我们已经知道了 $\mu(\omega)$ 取什么值,以及以什么概率取这些值.

一般地,对于定义在样本空间 Ω 上的离散型随机变量 $\xi(\omega)$ 只要能指出它取的值 $x_1, x_2, \cdots, x_n, \cdots$ 以及它取这些值的概率 $P\{\xi(\omega)=x_i\}, i=1,2,\cdots,n,\cdots$ 就满足了我们的要求. 显然要做到这一点,必须要求 $\{\xi(\omega)=x_i\}$ 有概率. 因为我们只对事件域 $\mathscr{F}$ 中的集合定义概率,所以必须有 $\{\omega:\xi(\omega)=x_i\}\in\mathscr{F}$.

与离散型随机变量不同,一些随机现象所出现的试验结果 ξ 不止取可列个值,例如测量误差、分子运动速度、候车时的等待时间、降水量、风速、洪峰值等等皆是. 这时用来描述试验结果的随机变量还是样本点 ω 的函数:严格写应是 $\xi(\omega)$,其中 $\omega\in\Omega$,但是这随机变量能取某个区间 $[c,d]$ 或 $(-\infty,\infty)$ 的一切值.

假如想用描述离散型随机变量的方法(简单地罗列所取的值及相应的概率)来描述这后一类随机变量,则会碰到很大的困难. 一来是这类随机变量所取的值不能一一列出;二来,我们下面将会看到,取连续值的随机变量,它取某个特定值的概率是 0,因此用这种描述方法根本不行.

对于取连续值的随机变量我们所关心的也并不是它取某个特定值的概率. 例如在测量误差的讨论中,我们感兴趣的是测量误差小于某个数的概率;在降雨问题中,我们重视的是雨量在某一个量级,例如在 100 mm 到 120 mm 之间的概率. 总之,对于取连续值的随机变量 $\xi(\omega)$,我们感兴趣的是 $\xi(\omega)$ 取值于某个区间 (a,b) 的概率,或取值于若干个这种区间的概率. 因此应当要求 $\{a\leqslant\xi(\omega)<b\}$ 或 $\{\xi(\omega)<b\}$ 或一般地 $\{\xi(\omega)\in A\}$(其中 A 是由区间经并、交等运算而得到的直线上的某一个点集)有概率可言,既然只对概率空间 $(\Omega,\mathscr{F},P)$ 的事件域 $\mathscr{F}$ 中的集合才定义概率,因此我们自然要求上述集合属于 $\mathscr{F}$,即都是事件.

通过上面讨论可以看出,为了使我们感兴趣的概率计算得以进行,我们应对 $\xi(\omega)$ 加上一定的限制,主要是要求 $\{\omega:\xi(\omega)\in B\}$ 应是事件. 在离散型随机变量的场合,B 是直线上的某一个点;在取连续值场合,B 是直线上由区间经并、交等运算而得到的某一点集. 在概率计算中有时要考虑可列运算,因此较方便的是取 B 为直线上博雷尔点集.

为此引进如下定义:

定义 3.1.1 设 $\xi(\omega)$ 是定义于概率空间 $(\Omega,\mathscr{F},P)$ 上的单值实函数,如果对于直线上任一博雷尔点集 B,有

$$\{\omega:\xi(\omega)\in B\}\in\mathscr{F} \qquad (3.1.1)$$

则称 $\xi(\omega)$ 为**随机变量**(图 3.1.1),而 $P\{\xi(\omega)\in B\}$ 称为随机变量 $\xi(\omega)$ 的**概率分布**.

特别地,若取 $B=(-\infty,x)$,则有

$$\{\omega:\xi(\omega)<x\}\in\mathscr{F} \qquad (3.1.2)$$

因此 $P\{\xi(\omega)<x\}$ 有定义. 注意到

$$P\{a\leq\xi(\omega)<b\}=P\{\xi(\omega)<b\}-P\{\xi(\omega)<a\} \qquad (3.1.3)$$

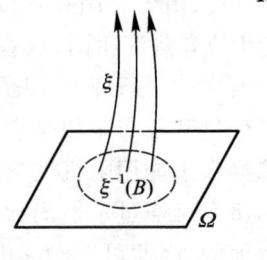

图 3.1.1 随机变量

所以只要对一切实数 x 给出概率 $P\{\xi(\omega)<x\}$,就能算出 $\xi(\omega)$ 落入某个区间 $[a,b)$ 的概率,再利用概率的性质还可以算出 $\xi(\omega)$ 属于某些相当复杂的直线点集(譬如可列个不相交的左闭右开区间之和)的概率.

定义 3.1.2 称

$$F(x)=P\{\xi(\omega)<x\},\quad -\infty<x<\infty \qquad (3.1.4)$$

为随机变量 $\xi(\omega)$ 的**分布函数**(distribution function).

为书写方便起见,通常把"随机变量 $\xi(\omega)$ 服从分布函数 $F(x)$"简记作 $\xi(\omega)\sim F(x)$.

由(3.1.3)立刻得到

$$P\{a\leqslant \xi(\omega)<b\} = F(b) - F(a) \qquad (3.1.5)$$

在上面讨论中,我们根据描述随机变量的需要给出了随机变量与分布函数的定义.按定义,随机变量是样本点的函数,因此在试验前我们只能知道它可能取哪些值,而不能确知它将取何值,这就是随机性;但是当试验完成之后,它的取值也就明确了.为了计算概率,必须要求随机变量具有可测性(3.1.1),而分布函数的引进则把对于随机变量的概率计算化为对分布函数的数值运算.这样一来,我们已经在科尔莫戈罗夫的公理化结构中给随机变量予严格的定义,同时又为对它的研究准备了方便的分析工具.

应该指出,最后之所以采用这种定义,还有数学理论上的需要,有些进一步的事实,例如若(3.1.2)成立则(3.1.1)也成立(见习题50),由分布函数可以唯一决定概率分布等等是可以通过测度论①的方法证明的,这些已超出本课程范围,我们将不予讨论.

概率论是研究大量随机现象中的数量规律的数学分支,研究随机变量和分布函数是它的重要任务,而且概率论中所研究的也大都局限于能用随机变量来描述的随机现象.前面已指出,随机事件的研究可通过示性函数转化为对随机变量的研究,随机变量是取数值的,因此可以对它进行各种数学运算,研究起来就很方便.

二、分布函数的性质

我们先把分布函数的最基本的性质汇集于下列定理中.

定理 3.1.1 分布函数 $F(x)$ 具有下列性质:

(i) 单调性:若 $a<b$,则 $F(a)\leqslant F(b)$;

(ii) $\lim\limits_{x\to -\infty} F(x) = 0$, $\quad \lim\limits_{x\to +\infty} F(x) = 1$; $\qquad (3.1.6)$

(iii) 左连续性:$F(x-0) = F(x)$.

[证明] (i) $F(b) - F(a) = P\{a\leqslant \xi<b\}\geqslant 0$.

---

① 本书共 4 处引用只有用测度论方法才能证明的结论.

(ii) $P\{-\infty < \xi < +\infty\} = \sum_{n=-\infty}^{\infty} P\{n \leq \xi < n+1\}$
$$= \sum_{n=-\infty}^{\infty} [F(n+1) - F(n)]$$
$$= \lim_{n \to +\infty} F(n) - \lim_{m \to -\infty} F(m) = 1$$

由于 $F(x)$ 的单调性,$\lim_{x \to -\infty} F(x) = \lim_{m \to -\infty} F(m)$,$\lim_{x \to +\infty} F(x) = \lim_{n \to +\infty} F(n)$ 存在.

因为 $0 \leq F(x) \leq 1$,故
$$\lim_{x \to -\infty} F(x) = 0, \quad \lim_{x \to +\infty} F(x) = 1$$

今后为书写方便起见,将记
$$F(-\infty) = \lim_{x \to -\infty} F(x), \quad F(+\infty) = \lim_{x \to +\infty} F(x) \quad (3.1.7)$$

(iii) 由于 $F(x)$ 是单调函数,只须证明对于一列单调上升的数列 $x_0 < x_1 < x_2 < \cdots < x_n < \cdots, x_n \to x$ 成立 $\lim_{n \to \infty} F(x_n) = F(x)$ 即可.

因为
$$F(x) - F(x_0) = P\{x_0 \leq \xi < x\} = \sum_{n=1}^{\infty} [F(x_n) - F(x_{n-1})]$$
$$= \lim_{n \to \infty} F(x_n) - F(x_0)$$

所以
$$F(x-0) = \lim_{n \to \infty} F(x_n) = F(x)$$

可以看出分布函数的这三个基本性质,正好对应于概率的三个基本性质.

有了分布函数,关于随机变量 $\xi(\omega)$ 的许多概率都能方便算出,例如
$$P\{\xi(\omega) = a\} = F(a+0) - F(a)$$
$$P\{\xi(\omega) \leq a\} = F(a+0)$$
$$P\{\xi(\omega) \geq a\} = 1 - F(a)$$
$$P\{\xi(\omega) > a\} = 1 - F(a+0)$$

综上所述,分布函数是一种分析性质良好的函数,便于处理;

而给定了分布函数就能算出各种事件的概率.因此引进分布函数之后,许多概率论问题便简化或归结为函数的运算,这样就能利用数学分析的许多结果.这也是引进随机变量的好处之一.

可以证明满足上述定理中三个性质的函数必是某随机变量的分布函数,关于这点的讨论将在第 3 节进行.

对于随机变量及其概率分布的研究,若按随机变量的不同类型分别讨论是有好处的,下面我们将照此线索进行.

三、离散型随机变量

设 $\{x_i\}$ 为离散型随机变量 ξ 的所有可能值;而 $p(x_i)$ 是 ξ 取 x_i 的概率,即

$$P\{\xi = x_i\} = p(x_i), \quad i = 1,2,3,\cdots \qquad (3.1.8)$$

$\{p(x_i), i = 1,2,3,\cdots\}$ 称为随机变量 ξ 的**概率分布**,它应满足下面关系:

$$p(x_i) \geq 0, \quad i = 1,2,3,\cdots \qquad (3.1.9)$$

$$\sum_{i=1}^{\infty} p(x_i) = 1 \qquad (3.1.10)$$

当给定了 $\{x_i, i = 1,2,\cdots\}$ 及 $\{p(x_i), i = 1,2,\cdots\}$,我们就能很好地描述随机变量 ξ,因为我们已经知道了它取什么值,以及以什么概率取这些值,而这正是我们对随机变量所关心的问题.

常用下列方式来表出离散型随机变量 ξ 的概率分布,

ξ	x_1	x_2	$\cdots$	x_n	$\cdots$
P	$p(x_1)$	$p(x_2)$	$\cdots$	$p(x_n)$	$\cdots$

(3.1.11)

(3.1.11)称为随机变量 ξ 的**分布列**,由分布列能一目了然地看出随机变量 ξ 的取值范围及取这些值的概率.

有了分布列,可以通过下式求得分布函数

$$F(x) = P\{\xi < x\} = \sum_{x_k < x} p(x_k) \qquad (3.1.12)$$

显然这时 $F(x)$ 是一个跳跃函数,它在每个 x_k 处有跳跃度 $p(x_k)$. 当然,由分布函数 $F(x)$ 也可唯一决定 x_k 及 $p(x_k)$,因此用分布列或分布函数都能描述离散型随机变量.

图 3.1.2 中显示一个离散型随机变量的概率分布 $\{p(x_i)\}$ 以及与它对应的分布函数 $F(x)$.

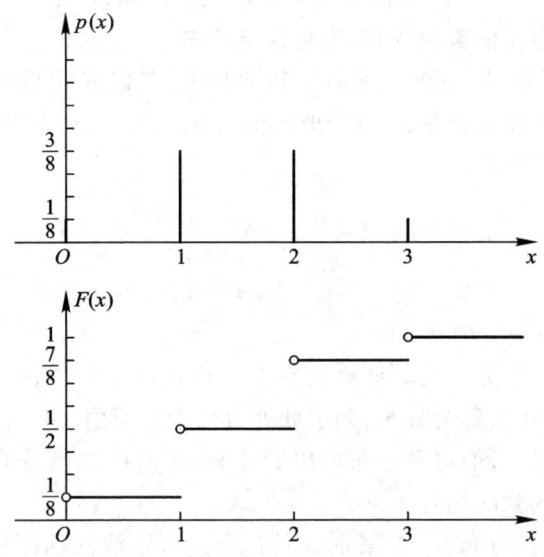

图 3.1.2 $B\left(3, \dfrac{1}{2}\right)$ 的概率分布与分布函数

下面看一些离散型随机变量及其概率分布的例子.这些分布大都在上两章引入过.

［退化分布］ 若随机变量 α 只取常数值 c,即
$$P\{\alpha = c\} = 1$$
这时分布函数为
$$I_c(x) = \begin{cases} 0, & x \leqslant c \\ 1, & x > c \end{cases} \tag{3.1.13}$$

可以说,这样的 α 并不随机,但有时我们宁愿把它看作随机变量的退化情况更为方便,因此称之为**退化分布**,又称**单点分布**.

[伯努利分布] 在一次试验中,事件 A 出现的概率为 p,不出现的概率为 $q=1-p$,若以 β 记事件 A 出现的次数,则 β 仅取 $0,1$ 两值,相应的概率分布为

$$b_k = P\{\beta = k\} = p^k q^{1-k}, \quad k = 0,1 \tag{3.1.14}$$

这个分布称为**伯努利分布**,亦称**两点分布**.

[二项分布] 在 n 重伯努利试验中,若以 μ 记成功的次数,则它是一个随机变量,μ 可能取的值为 $0,1,2,\cdots,n$,其对应的概率由**二项分布**给出:

$$b(k;n,p) = P\{\mu = k\} = \binom{n}{k} p^k q^{n-k}$$
$$k = 0,1,2,\cdots,n \tag{3.1.15}$$

简记作 $\mu \sim B(n,p)$.

关于二项分布及其计算已在上章作过详细讨论,这里不再重复.至于为什么称为分布,到了此处自然十分明白.

顺便指出,伯努利分布可以看作 $n=1$ 时的二项分布,这时相应于一次试验的场合.

[超几何分布] 对某批 N 件产品进行不放回抽样检查,若这批产品中有 M 件次品,现从整批产品中随机抽出 n 件产品,则在这 n 件产品中出现的次品数 ν 是随机变量,它取值 $0,1,2,\cdots,n$,其概率分布为**超几何分布**.

$$h_k = P\{\nu = k\} = \frac{\binom{M}{k}\binom{N-M}{n-k}}{\binom{N}{n}}, \quad \begin{array}{l} 0 \leq k \leq n \leq N \\ k \leq M \end{array} \tag{3.1.16}$$

这个分布在第一章中已经出现,我们还证明过当 N 很大而 n 较小时,它可用二项分布来近似.

[泊松分布] 若随机变量 ξ 可取一切非负整数值,且

$$P\{\xi = k\} = \frac{\lambda^k}{k!}e^{-\lambda}, \quad k = 0, 1, 2, \cdots \qquad (3.1.17)$$

其中 $\lambda > 0$，则称 ξ 服从**泊松分布**. 简记作 $\xi \sim P(\lambda)$.

泊松分布是概率论中非常重要的一个分布，在第二章§4中已对它进行过初步讨论，以后我们还会经常提到它.

[几何分布] 在成功的概率为 p 的伯努利试验中，若以 η 记成功首次出现时的试验次数，则 η 为随机变量，它可能取的值为 $1, 2, 3, \cdots$ 其概率分布为**几何分布**：

$$g(k, p) = P\{\eta = k\} = q^{k-1}p, \quad k = 1, 2, \cdots \qquad (3.1.18)$$

作为一种等待（时间）分布，我们在前两章中已多次碰到过几何分布，这也说明了几何分布是一种常见的概率分布. 几何分布在概率论中的重要性，还在于它具有下面特殊的性质.

几何分布的无记忆性 如上所述，在伯努利试验中，等待首次成功的时间 η 服从几何分布(3.1.18). 现在假定已知在前 m 次试验中没有出现成功，那么为了达到首次成功所再需要的等待时间 η'，其概率分布为

$$\begin{aligned}P\{\eta' = k\} &= P\{\eta = m + k \mid \eta > m\} \\ &= \frac{P\{\eta = m + k\}}{P\{\eta > m\}} = \frac{q^{m+k-1}p}{q^m} \\ &= q^{k-1}p, \quad k = 1, 2, \cdots\end{aligned}$$

还是服从几何分布(3.1.18)，与前面的失败次数 m 无关，形象化地说，就是把过去的经历完全忘记了. 因此无记忆性是几何分布所具有的一个有趣的性质.

更加有趣的是，在离散型分布中，只有几何分布才具有这样一种特殊的性质. 下面我们来严格叙述并证明这个事实.

若 η 是取正整数值的随机变量，并且，在已知 $\eta > k$ 的条件下，$\eta = k + 1$ 的概率与 k 无关，那么 η 服从几何分布.

这个论断的证明如下：以 p 记上述条件概率，并记 $q_k = P\{\eta > k\}$ 及 $p_k = P\{\eta = k\}$，那么 $p_{k+1} = q_k - q_{k+1}$，而且在已知 $\eta > k$ 的条件

下,$\eta = k+1$ 的条件概率为 $\dfrac{p_{k+1}}{q_k}$,因此

$$\frac{p_{k+1}}{q_k} = p$$

即

$$\frac{q_{k+1}}{q_k} = 1 - p$$

注意到 $q_0 = 1$,那么 $q_k = (1-p)^k$,因此

$$p_k = (1-p)^{k-1} p, \quad k = 1, 2, \cdots$$

这正是几何分布(3.1.18).

[**帕斯卡分布**] 在成功的概率为 p 的伯努利试验中,若以 ζ 记第 r 次成功出现时的试验次数,则 ζ 是随机变量,取值 $r, r+1, \cdots$ 其概率分布为**帕斯卡分布**:

$$P\{\zeta = k\} = \binom{k-1}{r-1} p^r q^{k-r}, \quad k = r, r+1, \cdots \quad (3.1.19)$$

这分布在上章§3出现过. 显然当 $r=1$ 时,即为几何分布.

另一方面若以 η_i 记从第 $i-1$ 次成功之后的第一次试验算起至第 i 次成功为止共进行的试验次数,则 η_i 服从几何分布(3.1.18),而且

$$\zeta = \eta_1 + \cdots + \eta_r \quad (3.1.20)$$

若记 $\tilde{\zeta} = \zeta - r$,则 $\tilde{\zeta}$ 表示为等待第 r 次成功所经历过的失败次数,那么,

$$P\{\tilde{\zeta} = l\} = P\{\zeta = r+l\} = \binom{r+l-1}{r-1} p^r q^{r+l-r}$$

$$= \binom{r+l-1}{l} p^r q^l = \binom{-r}{l} p^r (-q)^l, \quad l = 0, 1, 2, \cdots$$

$$(3.1.21)$$

显然,ζ 与 $\tilde{\zeta}$ 只是计数方式的不同,一个记全部试验数(包括成功次数与失败次数),另一个则只记失败的次数,它们描述的是

同样的随机模型.

这样定义的概率满足非负性及
$$\sum_{l=0}^{\infty}\binom{-r}{l}p^r(-q)^l = p^r(1-q)^{-r} = 1$$

因此(3.1.21)也表示一个概率分布,不少书上把这个分布作为帕斯卡分布的定义.

特别地,取 $r=1$,考察为等待第 1 次成功所经历过的失败次数 $\tilde{\eta}$,那么,
$$P\{\tilde{\eta}=l\} = q^l p, \quad l=0,1,2,\cdots \quad (3.1.22)$$

这也是一个分布,表示等待首次成功所经历过的失败数,也称为几何分布.

有趣的是,等待第 r 次成功所经历过的失败次数也可作如下分解:
$$\tilde{\zeta} = \tilde{\eta}_1 + \cdots + \tilde{\eta}_r$$
其中 $\tilde{\eta}_i$ 也服从分布(3.1.22).

总之,几何分布与帕斯卡分布都有两种表达式,本书采用前者,即(3.1.18)及(3.1.19),阅读参考书时务请注意.

对帕斯卡分布,可以略加推广,即去掉 r 是正整数的限制,这便得到

[**负二项分布**] 对于任意实数 $r>0$,称
$$Nb(l;r,p) = \binom{-r}{l}p^r(-q)^l, \quad l=0,1,2,\cdots$$
$$(3.1.23)$$

为**负二项分布**.

从前面的推导过程中很容易看出这的确是一个概率分布,它的取名也很自然.

负二项分布作为某些离散随机现象的数学模型,正在逐步引起人们的注意.

四、连续型随机变量

除了离散型随机变量之外,还有一类重要的随机变量——**连续型随机变量**.这种随机变量 ξ 可取某个区间 $[c,d]$ 或 $(-\infty,\infty)$ 中的一切值,而且其分布函数 $F(x)$ 是绝对连续函数,即存在可积函数 $p(x)$,使

$$F(x) = \int_{-\infty}^{x} p(y)\,dy \tag{3.1.24}$$

称 $p(x)$ 为 ξ 的(分布)**密度函数**(density function).
显然

$$p(x) = F'(x) \tag{3.1.25}$$

由分布函数的性质可知对 $p(x)$ 应有

$$p(x) \geqslant 0 \tag{3.1.26}$$

$$\int_{-\infty}^{\infty} p(x)\,dx = 1 \tag{3.1.27}$$

反之,对于定义在 $(-\infty,\infty)$ 上的可积函数 $p(x)$,若它满足(3.1.26)及(3.1.27),则由(3.1.24)定义的函数 $F(x)$ 是一个分布函数,即它有分布函数所必须具备的三个性质.

顺便指出,由于在若干个点上甚至一个零测集上改变被积函数 $p(x)$ 的值,都不影响积分 $F(x)$ 之值,因此,关于 $p(x)$ 的论断通常都是在"几乎处处"的意义上成立,今后不再一一提及.

由(3.1.5)立刻得到

$$P\{a \leqslant \xi < b\} = F(b) - F(a) = \int_a^b p(x)\,dx \tag{3.1.28}$$

因此给定密度函数,便可以算出随机变量落入某一个区间的概率.

进一步,可以证明,对于任何博雷尔点集 B,有

$$P\{\xi \in B\} = \int_B p(x)\,dx \tag{3.1.29}$$

下面对任意实数 c,计算 $P\{\xi = c\}$,因为

$$P\{\xi = c\} \leqslant P\{c \leqslant \xi < c+h\} = \int_c^{c+h} p(x)\,dx$$

故
$$0 \leqslant P\{\xi = c\} \leqslant \lim_{h \to 0} \int_c^{c+h} p(x)\,dx = 0$$
因此
$$P\{\xi = c\} = 0$$
即连续型随机变量取个别值的概率为 0,这与离散型随机变量截然不同.因此用列举连续型随机变量取某个值的概率来描述这种随机变量不但做不到,而且也毫无意义.

此外,上述结果还表明,一个事件的概率等于零,这事件并不一定是不可能事件;同样地,一个事件的概率等于 1,这事件也不一定是必然事件.

密度函数不是概率,但在 $p(x)$ 的连续点 x 处,
$$p(x)\Delta x \approx \int_x^{x+\Delta x} p(y)\,dy = F(x+\Delta x) - F(x) \quad (3.1.30)$$
因此密度函数 $p(x)$ 的数值反映了随机变量取 x 的邻近的值的概率的大小.所以用密度函数描述连续型随机变量的概率分布在某种意义上与离散型时用分布列描述,又有相似之处.

虽然密度函数与分布函数含有相同信息量,但在图形上,密度函数对各种分布的特征的显示要优胜得多,因此它比分布函数更常用.

下面举一些常见的连续型分布的例子.

[均匀分布] 若 a,b 为有限数,由下列密度函数定义的分布称为 $[a,b]$ 上**均匀分布**:
$$p(x) = \begin{cases} \dfrac{1}{b-a}, & a \leqslant x \leqslant b \\ 0, & x < a \text{ 或 } x > b \end{cases} \quad (3.1.31)$$
相应的分布函数为

$$F(x) = \begin{cases} 0, & x \leq a \\ \dfrac{x-a}{b-a}, & a < x \leq b \\ 1, & x > b \end{cases} \quad (3.1.32)$$

$[a,b]$上均匀分布有时简记作 $U[a,b]$.

若随机变量 ξ 服从 $[a,b]$ 上均匀分布,则 ξ 在 $[a,b]$ 中取值落在某一区域内的概率与这个区域的测度成正比. 粗略地讲就是, ξ 取 $[a,b]$ 中任一点的可能性一样. 当然也可以反过来看, 均匀分布正是把这种直观的讲法严格化.

图 3.1.3 画出了 $[a,b]$ 上均匀分布的密度函数及分布函数.

[例1] 定点计算中的舍入误差可以作为常见的均匀分布随机变量的例子. 假如我们在运算中, 数据都只保留到小数点后第五位, 而小数点第五位以后的数字按四舍五入处理. 若以 x 表示真值, 以 $\hat{x}$ 表示舍入后的值, 则误差 $\varepsilon = x - \hat{x}$ 一般假定为 $[-0.5 \times 10^{-5}, 0.5 \times 10^{-5}]$ 上均匀分布的随机变量, 有了这个假定, 就能对经过大量运算后的数据进行误差分析, 这种误差分析在用数字计算机解题时是很必要的, 因为数字计算机字长总是有限的.

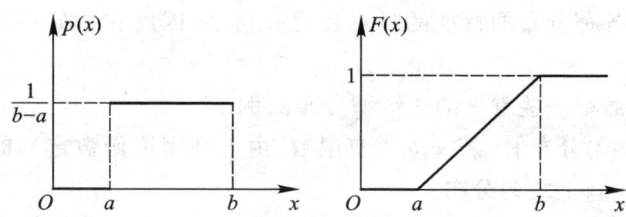

图 3.1.3 均匀分布的密度函数与分布函数

[正态分布] 密度函数为

$$p(x) = \frac{1}{\sqrt{2\pi}\sigma} e^{-\frac{(x-\mu)^2}{2\sigma^2}}, \quad -\infty < x < \infty \quad (3.1.33)$$

其中 $\sigma > 0$,μ 与 σ 均为常数,相应的分布函数为

$$F(x) = \frac{1}{\sqrt{2\pi}\sigma}\int_{-\infty}^{x} e^{-\frac{(y-\mu)^2}{2\sigma^2}} dy, \quad -\infty < x < \infty \quad (3.1.34)$$

这分布称为**正态分布**(normal distribution),简记为 $N(\mu,\sigma^2)$.

特别当 $\mu = 0, \sigma = 1$,这时分布称为**标准正态分布**,记为 $N(0,1)$,相应的分布密度函数及分布函数分别记为 $\varphi(x)$ 及 $\Phi(x)$,见图 3.1.4 及图 3.1.5.

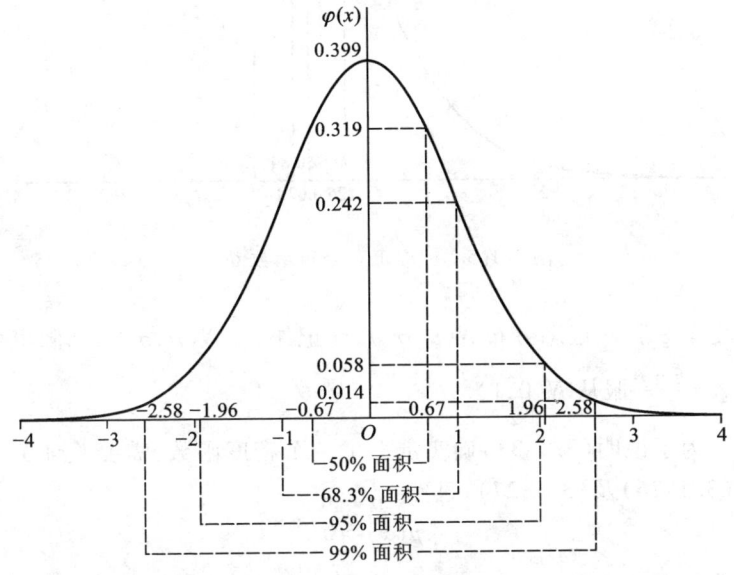

图 3.1.4 标准正态密度函数 $\varphi(x)$

$$\varphi(x) = \frac{1}{\sqrt{2\pi}} e^{-\frac{x^2}{2}}, \quad -\infty < x < \infty \quad (3.1.35)$$

$$\Phi(x) = \frac{1}{\sqrt{2\pi}}\int_{-\infty}^{x} e^{-\frac{y^2}{2}} dy, \quad -\infty < x < \infty \quad (3.1.36)$$

习惯上把服从正态分布的随机变量称为**正态变量**.可以验证,若随

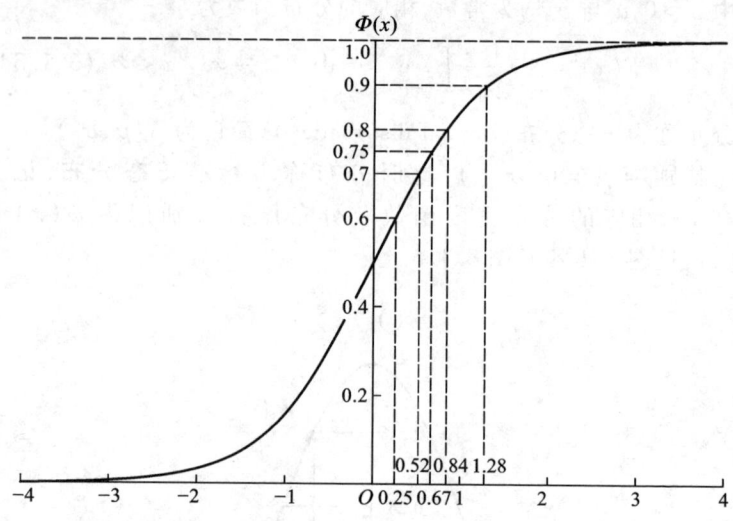

图 3.1.5 标准正态分布函数 $\Phi(x)$

机变量 ξ 服从正态分布 $N(\mu,\sigma^2)$,简记作 $\xi \sim N(\mu,\sigma^2)$,则随机变量 $\zeta = \dfrac{\xi - \mu}{\sigma}$ 服从 $N(0,1)$.

为了说明(3.1.33)确实定义了一个密度函数,需要验证关系式(3.1.26)及(3.1.27),显然

$$p(x) > 0$$

因此剩下的是验证(3.1.27). 令 $\dfrac{x-\mu}{\sigma} = z$,则

$$\int_{-\infty}^{\infty} \frac{1}{\sqrt{2\pi}\sigma} e^{-\frac{(x-\mu)^2}{2\sigma^2}} dx = \int_{-\infty}^{\infty} \frac{1}{\sqrt{2\pi}} e^{-\frac{z^2}{2}} dz$$

但是

$$\left(\int_{-\infty}^{\infty} \frac{1}{\sqrt{2\pi}} e^{-\frac{x^2}{2}} dx\right)\left(\int_{-\infty}^{\infty} \frac{1}{\sqrt{2\pi}} e^{-\frac{y^2}{2}} dy\right)$$
$$= \frac{1}{2\pi}\int_{-\infty}^{\infty}\int_{-\infty}^{\infty} e^{-\frac{x^2+y^2}{2}} dxdy$$

变换到极坐标,令 $x = r\cos\varphi, y = r\sin\varphi$,则

$$\frac{1}{2\pi}\int_{-\infty}^{\infty}\int_{-\infty}^{\infty} e^{-\frac{x^2+y^2}{2}}\mathrm{d}x\mathrm{d}y$$

$$= \frac{1}{2\pi}\int_0^{\infty}\int_0^{2\pi} e^{-\frac{r^2}{2}} r\mathrm{d}r\mathrm{d}\varphi$$

$$= \int_0^{\infty} re^{-\frac{r^2}{2}}\mathrm{d}r = 1$$

由 $\int_{-\infty}^{\infty}\frac{1}{\sqrt{2\pi}}e^{-\frac{z^2}{2}}\mathrm{d}z$ 的非负性知

$$\int_{-\infty}^{\infty}\frac{1}{\sqrt{2\pi}\sigma}e^{-\frac{(x-\mu)^2}{2\sigma^2}}\mathrm{d}x = \int_{-\infty}^{\infty}\frac{1}{\sqrt{2\pi}}e^{-\frac{z^2}{2}}\mathrm{d}z = 1$$

从而完成了(3.1.27)的验证.

这里的做法相当别致:采用耦合方法把一维问题化为二维问题,并很快得到解答.令人遐思.

正态分布是概率论中最重要的分布.一方面,正态分布是自然界最常见的一种分布,例如测量的误差;炮弹弹落点的分布;人的生理特征的尺寸:身高,体重等;农作物的收获量;工厂产品的尺寸:直径,长度,宽度,高度;……都近似服从正态分布.一般说来,若影响某一数量指标的随机因素很多,而每个因素所起的作用不太大,则这个指标服从正态分布,这点可以利用概率论的极限定理来加以证明.另一方面,正态分布具有许多良好的性质,许多分布可用正态分布来近似,另外一些分布又可以通过正态分布来导出,因此在理论研究中,正态分布十分重要.

一般正态分布密度函数 $p(x)$ 的图形见图 3.1.6,通过图形或(3.1.33)不难看出: $p(x)$ 在 $x = \mu$ 处达到极大,整个图形关于 $x = \mu$ 对称.当 σ 不同时, $p(x)$ 的形状也不同, σ 越小,分布越集中在 $x = \mu$ 附近;当 σ 越大时,分布就越平坦.

由于正态分布在概率计算中的重要性,已编造了各种各样的正态分布表,本书的附表中就有 $\mu = 0, \sigma = 1$ 时的正态分布密度函数 $\varphi(x)$ 和正态分布函数 $\Phi(x)$ 的表.由于 $\varphi(-x) = \varphi(x)$ 及 $\Phi(-x) =$

$1-\Phi(x)$,所以表中只对正的 x 给出 $\varphi(x)$ 及 $\Phi(x)$ 的数值. 一般 $N(\mu,\sigma^2)$ 的分布函数值可由变换而得.

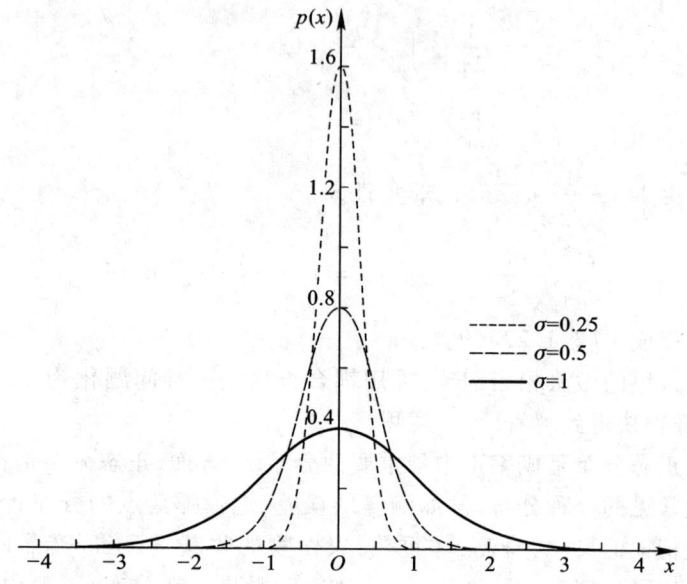

图 3.1.6　$\mu=0$ 且具有不同的 σ^2 的正态密度曲线

事实上,若 $\xi \sim N(\mu,\sigma^2)$,则
$$F(x) = P\{\xi < x\}$$
$$= P\left\{\frac{\xi-\mu}{\sigma} < \frac{x-\mu}{\sigma}\right\} = \Phi\left(\frac{x-\mu}{\sigma}\right) \quad (3.1.37)$$

$$P\{a \leqslant \xi < b\} = \Phi\left(\frac{b-\mu}{\sigma}\right) - \Phi\left(\frac{a-\mu}{\sigma}\right) \quad (3.1.38)$$

$$P\{|\xi-\mu| < k\sigma\} = P\left\{-k < \frac{\xi-\mu}{\sigma} < k\right\}$$
$$= \Phi(k) - \Phi(-k) = 2\Phi(k) - 1 \quad (3.1.39)$$

从表中可以看出,若 ξ 服从 $N(\mu,\sigma^2)$,则

$$P\{|\xi-\mu|<\sigma\}\approx 68.27\%$$
$$P\{|\xi-\mu|<2\sigma\}\approx 95.45\% \quad (3.1.40)$$
$$P\{|\xi-\mu|<3\sigma\}\approx 99.73\%$$

因此可以说,在一次试验里,ξ 几乎总是落在 $(\mu-3\sigma,\mu+3\sigma)$ 之中.

下例说明正态分布与实测数据符合得很好.

[例2] 上海手表厂曾对其生产的某个零件的重量收集了大量资料,对测量得的 3 805 个数据,按不同重量加以分组,并记录了不同范围内零件的个数(频数),计算了它们的频率,结果如下表所示,它们与 $\mu=56.94$, $\sigma=8.2$ 的正态分布符合得相当好,图 3.1.7 表示了两者符合的情况.

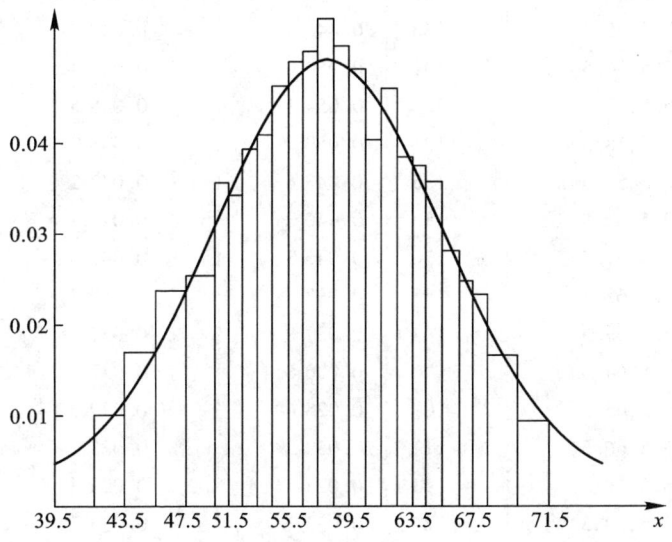

图 3.1.7 实测数据频率直方图与正态密度曲线

区间 $[x_i, x_{i+1})$	频数 n_i	频率 $f_i = \dfrac{n_i}{n}$	$\Phi\left(\dfrac{x_{i+1}-\mu}{\sigma}\right) - \Phi\left(\dfrac{x_i-\mu}{\sigma}\right)$
$(-\infty, 41.5)$	125	0.032 85	0.030 05
$[41.5, 43.5)$	72	0.018 92	0.021 50
$[43.5, 45.5)$	124	0.032 59	0.029 21
$[45.5, 47.5)$	145	0.038 11	0.044 31
$[47.5, 49.5)$	193	0.050 72	0.056 30
$[49.5, 50.5)$	137	0.036 0	0.033 4
$[50.5, 51.5)$	131	0.034 4	0.039 8
$[51.5, 52.5)$	154	0.040 5	0.040 0
$[52.5, 53.5)$	156	0.041 0	0.042 6
$[53.5, 54.5)$	174	0.045 7	0.045 7
$[54.5, 55.5)$	186	0.048 9	0.047 2
$[55.5, 56.5)$	191	0.050 2	0.048 4
$[56.5, 57.5)$	206	0.054 1	0.048 6
$[57.5, 58.5)$	193	0.050 7	0.048 2
$[58.5, 59.5)$	185	0.048 6	0.047 2
$[59.5, 60.5)$	153	0.040 2	0.045 4
$[60.5, 61.5)$	176	0.046 3	0.043 0
$[61.5, 62.5)$	147	0.038 6	0.040 2
$[62.5, 63.5)$	144	0.037 8	0.037 0
$[63.5, 64.5)$	140	0.036 8	0.033 1
$[64.5, 65.5)$	109	0.028 6	0.029 9
$[65.5, 66.5)$	111	0.029 2	0.028 2
$[66.5, 67.5)$	93	0.024 44	0.022 47
$[67.5, 69.5)$	127	0.033 38	0.035 52
$[69.5, 71.5)$	81	0.021 29	0.025 47
$[71.5, \infty)$	152	0.039 95	0.037 54
总 和	$n = 3\,805$		

我们通过下面例子来说明正态分布的计算.

[例3]　从南郊某地乘车前往北区火车站搭火车有两条路线可走,第一条路线穿过市区,路程较短,但交通拥挤,所需时间(单位为分)服从正态分布 $N(50,100)$,第二条路线沿环城公路走,路程较长,但意外阻塞较少,所需时间服从正态分布 $N(60,16)$,(1)假如有70分钟可用,问应走哪一条路线?(2)若只有65分钟可用,又应走哪一条路线?

[解]　显然应走在允许的时间内有较大概率及时赶到火车站的路线,若以 τ 记行车时间,则有关概率如下:

(1) 有70分钟可用时,走第一条路线及时赶到的概率为

$$P\{\tau \leqslant 70\} = \Phi\left(\frac{70-50}{10}\right) = \Phi(2) = 0.9772$$

走第二条路线及时赶到的概率为

$$P\{\tau \leqslant 70\} = \Phi\left(\frac{70-60}{4}\right) = \Phi(2.5) = 0.9938$$

因此在这种场合,应走第二条路线.

(2) 只有65分钟可用时,走第一条路线及时赶到的概率为

$$P\{\tau \leqslant 65\} = \Phi\left(\frac{65-50}{10}\right) = \Phi(1.5) = 0.9332$$

走第二条路线及时赶到的概率为

$$P\{\tau \leqslant 65\} = \Phi\left(\frac{65-60}{4}\right) = \Phi(1.25) = 0.8944$$

因此这种场合应走第一条路线.

[指数分布]　分布密度函数为

$$p(x) = \begin{cases} \lambda e^{-\lambda x}, & x \geqslant 0 \\ 0, & x < 0 \end{cases} \quad (3.1.41)$$

分布函数为

$$F(x) = \begin{cases} 1 - e^{-\lambda x}, & x \geqslant 0 \\ 0, & x < 0 \end{cases} \quad (3.1.42)$$

这里 $\lambda > 0$,是参数,这分布称为**指数分布**.简记为 $\text{Exp}(\lambda)$.

指数分布有重要应用,常用它来作为各种"寿命"分布的近似,例如电子元件的寿命,某些动物的寿命,电话问题中的通话时间,随机服务系统中的服务时间等都常假定服从指数分布.

指数分布的重要性还表现在它具有类似于几何分布的"无记忆性". 设随机变量 ξ 服从指数分布(3.1.42),则对于任意的 $s>0, t>0$,

$$P\{\xi \geqslant s+t \mid \xi \geqslant s\} = \frac{P\{\xi \geqslant s+t\}}{P\{\xi \geqslant s\}} = \frac{\mathrm{e}^{-\lambda(s+t)}}{\mathrm{e}^{-\lambda s}} = \mathrm{e}^{-\lambda t}$$

因此

$$P\{\xi \geqslant s+t \mid \xi \geqslant s\} = P\{\xi \geqslant t\} \qquad (3.1.43)$$

假如把 ξ 解释为寿命,则(3.1.43)表明,如果已知某人的年龄为 s,则再活 t 年的概率与年龄 s 无关,所以有时又风趣地称指数分布是"永远年青"的.

下列事实也是正确的:指数分布是唯一具有性质(3.1.43)的连续型分布.

我们来证明这个论断.

设 ξ 是非负的,其分布函数为 $F(x)$,记

$$G(x) = P\{\xi \geqslant x\}$$

则由(3.1.43)可以得到

$$G(s+t) = G(s)G(t)$$

对一切 $s \geqslant 0, t \geqslant 0$ 成立. 因为 $G(x)$ 关于 x 单调,所以由引理 2.4.1 知

$$G(x) = a^x, \quad x \geqslant 0$$

由于 $G(x)$ 是概率,故 $0 < a < 1$,可以写成 $a = \mathrm{e}^{-\lambda}$,其中 $\lambda > 0$. 因此

$$F(x) = 1 - G(x) = 1 - \mathrm{e}^{-\lambda x}, \quad x \geqslant 0$$

从而证明了结论.

应当指出,指数分布与泊松过程有密切关系,若以 $\xi(t)$ 记参数为 λt 的泊松过程,以 τ_1 记它第一个跳跃发生的时刻,则

$$P\{\tau_1 \geqslant t\} = P\{\xi(t) = 0\}$$

因此

$$P\{\tau_1 \geqslant t\} = \mathrm{e}^{-\lambda t}$$

这说明 τ_1 服从指数分布(3.1.42). 下面把这个结果推广到更为一

一般的场合.

[**埃尔朗分布**] 若 $\xi(t)$ 是参数为 λt 的泊松过程,以 W_r 记它的第 r 个跳跃发生的时刻. 事件 $\{W_r < t\}$ 发生表明第 r 个跳跃出现在时刻 t 之前,因此事件 $\{\xi(t) \geq r\}$ 发生,即 $\{W_r < t\} \subset \{\xi(t) \geq r\}$;反之,若事件 $\{\xi(t) \geq r\}$ 发生,即在时刻 t 时 $\xi(t)$ 之值不小于 r,这时第 r 个跳跃已经出现过,因此事件 $\{W_r < t\}$ 发生,即有 $\{\xi(t) \geq r\} \subset \{W_r < t\}$. 综上所述可知

$$\{W_r < t\} = \{\xi(t) \geq r\}$$

以 $F(x)$ 记 W_r 的分布函数,则

$$F(t) = P\{W_r < t\} = P\{\xi(t) \geq r\}$$
$$= \sum_{k=r}^{\infty} \frac{(\lambda t)^k e^{-\lambda t}}{k!} = 1 - \sum_{k=0}^{r-1} \frac{(\lambda t)^k e^{-\lambda t}}{k!} \quad (3.1.44)$$

因此

$$p(t) = F'(t)$$
$$= -\left[\sum_{k=0}^{r-1} \frac{(\lambda t)^k e^{-\lambda t}(-\lambda)}{k!} + \sum_{k=0}^{r-1} \frac{k(\lambda t)^{k-1} \cdot \lambda e^{-\lambda t}}{k!}\right]$$
$$= \lambda e^{-\lambda t} \sum_{k=0}^{r-1} \frac{(\lambda t)^k}{k!} - \lambda e^{-\lambda t} \sum_{k=1}^{r-1} \frac{(\lambda t)^{k-1}}{(k-1)!}$$
$$= \frac{\lambda(\lambda t)^{r-1}}{(r-1)!} e^{-\lambda t} = \frac{\lambda^r}{\Gamma(r)} t^{r-1} e^{-\lambda t}$$

因对于任意的 $r > 0, \lambda > 0$,

$$\int_0^{\infty} \frac{\lambda^r}{\Gamma(r)} x^{r-1} e^{-\lambda x} dx = 1 \quad (3.1.45)$$

所以,对任意的正整数 r 及实数 $\lambda > 0$,

$$p(x) = \frac{\lambda^r}{(r-1)!} x^{r-1} e^{-\lambda x}, \qquad x \geq 0 \quad (3.1.46)$$

是一个密度函数,称为**埃尔朗分布**,它是丹麦科学家埃尔朗(Erlang)在研究电话问题时引进的,这些研究开创了排队论这一学科.

前面的推导说明,泊松过程中第 r 个跳跃发生的时刻 W_r 服从埃尔朗分布.

当 $r=1$ 时,埃尔朗分布化作指数分布.另外,若记

$$\tau_1 = W_1 \qquad (3.1.47)$$
$$\tau_r = W_r - W_{r-1}, \quad r=2,3,\cdots$$

则 τ_r 表示泊松过程的第 r 个跳跃间隔,用它们可以给出跳跃时刻 W_r 的如下表达式

$$W_r = \tau_1 + \tau_2 + \cdots + \tau_r \qquad (3.1.48)$$

可以证明,$\tau_1,\tau_2,\cdots,\tau_r$ 均服从参数为 λ 的指数分布,且相互独立. 这个性质与帕斯卡分布类似.

埃尔朗分布也可略加推广,当 r 为任意正实数时,由(3.1.45)可知能定义如下分布.

[Γ 分布] 称密度函数为

$$f(x) = \begin{cases} \dfrac{\lambda^r}{\Gamma(r)} x^{r-1} \mathrm{e}^{-\lambda x}, & x>0 \\ 0, & x \leqslant 0 \end{cases} \qquad (3.1.49)$$

的分布为 **Γ 分布**,其中 $\lambda>0, r>0$ 为参数. 简记作 $\Gamma(r,\lambda)$(图 3.1.8). 这里,r 称为形状参数,λ 称为尺度参数.

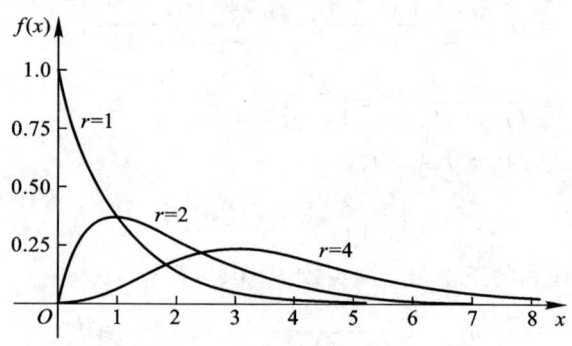

图 3.1.8 Γ 分布密度函数

当然,Γ 分布包含埃尔朗分布作为特例,此外,它在概率论和数理统计中还有许多应用,是重要分布之一.

[伯努利过程与泊松过程] 若每隔 Δt 进行一次试验,则伯

努利试验也可以看作一个随时间而变化的过程.

在伯努利试验中,到时刻 $n\Delta t$ 为止,共进行 n 次试验,这时成功次数服从二项分布.而在泊松过程中,到时刻 t 的来到数则服从泊松分布.

为等待第一次成功,伯努利试验中的等待时间服从几何分布;而泊松过程中则服从指数分布.它们都有无记忆性.

为等待第 r 次成功,伯努利试验中的等待时间服从帕斯卡分布;而泊松过程中则服从埃尔朗分布.

正如二项分布的泊松逼近,上述结果可以严格化.不过在这里列出这个对比,只是想让读者有一种系统地记忆几种常见离散型分布和连续型分布的方法.

*五、关于分布函数的一些结论

我们已经证明了分布函数是单调函数,利用实变数函数论中关于单调函数的一般结果[①],不难推出分布函数具有如下性质:

(1) 分布函数至多只有可列个不连续点;

(2) 对分布函数 $F(x)$ 有勒贝格分解

$$F(x) = c_1 F_1(x) + c_2 F_2(x) + c_3 F_3(x) \qquad (3.1.50)$$

其中 $F_1(x)$ 是跳跃函数,$F_2(x)$ 是绝对连续函数,$F_3(x)$ 是所谓奇异函数,它们都是分布函数;而 $0 \leqslant c_i \leqslant 1, i = 1, 2, 3,$ 且 $c_1 + c_2 + c_3 = 1$.

在我们讨论过的分布函数中,离散型分布函数是跳跃函数,相当于在(3.1.50)中取 $c_1 = 1, c_2 = c_3 = 0$ 的场合;而连续型分布函数是绝对连续函数,相当于在(3.1.50)中取 $c_2 = 1, c_1 = c_3 = 0$ 的场合;自然会想到,也可以取 $c_3 = 1, c_1 = c_2 = 0$,得到另一类分布函数.这个结论是正确的,理论上确实存在着另一类分布函数——奇异型分布函数,它是连续函数,但却不能表为不定积分,因此它没

---

① 参看复旦大学数学系.实变数函数论与泛函分析概要(第二版).上海科技出版社.1963.第四章.

有密度函数.不过到目前为止,常用的分布都是离散型或连续型的,因此我们不准备对奇异型分布多加讨论.以后证明结果或是对离散型进行,或是对连续型进行,或者对一般分布进行.

§2. 随机向量,随机变量的独立性

一、随机向量及其分布

在有些随机现象中,每次试验的结果不能只用一个数来描述,而要同时用几个数来描述,例如对于钢的成分,需要同时指出它的含碳量、含硫量、含磷量等等. 这样,对应于每个样本点 ω,试验的结果将是一个向量 $(\xi_1(\omega),\xi_2(\omega),\cdots,\xi_n(\omega))$,这个向量取值于 n 维欧几里得空间 $\mathbf{R}^n$.

定义 3.2.1 若随机变量 $\xi_1(\omega),\xi_2(\omega),\cdots,\xi_n(\omega)$ 定义在同一概率空间 $(\Omega,\mathscr{F},P)$ 上,则称

$$\boldsymbol{\xi}(\omega) = (\xi_1(\omega),\xi_2(\omega),\cdots,\xi_n(\omega)) \tag{3.2.1}$$

构成一个 n 维随机向量,亦称 n 维随机变量. 显然,一维随机向量即为随机变量.

固然可以对随机向量的一个个分量分别研究,但是我们马上就会看到,把它们作为一个向量,则不但能研究各个分量的性质,而且还可以考察它们之间的联系,对许多问题来说,这是十分必要的.

对于任意的 n 个实数 $x_1,x_2,\cdots,x_n$,
$$\{\xi_1(\omega)<x_1,\xi_2(\omega)<x_2,\cdots,\xi_n(\omega)<x_n\}$$
$$= \bigcap_{i=1}^{n} \{\xi_i(\omega)<x_i\} \in \mathscr{F} \tag{3.2.2}$$

亦即对于 $\mathbf{R}^n$ 中的 n 维矩形 $C_n = \prod_{i=1}^{n}(-\infty,x_i)$,有
$$\{\boldsymbol{\xi}(\omega) \in C_n\} \in \mathscr{F}$$

利用测度论的方法还可证明,若 B_n 为 $\mathbf{R}^n$ 上任一博雷尔点集,也有

$$\{\boldsymbol{\xi}(\omega) \in B_n\} \in \mathscr{F} \qquad (3.2.3)$$

以后我们将要用到这个结论(图 3.2.1).

类似于一维的场合,我们引进如下定义.

定义 3.2.2 称 n 元函数

$$F(x_1, x_2, \cdots, x_n) = P\{\xi_1(\omega) < x_1, \xi_2(\omega) < x_2, \cdots, \xi_n(\omega) < x_n\}$$
$$(3.2.4)$$

为随机向量 $\boldsymbol{\xi}(\omega) = (\xi_1(\omega), \xi_2(\omega), \cdots, \xi_n(\omega))$ 的(**联合**)**分布函数**.

给定了联合分布函数后,可以计算事件 $\{a_1 \leqslant \xi_1 < b_1, a_2 \leqslant \xi_2 < b_2, \cdots, a_n \leqslant \xi_n < b_n\}$ 的概率,例如当 $n = 2$ 时,

$$P\{a_1 \leqslant \xi_1 < b_1, a_2 \leqslant \xi_2 < b_2\}$$
$$= F(b_1, b_2) - F(a_1, b_2) - F(b_1, a_2) + F(a_1, a_2) \quad (3.2.5)$$

这个结果容易从图 3.2.2 看出.

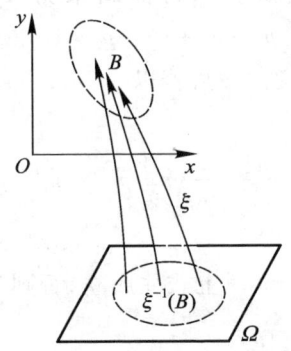
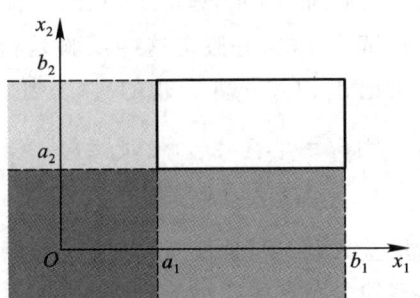

图 3.2.1 二维随机向量　　图 3.2.2 二维概率计算

类似于一元的场合,可以证明多元分布函数的一些性质.

(i) 单调性:关于每个变元是单调不减函数;

(ii) $F(x_1, x_2, \cdots, -\infty, \cdots, x_n) = 0$,
$F(+\infty, +\infty, \cdots, +\infty) = 1$;

(iii) 关于每个变元左连续.

在二元场合,还应该有:

(iv) 对任意 $a_1 < b_1, a_2 < b_2$,都有
$$F(b_1,b_2) - F(a_1,b_2) - F(b_1,a_2) + F(a_1,a_2) \geqslant 0$$

为保证(3.2.5)式中的概率的非负性,性质(iv)是必须的,而且由性质(iv)可以推出单调性,但存在着反例说明,由单调性并不能保证性质(iv)的成立(见习题 12). 这是多元场合与一元场合的不同之处.

可以证明:满足(ii),(iii),(iv)这三条性质的二元函数是某二维随机变量的分布函数.

类似的结论对 n 元场合也成立.

随机向量也有不同类型,最常见的也是离散型与连续型两类.

在离散型场合,概率分布集中在有限或可列个点上. 重要的多元离散型分布有多项分布与多元超几何分布,它们分别是二项分布与超几何分布在多元场合的推广.

[多项分布] 在试验中,若每次试验的可能结果为 A_1, $A_2, \cdots, A_r$,而 $P(A_i) = p_i, i = 1, 2, \cdots, r$,且 $p_1 + p_2 + \cdots + p_r = 1$,重复这种试验 n 次,并假定这些试验是相互独立的,若以 $\xi_1, \xi_2, \cdots, \xi_r$ 分别记 $A_1, A_2, \cdots, A_r$ 出现的次数,则

$$P\{\xi_1 = k_1, \xi_2 = k_2, \cdots, \xi_r = k_r\} = \frac{n!}{k_1! \ k_2! \ \cdots k_r!} p_1^{k_1} p_2^{k_2} \cdots p_r^{k_r}$$
(3.2.6)

这里整数 $k_i \geqslant 0$,且仅当 $k_1 + k_2 + \cdots + k_r = n$ 时上式才成立,否则为 0. 多项分布在第二章§3 中已出现过.

[多元超几何分布] 袋中装 i 号球 N_i 只,$i = 1, 2, \cdots, r$, $N_1 + N_2 + \cdots + N_r = N$,从中随机摸出 n 只,若以 $\xi_1, \xi_2, \cdots, \xi_r$ 分别记 $1, 2, \cdots, r$ 号球的出现数,则

$$P\{\xi_1 = n_1, \xi_2 = n_2, \cdots, \xi_r = n_r\} = \frac{\binom{N_1}{n_1}\binom{N_2}{n_2}\cdots\binom{N_r}{n_r}}{\binom{N}{n}} \quad (3.2.7)$$

这里整数 $n_i \geqslant 0$,且仅当 $n_1 + n_2 + \cdots + n_r = n$ 时上式才成立,否则

为0.古典概型一节的例2就是这种类型.

以上两个分布在抽样中常用,前者用于有放回场合,后者则用于不放回场合.

在连续型场合,存在着非负函数 $p(x_1,\cdots,x_n)$,使
$$F(x_1,\cdots,x_n)=\int_{-\infty}^{x_1}\cdots\int_{-\infty}^{x_n}p(y_1,\cdots,y_n)\mathrm{d}y_1\cdots\mathrm{d}y_n \quad (3.2.8)$$
这里的 $p(x_1,\cdots,x_n)$ 称为(多元分布)**密度函数**,满足如下两个条件
$$p(x_1,\cdots,x_n)\geqslant 0 \quad (3.2.9)$$
$$\int_{-\infty}^{\infty}\cdots\int_{-\infty}^{\infty}p(x_1,\cdots,x_n)\mathrm{d}x_1\cdots\mathrm{d}x_n=1 \quad (3.2.10)$$

随机向量的概念在各个基础学科和工程技术中已有广泛应用.例如在量子力学中,粒子在某个区域 G 的出现是通过概率来描述的.若以 ψ 表示它的波函数,则 $|\psi|^2$ 即为密度函数,而
$$\iiint_G |\psi|^2 \mathrm{d}x\mathrm{d}y\mathrm{d}z$$
就给出该粒子在区域 G 出现的概率(也译作几率).

均匀分布和 n 元正态分布是比较常见的两种多元连续型分布.

[**均匀分布**] 若 G 为 $\mathbf{R}^n$ 中有限区域,其测度 $S>0$;则由密度函数
$$p(x_1,\cdots,x_n)=\begin{cases}\dfrac{1}{S}, & (x_1,\cdots,x_n)\in G\\ 0, & (x_1,\cdots,x_n)\in G\end{cases} \quad (3.2.11)$$
给出的分布称为 G 上的均匀分布.

在第一章几何概率一节中,我们已看到均匀分布的各种例子.

[**多元正态分布**] 若 $\boldsymbol{\Sigma}=(\sigma_{ij})$ 是 n 阶正定对称矩阵,以 $\boldsymbol{\Sigma}^{-1}=(\gamma_{ij})$ 表示 $\boldsymbol{\Sigma}$ 的逆阵;$\det\boldsymbol{\Sigma}$ 表示 $\boldsymbol{\Sigma}$ 的行列式的值.$\boldsymbol{\mu}=(\mu_1,\cdots,\mu_n)$ 是任意实值行向量,则由密度函数
$$p(x_1,\cdots,x_n)$$
$$=\frac{1}{(2\pi)^{\frac{n}{2}}(\det\boldsymbol{\Sigma})^{\frac{1}{2}}}\exp\left\{-\frac{1}{2}\sum_{j,k=1}^{n}\gamma_{jk}(x_j-\mu_j)(x_k-\mu_k)\right\}$$
$$(3.2.12)$$

定义的分布称为 n 元**正态分布**,简记为 $N(\boldsymbol{\mu},\boldsymbol{\Sigma})$.

这个密度函数也可以写成如下向量形式:

$$p(x) = \frac{1}{(2\pi)^{\frac{n}{2}}(\det \boldsymbol{\Sigma})^{\frac{1}{2}}} \exp\left\{-\frac{1}{2}(x-\boldsymbol{\mu})\boldsymbol{\Sigma}^{-1}(x-\boldsymbol{\mu})^{\mathrm{T}}\right\} \quad (3.2.13)$$

这里 $(x-\boldsymbol{\mu})^{\mathrm{T}}$ 表示行向量 $(x-\boldsymbol{\mu})$ 的转置.

n 元正态分布是最重要的一种多元分布,它在概率论、数理统计、随机过程论中都占有重要地位,具有许多重要性质.对于这些性质的叙述和证明,我们将在引进了更有力的工具后再进行.本章中我们将对它的特殊场合——二元正态分布逐步直接导出这些性质.

二、边际分布

为方便起见,讨论将对二维场合进行,多维时这些结论仍然成立.先讨论离散型分布的场合,在这种场合,有关概念特别容易理解.考虑二维随机向量 (ξ,η),设 ξ 取值 $x_1,x_2,\cdots$;η 取值 $y_1,y_2,\cdots$ 记

$$P\{\xi=x_i,\eta=y_j\} = p(x_i,y_j), \quad i,j=1,2,\cdots \quad (3.2.14)$$

$$P\{\xi=x_i\} = p_1(x_i), \quad i=1,2,\cdots \quad (3.2.15)$$

$$P\{\eta=y_j\} = p_2(y_j), \quad j=1,2,\cdots \quad (3.2.16)$$

显然

$$p(x_i,y_j) \geq 0, \quad \sum_{i,j} p(x_i,y_j) = 1 \quad (3.2.17)$$

此外,对固定的 i,

$$\sum_j p(x_i,y_j) = P\{\xi=x_i\} = p_1(x_i) \quad (3.2.18)$$

而对固定的 j,

$$\sum_i p(x_i,y_j) = P\{\eta=y_j\} = p_2(y_j) \quad (3.2.19)$$

换句话说,由联合概率分布,对于固定的 i 关于 j 求和得到 ξ 的概率分布;而对于固定的 j 关于 i 求和得到 η 的概率分布.

这里 $\{p_1(x_i),i=1,2,\cdots\}$ 与 $\{p_2(y_j),j=1,2,\cdots\}$ 称为 $\{p(x_i,y_j),i,j=1,2,\cdots\}$ 的**边际分布或边缘分布**.这个名称的含义通过下

列两例将看得很清楚.

[例1] 袋中装有2只白球及3只黑球.现进行有放回的摸球,定义下列随机变量

$$\xi = \begin{cases} 1, 第1次摸出白球 \\ 0, 第1次摸出黑球 \end{cases} \quad \eta = \begin{cases} 1, 第2次摸出白球 \\ 0, 第2次摸出黑球 \end{cases}$$

则(ξ, η)的联合概率分布与边际分布由表3.2.1给出.

[例2] 前例中若采用不放回摸球,则(ξ, η)的联合概率分布及边际分布由表3.2.2给出.

表3.2.1 有放回摸球的概率分布

η \ ξ	0	1	$p_2(y_j)$
0	$\frac{3}{5} \cdot \frac{3}{5}$	$\frac{2}{5} \cdot \frac{3}{5}$	$\frac{3}{5}$
1	$\frac{3}{5} \cdot \frac{2}{5}$	$\frac{2}{5} \cdot \frac{2}{5}$	$\frac{2}{5}$
$p_1(x_i)$	$\frac{3}{5}$	$\frac{2}{5}$	

表3.2.2 不放回摸球的概率分布

η \ ξ	0	1	$p_2(y_j)$
0	$\frac{3}{5} \cdot \frac{2}{4}$	$\frac{2}{5} \cdot \frac{3}{4}$	$\frac{3}{5}$
1	$\frac{3}{5} \cdot \frac{2}{4}$	$\frac{2}{5} \cdot \frac{1}{4}$	$\frac{2}{5}$
$p_1(x_i)$	$\frac{3}{5}$	$\frac{2}{5}$	

在上面两个表中,中间部分是(ξ, η)的联合概率分布,而边沿部分是ξ及η的概率分布,它们由联合分布经同一行或同一列的相加而得出来,这种表称为**列联表**.在列联表中,ξ与η的概率分布处于表的边沿部位,因此称为边际分布.

让我们再注意一个重要事实,两例中ξ及η的(边际)分布是相同的,但是它们的联合分布却完全不同.这里可以看出联合分布不能由边际分布唯一确定,也就是说二维随机向量的性质并不能由它两个分量的个别性质来确定,这时还必须考虑它们之间的联系,这也说明了研究多维随机向量的作用.

一般地,若(ξ, η)是二维随机向量,其分布函数为$F(x, y)$,我们能由$F(x, y)$得出ξ或η的分布函数.事实上,

$$F_1(x) = P\{\xi < x\} = P\{\xi < x, \eta < +\infty\} = F(x, +\infty)$$

(3.2.20)

同理
$$F_2(y) = P\{\eta < y\} = F(+\infty, y)$$
$F_1(x)$ 及 $F_2(y)$ 称为 $F(x,y)$ 的**边际分布函数**.

若 $F(x,y)$ 是连续型分布函数,有密度函数 $p(x,y)$,那么
$$F_1(x) = \int_{-\infty}^{x}\int_{-\infty}^{\infty} p(u,y)\mathrm{d}u\mathrm{d}y$$
因此 $F_1(x)$ 是连续型分布函数,其密度函数为
$$p_1(x) = \int_{-\infty}^{\infty} p(x,y)\mathrm{d}y \tag{3.2.21}$$
同理 $F_2(x)$ 是连续型分布函数,其密度函数为
$$p_2(y) = \int_{-\infty}^{\infty} p(x,y)\mathrm{d}x$$
$p_1(x)$ 及 $p_2(y)$ 称为 $p(x,y)$ 的**边际(分布)密度函数**.

[**二元正态分布**] 函数
$$p(x,y) = \frac{1}{2\pi\sigma_1\sigma_2\sqrt{1-\rho^2}} \exp\left\{-\frac{1}{2(1-\rho^2)} \times \left[\frac{(x-\mu_1)^2}{\sigma_1^2} - 2\rho\frac{(x-\mu_1)(y-\mu_2)}{\sigma_1\sigma_2} + \frac{(y-\mu_2)^2}{\sigma_2^2}\right]\right\} \tag{3.2.22}$$

这里 $\mu_1, \mu_2, \sigma_1, \sigma_2, \rho$ 为常数,$\sigma_1 > 0, \sigma_2 > 0, |\rho| < 1$,称为**二元正态(分布)密度函数**(图3.2.3). 简记为 $N(\mu_1, \mu_2, \sigma_1^2, \sigma_2^2, \rho)$.

显然这是 n 元正态分布当 $n=2$ 时的特殊情况,相应的
$$\boldsymbol{\Sigma} = \begin{pmatrix} \sigma_1^2 & \rho\sigma_1\sigma_2 \\ \rho\sigma_1\sigma_2 & \sigma_2^2 \end{pmatrix}, \quad \boldsymbol{\mu} = (\mu_1, \mu_2)$$

定理 3.2.1(二元正态密度的典型分解) 二元正态密度函数(3.2.22)具有如下两个分解式:
$$p(x,y) = \frac{1}{\sqrt{2\pi}\sigma_1}e^{-\frac{(x-\mu_1)^2}{2\sigma_1^2}} \times \frac{1}{\sqrt{2\pi}\sigma_2\sqrt{1-\rho^2}}e^{-\frac{\left[y-\left(\mu_2+\frac{\sigma_2}{\sigma_1}(x-\mu_1)\right)\right]^2}{2\sigma_2^2(1-\rho^2)}} \tag{3.2.23}$$

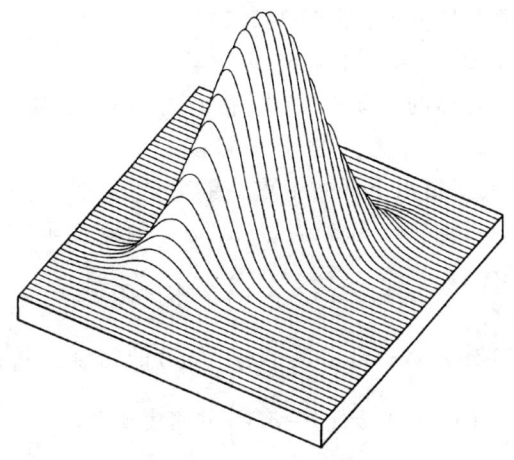

图 3.2.3　二维正态密度曲面

$$p(x,y) = \frac{1}{\sqrt{2\pi}\sigma_2}e^{-\frac{(y-\mu_2)^2}{2\sigma_2^2}} \times \frac{1}{\sqrt{2\pi}\sigma_1\sqrt{1-\rho^2}}e^{-\frac{\left[x-\left(\mu_1+\rho\frac{\sigma_1}{\sigma_2}(y-\mu_2)\right)\right]^2}{2\sigma_1^2(1-\rho^2)}}$$

(3.2.24)

[证明]　证明(3.2.23)式的关键在于将(3.2.22)表达式里方括号内的 $\frac{(x-\mu_1)^2}{\sigma_1^2}$ 分解成 $(1-\rho^2)\frac{(x-\mu_1)^2}{\sigma_1^2} + \rho^2\frac{(x-\mu_1)^2}{\sigma_1^2}$，并把系数和指数都分解成两部分,这样一来

$$p(x,y) = \frac{1}{\sqrt{2\pi}\sigma_1}e^{-\frac{(x-\mu_1)^2}{2\sigma_1^2}} \times \frac{1}{\sqrt{2\pi}\sigma_2\sqrt{1-\rho^2}} \cdot$$
$$\exp\left\{-\frac{1}{2(1-\rho^2)}\left[\rho^2\frac{(x-\mu_1)^2}{\sigma_1^2}\right.\right.$$
$$\left.\left.-2\rho\frac{(x-\mu_1)(y-\mu_2)}{\sigma_1\sigma_2} + \frac{(y-\mu_2)^2}{\sigma_2^2}\right]\right\}$$
$$= \frac{1}{\sqrt{2\pi}\sigma_1}e^{-\frac{(x-\mu_1)^2}{2\sigma_1^2}} \times \frac{1}{\sqrt{2\pi}\sigma_2\sqrt{1-\rho^2}} \times$$
$$e^{-\frac{1}{2(1-\rho^2)}\left[\frac{y-\mu_2}{\sigma_2} - \rho\frac{x-\mu_1}{\sigma_1}\right]^2}$$

把第 2 个指数稍加整理,即得(3.2.23).

同理可证(3.2.24).于是定理证毕.

这是完全对称的两个分解式,初看有些复杂,实质却十分简单,它是理解二元正态的关键,用途极多.

首先,我们要指出下面两个重要事实:

(3.2.23)右边第一部分为 $N(\mu_1,\sigma_1^2)$ 的密度函数,第二部分为 $N\left(\mu_2+\rho\dfrac{\sigma_2}{\sigma_1}(x-\mu_1),\sigma_2^2(1-\rho^2)\right)$ 的密度函数.

(3.2.24)右边第一部分为 $N(\mu_2,\sigma_2^2)$ 的密度函数,第二部分为 $N\left(\mu_1+\rho\dfrac{\sigma_1}{\sigma_2}(y-\mu_2),\sigma_1^2(1-\rho^2)\right)$ 的密度函数.

接着我们来计算二元正态的边际分布密度.

由(3.2.21)和(3.2.23)知

$$\begin{aligned} p_1(x) &= \int_{-\infty}^{\infty} p(x,y)\mathrm{d}y \\ &= \frac{1}{\sqrt{2\pi}\sigma_1}e^{-\frac{(x-\mu_1)^2}{2\sigma_1^2}} \cdot \int_{-\infty}^{\infty} \frac{1}{\sqrt{2\pi}\sigma_2\sqrt{1-\rho^2}} e^{-\frac{\left[y-\left(\mu_2+\rho\frac{\sigma_2}{\sigma_1}(x-\mu_1)\right)\right]^2}{2\sigma_2^2(1-\rho^2)}} \mathrm{d}y \\ &= \frac{1}{\sqrt{2\pi}\sigma_1}e^{-\frac{(x-\mu_1)^2}{2\sigma_1^2}} \end{aligned}$$

即 $p_1(x)$ 是 $N(\mu_1,\sigma_1^2)$ 的密度函数.同理

$$p_2(y) = \frac{1}{\sqrt{2\pi}\sigma_2}e^{-\frac{(y-\mu_2)^2}{2\sigma_2^2}}$$

因此二元正态分布的边际分布仍为正态分布,这是一个重要的结论.

由(3.2.22)定义的 $p(x,y)$ 显然非负,又由于

$$\int_{-\infty}^{\infty}\int_{-\infty}^{\infty} p(x,y)\mathrm{d}x\mathrm{d}y = \int_{-\infty}^{\infty} \frac{1}{\sqrt{2\pi}\sigma_1}e^{-\frac{(x-\mu_1)^2}{2\sigma_1^2}} \mathrm{d}x = 1$$

因此我们已顺带验证了 $p(x,y)$ 确实是一个密度函数.

对于 n 维场合可以类似讨论其边际分布,值得提醒的是,对 n 维分布而言,存在着 $n-1$ 维,$n-2$ 维,……,2 维,1 维的边际分布.

在二维场合,两个随机变量可以都是离散型的,也可以都是连续型的,上举例子都是如此;但是也可以一个是离散型的,另一个却是连续型的. 进一步,也容易举出既非离散型又非连续型的例子,这时整个概率测度集中在一个不可列的一维点集上,因此也不存在密度函数. 例如,若 $\xi \sim U[0,1]$,令 $\eta = \xi^2$,则 (ξ,η) 既非离散型又没有联合密度函数.

三、条件分布

对于多个随机事件可以讨论它们的条件概率,同样地,对于多个随机变量也可以讨论它们的条件分布,并由此得出重要结果.

仍对二维的场合进行讨论. 也还是先从离散型开始,这时并无多大困难.

若已知 $\xi = x_i (p_1(x_i) > 0)$,则事件 $\{\eta = y_j\}$ 的条件概率为

$$P\{\eta = y_j \mid \xi = x_i\} = \frac{P\{\xi = x_i, \eta = y_j\}}{P\{\xi = x_i\}} = \frac{p(x_i, y_j)}{p_1(x_i)}$$

(3.2.25)

这式子定义了随机变量 η 关于随机变量 ξ 的**条件分布**. 在一般情况下,它不同于 $p_2(y_j)$,这表示从 ξ 的取值可以得出关于 η 的部分信息,反之亦然.

对于一般随机向量 (ξ,η),我们也想定义条件分布函数 $P\{\eta < y \mid \xi = x\}$,但是由于会出现 $P\{\xi = x\} = 0$,因此我们不能像(3.2.25)那样简单地定义.

自然会想到可以用

$$\begin{aligned}
P\{\eta < y \mid \xi = x\} &= \lim_{\Delta x \to 0} P\{\eta < y \mid x \leq \xi < x + \Delta x\} \\
&= \lim_{\Delta x \to 0} \frac{P\{x \leq \xi < x + \Delta x, \eta < y\}}{P\{x \leq \xi < x + \Delta x\}} \\
&= \lim_{\Delta x \to 0} \frac{F(x + \Delta x, y) - F(x, y)}{F(x + \Delta x, \infty) - F(x, \infty)}
\end{aligned}$$

(3.2.26)

来定义.

特别是对于有连续密度函数的场合,这定义导出

$$P\{\eta < y \mid \xi = x\} = \lim_{\Delta x \to 0} \frac{\int_x^{x+\Delta x}\int_{-\infty}^{y} p(u,v)\mathrm{d}u\mathrm{d}v}{\int_x^{x+\Delta x}\int_{-\infty}^{\infty} p(u,v)\mathrm{d}u\mathrm{d}v}$$

若把上式的分子分母分别除以 Δx,再令 $\Delta x \to 0$ 取极限,则当 $p_1(x) \neq 0$ 时,

$$P\{\eta < y \mid \xi = x\} = \frac{\int_{-\infty}^{y} p(x,v)\mathrm{d}v}{p_1(x)} = \int_{-\infty}^{y} \frac{p(x,v)}{p_1(x)}\mathrm{d}v$$

因此在给定 $\xi = x$ 的条件下,η 的分布密度函数为

$$p(y \mid x) = \frac{p(x,y)}{p_1(x)} \tag{3.2.27}$$

同理可得在给定 $\eta = y$ 的条件下,ξ 的分布密度函数为

$$p(x \mid y) = \frac{p(x,y)}{p_2(y)} \tag{3.2.28}$$

这里当然也要求 $p_2(y) \neq 0$.

[例3] 对由(3.2.22)定义的二元正态分布求条件密度函数 $p(y \mid x)$,由(3.2.27)及(3.2.23)

$$p(y \mid x) = \frac{p(x,y)}{p_1(x)}$$

$$= \frac{1}{\sqrt{2\pi}\sigma_2\sqrt{1-\rho^2}}\mathrm{e}^{-\frac{\left[y-\left(\mu_2+\rho\frac{\sigma_2}{\sigma_1}(x-\mu_1)\right)\right]^2}{2\sigma_2^2(1-\rho^2)}} \tag{3.2.29}$$

从这里我们看到,二元正态分布的条件分布仍然是正态分布

$$N\left(\mu_2 + \rho\frac{\sigma_2}{\sigma_1}(x-\mu_1),\sigma_2^2(1-\rho^2)\right) \tag{3.2.30}$$

特别指出,这里 $\mu = \mu_2 + \rho\frac{\sigma_2}{\sigma_1}(x-\mu_1)$ 是 x 的线性函数,而方差 $\sigma_2^2(1-\rho^2)$ 与 x 无关,这个结论在应用中很重要.

到此,二元正态密度典型分解式(3.2.23)的涵义完全清楚了:

第一部分是边际密度 $p_1(x)$,第二部分则是条件密度 $p(y|x)$,整个式子不过是 $p(x,y)=p_1(x)p(y|x)$ 的一个特例.(3.2.24)则是 $p(x,y)=p_2(y)p(x|y)$ 的特例.弄明白这个道理,则此二式甚易记忆.

四、随机变量的独立性

在上章中,我们看到随机事件的独立性起着很大的作用.下面研究随机变量的独立性.引入如下定义.

定义 3.2.3 设 $\xi_1,\cdots,\xi_n$ 为 n 个随机变量,若对于任意的 $x_1,\cdots,x_n$ 成立

$$P\{\xi_1 < x_1,\cdots,\xi_n < x_n\} = P\{\xi_1 < x_1\}\cdots P\{\xi_n < x_n\}$$
(3.2.31)

则称 $\xi_1,\cdots,\xi_n$ 是**相互独立的**.

若 ξ_i 的分布函数为 $F_i(x),i=1,2,\cdots,n$,它们的联合分布函数为 $F(x_1,\cdots,x_n)$,则(3.2.31)等价于对一切 $x_1,\cdots,x_n$ 成立

$$F(x_1,\cdots,x_n) = F_1(x_1)\cdots F_n(x_n) \qquad (3.2.32)$$

在这种场合,由每个随机变量的(边际)分布函数可以唯一地确定联合分布函数.而且由(3.2.26)可以看到,这时条件分布化为无条件分布

$$P\{\eta < y | \xi = x\} = P\{\eta < y\} \qquad (3.2.33)$$

即由 ξ 的取值不能得出任何关于 η 的信息.

对于离散型随机变量,(3.2.31)等价于对任何一组可能取的值 $(x_1,\cdots,x_n)$ 成立

$$P\{\xi_1 = x_1,\cdots,\xi_n = x_n\} = P\{\xi_1 = x_1\}\cdots P\{\xi_n = x_n\}$$
(3.2.34)

例 1 中有放回摸球时的 ξ 与 η 是相互独立的,这时联合分布取乘法表的形式;例 2 中的 ξ 与 η 不是独立的.

这些例子也说明,两个有相同分布的随机变量可以是独立的,也可以不是独立的.

对于连续型随机变量,条件(3.2.31)的等价形式是对 $x_1,\cdots,$

x_n 几乎处处成立

$$p(x_1,\cdots,x_n) = p_1(x_1)\cdots p_n(x_n) \quad (3.2.35)$$

这里 $p(x_1,\cdots,x_n)$ 是联合分布密度函数,而 $p_i(x_i), i = 1, 2, \cdots, n$ 是各随机变量的密度函数.

[例 4] 对由(3.2.22)定义的二元正态分布,有

$$p_1(x)p_2(y) = \frac{1}{2\pi\sigma_1\sigma_2}\exp\left\{-\frac{(x-\mu_1)^2}{2\sigma_1^2} - \frac{(y-\mu_2)^2}{2\sigma_2^2}\right\}$$

与 (3.2.22) 比较可知,使关系式(3.2.35)成立的充要条件是

$$\rho = 0$$

即服从二元正态分布的随机变量独立的充要条件是 $\rho = 0$,这时条件分布(3.2.29)化为

$$p(y \mid x) = \frac{1}{\sqrt{2\pi}\sigma_2} e^{\frac{-(y-\mu_2)^2}{2\sigma_2^2}} = p_2(y)$$

这与 (3.2.33) 是一致的.

[例 5] 若 (ξ,η) 服从 $G = \{(x,y): a \leq x \leq b, c \leq y \leq d\}$ 上的均匀分布,即其联合密度函数为

$$p(x,y) = \begin{cases} \dfrac{1}{(b-a)(c-d)}, & a \leq x \leq b, c \leq y \leq d \\ 0 & \text{其他} \end{cases} \quad (3.2.36)$$

则 $\xi \sim U[a,b], \eta \sim U[c,d]$,且它们相互独立.(图 3.2.4)

反之,若 ξ 与 η 相互独立,且 $\xi \sim U[a,b], \eta \sim U[c,d]$,则 (ξ,η) 服从 G 上均匀分布,密度函数为(3.2.36).

均匀分布为几何概率提供了精确的概率论语言.例如第一章 §4 中的几个例子都有均匀分布的假定.

在会面问题的解法中事实上假定了两人的到达时刻是相互独立的,而且都服从 $U[0,60]$.

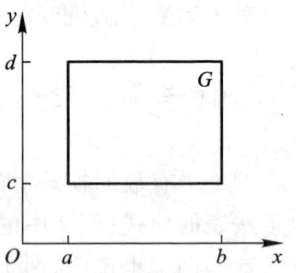

图 3.2.4　二维均匀分布

蒲丰投针问题中假定 $x \sim U\left[0, \frac{a}{2}\right], \varphi \sim U[0, \pi]$，且它们相互独立，这些假定的适合性很难确证，但诸多试验结果表明它们近似成立.

蒙特卡罗积分计算则要求产生 N 对独立的随机向量 (ξ, η)，其中 $\xi \sim U[a, b], \eta \sim U[0, M]$，且它们相互独立，这在近代计算机中不难实现.

上面我们列举了随机变量独立性的各种表达形式，有些是对一般随机变量成立的，有些只对离散型或连续型才成立，一般说来，这些条件比较易于验证. 下面我们介绍另外一个条件，这条件不易验证，但在理论研究中有用.

随机变量 $\xi_1, \xi_2, \cdots, \xi_n$ 相互独立的充要条件是对一切一维博雷尔点集 $A_1, A_2, \cdots, A_n$ 成立

$$P\{\xi_1 \in A_1, \xi_2 \in A_2, \cdots, \xi_n \in A_n\}$$
$$= P\{\xi_1 \in A_1\} P\{\xi_2 \in A_2\} \cdots P\{\xi_n \in A_n\} \quad (3.2.37)$$

论断的证明要用到测度论，已超出本课程范围.

当然也可以建立 n 维随机向量 $\boldsymbol{\xi}$ 与 m 维随机向量 $\boldsymbol{\eta}$ 相互独立的概念，这时要求成立

$$P\{\boldsymbol{\xi} \in A, \boldsymbol{\eta} \in B\} = P\{\boldsymbol{\xi} \in A\} P\{\boldsymbol{\eta} \in B\}$$

其中 A, B 分别是任意一个 n 维及 m 维的博雷尔点集.

显然若 $\boldsymbol{\xi}$ 与 $\boldsymbol{\eta}$ 独立，则 $\boldsymbol{\xi}$ 的子向量与 $\boldsymbol{\eta}$ 的子向量是独立的.

此外，注意到若 $\xi_1, \xi_2, \cdots, \xi_n$ 相互独立，则其中的任意 $r(2 \leq r < n)$ 个随机变量也相互独立. 例如，我们证明 $\xi_1, \xi_2, \cdots, \xi_{n-1}$ 相互独立.

$$P\{\xi_1 < x_1, \cdots, \xi_{n-1} < x_{n-1}\}$$
$$= P\{\xi_1 < x_1, \cdots, \xi_{n-1} < x_{n-1}, \xi_n < \infty\}$$
$$= P\{\xi_1 < x_1\} \cdots P\{\xi_{n-1} < x_{n-1}\} P\{\xi_n < \infty\}$$
$$= P\{\xi_1 < x_1\} \cdots P\{\xi_{n-1} < x_{n-1}\}$$

最后，称无穷多个随机变量是相互独立的，如果其中任意有限

多个随机变量都是相互独立的.

随机变量的独立性概念是概率论中最基本的概念之一,也是最重要的概念之一,关于独立随机变量的研究构成了概率论的重要课题,我们将在第五章中介绍一些基本结果.

*五、正态分布的导出

正态分布在概率论和数理统计中处于核心地位.它最初作为二项分布计算的渐近公式由棣莫弗引进,后被拉普拉斯发展成系统的理论(见第五章).但把它作为一个分布来研究则归功于高斯(Gauss,1777—1855),他在19世纪初的测量误差研究中导出的误差函数,后被高尔顿命名为正态分布.因此,正态分布又称高斯分布.这项研究又是当代统计学中重要思想——最大似然法的源头.在学过多维随机变量和独立性之后,可作如下介绍.

在测量中,若 μ 为真值,x_i 为观察值,而误差 $x_i - \mu$ 的分布密度函数为 $p(x_i - \mu)$.经验表明 $p(x)$ 关于 $x = 0$ 对称,而且对一切 x 成立 $p(x) > 0$.为推导方便起见,还假设 $p(x)$ 具有连续导函数.

如果有独立同分布的观察值 $x_1, x_2, \cdots, x_n$,则其似然函数为 $L(\mu) = \prod_{i=1}^{n} p(x_i - \mu)$,它表征了这组观察值落在 μ 的附近的可能性的大小.高斯的假定是:观察值的平均值 $\bar{x} = \dfrac{1}{n}(x_1 + x_2 + \cdots + x_n)$ 作为未知参数 μ 的估值使 $L(\mu)$ 达到最大.

下面利用这个假定导出正态分布.

若 $\bar{x}$ 使似然函数 $L(\mu)$ 达到最大,则

$$\left. \frac{\mathrm{d}\ln L(\mu)}{\mathrm{d}\mu} \right|_{\mu = \bar{x}} = 0 \qquad (3.2.38)$$

记 $\dfrac{\mathrm{d}\ln p(x)}{\mathrm{d}x} = g(x)$,则 $g(x) = \dfrac{p'(x)}{p(x)}$,由假设知道它好定义而且是连续函数.这时(3.2.38)变成

$$\sum_{i=1}^{n} g(x_i - \bar{x}) = 0 \qquad (3.2.39)$$

当 $n=2$ 时,方程(3.2.39)化为

$$g(x_1 - \bar{x}) + g(x_2 - \bar{x}) = 0$$

由于 $x_1 - \bar{x} = -(x_2 - \bar{x})$,以及 x_1, x_2 的任意性得到 $g(-x) = -g(x)$ 对一切实数 x 成立.

当 $n=3$ 时,方程(3.2.29)化为

$$g(x_1 - \bar{x}) + g(x_2 - \bar{x}) + g(x_3 - \bar{x}) = 0$$

由于 $x_1 - \bar{x} = -[(x_2 - \bar{x}) + (x_3 - \bar{x})]$,可知对一切实数 x, y 成立

$$g(x) + g(y) = g(x+y) \qquad (3.2.40)$$

这是柯西函数方程,很容易证明其解必为 $g(x) = bx$.

事实上,若记 $f(x) = e^{g(x)}$,则方程(3.2.40)化为

$$f(x)f(y) = f(x+y) \qquad (3.2.41)$$

这方程对一切 x, y 成立,且 $f(x)$ 是连续函数,因此由引理 2.4.1 知 $f(x) = a^x, a \geq 0$,从而得知

$$g(x) = bx$$

因此

$$\ln p(x) = \frac{b}{2}x^2 + c$$

$$p(x) = e^{\frac{b}{2}x^2 + c}, \qquad -\infty < x < +\infty$$

$p(x)$ 为密度函数,因此 $b < 0$,记 $b = -\frac{1}{\sigma^2}$,则

$$p(x) = K e^{-\frac{x^2}{2\sigma^2}}, \qquad -\infty < x < +\infty$$

由规范化条件 $\int_{-\infty}^{+\infty} p(x) \mathrm{d}x = 1$ 知 $K = \frac{1}{\sqrt{2\pi}\sigma}$,故

$$p(x) = \frac{1}{\sqrt{2\pi}\sigma} e^{-\frac{x^2}{2\sigma^2}}, \qquad -\infty < x < +\infty$$

这就是著名的误差函数,即正态分布密度函数.

§3. 随机变量的函数及其分布

一、博雷尔函数与随机变量的函数

在许多问题中需要计算随机变量的函数的分布律,例如在统计物理中,已知分子运动速度 ξ 的分布,要求其动能 $\eta = \frac{1}{2}m\xi^2$ 的分布律. 这类问题既普遍而又重要,接下来我们就要讨论它.

这类问题较为一般的提法是:若 ξ 是随机变量,求 $\eta = g(\xi)$ 的分布律.

为了使 η 有分布律可言,当然要求 η 是随机变量,因此对函数 $y = g(x)$ 也必须有一定的要求,为此我们提出如下定义.

定义 3.3.1 设 $y = g(x)$ 是 $\mathbf{R}^1$ 到 $\mathbf{R}^1$ 上的一个映照,若对于一切 $\mathbf{R}^1$ 中的博雷尔点集 B_1 均有

$$\{x : g(x) \in B_1\} \in \mathscr{B}_1 \qquad (3.3.1)$$

其中 $\mathscr{B}_1$ 为 $\mathbf{R}^1$ 上博雷尔 σ 域,则称 $g(x)$ 是**一元博雷尔(可测)函数**.

博雷尔函数是很广泛的一类函数,我们所碰到的大部分函数都是博雷尔函数,特别地,已知所有的分段连续函数及分段单调函数都是博雷尔函数.

若 ξ 是概率空间 $(\Omega, \mathscr{F}, P)$ 上的随机变量,而 $g(x)$ 是一元博雷尔函数,则 $g(\xi)$ 是 $(\Omega, \mathscr{F}, P)$ 上的随机变量. 事实上,对一切 $B_1 \in \mathscr{B}_1$ 有

$$\{\omega : g(\xi(\omega)) \in B_1\} = \{\omega : \xi(\omega) \in g^{-1}(B_1)\} \in \mathscr{F} \qquad (3.3.2)$$

这里 $g^{-1}(B_1) = \{x : g(x) \in B_1\}$,由(3.3.1)知它是一维博雷尔点集,再根据随机变量定义中的(3.1.1)式即得(3.3.2).

有时,我们还要考虑随机向量的函数,例如 $\eta = \xi_1 + \xi_2$ 就是随机向量 (ξ_1, ξ_2) 的函数. 一般地,要研究 $\eta = g(\xi_1, \cdots, \xi_n)$ 及其分

布. 这时对 n 元函数 $y = g(x_1, \cdots, x_n)$ 也要有相应的要求.

定义 3.3.2 设 $y = g(x_1, \cdots, x_n)$ 是 $\mathbf{R}^n$ 到 $\mathbf{R}^1$ 上的一个映照, 若对一切 $\mathbf{R}^1$ 中的博雷尔点集 B_1 均有

$$\{(x_1, \cdots, x_n) : g(x_1, \cdots, x_n) \in B_1\} \in \mathscr{B}_n \quad (3.3.3)$$

其中 $\mathscr{B}_n$ 为 $\mathbf{R}^n$ 上博雷尔 σ 域,则称 $g(x_1, \cdots, x_n)$ 为 n **元博雷尔(可测)函数**.

同样地,若 $(\xi_1, \cdots, \xi_n)$ 是 $(\Omega, \mathscr{F}, P)$ 上的随机向量,而 $g(x_1, \cdots, x_n)$ 是 n 元博雷尔函数,则 $g(\xi_1, \cdots, \xi_n)$ 是 $(\Omega, \mathscr{F}, P)$ 上的随机变量.

这个事实证明如下:

$$\{\omega : g(\xi_1(\omega), \cdots, \xi_n(\omega)) \in B_1\}$$
$$= \{\omega : (\xi_1(\omega), \cdots, \xi_n(\omega)) \in g^{-1}(B_1)\} \in \mathscr{F} \quad (3.3.4)$$

其中 $g^{-1}(B_1)$ 是 (3.3.3) 中点集,它是 n 维博雷尔点集,而按 (3.2.3) 即得最后的关系式.

更一般地,还可以研究 n 维随机向量 $(\xi_1, \cdots, \xi_n)$ 的 m 个函数 $g_1(\xi_1, \cdots, \xi_n), \cdots, g_m(\xi_1, \cdots, \xi_n)$, 这里 $g_1, \cdots, g_m$ 都是 n 元博雷尔函数,这是一个 m 维随机向量,需要求出它们的分布.

一般地来说,对于离散型随机变量,求它的函数的分布并不很困难. 例如:若 ξ 的分布列为

ξ	x_1	x_2	$\cdots$	x_n	$\cdots$
P	p_1	p_2	$\cdots$	p_n	$\cdots$

则 $g(\xi)$ 的分布列可由下法得到,列出

$g(\xi)$	$g(x_1)$	$g(x_2)$	$\cdots$	$g(x_n)$	$\cdots$
P	p_1	p_2	$\cdots$	p_n	

$$(3.3.5)$$

当然这里可能有某些 $g(x_i)$ 相等,把它们作适当并项即可.

[**离散卷积公式**] 若 ξ 与 η 是相互独立的随机变量,它们都取非负整数值,其概率分布分别为 $\{a_k\}$ 及 $\{b_k\}$,下面我们来计算随机变量 $\zeta = \xi + \eta$ 的概率分布. 因为

$$\{\zeta = r\} = \{\xi = 0, \eta = r\} + \{\xi = 1, \eta = r-1\} + \cdots$$
$$+ \{\xi = r, \eta = 0\}$$

利用独立性的假定得到

$$c_r = P\{\zeta = r\} = a_0 b_r + a_1 b_{r-1} + \cdots + a_r b_0, \quad r = 0, 1, 2, \cdots \quad (3.3.6)$$

这就是求独立随机变量和的分布的公式——**离散卷积公式**.

下面的讨论主要对连续型随机变量进行. 我们将由简到繁逐步深入.

二、单个随机变量的函数的分布律

这里的一般问题是: 已知随机变量 ξ 的分布函数 $F(x)$ 或密度函数 $p(x)$, 要求 $\eta = g(\xi)$ 的分布函数 $G(y)$ 或密度函数 $q(y)$.

由 (3.1.29) 可知

$$G(y) = P\{\eta < y\} = P\{g(\xi) < y\}$$
$$= \int_{g(x)<y} p(x) \mathrm{d}x \quad (3.3.7)$$

上述积分计算的难易既与被积函数即 ξ 的密度函数 $p(x)$ 的表达式有关, 更与积分区域 $\{x: g(x) < y\}$ 的形状相关, 差别很大, 因此这类问题通常采用个案处理的方式, 但在方法上大体可分为直接法与变换法两类.

直接法通过把 $\{g(\xi) < y\}$ 直接化为关于 ξ 的等价事件而求得 η 的分布函数或密度函数.

当 $g(x)$ 为单调函数时, 问题相当简单. 例如当 $g(x)$ 严格单调上升时,

$$G(y) = P\{\eta < y\} = P\{g(\xi) < y\}$$
$$= P\{\xi < g^{-1}(y)\} = F(g^{-1}(y))$$

[例1] 若随机变量 ξ 有密度函数 $p(x)$, 而 $\eta = a\xi + b$, 这里 $a \neq 0$. 求 η 的密度函数 $q(y)$.

[解] 分别记 ξ 与 η 的分布函数为 $F(x)$ 及 $G(y)$, 显然有

$$G(y) = P\{\eta < y\} = P\{a\xi + b < y\}$$

$$= \begin{cases} P\left\{\xi < \dfrac{y-b}{a}\right\} = F\left(\dfrac{y-b}{a}\right), & \text{若 } a > 0 \\ P\left\{\xi > \dfrac{y-b}{a}\right\} = 1 - F\left(\dfrac{y-b}{a}\right), & \text{若 } a < 0 \end{cases}$$

因此

$$q(y) = \begin{cases} \dfrac{1}{a} p\left(\dfrac{y-b}{a}\right), & \text{若 } a > 0 \\ -\dfrac{1}{a} p\left(\dfrac{y-b}{a}\right), & \text{若 } a < 0 \end{cases}$$

或统一起来,写成

$$q(y) = \frac{1}{|a|} p\left(\frac{y-b}{a}\right) \tag{3.3.8}$$

把例1的结果应用到正态分布的场合. 若 ξ 服从 $N(\mu, \sigma^2)$,则 $\zeta = \dfrac{\xi - \mu}{\sigma}$ 的密度函数

$$q(z) = \sigma \cdot \frac{1}{\sqrt{2\pi}\sigma} \exp\left\{-\frac{\left[\sigma\left(z + \dfrac{\mu}{\sigma}\right) - \mu\right]^2}{2\sigma^2}\right\} = \frac{1}{\sqrt{2\pi}} e^{-z^2/2}$$

即 ζ 服从 $N(0,1)$,这是我们早已提到过的.

[例2] 若 $\xi \sim N(\mu, \sigma^2)$,求 $\eta = e^{\xi}$ 的密度函数.

[解] 当 $y > 0$ 时,

$$P\{\eta < y\} = P\{e^{\xi} < y\} = P\{\xi < \ln y\}$$
$$= \int_{-\infty}^{\ln y} \frac{1}{\sqrt{2\pi}\sigma} e^{-\frac{(x-\mu)^2}{2\sigma^2}} dx$$

所以,η 的密度函数为

$$q(y) = \frac{1}{\sqrt{2\pi}\sigma y} e^{-\frac{(\ln y - \mu)^2}{2\sigma^2}}, \qquad y > 0. \tag{3.3.9}$$

η 的对数即 $\ln \eta = \xi$ 服从正态分布,故称 η 所服从的分布为**对数正态分布**.

对数正态变量取非负值,又能通过正态分布进行概率计算,很适合做某些现象的数学模型.

当代金融学用对数正态分布取代正态分布作为资产价格分布建立起了十分漂亮而合理的理论. 另外, 销售量, 元件寿命等也已普遍使用对数正态分布作为模型. 这个分布的重要性正在提高.

显然, 上述做法可推广到 $g(x)$ 分段单调的场合.

[例3] 若 $\zeta \sim N(0,1)$, 求 $\eta = \zeta^2$ 的密度函数.

[解] 当 $y \leq 0$ 时, $G(y) = P\{\eta < y\} = 0$, 显然, 此时 $q(y) = 0$. 当 $y > 0$,

$$G(y) = P\{\eta < y\} = P\{\zeta^2 < y\} = P\{-\sqrt{y} < \zeta < \sqrt{y}\}$$
$$= \int_{-\sqrt{y}}^{\sqrt{y}} \frac{1}{\sqrt{2\pi}} e^{-\frac{x^2}{2}} dx = 2\int_0^{\sqrt{y}} \frac{1}{\sqrt{2\pi}} e^{-\frac{x^2}{2}} dx$$

因此 $\eta = \zeta^2$ 的密度函数为

$$q(y) = \frac{1}{\sqrt{2\pi}} y^{-\frac{1}{2}} e^{-\frac{y}{2}}, \quad y > 0 \qquad (3.3.10)$$

顺便指出, (3.3.10) 是下列分布当 $n = 1$ 时的特例.

[χ^2 分布] 具有密度函数

$$p(x) = \frac{1}{2^{n/2} \Gamma\left(\frac{n}{2}\right)} x^{\frac{n}{2}-1} e^{-\frac{x}{2}}, \quad x > 0 \qquad (3.3.11)$$

的分布称为**具有自由度 n 的 χ^2 分布**.

χ^2 分布在数理统计中有重要应用. 与 (3.1.49) 中的 Γ 分布比较, 我们就可以知道 χ^2 分布是它的特例, 其中取 $r = \frac{n}{2}, \lambda = \frac{1}{2}$, 即为 $\Gamma\left(\frac{n}{2}, \frac{1}{2}\right)$. 以后简记 ξ 服从自由度 n 的 χ^2 分布为 $\xi \sim \chi_n^2$.

下例处理更为一般的场合.

[例4] 若 ξ 为连续型随机变量, 其分布密度为 $p(x)$, 求 $\eta = \sin \xi$ 的分布.

[解] 记 $G(y) = P\{\sin \xi < y\}$. 当 $y \leq -1$ 时, $G(y) = 0$, 当 $y > 1$ 时, $G(y) = 1$. 当 $-1 < y \leq 1$ 时 (图 3.3.1),

$$G(y) = P\{\sin \xi < y\}$$

$$= \sum_{k=-\infty}^{\infty} P\{2k\pi - (\pi + \sin^{-1} y) \leq \xi < 2k\pi + \sin^{-1} y\}$$

$$= \int_{\sin x < y} p(x) \mathrm{d}x$$

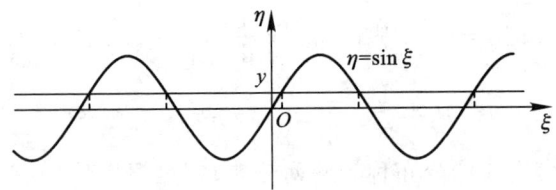

图 3.3.1 $\eta = \sin \xi$ 的分布

变换法利用积分的变数代换,对密度函数得到一般的计算公式. 这时对函数 $g(x)$ 有较强的要求,但其结果可推广到多维场合,因此是较为有力的方法. 下面仍依单调与分段单调两种情况进行讨论.

若 ξ 为连续型随机变量,其密度函数为 $p(x)$,而 $\eta = g(\xi)$,对其密度函数 $q(y)$ 有如下结果:

(1) 若 $g(x)$ 严格单调,其反函数 $g^{-1}(y)$ 有连续导函数,则 $\eta = g(\xi)$ 是具有密度函数①

$$p[g^{-1}(y)] | [g^{-1}(y)]' | \qquad (3.3.12)$$

的连续型随机变量.

[证明] 对于任一实数 a,记使 $g(x) < a$ 成立的 x 的值的范围为 $E(a)$,则

$$P\{\eta < a\} = P\{g(\xi) < a\} = P\{\xi \in E(a)\}$$

$$= \int_{E(a)} p(x) \mathrm{d}x = \int_{-\infty}^{a} p[g^{-1}(y)] | [g^{-1}(y)]' | \mathrm{d}y$$

这里用了积分的变数代换. 由上式知道 η 为连续型随机变量,其密度函数为 (3.3.12).

显然可利用这个结果直接计算例 1 及例 2 中的密度函数. 下

---

① 这里和下面都约定,对使反函数无意义的 y,密度函数定义为 0.

面是另一个例子.

[例5] 若 θ 服从 $\left[-\dfrac{\pi}{2}, \dfrac{\pi}{2}\right]$ 的均匀分布，$\psi = \mathrm{tg}\,\theta$，试求 ψ 的密度函数 $q(y)$.

[解] 记 $y = \mathrm{tg}\,x$，则 $x = \mathrm{tg}^{-1} y$，$\dfrac{\mathrm{d}x}{\mathrm{d}y} = \dfrac{1}{1+y^2}$，因此由(3.3.12)知

$$q(y) = \frac{1}{\pi} \cdot \frac{1}{1+y^2}, \quad -\infty < y < \infty \qquad (3.3.13)$$

由(3.3.13)定义的分布称为**柯西分布**，它是概率论中有名的分布之一.

(2) 若 $g(x)$ 在不相重叠的区间 $I_1, I_2, \cdots$ 上逐段严格单调，其反函数分别为 $h_1(y), h_2(y), \cdots$ 而且 $h'_1(y), h'_2(y), \cdots$ 均为连续函数，那么 $\eta = g(\xi)$ 是连续型随机变量，其密度函数为

$$p[h_1(y)]|h'_1(y)| + p[h_2(y)]|h'_2(y)| + \cdots \qquad (3.3.14)$$

[证明] 给定实数 a，以 $E_i(a)$ 记 I_i 中使 $g(x) < a$ 成立的 x 的集合，显然诸 $E_i(a)$ 不相交，而

$$P\{\eta < a\} = P\{g(\xi) < a\} = P\left\{\xi \in \sum_i E_i(a)\right\}$$

$$= \sum_i \int_{E_i(a)} p(x)\,\mathrm{d}x$$

$$= \sum_i \int_{-\infty}^{a} p[h_i(y)]|h'_i(y)|\,\mathrm{d}y$$

$$= \int_{-\infty}^{a} \sum_i p[h_i(y)]|h'_i(y)|\,\mathrm{d}y$$

因此 η 是具有密度函数(3.3.14)的连续型随机变量.

这结果包含了单调的场合(3.3.12)，此外，它也可以用于例3及例4，并得出相同答案.

这里，我们要再提到一个有趣而重要的事实.

[均匀分布的特殊地位] 若随机变量 ξ 的分布函数为 $F(x)$，因为 $F(x)$ 是非降函数，对任意 $0 \leqslant y \leqslant 1$，可定义

$$F^{-1}(y) = \inf\{x : F(x) > y\} \qquad (3.3.15)$$

作为 $F(x)$ 的反函数.

下面考察随机变量 $\theta = F(\xi)$ 的分布, 这里 $F(x)$ 是连续函数. 对 $0 \leqslant x \leqslant 1$,

$$P\{\theta < x\} = P\{F(\xi) < x\}$$
$$= P\{\xi < F^{-1}(x)\} = F(F^{-1}(x)) = x \quad (3.3.16)$$

即 $\theta = F(\xi)$ 服从 $[0,1]$ 均匀分布. 这个结论在统计中起重要作用.

反之, 若 θ 服从 $[0,1]$ 均匀分布, 对任意分布函数 $F(x)$, 令

$$\xi = F^{-1}(\theta) \quad (3.3.17)$$

则

$$P\{\xi < x\} = P\{F^{-1}(\theta) < x\} = P\{\theta < F(x)\} = F(x)$$

因此 ξ 是服从分布函数 $F(x)$ 的随机变量.

这样, 只要我们能产生 $[0,1]$ 中均匀分布的随机变量的样本 (观察值), 那么我们也就能通过 (3.3.17) 产生分布函数为 $F(x)$ 的随机变量的样本, 这结论在蒙特卡罗方法中具有基本的重要性. 通常的做法是利用数学或物理的方法产生 $[0,1]$ 中均匀分布随机变量的样本 (称为**均匀分布随机数**), 再利用变换 (3.3.17) 得到任意分布 $F(x)$ 的随机数.

* **随机变量的存在性定理** 利用上述结果, 我们可以给下面定理一个构造性的证明.

定理 3.3.1 若 $F(x)$ 是左连续的单调不减函数, 且 $F(-\infty) = 0, F(+\infty) = 1$, 则存在一个概率空间 $(\Omega, \mathscr{F}, P)$ 及其上的随机变量 $\xi(\omega)$, 使 $\xi(\omega)$ 的分布函数正好是 $F(x)$.

[证明] 取 $\Omega = [0,1]$, 再取 $\mathscr{F}$ 为 $[0,1]$ 中博雷尔点集全体, 而 P 取为直线上的勒贝格测度(它是长度概念的推广, 但对一切博雷尔点集都有定义). 定义 $\theta(\omega) = \omega$, 则 $\theta(\omega)$ 是 $(\Omega, \mathscr{F}, P)$ 上的随机变量, 又对一切 $0 \leqslant x \leqslant 1$,

$$P\{\theta(\omega) < x\} = P\{\omega \in [0,x)\} = x$$

因此 $\theta(\omega)$ 服从 $[0,1]$ 上均匀分布.

再利用 (3.3.15) 定义 $F^{-1}(y)$, 当然它也是单调函数, 从而是

博雷尔函数，令
$$\xi(\omega) = F^{-1}(\theta(\omega))$$
则 $\xi(\omega)$ 是 $(\Omega,\mathscr{F},P)$ 上的随机变量，而且仿上段讨论可知，它的分布函数正好是 $F(x)$.

三、随机向量的函数的分布律

若 $\eta = g(\xi_1,\cdots,\xi_n)$，而 $(\xi_1,\cdots,\xi_n)$ 的密度函数为 $p(x_1,\cdots,x_n)$，则同上面一样讨论可以得到

$$G(y) = P\{\eta < y\} = \int\cdots\int_{g(x_1,\cdots,x_n)<y} p(x_1,\cdots,x_n)\mathrm{d}x_1\cdots\mathrm{d}x_n$$
(3.3.18)

我们看一些例子.

[和的分布] 若 $\eta = \xi_1 + \xi_2$，而 (ξ_1,ξ_2) 的密度函数为 $p(x_1,x_2)$，则

$$G(y) = P\{\eta < y\} = \int\int_{x_1+x_2<y} p(x_1,x_2)\mathrm{d}x_1\mathrm{d}x_2$$
$$= \int_{-\infty}^{\infty}\int_{-\infty}^{y-x_1} p(x_1,x_2)\mathrm{d}x_1\mathrm{d}x_2 \qquad (3.3.19)$$

特别当 ξ_1,ξ_2 相互独立时，有 $p(x_1,x_2) = p_1(x_1)p_2(x_2)$，这里 $p_1(x_1)$ 为 ξ_1 的密度函数，$p_2(x_2)$ 为 ξ_2 的密度函数. 代入 (3.3.19) 得

$$G(y) = \int_{-\infty}^{\infty}\left[\int_{-\infty}^{y-x_1} p_1(x_1)p_2(x_2)\mathrm{d}x_2\right]\mathrm{d}x_1$$
$$= \int_{-\infty}^{\infty}\left[\int_{-\infty}^{y} p_1(x_1)p_2(z-x_1)\mathrm{d}z\right]\mathrm{d}x_1$$
$$= \int_{-\infty}^{y}\left[\int_{-\infty}^{\infty} p_1(x_1)p_2(z-x_1)\mathrm{d}x_1\right]\mathrm{d}z$$

因此 η 的密度函数为

$$q(y) = \int_{-\infty}^{\infty} p_1(u)p_2(y-u)\mathrm{d}u \qquad (3.3.20)$$

也可写为

$$q(y) = \int_{-\infty}^{\infty} p_1(y-u)p_2(u)\,du \qquad (3.3.21)$$

(3.3.20)或(3.3.21)称为**卷积公式**,在概率论中相当重要.

[商的分布] 若 $\eta = \dfrac{\xi_1}{\xi_2}$,而 (ξ_1,ξ_2) 的密度函数为 $p(x_1,x_2)$,则

$$G(x) = P\{\eta < x\} = P\left\{\frac{\xi_1}{\xi_2} < x\right\} = \iint_{x_1/x_2 < x} p(x_1,x_2)\,dx_1 dx_2$$

$$= \int_0^{\infty}\left[\int_{-\infty}^{zx} p(y,z)\,dy\right]dz + \int_{-\infty}^{0}\left[\int_{zx}^{\infty} p(y,z)\,dy\right]dz \qquad (3.3.22)$$

η 的密度函数为

$$q(x) = \int_0^{\infty} p(zx,z)z\,dz - \int_{-\infty}^{0} p(zx,z)z\,dz$$

$$= \int_{-\infty}^{\infty} |z|p(zx,z)\,dz \qquad (3.3.23)$$

*[关于顺序统计量的若干分布] 若 $\xi_1,\xi_2,\cdots,\xi_n$ 是相互独立的随机变量,具有相同的分布函数 $F(x)$ 和密度函数 $p(x)$,而 ξ_n^* 及 ξ_1^* 相当于把 $\xi_1,\xi_2,\cdots,\xi_n$ 按大小顺序重新排列为

$$\xi_1^* \leqslant \xi_2^* \leqslant \cdots \leqslant \xi_n^* \qquad (3.3.24)$$

的末项及首项,它们在统计中有重要应用. 下面讨论几种与它们有关的分布.

首先求极大值 ξ_n^* 的分布函数,

$$P\{\xi_n^* < x\} = P\{\max(\xi_1,\xi_2,\cdots,\xi_n) < x\}$$
$$= P\{\xi_1 < x, \xi_2 < x, \cdots, \xi_n < x\}$$
$$= P\{\xi_1 < x\}\cdot P\{\xi_2 < x\}\cdots P\{\xi_n < x\}$$
$$= [F(x)]^n \qquad (3.3.25)$$

其次求极小值 ξ_1^* 的分布函数,注意到

$$P\{\xi_1^* \geqslant x\} = P\{\min(\xi_1,\xi_2,\cdots,\xi_n) \geqslant x\}$$
$$= P\{\xi_1 \geqslant x, \xi_2 \geqslant x, \cdots, \xi_n \geqslant x\}$$
$$= P\{\xi_1 \geqslant x\}P\{\xi_2 \geqslant x\}\cdots P\{\xi_n \geqslant x\}$$

$$= [1 - F(x)]^n$$

因此
$$P\{\xi_1^* < x\} = 1 - [1 - F(x)]^n \qquad (3.3.26)$$

值得提醒,(3.3.26)式的导出,是公式(2.2.6)的生动应用.

进一步,讨论 (ξ_1^*, ξ_n^*) 的联合分布.

记 $G(x,y) = P\{\xi_1^* < x, \xi_n^* < y\}$.

若 $x \geq y$,则
$$G(x,y) = P\{\xi_1^* < x, \xi_n^* < y\}$$
$$= P\{\xi_n^* < y\} = [F(y)]^n \qquad (3.3.27)$$

若 $x < y$,则
$$G(x,y) = P\{\xi_1^* < x, \xi_n^* < y\}$$
$$= P\{\xi_n^* < y\} - P\{\xi_1^* \geq x, \xi_n^* < y\}$$
$$= [F(y)]^n - [F(y) - F(x)]^n \qquad (3.3.28)$$

其联合密度函数为
$$q(x,y) = \begin{cases} 0, & x \geq y \\ n(n-1)[F(y) - F(x)]^{n-2} p(x) p(y), & x < y \end{cases}$$
$$(3.3.29)$$

最后,我们来求**极差** $R = \xi_n^* - \xi_1^*$ 的分布密度函数 $f_R(r)$,显然对 $r \leq 0, f_R(r) = 0$,若 $r > 0$,则
$$P\{R < r\} = \iint_{y-x<r} q(x,y) \mathrm{d}x \mathrm{d}y$$
$$= \int_{-\infty}^{\infty} \left[\int_{-\infty}^{x+r} q(x,y) \mathrm{d}y\right] \mathrm{d}x$$
$$= \int_{-\infty}^{\infty} \left[\int_{-\infty}^{r} q(x,x+z) \mathrm{d}z\right] \mathrm{d}x$$
$$= \int_{-\infty}^{r} \left[\int_{-\infty}^{\infty} q(x,x+z) \mathrm{d}x\right] \mathrm{d}z$$

因此
$$f_R(r) = \int_{-\infty}^{\infty} q(x, x+r) \mathrm{d}x$$

$$= n(n-1)\int_{-\infty}^{\infty}[F(x+r)-F(x)]^{n-2} \times$$
$$p(x)p(x+r)\mathrm{d}x \tag{3.3.30}$$

极值分布在统计中常被用到. 在实际应用中,极值分布与"百年一遇"等概念经常出现在灾害性天气预报中,例如暴雨,洪水预报,以及水库、桥梁等大型工程建筑规范中.

四、随机向量的变换

若$(\xi_1,\cdots,\xi_n)$的密度函数为$p(x_1,\cdots,x_n)$,求$\eta_1 = g_1(\xi_1,\cdots,\xi_n),\cdots,\eta_m = g_m(\xi_1,\cdots,\xi_n)$的分布. 这时有
$$G(y_1,\cdots,y_m) = P\{\eta_1 < y_1,\cdots,\eta_m < y_m\}$$
$$= \int\cdots\int_{\substack{g_1(x_1,\cdots,x_n)<y_1 \\ \cdots \\ g_m(x_1,\cdots,x_n)<y_m}} p(x_1,\cdots,x_n)\mathrm{d}x_1\cdots\mathrm{d}x_n$$
$$\tag{3.3.31}$$

显然,这是最一般的场合. 当 $m=1$ 时便是随机向量的函数的情形,当 $m=n=1$ 时得到单个随机变量的函数的情形.

下面考虑另一个重要的特殊情形,即当$(\xi_1,\cdots,\xi_n)$与$(\eta_1,\cdots,\eta_m)$有一一对应变换关系时,当然这时 $n=m$ 必须成立.

如果对 $y_i = g_i(x_1,\cdots,x_n), i=1,2,\cdots,n$,存在唯一的反函数 $x_i(y_1,\cdots,y_n) = x_i (i=1,\cdots,n)$,而且$(\eta_1,\cdots,\eta_n)$的密度函数为 $q(y_1,\cdots,y_n)$,那么
$$G(y_1,\cdots,y_n) = \int\cdots\int_{\substack{u_1<y_1 \\ \cdots \\ u_n<y_n}} q(u_1,\cdots,u_n)\mathrm{d}u_1\cdots\mathrm{d}u_n \tag{3.3.32}$$

比较 $m=n$ 时的(3.3.31)与(3.3.32)可知
$$q(y_1,\cdots,y_n)$$
$$= \begin{cases} p(x_1(y_1,\cdots,y_n),\cdots,x_n(y_1,\cdots,y_n))|J|, & 若(y_1,\cdots,y_n)属于g_1,\cdots,g_n的值域 \\ 0, & 其他 \end{cases}$$
$$\tag{3.3.33}$$

其中 J 为坐标变换的雅可比行列式

$$J = \begin{vmatrix} \dfrac{\partial x_1}{\partial y_1} & \cdots & \dfrac{\partial x_1}{\partial y_n} \\ \vdots & & \vdots \\ \dfrac{\partial x_n}{\partial y_1} & \cdots & \dfrac{\partial x_n}{\partial y_n} \end{vmatrix} \qquad (3.3.34)$$

这里,我们假定上述偏导数存在而且连续.

公式(3.3.33)对应于单变量场合的公式(3.3.12),也可以导出对应于公式(3.3.14)的多变量场合的公式,这留给读者作为练习.

[例6] 若 (ξ_1, ξ_2) 的密度函数为 $p(x_1, x_2)$,而

$$\begin{aligned} \eta_1 &= a\xi_1 + b\xi_2 \\ \eta_2 &= c\xi_1 + d\xi_2 \end{aligned} \qquad (3.3.35)$$

这里 $\Delta = \begin{vmatrix} a & b \\ c & d \end{vmatrix} \ne 0$,试求 (η_1, η_2) 的密度函数 $q(y_1, y_2)$.

[解] 在本例中

$$\begin{aligned} y_1 &= g_1(x_1, x_2) = ax_1 + bx_2, \\ y_2 &= g_2(x_1, x_2) = cx_1 + dx_2 \end{aligned}$$

因此

$$x_1 = \frac{d}{\Delta} y_1 - \frac{b}{\Delta} y_2, \quad x_2 = -\frac{c}{\Delta} y_1 + \frac{a}{\Delta} y_2$$

而

$$J = \begin{vmatrix} \dfrac{d}{\Delta} & -\dfrac{b}{\Delta} \\ -\dfrac{c}{\Delta} & \dfrac{a}{\Delta} \end{vmatrix} = \frac{ad - bc}{\Delta^2} = \frac{1}{ad - bc}$$

最后得到

$$q(y_1, y_2) = \frac{p\left(\dfrac{d}{\Delta} y_1 - \dfrac{b}{\Delta} y_2, -\dfrac{c}{\Delta} y_1 + \dfrac{a}{\Delta} y_2\right)}{|ad - bc|} \qquad (3.3.36)$$

[例7] 若 ξ 与 η 相互独立,分别服从自由度为 m 和 n 的 χ^2

分布,试求 $\alpha = \xi + \eta$ 与 $\beta = \dfrac{\xi}{\eta} \cdot \dfrac{n}{m}$ 的密度函数 $q(u,v)$.

[解] 由题设据(3.3.11)知 (ξ, η) 的联合密度函数为

$$p(x,y) = \frac{1}{2^{\frac{m+n}{2}} \Gamma\left(\dfrac{m}{2}\right) \Gamma\left(\dfrac{n}{2}\right)} x^{\frac{m}{2}-1} y^{\frac{n}{2}-1} e^{-\frac{x+y}{2}}$$

当 $x > 0, y > 0$.

对 $u > 0, v > 0$ 作变换 $u = x + y, v = \dfrac{x}{y} \cdot \dfrac{n}{m}$,其逆变换为

$$x = \frac{muv}{n + mv}, \quad y = \frac{nu}{n + mv}.$$

由于

$$J^{-1} = \begin{vmatrix} \dfrac{\partial u}{\partial x} & \dfrac{\partial u}{\partial y} \\ \dfrac{\partial v}{\partial x} & \dfrac{\partial v}{\partial y} \end{vmatrix} = \begin{vmatrix} 1 & 1 \\ \dfrac{n}{ym} & -\dfrac{xn}{y^2 m} \end{vmatrix} = -\frac{n(x+y)}{my^2}$$

$$= -\frac{n}{m} \cdot \frac{\left(1 + \dfrac{m}{n}v\right)^2}{u}$$

因此

$$|J| = \frac{m}{n} \cdot \frac{u}{\left(1 + \dfrac{m}{n}v\right)^2}$$

于是 (α, β) 的联合分布密度函数为

$$q(u,v) = \frac{1}{2^{\frac{m+n}{2}} \Gamma\left(\dfrac{m}{2}\right) \Gamma\left(\dfrac{n}{2}\right)} e^{-\frac{u}{2}} \left(\frac{m}{n}\right)^{\frac{m}{2}-1} u^{\frac{m+n}{2}-2}$$

$$\times \frac{v^{\frac{m}{2}-1}}{\left(1 + \dfrac{m}{n}v\right)^{\frac{m+n}{2}-2}} \cdot \frac{m}{n} \cdot \frac{u}{\left(1 + \dfrac{m}{n}v\right)^2}$$

$$= \frac{1}{2^{\frac{m+n}{2}} \Gamma\left(\dfrac{m+n}{2}\right)} u^{\frac{m+n}{2}-1} e^{-\frac{u}{2}}$$

$$\times \frac{\Gamma\left(\frac{m+n}{2}\right) \cdot \left(\frac{m}{n}\right)^{\frac{m}{2}} v^{\frac{m}{2}-1}}{\Gamma\left(\frac{m}{2}\right) \Gamma\left(\frac{n}{2}\right) \cdot \left(1+\frac{m}{n}v\right)^{\frac{m+n}{2}}} \quad (3.3.37)$$

因此,α 与 β 独立,而且 α 服从自由度为 $m+n$ 的 χ^2 分布. 这揭示了 χ^2 分布的一个重要性质:若两个相互独立的 χ^2 分布随机变量 ξ 与 η,它们各具有自由度 m 及 n,则其和 $\xi+\eta$ 服从自由度为 $m+n$ 的 χ^2 分布,这个性质称为 χ^2 分布的可加性,简记作

$$\chi_m^2 * \chi_n^2 = \chi_{m+n}^2 \quad (3.3.38)$$

利用例 3 的结果和这里证明了的 χ^2 分布的可加性,不难给出 χ^2 分布的一种推导. 事实上,χ_n^2 分布是作为 n 个相互独立的标准正态变量的平方和的分布而命名的,明白这点之后,会觉得关于它的那些结论都是相当自然的. χ^2 分布的直接推导见习题 37.

随机变量 $\beta = \frac{\xi}{\eta} \cdot \frac{n}{m}$ 的密度函数为

$$f(x;m,n) = \begin{cases} \dfrac{\Gamma\left(\frac{m+n}{2}\right)}{\Gamma\left(\frac{m}{2}\right)\Gamma\left(\frac{n}{2}\right)} \dfrac{\left(\frac{m}{n}\right)^{\frac{m}{2}} x^{\frac{m}{2}-1}}{\left(1+\frac{m}{n}x\right)^{\frac{m+n}{2}}}, & x>0 \\ 0, & x \leqslant 0 \end{cases} \quad (3.3.39)$$

这个分布称为 **F 分布**,是数理统计中重要分布之一.

在讨论随机向量的变换中,着重研究有一一对应变换的情况是很自然的. 如果 $m > n$,则当 $(\xi_1, \cdots, \xi_n)$ 有密度函数时,$(\eta_1, \cdots, \eta_m)$ 不会有密度函数存在,不能深入讨论. 但是当 $m < n$ 时,则有可能利用变换法,关键是增补变量,使之成为一一对应的情况.

在上一小节讨论随机向量的函数的分布律中,主要只讲直接法,下面我们通过一个例子来说明在这种场合如何通过增补变量使用变换法.

[例 8] 设 ξ, η 为两个独立随机变量,ξ 服从 $N(0,1)$,η 服从

自由度为 n 的 χ^2 分布(3.3.11),令 $T = \xi \Big/ \sqrt{\dfrac{\eta}{n}}$,试求 T 的密度函数.

[解] 为求得 T 的密度函数,引进增补变量 $S = \eta$,先求 (S, T) 的联合密度函数.

ξ, η 相互独立,故 (ξ, η) 的联合密度函数为

$$p(x,y) = \frac{1}{\sqrt{2\pi}} e^{-\frac{x^2}{2}} \cdot \frac{1}{2^{n/2} \Gamma\left(\dfrac{n}{2}\right)} y^{\frac{n}{2}-1} e^{-\frac{y}{2}}, \quad -\infty < x < \infty, \; y > 0$$

变换 $s = y, t = \dfrac{x}{\sqrt{y/n}}$ 的逆变换为 $x = t\left(\dfrac{s}{n}\right)^{1/2}, y = s$,其雅可比行列式

$$J = \begin{vmatrix} \dfrac{\partial x}{\partial s} & \dfrac{\partial x}{\partial t} \\ \dfrac{\partial y}{\partial s} & \dfrac{\partial y}{\partial t} \end{vmatrix} = \begin{vmatrix} \dfrac{t}{2n}\left(\dfrac{s}{n}\right)^{-\frac{1}{2}} & \left(\dfrac{s}{n}\right)^{\frac{1}{2}} \\ 1 & 0 \end{vmatrix} = -\left(\dfrac{s}{n}\right)^{\frac{1}{2}}$$

$$|J| = \left(\dfrac{s}{n}\right)^{\frac{1}{2}}$$

故 (S, T) 的联合密度函数为

$$q(s,t) = p\left(t\left(\dfrac{s}{n}\right)^{\frac{1}{2}}, s\right) |J|$$

$$= \frac{1}{\sqrt{2\pi}} e^{-\frac{st^2}{2n}} \cdot \frac{1}{2^{\frac{n}{2}} \Gamma\left(\dfrac{n}{2}\right)} s^{\frac{n}{2}-1} e^{-\frac{s}{2}} \cdot \left(\dfrac{s}{n}\right)^{\frac{1}{2}}$$

因而 T 的密度函数为

$$p_T(t) = \int_0^\infty q(s,t) \mathrm{d}s = \frac{1}{2^{\frac{n+1}{2}} \sqrt{n\pi} \, \Gamma\left(\dfrac{n}{2}\right)} \int_0^\infty e^{-\left(1+\frac{t^2}{n}\right)\frac{s}{2}} s^{\frac{n+1}{2}-1} \mathrm{d}s$$

$$= \frac{\left(1+\dfrac{t^2}{n}\right)^{-\frac{n+1}{2}}}{\sqrt{n\pi} \, \Gamma\left(\dfrac{n}{2}\right)} \int_0^\infty e^{-u} u^{\frac{n+1}{2}-1} \mathrm{d}u$$

$$= \frac{\Gamma\left(\frac{n+1}{2}\right)}{\sqrt{n\pi}\,\Gamma\left(\frac{n}{2}\right)}\left(1+\frac{t^2}{n}\right)^{-\frac{n+1}{2}}$$

密度函数

$$t(x;n) = \frac{\Gamma\left(\frac{n+1}{2}\right)}{\sqrt{n\pi}\,\Gamma\left(\frac{n}{2}\right)}\left(\frac{x^2}{n}+1\right)^{-(n+1)/2} \quad (3.3.40)$$

称为**自由度为** n **的** t **分布**,它是数理统计中另一重要分布.

五、随机变量的函数的独立性

首先证明一个定理.

定理 3.3.2 若 $\xi_1,\cdots,\xi_n$ 是相互独立的随机变量,则 $f_1(\xi_1),\cdots,f_n(\xi_n)$ 也是相互独立的,这里 $f_i(i=1,\cdots,n)$ 是任意的一元博雷尔函数.

[证明] 对任意的一维博雷尔点集 $A_1,\cdots,A_n$ 有

$$P\{f_1(\xi_1) \in A_1,\cdots,f_n(\xi_n) \in A_n\}$$
$$= P\{\xi_1 \in f_1^{-1}(A_1),\cdots,\xi_n \in f_n^{-1}(A_n)\}$$
$$= P\{\xi_1 \in f_1^{-1}(A_1)\}\cdots P\{\xi_n \in f_n^{-1}(A_n)\}$$
$$= P\{f_1(\xi_1) \in A_1\}\cdots P\{f_n(\xi_n) \in A_n\}$$

定理的结论在直观上是明显的,但在定理的证明中却要两次用到未证明的论断(3.2.37),其中第一次用来指明对 $\xi_1,\cdots,\xi_n$ 的有关概率可以化为乘积的形式,另一次用来说明最后的等式表明 $f_1(\xi_1),\cdots,f_n(\xi_n)$ 是相互独立的,且第一次是难以避免的.

这个结果可以推广到随机向量的场合.

例 7 说明,即使由相同的随机向量构成的不同函数也可能是独立的,这种情况在概率论与数理统计中相当重要,下面再讨论一些例子.

[例 9] 若 ξ 与 η 是相互独立的随机变量,均服从 $N(0,1)$,试证化为极坐标后,$\rho = \sqrt{\xi^2 + \eta^2}$ 与 $\varphi = \mathrm{arctg}\left(\frac{\eta}{\xi}\right)$($\varphi$ 取值于 $[0,$

$2\pi])$,是相互独立的.

[解] 采用极坐标,$x = r\cos\theta$,$y = r\sin\theta$,因此 $r = \sqrt{x^2 + y^2}$,$\theta = \text{arctg}\dfrac{y}{x}$,因为$(\xi,\eta)$的密度函数为

$$p(x,y) = \frac{1}{2\pi}e^{-(x^2+y^2)/2}$$

而

$$J = \begin{vmatrix} \dfrac{\partial x}{\partial r} & \dfrac{\partial x}{\partial \theta} \\ \dfrac{\partial y}{\partial r} & \dfrac{\partial y}{\partial \theta} \end{vmatrix} = \begin{vmatrix} \cos\theta & -r\sin\theta \\ \sin\theta & r\cos\theta \end{vmatrix} = r$$

故(ρ,φ)的密度函数为

$$q(r,\theta) = \frac{1}{2\pi}e^{-(x^2+y^2)/2} \cdot r$$

$$= \frac{1}{2\pi} \cdot re^{-r^2/2}, \quad r \geqslant 0, \quad 0 \leqslant \theta \leqslant 2\pi$$

即 $\rho = \sqrt{\xi^2 + \eta^2}$ 的密度函数为

$$R(r) = \begin{cases} re^{-r^2/2}, & r \geqslant 0 \\ 0, & r < 0 \end{cases} \qquad (3.3.41)$$

这个分布称为**瑞利(Rayleigh)分布**.

而 $\varphi = \text{arctg}\dfrac{\eta}{\xi}$ 服从$[0,2\pi]$中的均匀分布,并且ρ与φ是独立的.

这个结果常被用来产生服从正态分布的随机数. 做法如下:产生相互独立的$[0,1]$均匀分布的随机数 U_1, U_2,令

$$\begin{aligned} \xi &= (-2\ln U_1)^{\frac{1}{2}}\cos 2\pi U_2 \\ \eta &= (-2\ln U_1)^{\frac{1}{2}}\sin 2\pi U_2 \end{aligned} \qquad (3.3.42)$$

则 ξ 与 η 是相互独立的 $N(0,1)$ 随机数.

这样做法的理由让读者自行论证.

[例10] 若(ξ_1,ξ_2)服从二元正态分布$(3.2.22)$,其中 $\mu_1 = \mu_2 = 0$. 令

$$\eta_1 = \xi_1\cos\alpha + \xi_2\sin\alpha, \quad \eta_2 = -\xi_1\sin\alpha + \xi_2\cos\alpha$$

这里 $0 \leq \alpha \leq 2\pi$，是某个角度. 我们来求 (η_1, η_2) 的密度函数 $q(u,v)$.

这里可直接用例 6 的结果. 其中 $J=1$，因此
$$q(u,v) = p(u\cos\alpha - v\sin\alpha, u\sin\alpha + v\cos\alpha)$$
$$= \frac{1}{2\pi\sigma_1\sigma_2\sqrt{1-\rho^2}}\exp\left\{-\frac{1}{2(1-\rho^2)}(Au^2 - 2Buv + Cv^2)\right\}$$
$$(3.3.43)$$

其中
$$A = \frac{\cos^2\alpha}{\sigma_1^2} - 2\rho\frac{\cos\alpha\sin\alpha}{\sigma_1\sigma_2} + \frac{\sin^2\alpha}{\sigma_2^2}$$
$$B = \frac{\cos\alpha\sin\alpha}{\sigma_1^2} - \rho\frac{\sin^2\alpha - \cos^2\alpha}{\sigma_1\sigma_2} - \frac{\cos\alpha\sin\alpha}{\sigma_2^2}$$
$$C = \frac{\sin^2\alpha}{\sigma_1^2} + 2\rho\frac{\cos\alpha\sin\alpha}{\sigma_1\sigma_2} + \frac{\cos^2\alpha}{\sigma_2^2}$$

由 (3.3.43) 可看出由二维正态向量 (ξ_1, ξ_2) 经坐标旋转而得的随机向量 (η_1, η_2) 还是服从正态分布. 进一步，若选 α 使得
$$\mathrm{tg}\,2\alpha = \frac{2\rho\sigma_1\sigma_2}{\sigma_1^2 - \sigma_2^2} \qquad (3.3.44)$$

则 $B=0$，因此 η_1 与 η_2 独立. 这说明二元正态分布密度可经适当的坐标旋转化为两个正态分布密度之积. 利用正交变换把多维正态变量化作独立正态分量，在数理统计中有重要应用.

第三章小结

本章中我们详细地研究了随机变量. 用随机变量描述随机现象是近代概率论中最重要的方法，以后我们所讨论的随机事件几乎都用随机变量来描述.

我们给出了随机变量的严格定义，按照这种观点，随机变量是定义在样本空间上的具有某种可测性的实值函数，只是出于历史

的原因,才沿用"变量"二字.

对于随机变量,重要的是要知道它取哪一些值以及以怎样的概率取这些值.从这个角度讲,分布函数完整地描述了随机变量.同时,分布函数具有良好的分析性质,便于研究,因此它成为研究随机变量的重要工具.

离散型随机变量与连续型随机变量是最重要的两类随机变量,由于它们的取值特点不同,因此对它们的描述及处理方法都有很大不同.前者列出取值及相应的概率分布,所用的数学工具主要是求和与级数;后者则用密度函数,广泛使用微积分.应该进行对比,从而加深理解.二者的统一是分布函数,它描述了一切随机变量.

一种分布提供一个数学模型.分布函数是概率论的理论与应用的重要结合点.概率论中有名的分布函数大多在本章的正文、例子或习题中出现,数理统计中的三大分布——χ^2分布、F分布、t分布也被导出.我们相当注意揭示各种分布函数的特征性质及它们之间的联系.这些分布函数在不同的理论和实际问题中扮演重要角色.

正态分布是概率论中最重要的分布,在应用中及理论研究中占有头等重要的地位,它与泊松分布及二项分布是概率论中最重要的三种分布.判断一种分布重要性的标准是:(1) 在实际工作中经常遇到;(2) 在理论研究中重要,具有较好的性质;(3) 用它能导出许多重要分布.以上三种分布都满足这些要求.

把几个随机变量放在一起作为随机向量研究时不但需要研究各个分量个别的性质,而且要考虑它们之间的联系,从而大大丰富了研究的内容,条件分布及独立性概念也随之出现,它们是条件概率及事件独立性概念在随机变量场合的具体化,在今后研究中很重要.

随机变量的函数的分布律的推导,在数理统计中及在概率论的许多应用中相当重要,我们这里分一对一,多对一,多对多三种类型对直接法和变换法这两种处理方法作了深入介绍.这部分内容,只有通过动手多作练习,才能牢固掌握.

可测性是严格定义随机变量的关键,因而离不开博雷尔点集与博雷尔函数等概念,否则连随机变量的函数是否随机变量都无法讲清.

习 题 三

1. 直线上有一质点,每经一个单位时间,它分别以概率 p 及 q 向右或向左移动一格,若该质点在时刻 0 从原点出发,而且每次移动是相互独立的,试用随机变量来描述这质点的运动(以 S_n 表示时刻 n 时质点的位置).

2. 设 ξ 为伯努利试验中第一个**游程**(连续的成功或失败)的长,试求 ξ 的概率分布.

3. C 应取何值才能使下列数列成为概率分布:

(1) $p_k = \dfrac{C}{N}, \quad k = 1, 2, \cdots, N$;

(2) $p_k = C\dfrac{\lambda^k}{k!}, \quad k = 1, 2, \cdots, \lambda > 0.$

4. 若分布函数定义为 $F(x) = P\{\xi \leq x\}$,试证这时的 $F(x)$ 具有下列性质:(i) 非降;(ii) $F(-\infty) = 0, F(+\infty) = 1$;(iii) 右连续.

5. 若 $\zeta \sim N(0,1)$,试求常数 a, b, c 使 (1) $a = P\{\zeta \geq 1.645\}$;(2) $P\{|\zeta| < b\} = 95\%$;(3) $P\{|\zeta - c| > c\} = 0.51$.

6. 妊娠天数 ξ 的分布函数为 $N(270, 100)$,求 ξ 落在下列范围的概率:(1) $(260, 280)$;(2) 短于 250 天;(3) 长于 300 天.

7. 若 ξ 的分布函数为 $N(60, 9)$,求分点 x_1, x_2, x_3, x_4,使 ξ 落在 $(-\infty, x_1)$,$(x_1, x_2), (x_2, x_3), (x_3, x_4), (x_4, \infty)$ 中的概率之比为 $7:24:38:24:7$.

*8. 在帕斯卡分布 $\binom{k-1}{r-1} p^r q^{k-r}$ 中,令 $k\Delta t = t, p = \lambda\Delta t$,试证当 $\Delta t \to 0$ 时,它能用 $\dfrac{\lambda(\lambda t)^{r-1}}{(r-1)!} e^{-\lambda t} \cdot \Delta t$ 来逼近.(这可以解释为第 r 次成功发生在 $(t, t + \Delta t)$ 中的概率,其密度函数正好是参数为 r 的埃尔朗分布.用这种方法可以把课文中的对比严格化.)

9. 在生存分析中,作为研究对象的是非负随机变量,它们的分布称为寿命分布.若 ξ 是非负随机变量,其分布函数为 $F(x)$,密度函数为 $f(x)$,这时通常还引入**生存函数** $S(x) = P\{\xi \geq x\}$ 及**失效率函数** $\lambda(x) = \dfrac{f(x)}{1 - F(x)}$.试导出

$S(x), \lambda(x), F(x)$ 及 $f(x)$ 之间的关系式,并以指数分布验证之.

10. 设随机变量 ξ 取值于 $[0,1]$,若 $P\{x \leq \xi < y\}$ 只与长度 $y-x$ 有关(对一切 $0 \leq x \leq y \leq 1$),试证 ξ 服从 $[0,1]$ 均匀分布.

*11. 若存在 Θ 上的实值函数 $Q(\theta)$ 及 $D(\theta)$ 以及 $T(x)$ 及 $S(x)$,使
$$f_\theta(x) = \exp\{Q(\theta)T(x) + D(\theta) + S(x)\}$$
则称 $\{f_\theta, \theta \in \Theta\}$ 是一个**单参数的指数族**.证明(1) 正态分布 $N(m_0, \sigma^2)$,已知 m_0,关于参数 σ;(2) 正态分布 $N(m, \sigma_0^2)$,已知 σ_0,关于参数 m;(3) 泊松分布 $P(\lambda)$ 关于 λ 是一个单参数的指数族.

但是 $[0,\theta]$ 上均匀分布,关于 θ 不是一个单参数的指数族.

12. 定义二元函数
$$F(x,y) = \begin{cases} 1, & x+y > 0 \\ 0, & x+y \leq 0 \end{cases}$$
验证此函数对每个变元非降,左连续,且满足分布函数性质(ii),但无法使 (3.2.5) 保持非负.

13. 若 $f_1(x), f_2(y)$ 为分布密度,求为使 $f(x,y) = f_1(x) \times f_2(y) + h(x,y)$ 成为密度函数,$h(x,y)$ 必须而且只须满足什么条件.

14. 若 $f_1(x), f_2(y), f_3(x)$ 是对应于分布函数 $F_1(x), F_2(x), F_3(x)$ 的密度函数,证明对于一切 $\alpha(-1 < \alpha < 1)$,下列函数是密度函数,且具有相同的边际密度函数 $f_1(x), f_2(x), f_3(x)$:

$f_\alpha(x_1, x_2, x_3)$
$= f_1(x_1) f_2(x_2) f_3(x_3) \{1 + \alpha[2F_1(x_1) - 1]$
$\cdot [2F_2(x_2) - 1][2F_3(x_3) - 1]\}$

15. 若 (ξ, η) 的联合概率分布为

η \ ξ	-1	0	1
-1	a	0	0.2
0	0.1	b	0.1
1	0	0.2	c

且 $P\{\xi\eta \neq 0\} = 0.4, P\{\eta \leq 0 | \xi \leq 0\} = \dfrac{2}{3}$,试求:

(1) a, b, c 之值;

(2) ξ 及 η 的边际概率分布;

(3) $\xi + \eta$ 的概率分布.

16. 若 (ξ,η) 的密度函数为
$$p(x,y) = \begin{cases} Ae^{-(2x+y)}, & x>0, y>0 \\ 0, & \text{其他} \end{cases}$$
试求：(1) 常数 A；　(2) $P\{\xi<2, \eta<1\}$；　(3) ξ 的边际分布函数；
(4) $P\{\xi+\eta<2\}$；　(5) $p(x|y)$；　(6) $P\{\xi<2|\eta<1\}$.

17. 若 $P\{\mu=m, \nu=n\} = \dfrac{(\lambda p)^m (\lambda-\lambda p)^{n-m}}{m!(n-m)!}e^{-\lambda}, \begin{matrix} m=0,1,2\cdots,n \\ n=0,1,2,\cdots \end{matrix}$

试求：(1) $P\{\nu=n\}$；　　　　　(2) $P\{\mu=m\}$；
　　　(3) $P\{\mu=m|\nu=n\}$；　　(4) $P\{\nu-\mu=k\}$.

18. 设二维随机变量 (ξ,η) 的联合密度为
$$p(x,y) = \dfrac{1}{\Gamma(k_1)\Gamma(k_2)} x^{k_1-1}(y-x)^{k_2-1}e^{-y}$$
$k_1>0, k_2>0, 0<x\leqslant y<\infty$. 试求 ξ 与 η 的边际分布密度.

*19. 试证 $p(x,y) = Ke^{-(ax^2+2bxy+cy^2)}$ 为密度函数的充要条件为 $a>0, c>0$, $b^2-ac<0, K=\dfrac{1}{\pi}\sqrt{ac-b^2}$.

20. (1) 若 (ξ,η) 的联合密度函数为
$$f(x,y) = \begin{cases} 4xy, & 0\leqslant x\leqslant 1, 0\leqslant y\leqslant 1 \\ 0, & \text{其他} \end{cases}$$
问 ξ 与 η 是否相互独立？

(2) 若 (ξ,η) 的联合密度函数为
$$g(x,y) = \begin{cases} 8xy, & 0\leqslant x\leqslant y, 0\leqslant y\leqslant 1 \\ 0, & \text{其他} \end{cases}$$
问 ξ 与 η 是否相互独立？

21. 若 ξ,η 相互独立且皆以概率 $\dfrac{1}{2}$ 取值 $+1$ 及 -1，令 $\zeta=\xi\eta$，试证 ξ,η,ζ 两两独立但不相互独立.

22. 设 (ξ,η) 具有联合密度函数
$$p(x,y) = \begin{cases} \dfrac{1+xy}{4}, & |x|<1, |y|<1 \\ 0, & \text{其他} \end{cases}$$
试证 ξ 与 η 不独立，但 ξ^2 与 η^2 是相互独立的.

23. 若每次试验中出现 A_1, A_2, A_3 的概率分别为 p_1, p_2 及 p_3，而且 p_1+p_2+

$p_3 = 1$,共进行 n 次独立试验,以 μ_1, μ_2, μ_3 分别记 A_1, A_2, A_3 出现的次数,试求:

(1) (μ_1, μ_2) 的联合概率分布;

(2) μ_1 的概率分布;

(3) $P\{\mu_2 = k_2 | \mu_1 = k_1\}$.

24. 袋中装 i 号球 N_i 只,$i = 1, 2, 3$,$N_1 + N_2 + N_3 = N$,从中随机摸出 n 只,若以 μ_1, μ_2, μ_3 分别记 1,2,3 号球出现的次数,试求:

(1) (μ_1, μ_2) 的联合概率分布;

(2) μ_1 的概率分布;

(3) $P\{\mu_2 = n_2 | \mu_1 = n_1\}$.

25. 若 ξ_1 与 ξ_2 是独立随机变量,且 $\xi_1 \sim B(n_1, p)$, $\xi_2 \sim B(n_2, p)$,试直接证明

(1) $\xi_1 + \xi_2 \sim B(n_1 + n_2, p)$;

(2) $P\{\xi_1 = k | \xi_1 + \xi_2 = n\} = \dfrac{\binom{n_1}{k}\binom{n_2}{n-k}}{\binom{n_1+n_2}{n}}$.

26. 若 ξ_1 与 ξ_2 是独立随机变量,均服从泊松分布,参数分别为 λ_1 及 λ_2,试直接证明:

(1) $\xi_1 + \xi_2$ 具有泊松分布,参数为 $\lambda_1 + \lambda_2$;

(2) $P\{\xi_1 = k | \xi_1 + \xi_2 = n\} = \binom{n}{k}\left(\dfrac{\lambda_1}{\lambda_1 + \lambda_2}\right)^k \left(\dfrac{\lambda_2}{\lambda_1 + \lambda_2}\right)^{n-k}$.

27. 设 ξ 的密度函数为 $p(x)$,求下列随机变量的分布密度函数:(1) $\eta = \xi^{-1}$;(2) $\eta = \text{tg}\,\xi$;(3) $\eta = |\xi|$.

28. 设 ξ 与 η 相互独立且服从同一几何分布,令 $\zeta = \max(\xi, \eta)$,试求 (1) (ζ, ξ) 的联合概率分布;(2) ζ 的概率分布;(3) ξ 关于 ζ 的条件概率分布.

29. 若 ξ, η 为相互独立的分别服从 $[0,1]$ 均匀分布的随机变量,试求 $\zeta = \xi + \eta$ 的分布密度函数.

30. 在 $(0, a)$ 线段上随机投掷两点,试求两点间距离的分布函数.

31. 若 ξ 与 η 相互独立,均服从参数为 $\dfrac{1}{\alpha}$ 的指数分布 $\text{Exp}\left(\dfrac{1}{\alpha}\right)$,试证 $\zeta = \xi - \eta$ 服从拉普拉斯分布:

$$p(x) = \dfrac{1}{2\alpha} e^{-\frac{|x|}{\alpha}}, \quad -\infty < x < \infty.$$

32. 若 ξ 与 η 相互独立,分别服从 $N(0,1)$,试证 $\psi = \dfrac{\xi}{\eta}$ 服从柯西分布.

33. 若 $\xi_1, \xi_2, \cdots, \xi_n$ 相互独立,且皆服从指数分布,参数分别为 $\lambda_1, \lambda_2, \cdots, \lambda_n$,试求 $\eta = \min(\xi_1, \xi_2, \cdots, \xi_n)$ 的分布.

34. 通称下列分布函数为**韦布尔分布**:
$$F(x) = \begin{cases} 1 - e^{-\lambda x^\alpha}, & x > 0 \\ 0, & x \leq 0 \end{cases}$$
这是韦布尔(Weibull)在研究金属材料的疲劳寿命中导出的,在可靠性研究中有广泛应用.

若 $\xi_1, \xi_2, \cdots, \xi_n$ 相互独立,相同分布,并以 ξ_1^* 记它们的最小值,(1) 当 $\xi_i \sim F(x)$ 时,试求 ξ_1^* 的分布函数. (2) 若 $\xi_1^* \sim F(x)$,试导出 ξ_i 的分布函数.

链条的寿命取决于最弱环节,试说明上述概率结论的实际含意.

*35. 若 (ξ, η) 服从二元正态分布,参数 $\mu_1, \mu_2, \sigma_1^2, \sigma_2^2, \rho$,以 $D(\lambda)$ 记下面椭圆的内部:
$$\frac{(x-\mu_1)^2}{\sigma_1^2} - \frac{2\rho(x-\mu_1)(y-\mu_2)}{\sigma_1 \sigma_2} + \frac{(y-\mu_2)^2}{\sigma_2^2} = \lambda^2$$
试求 $P\{(\xi, \eta) \in D(\lambda)\}$.

36. 若气体分子的速度是随机向量 $V = (X, Y, Z)$,各分量相互独立,且均服从 $N(0, \sigma^2)$,试证 $S = \sqrt{X^2 + Y^2 + Z^2}$ 服从**麦克斯韦分布律**
$$p(s) = \sqrt{\frac{2}{\pi}} \frac{s^2}{\sigma^3} \exp\left(-\frac{s^2}{2\sigma^2}\right), \quad s > 0$$

*37. 若 $\xi_1, \xi_2, \cdots, \xi_n$ 相互独立,均服从 $N(0,1)$,试用 (3.3.18) 式,化为 n 维极坐标,证明 $\eta = \xi_1^2 + \xi_2^2 + \cdots + \xi_n^2$ 服从 χ^2 分布.

38. 若 ξ 与 η 相互独立,且分别服从 $\Gamma(r_1, \lambda)$ 及 $\Gamma(r_2, \lambda)$,试求 $\alpha = \xi + \eta$ 与 $\beta = \dfrac{\xi}{\xi + \eta}$ 的联合密度函数 $q(u,v)$,并证明:(1) 随机变量 β 服从 β **分布**:
$$p(v) = \frac{\Gamma(r_1 + r_2)}{\Gamma(r_1)\Gamma(r_2)} v^{r_1 - 1} (1-v)^{r_2 - 1}, \qquad 0 < v < 1$$

(2) 随机变量 α 与 β 独立.

39. 若 ξ, η 独立,且均服从 $N(0,1)$,试求 $U = \xi^2 + \eta^2$ 与 $V = \dfrac{\xi}{\eta}$ 的密度函数,并证明它们是独立的.

40. 若 (ξ,η) 服从二元正态分布(3.2.22),试找出 $\xi+\eta$ 与 $\xi-\eta$ 相互独立的充要条件.

41. 对二元正态密度函数
$$p(x,y) = \frac{1}{2\pi}\exp\left\{-\frac{1}{2}(2x^2 + y^2 + 2xy - 22x - 14y + 65)\right\}$$
(1) 把它化为标准形式(3.2.22);(2) 指出 $\mu_1,\mu_2,\sigma_1,\sigma_2,\rho$;(3) 求 $p_1(x)$;(4) 求 $p(x|y)$.

42. 设 $\boldsymbol{\mu}=\boldsymbol{0},\boldsymbol{\Sigma}^{-1}=\begin{pmatrix}7&3&2\\3&4&1\\2&1&2\end{pmatrix}$,试写出分布密度(3.2.12)并求出 (ξ_1,ξ_2) 的边际密度函数.

**43. 设 ξ 与 η 是相互独立相同分布的随机变量,其密度函数不等于 0 且有二阶导数,试证若 $\xi+\eta$ 与 $\xi-\eta$ 相互独立,则随机变量 $\xi,\eta,\xi+\eta,\xi-\eta$ 均服从正态分布.

44. 把习题25 和习题26 的结果推广到 n 个随机变量的场合.

45. 设随机变量 ξ 与 η 相互独立,$\xi\sim B(n,p)$,而 η 服从 $(0,1)$ 上均匀分布,试求 $\xi+\eta$ 的分布函数和密度函数.

**46. 试求顺序统计量 ξ_k^* 与 ξ_l^* ($k<l$) 的联合密度函数.

47. 试利用概率的连续性重新证明一元分布函数的性质(ii)和性质(iii),并说明这种证法可推广到多元的场合.

*48. 利用随机变量分布解释贝特朗奇论.

*49. 若 f 是 Ω 上单值实函数,对 $B\subset \mathbf{R}^1$,记 $f^{-1}(B)=\{\omega\in\Omega:f(\omega)\in B\}$,试证逆映照 f^{-1} 具有如下性质:
(1) $f^{-1}(\bigcup_{\lambda\in\Lambda}B_\lambda) = \bigcup_{\lambda\in\Lambda}f^{-1}(B_\lambda)$;
(2) $f^{-1}(\bigcap_{\lambda\in\Lambda}B_\lambda) = \bigcap_{\lambda\in\Lambda}f^{-1}(B_\lambda)$;
(3) $f^{-1}(\overline{B}) = \overline{f^{-1}(B)}$.

**50. 证明:ξ 是一个随机变量当且仅当对任何 $x\in\mathbf{R}^1$,成立
$$\{\omega:\xi(\omega)<x\}\in\mathscr{F}$$
[提示:必要性是显然的,为证充分性,记 $\mathfrak{m}=\{A:A\subset\mathbf{R}^1,(\xi(\omega)\in A)\in\mathscr{F}\}$,验证 $\mathfrak{m}$ 是 σ 域,又 $\mathfrak{m}$ 包含全体形如 $(-\infty,x)$ 的区间,故 $\mathfrak{m}$ 包含 $\mathscr{B}_1$]

第四章 数字特征与特征函数

§1. 数学期望

一、平均值与加权平均值

有甲、乙两个射手,他们的射击技术用下表表出:

甲射手

击中环数	8	9	10
概　率	0.3	0.1	0.6

乙射手

击中环数	8	9	10
概　率	0.2	0.5	0.3

试问哪一个射手技术较好?

这个问题的答案不是一眼看得出的.这说明分布列虽然完整地描述了随机变量,但是却不够"集中"地反映出它的变化情况.因此我们有必要找出一些量来更集中、更概括地描述随机变量,这些量多是某种平均值.

求平均值是大家都很熟悉的一种运算.例如,某公司有 n 个职工,他们的工资分别为 $x_1, x_2, \cdots, x_n$,则这个公司的平均工资为

$$\bar{x} = \frac{x_1 + x_2 + \cdots + x_n}{n} \tag{4.1.1}$$

还有其他求平均值的方法.例如,一个小学生,他的考试成绩为:语文 95 分,算术 85 分,常识 60 分,若依上面方法计算,则他的平均成绩为 $\bar{x} = 80$.显然,这个数字不太能反映这个学生的真正成

绩,因为它没有考虑到这三个科目的相对重要性. 在这个年级中,每周语文有 10 节课,数学有 8 节,而常识只有 2 节. 在评价学生成绩时,这个因素不能不考虑,因此用下面方法来计算学生的平均成绩,似乎更合理些:

$$\bar{x}_w = \frac{95 \times 10 + 85 \times 8 + 60 \times 2}{10 + 8 + 2}$$

$$= 95 \times \frac{10}{20} + 85 \times \frac{8}{20} + 60 \times \frac{2}{20} = 87.5$$

这种平均称为加权平均. 其一般定义如下:给定权 $w_i \geq 0, i = 1, 2, \cdots, n$,满足 $\sum_{i=1}^{n} w_i = 1$,则

$$\bar{x}_w = \sum_{i=1}^{n} w_i x_i \qquad (4.1.2)$$

称为 $x_1, x_2, \cdots, x_n$ 关于权 $\{w_i, i = 1, 2, \cdots, n\}$ 的**加权平均值**.

显然,在某些情况下,加权平均更加合理. 由于"权"的大小直接影响最后结果,因此"权"的选择是加权平均中最重要的问题. 例如为测量泰山的高度可以安排几个测量队从不同的地点进行测量,由于各个测量队的技术水平不一,各地点的地理条件不同,因此最后的结果恐怕要采用某种加权平均值为好.

不言而喻,普通平均是加权平均的一种特例,这时所有的权相等.

平均值按其大小总在原始数据的当中,因此它反映了一组数据的中心趋势(central tendency).

在上面的问题中,若使两个射手各射 N 枪,则他们打中的环数大约是:

甲:$8 \times 0.3N + 9 \times 0.1N + 10 \times 0.6N = 9.3N$

乙:$8 \times 0.2N + 9 \times 0.5N + 10 \times 0.3N = 9.1N$

平均起来甲每枪射中 9.3 环,乙射中 9.1 环,所以甲射手的技术要好些.

因此,这里的计算公式为

$$m = 8 \times p_8 + 9 \times p_9 + 10 \times p_{10}$$

这是对击中环数的加权平均,其权正好取为相应的概率.

二、离散型场合

受上面的问题启发,对一般离散型随机变量,我们可引进如下定义.

定义 4.1.1 设 ξ 为一离散型随机变量,它取值 $x_1, x_2, x_3, \cdots$ 对应的概率为 $p_1, p_2, p_3, \cdots$ 如果级数

$$\sum_{i=1}^{\infty} x_i p_i \tag{4.1.3}$$

绝对收敛,则把它称为 ξ 的**数学期望**(mathematical expectation),简称**期望**、**期望值**或**均值**(mean),记作 $E\xi$.

当 $\sum_{i=1}^{\infty} |x_i| p_i$ 发散时,则说 ξ 的数学期望不存在.

定义中对级数要求绝对收敛是为了数学处理的方便. 从直观上来讲,它也是合理的:因为诸 x_i 的顺序对随机变量并不是本质的,因而在数学期望的定义中就应允许任意改变 x_i 的次序而不影响其收敛性及其和值,这在数学上就相当于要求级数(4.1.3)绝对收敛.

显然数学期望由概率分布唯一确定,以后我们也称它为某概率分布的数学期望.下面来计算一些重要的离散型分布的期望值.

[例1] 伯努利分布 事件 A 发生的概率为 p,若以 $\mathbf{1}_A$ 记其示性函数,即 A 发生时取值 1,否则取值 0,则

$$\begin{aligned} E\mathbf{1}_A &= 1 \times p + 0 \times (1-p) \\ &= p = P(A) \end{aligned} \tag{4.1.4}$$

因此概率 $P(A)$ 是随机变量 $\mathbf{1}_A$ 的数学期望. 从这个角度看,概率是数学期望的特例.

[例2] 二项分布 $p_k = \binom{n}{k} p^k q^{n-k}, \quad k = 0, 1, 2, \cdots, n$

$$\sum_{k=0}^{n} k p_k = \sum_{k=1}^{n} k \binom{n}{k} p^k q^{n-k}$$

$$= np \sum_{k=1}^{n} \binom{n-1}{k-1} p^{k-1} q^{n-k}$$

$$= np(p+q)^{n-1} = np \qquad (4.1.5)$$

抛一枚均匀硬币 100 次,您能期望得到多少次正面?——答案就是 np.

[例 3] 泊松分布 $p_k = \dfrac{\lambda^k}{k!} e^{-\lambda}$, $k = 0, 1, 2, \cdots$

$$\sum_{k=0}^{\infty} k p_k = \sum_{k=1}^{\infty} k \cdot \frac{\lambda^k}{k!} e^{-\lambda} = \lambda e^{-\lambda} \sum_{k=1}^{\infty} \frac{\lambda^{k-1}}{(k-1)!}$$

$$= \lambda e^{-\lambda} \cdot e^{\lambda} = \lambda \qquad (4.1.6)$$

由此看出,泊松分布的参数 λ 就是它的期望值.

[例 4] 几何分布 $p_k = q^{k-1} p$, $k = 1, 2, \cdots$

$$\sum_{k=1}^{\infty} k p_k = \sum_{k=1}^{\infty} k q^{k-1} p = p(1 + 2q + 3q^2 + \cdots)$$

$$= p(q + q^2 + q^3 + \cdots)' = p \left(\frac{q}{1-q} \right)'$$

$$= p \frac{1}{(1-q)^2} = \frac{1}{p} \qquad (4.1.7)$$

重复掷一粒骰子,平均掷多少次才能出现一次幺点?——假如您心中的答案是 6,那么这就是 $\dfrac{1}{p}$.

[例 5] 随机变量 ξ 取值 $x_k = (-1)^k \dfrac{2^k}{k}$, $k = 1, 2, \cdots$ 对应的概率为 $p_k = \dfrac{1}{2^k}$, 则由于 $p_k \geq 0$, $\sum_{k=1}^{\infty} p_k = 1$, 因此它是概率分布, 而且

$$\sum_{k=1}^{\infty} x_k p_k = \sum_{k=1}^{\infty} (-1)^k \frac{1}{k} = -\ln 2$$

但由于

$$\sum_{k=1}^{\infty} |x_k| p_k = \sum_{k=1}^{\infty} \frac{1}{k} = \infty$$

因此按定义 ξ 的数学期望不存在.

从上面例子看到,几种重要的离散型分布,其参数都可由数学期望算得,因此数学期望是一个重要的概念.

三、应用实例

从上面讨论中可以看出,数学期望刻画了随机变量取值的某种平均,有明显的直观含意. 在许多问题中,数学期望的概念甚至比概率和随机变量等概念更易被人理解和接受. 在概率论发展的早期,人们常用的概念和工具是数学期望. 下面的例子将有助读者对这个重要概念的深入理解.

[例6] (押宝)押宝是赌博的一种,它以种种形式在世界各地流行,吞夺大量财富,现举一例以揭穿其本质.

在我国南方流行一种称为"捉水鸡"的押宝,其规则如下:由庄家摸出一只棋子,放在密闭的盒中,这只棋子可以是红的或黑的将、士、象、车、马、炮之一. 赌客们把钱押在一块写有上述十二个字(六个红字、六个黑字)的台面的某个字上. 押定后,庄家揭开盒子露出那只棋子. 凡押中者(字和颜色都对)以 1 比 10 得到赏金,不中者其押金归庄家.

为对这种押宝的实质有个了解,最好考察一个赌徒当他押上 1 元赌注之后的期望所得. 显然其分布列为

ξ	0	11
P	$\frac{11}{12}$	$\frac{1}{12}$

(4.1.8)

因此其数学期望为 $\frac{11}{12}$.

由于支出(1元)和期望收入 $\left(\frac{11}{12}元\right)$ 不等,因此这是不公平的

赌博,它明显对庄家有利.数学期望的概念帮助我们认清了这个本质.

事实上,当一个赌徒走进一座赌场时,他面临的都是这种不公平的赌博,否则赌场的巨大开销和业主的高额利润从何而来呢?

普及概率知识有助于杜绝赌博现象.

[例7] (彩票)彩票的发行,数额巨大,其实质如何呢?请看一则实例:发行彩票100万张,每张5元.设头等奖5个,奖金31.5万元;二等奖95个,奖金各5 000元;三等奖900个,奖金各300元;四等奖9 000个,奖金各20元.

还是算算每张彩票的期望所得.这时分布列为

η	315 000	5 000	300	20	0
P	$\dfrac{5}{100万}$	$\dfrac{95}{100万}$	$\dfrac{900}{100万}$	$\dfrac{9\,000}{100万}$	*

(4.1.9)

其中一等奖的金额本来另行摇出,此地为简便计,用其均值;至于*,无需细算.

花5元买来的一张彩票,从摇奖中的期望所得为

$$E\eta = 315\,000 \times \frac{5}{100万} + 5\,000 \times \frac{95}{100万} + 300 \times \frac{900}{100万} + 20 \times \frac{9\,000}{100万}$$
$$= 2.5(元).$$

即大约能收回一半.因此这实质上也是一种于购买者不利的非公平博弈,所以历来博彩并称.显然不能把购买彩票当作一种投资渠道.

在我国,彩票的发行严格由民政部门管理,只有当收益主要用于公益事业时才允许,如福利彩票与体育彩票.

[例8] (投资之决策)投资总具有一定风险,因此在选择投资方向时,计算其期望收益常是可供考虑的决策方法之一.下面是一个大为简化的例子.

某人有10万元现金,想投资于某项目,预估成功的机会为

30%,可得利润 8 万元,失败的机会为 70%,将损失 2 万元.若存入银行,同期间的利率为 5%,问是否应作此项投资?

以 ζ 记投资利润,则其分布列为

ζ	8	-2
P	0.3	0.7

因此
$$E\zeta = 8 \times 0.3 - 2 \times 0.7 = 1(万元)$$
而存入银行的利息为 $10 \times 5\% = 0.5$(万元),因此从期望收益的角度看,似应选择投资,当然这时要看投资者是否愿意冒这样的风险.

投资总希望得到尽可能高的收益,又想尽量规避风险,问题是如何折衷其间.在引进风险的度量之后,我们将再次回到这个问题.

上述对赌博、彩票和投资的讨论集中于分析未来不确定性事件的金融后果,也彰显了数学期望概念的重要性,类似的还有保险.保险与赌博等不同,因为赌博创造一个本来没有的风险,而保险则管理一个本已存在且不可避免的风险.

[例9] (保险)为规避某种未来的不确定性事件(例如空难),人们不是自己创造一个分担群,而是找一个中介即保险公司,付保险金.保险公司创造满足某些要求的群体,使其整个索赔费用为合理而可预测的(主要依据是下章要讲的大数定律),并在这个过程中得到利润.下面我们讨论如何对保险费进行精算.在保险学中,收取保险费的原则是:被保险人交的"纯保险费"与他们所能得到的赔偿金的期望值相等.

因此,若出事的概率为 p,有 N 个人参加保险,则每人交的纯保险费 a 与出事赔偿金 b,应有下面关系:
$$Na = \sum_{k=0}^{N} \binom{N}{k} p^k (1-p)^{N-k} \cdot kb$$

即 $a=pb$,正如所预期的.

保险的种类繁多,但上述原则不变,因此保险费的计算离不开概率论.

[例10] (一种验血新技术)在一个人数很多的单位中普查某种疾病,N 个人去验血.对这些人的血的化验可以用两种办法进行.(1)每个人的血分别化验,这时需要化验 N 次;(2)把 k 个人的血混在一起进行化验.如果结果是阴性的,那么对这 k 个人只作一次检验就够了;如果结果是阳性的,那么必须对这 k 个人再逐个分别化验,这时对这 k 个人共需作 $k+1$ 次化验.假定对所有的人来说,化验是阳性反应的概率都是 p,而且这些人的反应是独立的.我们来说明在 p 相当小的场合,采用办法(2)能减少化验的次数.

若记 $q=1-p$,则 k 个人的混血呈阳性反应的概率为 $1-q^k$,用(2)的方法验血时,每个人的血需要化验的次数 ξ 是随机变量,其分布列为

ξ	$\frac{1}{k}$	$1+\frac{1}{k}$
P	q^k	$1-q^k$

因此

$$E\xi = \frac{1}{k} \cdot q^k + \left(1+\frac{1}{k}\right)(1-q^k) = 1 - q^k + \frac{1}{k}$$

N 个人需要的化验次数的期望值为 $N\left(1-q^k+\frac{1}{k}\right)$,当 $q^k-\frac{1}{k}>0$ 时,就能减少验血次数.例如当 $p=0.1$ 时,取 $k=4$,则 $q^k-\frac{1}{k}=0.4$.用(2)法平均能减少 40% 的工作量.显然 p 愈小,用这种方法愈有利.当 p 已知时,还可以选定整数 k_0,使 $E\xi$ 达到最小,把 k_0 个人分为一组就最能节省化验次数.

四、连续型场合

下面我们转入考虑连续型随机变量的数学期望. 设随机变量 ξ 有密度函数 $p(x)$, 取很密的分点 $x_0 < x_1 < x_2 < \cdots < x_n$, 则 ξ 落在 $[x_i, x_{i+1})$ 中的概率近似地等于 $p(x_i)(x_{i+1} - x_i)$, 因此 ξ 与以概率 $p(x_i)(x_{i+1} - x_i)$ 取值 x_i 的离散型随机变量近似, 而这离散型随机变量的数学期望为

$$\sum_i x_i p(x_i)(x_{i+1} - x_i)$$

上式是积分 $\int_{-\infty}^{\infty} x p(x) \mathrm{d}x$ 的渐近和式, 这个直观的考虑启发我们引进如下定义:

定义 4.1.2 设 ξ 为具有密度函数 $p(x)$ 的连续型随机变量, 当积分 $\int_{-\infty}^{\infty} x p(x) \mathrm{d}x$ 绝对收敛时, 我们称它为 ξ 的**数学期望**(或**均值**), 记作 $E\xi$, 即

$$E\xi = \int_{-\infty}^{\infty} x p(x) \mathrm{d}x \tag{4.1.10}$$

显然这里定义的数学期望也只与分布有关. 下面计算一些重要的连续型分布的数学期望.

[例 11] 正态分布 $N(\mu, \sigma^2)$.

$$\begin{aligned}
\int_{-\infty}^{\infty} x p(x) \mathrm{d}x &= \int_{-\infty}^{\infty} x \frac{1}{\sqrt{2\pi}\sigma} e^{-(x-\mu)^2/(2\sigma^2)} \mathrm{d}x \\
&= \frac{1}{\sqrt{2\pi}} \int_{-\infty}^{\infty} (\sigma z + \mu) e^{-z^2/2} \mathrm{d}z \\
&= \frac{\mu}{\sqrt{2\pi}} \int_{-\infty}^{\infty} e^{-z^2/2} \mathrm{d}z = \mu
\end{aligned} \tag{4.1.11}$$

可见 $N(\mu, \sigma^2)$ 中的参数 μ 正是它的数学期望.

[例 12] 指数分布 $p(x) = \lambda e^{-\lambda x}, \quad x \geq 0$.

$$\int_0^{\infty} x \lambda e^{-\lambda x} \mathrm{d}x = -\int_0^{\infty} x \mathrm{d}e^{-\lambda x} = \int_0^{\infty} e^{-\lambda x} \mathrm{d}x = \frac{1}{\lambda} \tag{4.1.12}$$

[例13] 柯西分布 $p(x) = \dfrac{1}{\pi} \cdot \dfrac{1}{1+x^2}$.

由于
$$\int_{-\infty}^{\infty} |x| \cdot \frac{1}{\pi(1+x^2)} dx = \infty$$

因此柯西分布的数学期望不存在.

五、一般场合

我们已经对离散型随机变量及连续型随机变量分别定义了数学期望,现在自然希望找到一种能适合一切随机变量的数学期望定义,并把上述两种情况作为特例. 为了做到这点,需要利用斯蒂尔切斯(Stieltjes)积分[①].

若随机变量 ξ 的分布函数为 $F(x)$,类似于连续型随机变量的场合,作很密的分割 $x_0 < x_1 < x_2 < \cdots < x_n$,则 ξ 落在 $[x_i, x_{i+1})$ 中的概率等于 $F(x_{i+1}) - F(x_i)$,因此 ξ 与以概率 $F(x_{i+1}) - F(x_i)$ 取值 x_i 的离散型随机变量近似,而后者的数学期望为

$$\sum_i x_i [F(x_{i+1}) - F(x_i)]$$

注意到上式是斯蒂尔切斯积分 $\int_{-\infty}^{\infty} x dF(x)$ 的渐近和式,这启发我们引进如下定义:

定义 4.1.3 若 ξ 的分布函数为 $F(x)$,则定义

$$E\xi = \int_{-\infty}^{\infty} x dF(x) \qquad (4.1.13)$$

为 ξ 的**数学期望**(或**均值**). 这里我们还是要求上述积分绝对收敛,否则数学期望不存在.

关于斯蒂尔切斯积分

---

① 如果读者不熟悉斯蒂尔切斯积分而又希望对它有所了解,可参看复旦大学数学系,实变函数论与泛函分析概要(第二版),上海科技出版社,1963,第四章.
不过,为读懂本书其余部分,只要承认后面所述的少数事实就可以了.

$$I = \int_{-\infty}^{\infty} g(x) \mathrm{d}F(x) \qquad (4.1.14)$$

我们仅列举它的如下性质:

(i) 当 $F(x)$ 为跳跃函数,在 $x_i(i=1,2,\cdots)$ 具有跃度 p_i 时,上面积分化为无穷级数

$$I = \sum_i g(x_i) p_i$$

(ii) 当 $F(x)$ 存在导数 $F'(x) = p(x)$ 时,积分(4.1.14)化为普通积分

$$I = \int_{-\infty}^{\infty} g(x) p(x) \mathrm{d}x$$

(iii) 线性性质

$$\int_{-\infty}^{\infty} [a g_1(x) + b g_2(x)] \mathrm{d}F(x)$$
$$= a\int_{-\infty}^{\infty} g_1(x) \mathrm{d}F(x) + b\int_{-\infty}^{\infty} g_2(x) \mathrm{d}F(x)$$

(iv)

$$\int_{-\infty}^{\infty} g(x) \mathrm{d}[a F_1(x) + b F_2(x)]$$
$$= a\int_{-\infty}^{\infty} g(x) \mathrm{d}F_1(x) + b\int_{-\infty}^{\infty} g(x) \mathrm{d}F_2(x)$$

(v) $\quad \int_a^b g(x) \mathrm{d}F(x) = \int_a^c g(x) \mathrm{d}F(x) + \int_c^b g(x) \mathrm{d}F(x)$
$$(a \leqslant c \leqslant b)$$

(vi) 若 $g(x) \geqslant 0, F(x)$ 单调不减,$b > a$,则

$$\int_a^b g(x) \mathrm{d}F(x) \geqslant 0$$

从头两个性质,我们知道定义式(4.1.13)的确能包含(4.1.3)及(4.1.10)作为特例。

六、随机变量函数的数学期望

下面讨论随机变量的函数 $\eta = g(\xi)$ 的数学期望的定义,这里

ξ 是分布函数为 $F_\xi(x)$ 的随机变量,而 $g(x)$ 是一元博雷尔函数,从上章§3的讨论已知 η 是随机变量.通过类似于引进(4.1.13)的推理,似应定义 $g(\xi)$ 的数学期望为

$$\sum_i g(x_i)[F_\xi(x_{i+1}) - F_\xi(x_i)]$$

的极限,即

$$Eg(\xi) = \int_{-\infty}^{\infty} g(x)\mathrm{d}F_\xi(x) \quad (4.1.15)$$

这里当然还是要求这个积分绝对收敛.

但是,另一方面,因为 η 是随机变量,也有分布函数,记之为 $F_\eta(x)$,则按一般随机变量数学期望的定义式(4.1.13)又应有

$$E\eta = \int_{-\infty}^{\infty} y\mathrm{d}F_\eta(y) \quad (4.1.16)$$

因此,这两个积分应该相等.事实上,这两个积分的确相等,我们把这个事实写成定理的形式.

定理 4.1.1 若 $g(x)$ 是一元博雷尔函数,而 $\eta = g(\xi)$,则

$$\int_{-\infty}^{\infty} y\mathrm{d}F_\eta(y) = \int_{-\infty}^{\infty} g(x)\mathrm{d}F_\xi(x) \quad (4.1.17)$$

即这两个积分中,若有一个存在,则另一个也存在,而且两者相等.

这个定理的证明要用到测度论,超出了本课程范围.我们只能列出结论,并指出它的重要性:一方面,它消除了随机变量的数学期望定义中所出现的表面矛盾;另一方面在计算随机变量函数的数学期望时也可以带来很大的方便,我们无须先计算 η 的分布函数 $F_\eta(y)$(回忆上章§3的繁复计算)再求其数学期望,而可以直接从 ξ 的分布函数 $F_\xi(x)$ 出发利用(4.1.15)来计算.

历史上,先是统计学家从直观出发广泛使用(4.1.15)式,尔后才由概率论专家从数学上给予严格证明,首创者已难追寻,姑且名为**佚名统计学家公式**.

佚名统计学家公式(4.1.15)有十分明显的直观解释,在离散型场合,它化为

$$Eg(\xi) = \sum_{i=1}^{\infty} g(x_i)p(x_i) \qquad (4.1.18)$$

这从 $g(\xi)$ 的分布列(3.3.5)立刻就能得到.

我们以一个浅显的例子来说明它的含意.

某零售商店出售某种小商品,每销售一件可赚 1.5 元,关心的是它的利润 η. 由于利润与销售量 ξ 成正比,因此要知道销售量. 比较合理的做法是假定 ξ 为随机变量,服从一定分布. 为简单起见,假定每天卖出 0,1,2,3 件的概率分别为 0.4,0.3,0.2,0.1. 这时希望计算平均利润 $E\eta$.

第一种计算方法是把 η 看作随机变量,求出其概率分布,再按一般数学期望公式计算. 这时 η 的分布列为

η	0	1.5	3	4.5
P	0.4	0.3	0.2	0.1

因此
$$E\eta = 0 \times 0.4 + 1.5 \times 0.3 + 3 \times 0.2 + 4.5 \times 0.1$$
$$= 1.5(元)$$

这种算法就是按公式(4.1.16)的思路进行的.

另一种算法把 η 看作 ξ 的函数 $\eta = 1.5\xi$,由于 ξ 的分布列早就知道为

ξ	0	1	2	3
P	0.4	0.3	0.2	0.1

因此按(4.1.18)式(也即按(4.1.15)式)
$$E\eta = E(1.5\xi) = 1.5 \times 0 \times 0.4 + 1.5 \times 1 \times 0.3 + 1.5 \times 2$$
$$\times 0.2 + 1.5 \times 3 \times 0.1$$
$$= 1.5(元)$$

正如预期的,两个答案相同,这也为定理 4.1.1 提供了例证.

下面的例子更接近于实际,不过其方法实质是一样的.

[例14] (报童问题)设某报童每日的潜在卖报数 ζ 服从参数为 λ 的泊松分布. 如果每卖出一份报可得报酬 a, 卖不掉而退回则每份赔偿 b. 若某日该报童批进 n 份报, 试求其期望所得. 进一步, 还要求最佳的批进份数 n.

[解] 若记其真正卖报数为 ξ, 则 ξ 与 ζ 的关系如下:

$$\xi = \begin{cases} \zeta, & \zeta < n \\ n, & \zeta \geq n \end{cases}$$

这里的 ξ 服从截尾泊松分布, 即

$$P\{\xi = k\} = \begin{cases} \dfrac{\lambda^k}{k!} e^{-\lambda}, & k < n \\ \sum\limits_{i=n}^{\infty} \dfrac{\lambda^i}{i!} e^{-\lambda}, & k = n \end{cases}$$

记所得为 η, 则 η 与 ξ 的关系如下:

$$\eta = g(\xi) = \begin{cases} an, & \xi = n \\ a\xi - b(n - \xi), & \xi < n \end{cases}$$

因此由(4.1.18),期望所得为

$$M(n) = Eg(\xi) = \sum_{k=0}^{n-1} \frac{\lambda^k}{k!} e^{-\lambda} [ka - (n-k)b] + \left(\sum_{k=n}^{\infty} \frac{\lambda^k}{k!} e^{-\lambda} \right) na$$

$$= (a+b)\lambda \sum_{k=0}^{n-2} \frac{\lambda^k}{k!} e^{-\lambda} - n(a+b) \sum_{k=0}^{n-1} \frac{\lambda^k}{k!} e^{-\lambda} + na$$

这个问题的最终解决是当 a, b, λ 给定后, 求 n 使 $M(n)$ 达到极大, 这是一个典型的最优化问题, 也是报童问题的正确解.

由(3.1.44)推知, 计算泊松分布的部分和可用下列公式:

$$\sum_{k=r}^{\infty} \frac{\lambda^k}{k!} e^{-\lambda} = \int_0^1 \frac{\lambda^r}{\Gamma(r)} x^{r-1} e^{-\lambda x} dx = \frac{1}{\Gamma(r)} \int_0^{\lambda} y^{r-1} e^{-y} dy$$

(4.1.19)

右端的数值可在数学表中查到. 公式(4.1.19)是埃尔朗分布的一个应用, 也可用分析方法直接证明.

佚名统计学家公式更有用的场合是当 ξ 具有密度函数 $p(x)$

时,这时它化为

$$E\eta = Eg(\xi) = \int_{-\infty}^{\infty} g(x)p(x)\mathrm{d}x \qquad (4.1.20)$$

这个公式经常用到. 下面是一个例子, 这个例子也顺带说明可以利用随机变量的期望值来作出某种最优决策.

〔例 15〕 (最优存货量)市场上对某种商品的需求量是随机变量 ξ(单位:吨),它服从[2 000, 4 000]上均匀分布,设每售出这种商品 1 吨,可挣得 3 万元,但假如销售不出而屯积于仓库,则每吨需浪费保养费 1 万元,问题是要确定应组织多少货源,才能使收益最大?

〔解〕 若以 y 记预备的此种商品量(显然可以只考虑 2 000 $\leqslant y \leqslant$ 4 000 的情况),则收益(单位:万元)

$$\eta = H(\xi) = \begin{cases} 3y, & \text{当 } \xi \geqslant y \text{ 时} \\ 3\xi - (y - \xi), & \text{当 } \xi < y \text{ 时} \end{cases}$$

为了求得 $E\eta$,利用公式(4.1.20),

$$\begin{aligned}
E\eta &= \int_{-\infty}^{\infty} H(x)p(x)\mathrm{d}x = \frac{1}{2\,000}\int_{2\,000}^{4\,000} H(x)\mathrm{d}x \\
&= \frac{1}{2\,000}\int_{2\,000}^{y}(4x - y)\mathrm{d}x + \frac{1}{2\,000}\int_{y}^{4\,000} 3y\mathrm{d}x \\
&= \frac{1}{1\,000}(-y^2 + 7\,000y - 4\times 10^6)
\end{aligned}$$

此式当 $y = 3\,500$ 时达到最大,因此组织 3 500 吨此种商品是最好的决策.

七、多维场合

可以把佚名统计学家公式推广到随机向量的场合,若 $(\xi_1, \cdots, \xi_n)$ 的分布函数为 $F(x_1, \cdots, x_n)$,而 $g(x_1, \cdots, x_n)$ 为 n 元博雷尔函数,则

$$Eg(\xi_1, \cdots, \xi_n) = \int_{-\infty}^{\infty}\cdots\int_{-\infty}^{\infty} g(x_1, \cdots, x_n)\mathrm{d}F(x_1, \cdots, x_n)$$

特别地,
$$E\xi_1 = \int_{-\infty}^{\infty}\cdots\int_{-\infty}^{\infty} x_1 dF(x_1,\cdots,x_n) = \int_{-\infty}^{\infty} x_1 dF_1(x_1)$$
其中 $F_1(x_1)$ 是 ξ_1 的分布函数. 一般地,引进如下定义

定义 4.1.4 随机向量 $(\xi_1,\xi_2,\cdots,\xi_n)$ 的**数学期望**为 $(E\xi_1, E\xi_2,\cdots,E\xi_n)$,其中
$$E\xi_i = \int_{-\infty}^{\infty}\cdots\int_{-\infty}^{\infty} x_i dF(x_1,\cdots,x_n) = \int_{-\infty}^{\infty} x_i dF_i(x_i)$$
这里 $F_i(x_i)$ 是 ξ_i 的分布函数 $(i=1,2,\cdots,n)$.

因此二元正态分布(3.2.22)中的参数 (μ_1,μ_2) 正是相应的随机向量的数学期望.

一维或多维的佚名统计学家公式在以下的理论推导与数值计算中都起重要作用,它是概率论中常用公式之一.

八、数学期望的基本性质

性质 1 若 $a \leq \xi \leq b$,则 $a \leq E\xi \leq b$. 特别地 $Ec = c$,这里 a,b,c 是常数.

性质 2 线性性质:对任意常数 $c_i, i=1,\cdots,n$ 及 b,有
$$E(\sum_{i=1}^{n} c_i\xi_i + b) = \sum_{i=1}^{n} c_i E\xi_i + b$$
利用佚名统计学家公式,这两个性质的证明是明显的. 性质 2 对数学期望的计算很有用处.

[例 16] 求超几何分布
$$p_m = \frac{\binom{M}{m}\binom{N-M}{n-m}}{\binom{N}{n}}, \quad m = 0,1,\cdots,n$$
的数学期望.

当然可以用 $\sum_{k=0}^{n} kp_k$ 直接求出,但也可用下面方法来计算.

设想一个相应的不放回抽样,令
$$\xi_i = \begin{cases} 1, & \text{第 } i \text{ 次抽得次品} \\ 0, & \text{第 } i \text{ 次抽得好品} \end{cases}$$
则 $P\{\xi_i = 1\} = \dfrac{M}{N}$,因此 $E\xi_i = \dfrac{M}{N}$,而 $\xi = \xi_1 + \cdots + \xi_n$ 表示 n 次不放回抽样中抽出的次品数,它服从上述超几何分布,利用性质 2 得到
$$E\xi = E\xi_1 + \cdots + E\xi_n = \dfrac{nM}{N}$$

§2. 方差,相关系数,矩

一、方差

数学期望是随机变量的一个重要数字特征,它表示了随机变量取值的平均水平,从一个角度描述了随机变量. 但是从下面例子马上可以看出,单用数学期望描述随机变量通常是不够的.

再考察两个射手,他们的射击技术用下表表出:

丙射手

击中环数	8	9	10
概 率	0.1	0.8	0.1

丁射手

击中环数	8	9	10
概 率	0.3	0.4	0.3

显然,他们每射一枪的期望值都是 9 环. 不过,他们之间的技术差异是明显的,有必要进一步刻画.

细察之下发现,丙射手的射击大部分集中在均值 9 环,而丁射手则散布度比较大.

一般地,当我们考察一组观察值 $x_1, x_2, \cdots, x_n$ 时,其平均值 $\bar{x} = \dfrac{1}{n}\sum_{i=1}^{n} x_i$ 给予我们一个关于这组数据中心的表征. 接下来我们注意的便是这组数据对于平均值的偏离,也就是 $x_1 - \bar{x}, x_2 - \bar{x}, \cdots, x_n - \bar{x}$.

当然我们也想用一个数字来刻画这种偏离。首先想到的可能是把这些偏离值求和，但是马上发现这是没有意义的，因为 $\sum_{i=1}^{n}(x_i - \bar{x}) \equiv 0$，这是平均值的性质之一，它来自正负偏离相互抵消。这时可供选择的指标有两个，一个便是平均绝对偏差

$$AD = \frac{1}{n}\sum_{i=1}^{n}|x_i - \bar{x}|$$

可惜，这个量从数学上不太容易处理，因此最后还是让位于另一个指标——方差

$$\sigma^2 = \frac{1}{n}\sum_{i=1}^{n}(x_i - \bar{x})^2$$

上述讨论容易过渡到带有"权"的场合，进而到离散型随机变量的场合，即对于数学期望的偏离的平方的加权平均

$$\sum_{i=1}^{n}(x_i - E\xi)^2 p_i$$

这些直观讨论启发我们引进如下定义：

定义 4.2.1 若 $E(\xi - E\xi)^2$ 存在，则称它为随机变量 ξ 的**方差**(variance)，并记为 $D\xi$，而 $\sqrt{D\xi}$ 称为**根方差**、**均方差**或更多地称为**标准差**(standard deviation)。

方差，以及它的正平方根——标准差，描述了随机变量对于其数学期望的偏离程度(dispersion)，在概率论和数理统计中十分有用。在数字特征里，方差的重要性仅次于数学期望即均值。在许多场合，均值与方差连用就构成了相当精致的模型，这甚至有了专业名词——均值 - 方差理论。

标准差与它描述的随机变量有相同的量纲，有时更便于应用；但方差有较好的数学性质，因此更为常用。不过由于它们的转换很方便，通常都视不同情况择便使用。

在应用中，方差扮演的角色则因学科与题材而异。最成功的是在测量与预测问题中，方差作为误差起关键作用。本节开头讨论的

丙、丁两射手,丁射手的方差大,即技术不够"稳定";而丙射手方差小,较"稳定",大体也属于这种类型.

在物理学与电信理论中,方差常与能量相联系.

当代金融学中,以均值表示收益,方差表示风险,所建立起的均值-方差模型,已成为该学科的奠基石,并应用于金融市场的每个角落.

利用数学期望的线性性质,
$$D\xi = E(\xi - E\xi)^2 = E[\xi^2 - 2\xi \cdot E\xi + (E\xi)^2]$$
$$= E\xi^2 - 2E\xi \cdot E\xi + (E\xi)^2 = E\xi^2 - (E\xi)^2 \quad (4.2.1)$$
在计算中,方差的这个公式甚至比定义式更常用.

当然方差也由概率分布完全确定.下面计算一些重要分布的方差,为书写方便,一律假定相应的随机变量为 ξ.

[例1] 伯努利分布
$$E\xi^2 = 1^2 \cdot p + 0^2 \cdot (1-p) = p$$
$$D\xi = E\xi^2 - (E\xi)^2 = p - p^2 = pq \quad (4.2.2)$$

$p = q = \dfrac{1}{2}$ 时方差最大——投币最难预测,预测阴晴则较易.

[例2] 二项分布 $B(n,p)$
$$E\xi^2 = \sum_{k=0}^{n} k^2 \binom{n}{k} p^k q^{n-k} = npq + n^2 p^2$$
$$D\xi = E\xi^2 - (E\xi)^2 = npq + n^2 p^2 - n^2 p^2 = npq \quad (4.2.3)$$

[例3] 泊松分布 $P(\lambda)$
$$E\xi^2 = \sum_{k=0}^{\infty} k^2 p_k = \sum_{k=1}^{\infty} k^2 \cdot \frac{\lambda^k}{k!} e^{-\lambda} = \sum_{k=1}^{\infty} k \frac{\lambda^k}{(k-1)!} e^{-\lambda}$$
$$= \lambda \sum_{k=0}^{\infty} (k+1) \frac{\lambda^k}{k!} e^{-\lambda} = \lambda^2 + \lambda$$
$$D\xi = E\xi^2 - (E\xi)^2 = \lambda^2 + \lambda - \lambda^2 = \lambda \quad (4.2.4)$$
泊松分布的均值与方差都是 λ.

[例4] 均匀分布 $U[a,b]$

$$E\xi = \int_a^b x \frac{1}{b-a} dx = \frac{b+a}{2} \qquad (4.2.5)$$

$$E\xi^2 = \int_a^b x^2 \frac{1}{b-a} dx = \frac{b^2+ab+a^2}{3}$$

$$D\xi = E\xi^2 - (E\xi)^2 = \frac{b^2+ab+a^2}{3} - \left(\frac{b+a}{2}\right)^2 = \frac{(b-a)^2}{12} \qquad (4.2.6)$$

[例5] 正态分布 $N(\mu, \sigma^2)$

$$\begin{aligned}
D\xi &= \int_{-\infty}^{\infty} (x-\mu)^2 \frac{1}{\sqrt{2\pi}\sigma} e^{-(x-\mu)^2/(2\sigma^2)} dx \\
&= \frac{\sigma^2}{\sqrt{2\pi}} \int_{-\infty}^{\infty} z^2 e^{-z^2/2} dz \\
&= \frac{\sigma^2}{\sqrt{2\pi}} \left[(-z e^{-z^2/2}) \Big|_{-\infty}^{\infty} + \int_{-\infty}^{\infty} e^{-z^2/2} dz \right] \\
&= \frac{\sigma^2}{\sqrt{2\pi}} \sqrt{2\pi} = \sigma^2 \qquad (4.2.7)
\end{aligned}$$

这样,我们阐明了正态分布中第二个参数 σ 的概率意义,它就是标准差;而正态分布也由它的数学期望及标准差唯一确定.

下面讨论方差的性质.

性质1 常数的方差为 0.

性质2 $D(\xi+c) = D\xi$,这里 c 是常数.

性质3 $D(c\xi) = c^2 D\xi$,这里 c 是常数.

对于随机变量 ξ,若它的数学期望 $E\xi$ 及方差 $D\xi$ 都存在,而且 $D\xi > 0$,有时要考虑**标准化**了的随机变量

$$\xi^* = \frac{\xi - E\xi}{\sqrt{D\xi}}$$

显然 $E\xi^* = 0, D\xi^* = 1$,这正是称 ξ^* 为标准化随机变量的理由.

性质4 若 $c \neq E\xi$,则 $D\xi < E(\xi-c)^2$ $\qquad (4.2.8)$

[证明] 因为

$$D\xi = E(\xi - E\xi)^2 = E(\xi - c)^2 - (c - E\xi)^2 \qquad (4.2.9)$$

这个性质表明数学期望具有一个重要的极值性质:在 $E(\xi-c)^2$ 中,当 $c=E\xi$ 时达到极小;这也说明在 $D\xi$ 的定义中取 $c=E\xi$ 的合理性.

二、切比雪夫不等式

概率论中有许多不等式,下面的切比雪夫(Чебышев,1821—1894)不等式是其中最基本和最重要的一个.

切比雪夫不等式 对于任何具有有限方差的随机变量 ξ,都有

$$P\{|\xi-E\xi|\geq\varepsilon\}\leq\frac{D\xi}{\varepsilon^2} \qquad (4.2.10)$$

其中 ε 是任一正数.

[证明] 若 $F(x)$ 是 ξ 的分布函数,则显然有

$$\begin{aligned}D\xi &= \int_{-\infty}^{\infty}(x-E\xi)^2\mathrm{d}F(x)\\ &\geq \int_{|x-E\xi|\geq\varepsilon}(x-E\xi)^2\mathrm{d}F(x) \geq \int_{|x-E\xi|\geq\varepsilon}\varepsilon^2\mathrm{d}F(x)\\ &= \varepsilon^2 P\{|\xi-E\xi|\geq\varepsilon\} \end{aligned} \qquad (4.2.11)$$

这就证得了不等式(4.2.10). 有时把(4.2.10)改写成

$$P\{|\xi-E\xi|<\varepsilon\}\geq 1-\frac{D\xi}{\varepsilon^2} \qquad (4.2.12)$$

或

$$P\left\{\left|\frac{\xi-E\xi}{\sqrt{D\xi}}\right|\geq\delta\right\}\leq\frac{1}{\delta^2} \qquad (4.2.13)$$

切比雪夫不等式利用随机变量 ξ 的数学期望 $E\xi$ 及方差 $D\xi=\sigma^2$ 对 ξ 的概率分布进行估计. 例如(4.2.13)断言不管 ξ 的分布是什么, ξ 落在 $(E\xi-\sigma\delta, E\xi+\sigma\delta)$ 中的概率均不小于 $1-\dfrac{1}{\delta^2}$. 因为切比雪夫不等式只利用数学期望及方差就描述了随机变量的重要情况,因此它在理论研究及实际应用中都很有价值.

从切比雪夫不等式还可以看出,当方差愈小时,事件 $\{|\xi - E\xi| \geq \varepsilon\}$ 的概率也愈小,从这里可以看出方差是描述随机变量与其期望值偏离程度的一个量,这与我们以前的理解完全一致.

上面已经指出,常数的方差为 0,事实上方差为 0 的随机变量必为常数.利用切比雪夫不等式可对此作出严格证明.假定 $D\xi = 0$,注意到

$$\{\xi \neq E\xi\} \subset \bigcup_{n=1}^{\infty} \left\{ |\xi - E\xi| \geq \frac{1}{n} \right\}$$

于是

$$P\{\xi \neq E\xi\} \leq \sum_{n=1}^{\infty} P\left\{ |\xi - E\xi| \geq \frac{1}{n} \right\}$$

$$\leq \sum_{n=1}^{\infty} n^2 D\xi = 0$$

从而

$$P\{\xi = E\xi\} = 1$$

即 ξ 为常数.

三、相关系数

对于随机向量 $\xi = (\xi_1, \xi_2, \cdots, \xi_n)$,定义它的**方差**为 $(D\xi_1, D\xi_2, \cdots, D\xi_n)$.

方差反映了随机向量各个分量对于各自的数学期望的偏离程度,它对于了解随机向量的分布有一定帮助.但对于随机向量,我们除了关心它的每个分量的情况外,还希望知道各个分量之间的联系,这光靠数学期望与方差是办不到的.下面引进的量则能起这个作用.

让我们从计算 $\xi \pm \eta$ 的方差开始:
$$D(\xi \pm \eta) = E[(\xi \pm \eta) - (E\xi \pm E\eta)]^2$$
$$= E(\xi - E\xi)^2 + E(\eta - E\eta)^2 \pm 2E[(\xi - E\xi)(\eta - E\eta)]$$
$$= D\xi + D\eta \pm 2E[(\xi - E\xi)(\eta - E\eta)]$$

可见,即使为了计算 $\xi \pm \eta$ 的方差,也还是回避不了刻画 ξ 与 η 联系的 $E[(\xi-E\xi)(\eta-E\eta)]$,这个考察启发我们引入如下定义.

定义 4.2.2 称
$$\sigma_{ij} = \mathrm{cov}(\xi_i, \xi_j) = E[(\xi_i - E\xi_i)(\xi_j - E\xi_j)]$$
$$i, j = 1, 2, \cdots, n \tag{4.2.14}$$
为 ξ_i 与 ξ_j 的**协方差**(covariance).

不难验算
$$\mathrm{cov}(\xi_i, \xi_j) = E\xi_i\xi_j - E\xi_i \cdot E\xi_j \tag{4.2.15}$$
$$D\left(\sum_{i=1}^n \xi_i\right) = \sum_{i=1}^n D\xi_i + 2\sum_{1 \leq i < j \leq n} \mathrm{cov}(\xi_i, \xi_j) \tag{4.2.16}$$

特别地
$$D(\xi_i \pm \xi_j) = D\xi_i + D\xi_j \pm 2\mathrm{cov}(\xi_i, \xi_j) \tag{4.2.17}$$

方差是协方差的特例,显然 $\sigma_{ii} = D\xi_i$. 矩阵
$$\boldsymbol{\Sigma} = \begin{pmatrix} \sigma_{11} & \sigma_{12} & \cdots & \sigma_{1n} \\ \sigma_{21} & \sigma_{22} & \cdots & \sigma_{2n} \\ \vdots & \vdots & & \vdots \\ \sigma_{n1} & \sigma_{n2} & \cdots & \sigma_{nn} \end{pmatrix} \tag{4.2.18}$$

称为 ξ 的**协方差矩阵**,简记作 $D\xi$,显然这是一个对称矩阵.

此外,对任何实数 $t_j(j = 1, 2, \cdots, n)$ 有
$$\sum_{j,k} \sigma_{jk} t_j t_k = E\left[\sum_{j=1}^n t_j(\xi_j - E\xi_j)\right]^2 \geq 0$$

因此 $\boldsymbol{\Sigma}$ 是一个**非负定矩阵**,所以若以 $\det \boldsymbol{\Sigma}$ 记 $\boldsymbol{\Sigma}$ 的行列式,则有
$$\det \boldsymbol{\Sigma} \geq 0$$

更常用的是如下"标准化"了的协方差.

定义 4.2.3 称
$$\rho_{ij} = \frac{\mathrm{cov}(\xi_i, \xi_j)}{\sqrt{D\xi_i}\sqrt{D\xi_j}} \tag{4.2.19}$$

为 ξ_i 与 ξ_j 的**相关系数**(correlation coefficient),这里当然要求 $D\xi_i$ 与 $D\xi_j$ 不为零.

补充定义常数与任何随机变量的相关系数为 0.

相关系数为正时,称两随机变量**正相关**,为负时则称**负相关**.

相关系数也就是标准化的随机变量 $\dfrac{\xi_i - E\xi_i}{\sqrt{D\xi_i}}$ 与 $\dfrac{\xi_j - E\xi_j}{\sqrt{D\xi_j}}$ 的协方差. 当然,协方差和相关系数都由概率分布确定.

可以说相关系数是规格化了的协方差,其优点是排除了随机变量的量纲的影响,这样定义的相关系数在线性变换下保持不变. 准确地说,若 $ac > 0$,则 $a\xi + b$ 与 $c\eta + d$ 的相关系数仍为 $\rho_{\xi\eta}$.

事实上,不难验算
$$\mathrm{cov}(a\xi + b, c\eta + d) = ac\,\mathrm{cov}(\xi, \eta)$$
因此当 $ac > 0$ 时,
$$\rho_{a\xi+b,c\eta+d} = \frac{ac\,\mathrm{cov}(\xi,\eta)}{|ac|\sqrt{D\xi}\sqrt{D\eta}} = \rho_{\xi\eta}$$
当 $ac < 0$ 时,$\rho_{a\xi+b,c\eta+d} = -\rho_{\xi\eta}$,但总有 $\rho_{a\xi+b,c\eta+d}^2 = \rho_{\xi\eta}^2$.

[例6] 多项分布(3.2.6)的相关系数.

显然,$\xi_i \sim B(n, p_i)$,$i = 1, 2, \cdots, r$. 因此
$$E\xi_i = np_i, \quad D\xi_i = np_i(1 - p_i)$$
为求协方差或相关系数,可用下面技巧:注意到
$$\xi_i + \xi_j \sim B(n, p_i + p_j)$$
因此
$$E(\xi_i + \xi_j) = n(p_i + p_j), \quad D(\xi_i + \xi_j) = n(p_i + p_j)(1 - p_i - p_j)$$
由于
$$\begin{aligned}D(\xi_i + \xi_j) &= D\xi_i + D\xi_j + 2\mathrm{cov}(\xi_i, \xi_j)\\&= np_i(1 - p_i) + np_j(1 - p_j) + 2\mathrm{cov}(\xi_i, \xi_j)\end{aligned}$$
可以得到
$$\mathrm{cov}(\xi_i, \xi_j) = -np_i p_j \tag{4.2.20}$$
相关系数为
$$\rho_{ij} = \frac{-p_i p_j}{\sqrt{p_i p_j (1 - p_i)(1 - p_j)}}$$

$$= -\sqrt{\frac{p_i p_j}{(1-p_i)(1-p_j)}}$$

现在讨论相关系数的性质. 因为相关系数只与两个随机变量有关, 下面的讨论将假定这两个随机变量是 ξ 与 η, 它们的相关系数记为 ρ.

先证明一条常用的定理.

定理 4.2.1(柯西 – 施瓦茨(Cauchy – Schwarz)**不等式**) 对任意随机变量 ξ 与 η 都有

$$|E\xi\eta|^2 \leq E\xi^2 \cdot E\eta^2 \quad (4.2.21)$$

等式成立当且仅当

$$P\{\eta = t_0 \xi\} = 1 \quad (4.2.22)$$

这里 t_0 是某一个常数.

[证明] 对任意实数 t, 定义 $u(t) = E(t\xi - \eta)^2 = t^2 E\xi^2 - 2tE\xi\eta + E\eta^2$, 显然对一切 $t, u(t) \geq 0$, 因此二次方程 $u(t) = 0$ 或者没有实根或者有一个重根. 所以判别式

$$[E\xi\eta]^2 - E\xi^2 \cdot E\eta^2 \leq 0$$

这正是(4.2.21). 此外, 方程 $u(t) = 0$ 有一个重根 t_0 存在的充要条件是

$$[E\xi\eta]^2 - E\xi^2 E\eta^2 = 0$$

这时 $E(t_0 \xi - \eta)^2 = 0$, 因此

$$D(t_0 \xi - \eta) = 0, \quad E(t_0 \xi - \eta) = 0$$

从而

$$P\{t_0 \xi - \eta = 0\} = 1$$

这就是(4.2.22)式. 定理证毕.

由定理 4.2.1 立即可以推出, 若两随机变量的方差存在, 则它们的协方差也存在.

把定理 4.2.1 应用到随机变量 $\dfrac{\xi - E\xi}{\sqrt{D\xi}}$ 及 $\dfrac{\eta - E\eta}{\sqrt{D\eta}}$, 可以得到相关系数的如下重要性质:

性质 1 对相关系数 ρ,成立
$$|\rho| \leq 1 \tag{4.2.23}$$
并且 $\rho = 1$ 当且仅当
$$P\left\{\frac{\xi - E\xi}{\sqrt{D\xi}} = \frac{\eta - E\eta}{\sqrt{D\eta}}\right\} = 1 \tag{4.2.24}$$
而 $\rho = -1$ 当且仅当
$$P\left\{\frac{\xi - E\xi}{\sqrt{D\xi}} = -\frac{\eta - E\eta}{\sqrt{D\eta}}\right\} = 1 \tag{4.2.25}$$

性质 1 表明,当 $\rho = \pm 1$ 时,ξ 与 η 存在着完全线性关系,这时如果给定一个随机变量之值,另一个随机变量的值便完全决定.

$\rho = 1$ 时,称为**完全正相关**; $\rho = -1$ 时,称为**完全负相关**.

有完全线性关系是一个极端,另一个极端是 $\rho = 0$ 的场合.为此我们引进:

定义 4.2.4 若随机变量 ξ 与 η 的相关系数 $\rho = 0$,则我们称 ξ 与 η **不相关**.

性质 2 对随机变量 ξ 与 η,下面事实是等价的:

(i) $\text{cov}(\xi, \eta) = 0$;

(ii) ξ 与 η 不相关;

(iii) $E\xi\eta = E\xi E\eta$;

(iv) $D(\xi + \eta) = D\xi + D\eta$.

[证明] 显然(i)与(ii)是等价的.由于
$$\text{cov}(\xi, \eta) = E\xi\eta - E\xi \cdot E\eta$$
因此(i)与(iii)等价.又由于
$$D(\xi + \eta) = D\xi + D\eta + 2\text{cov}(\xi, \eta)$$
因此(i)与(iv)等价.

独立性和不相关性都是随机变量间联系"薄弱"的一种反映,自然希望知道这两个概念之间的联系.首先,我们有

性质 3 若 ξ 与 η 独立,则 ξ 与 η 不相关.

[证明] 我们只对连续型随机变量给出证明.

因为 ξ 与 η 独立,故其密度函数 $p(x,y) = p_1(x)p_2(y)$,因此

$$\operatorname{cov}(\xi,\eta) = \int_{-\infty}^{\infty}\int_{-\infty}^{\infty}(x-E\xi)(y-E\eta)p(x,y)\,\mathrm{d}x\,\mathrm{d}y$$

$$= \int_{-\infty}^{\infty}(x-E\xi)p_1(x)\,\mathrm{d}x \cdot \int_{-\infty}^{\infty}(y-E\eta)p_2(y)\,\mathrm{d}y = 0$$

结合性质 2 及性质 3 可得:若 ξ 与 η 独立,则 $E\xi\eta = E\xi \cdot E\eta$ 及 $D(\xi+\eta) = D\xi + D\eta$ 成立. 同样的论证可以证明类似的结论在 n 个随机变量的场合也成立,即若 $\xi_1, \xi_2, \cdots, \xi_n$ 是相互独立的随机变量,则

$$E\xi_1\xi_2\cdots\xi_n = E\xi_1 E\xi_2 \cdots E\xi_n \tag{4.2.26}$$

$$D(\xi_1 + \xi_2 + \cdots + \xi_n) = D\xi_1 + D\xi_2 + \cdots + D\xi_n \tag{4.2.27}$$

由独立性可以推出不相关性,但是反过来是不成立的,试看下例.

[例 7] 下面一个列联表提供了不相关又不独立的最简例.

η \ ξ	-1	0	1	
0	0	$\dfrac{1}{3}$	0	$\dfrac{1}{3}$
1	$\dfrac{1}{3}$	0	$\dfrac{1}{3}$	$\dfrac{2}{3}$
	$\dfrac{1}{3}$	$\dfrac{1}{3}$	$\dfrac{1}{3}$	

事实上,成立着 $\eta = \xi^2$,因此

$$E\xi = 0, \quad E\eta = E\xi^2 = \frac{2}{3}, \quad E\xi\eta = E\xi^3 = 0$$

$$\operatorname{cov}(\xi,\eta) = E\xi\eta - E\xi \cdot E\eta = 0$$

所以 ξ 与 η 不相关,但列联表明示 ξ 与 η 不独立.

一般地,若 ξ 服从对称分布,则 $\eta = \xi^2$ 或 $\eta = |\xi|$ 与 ξ 不相关但不独立.

下面是含意更多的另一个例子.

[例8] 设 θ 服从 $[0, 2\pi]$ 均匀分布, $\xi = \cos\theta, \eta = \cos(\theta + a)$, 这里 a 是定数. 我们有

$$E\xi = \frac{1}{2\pi}\int_0^{2\pi} \cos t\, dt = 0, \quad E\eta = \frac{1}{2\pi}\int_0^{2\pi} \cos(t+a)\, dt = 0$$

$$E\xi^2 = \frac{1}{2\pi}\int_0^{2\pi} \cos^2 t\, dt = \frac{1}{2}, \quad E\eta^2 = \frac{1}{2\pi}\int_0^{2\pi} \cos^2(t+a)\, dt = \frac{1}{2}$$

$$E\xi\eta = \frac{1}{2\pi}\int_0^{2\pi} \cos t \cos(t+a)\, dt = \frac{1}{2}\cos a$$

因此
$$\rho = \cos a$$

当 $a = 0$ 时, $\rho = 1$, $\xi = \eta$
当 $a = \pi$ 时, $\rho = -1$, $\xi = -\eta$ $\Big\}$ 存在完全线性关系.

但是, 当 $a = \dfrac{\pi}{2}$ 或 $\dfrac{3\pi}{2}$ 时, $\rho = 0$, 这时 ξ 与 η 不相关. 不过, 这时却有 $\xi^2 + \eta^2 = 1$, 因此 ξ 与 η 不独立.

这个例子给我们: (1) 提供了 $\rho = \pm 1$ 之例; (2) 提供 $\rho = 0$ 之例; (3) 说明不能由不相关性推出独立性; (4) 说明即使 ξ 与 η 不相关, 它们之间也还是可能存在函数关系. 事实上, 相关系数只是 ξ 与 η 间线性联系程度的一种量度.

不过, 在一种重要的特殊场合——正态分布, 独立性与不相关性却是一致的. 我们先对二元的场合来讨论这个事实.

为此, 我们先求二元正态分布 (3.2.22) 的相关系数.

$$\sigma_{12} = \int_{-\infty}^{\infty} \int_{-\infty}^{\infty} (x-\mu_1)(y-\mu_2) p(x,y)\, dx\, dy$$

$$= \frac{1}{2\pi\sigma_1\sigma_2\sqrt{1-\rho^2}} \int_{-\infty}^{\infty} e^{-(y-\mu_2)^2/(2\sigma_2^2)}\, dy \int_{-\infty}^{\infty} (x-\mu_1)$$

$$\cdot (y-\mu_2) \exp\left\{-\frac{1}{2(1-\rho^2)}\left(\frac{x-\mu_1}{\sigma_1} - \rho\frac{y-\mu_2}{\sigma_2}\right)^2\right\} dx$$

作变数变换 $z = \dfrac{1}{\sqrt{1-\rho^2}}\left(\dfrac{x-\mu_1}{\sigma_1} - \rho\dfrac{y-\mu_2}{\sigma_2}\right),\quad t = \dfrac{y-\mu_2}{\sigma_2}$,则

$$\sigma_{12} = \frac{1}{2\pi} \int_{-\infty}^{\infty} \int_{-\infty}^{\infty} (\sigma_1\sigma_2\sqrt{1-\rho^2}\,tz + \rho\sigma_1\sigma_2 t^2)\,e^{-\frac{t^2}{2}-\frac{z^2}{2}}\,dz\,dt$$

$$= \frac{\rho\sigma_1\sigma_2}{2\pi} \int_{-\infty}^{\infty} t^2 e^{-t^2/2}\,dt \int_{-\infty}^{\infty} e^{-z^2/2}\,dz + \frac{\sigma_1\sigma_2\sqrt{1-\rho^2}}{2\pi}$$

$$\cdot \int_{-\infty}^{\infty} t\,e^{-t^2/2}\,dt \int_{-\infty}^{\infty} z\,e^{-z^2/2}\,dz = \rho\sigma_1\sigma_2$$

因此

$$\rho_{12} = \frac{\sigma_{12}}{\sigma_1\sigma_2} = \rho \tag{4.2.28}$$

这样说明了参数 ρ 是二元正态分布的相关系数.

至此,我们已经完全搞清了二元正态分布中各个参数的含义. μ_1,μ_2 分别是两个边际分布的数学期望,而 σ_1,σ_2,ρ 则以下列形式构成它的协方差矩阵

$$\begin{pmatrix} \sigma_1^2 & \rho\sigma_1\sigma_2 \\ \rho\sigma_1\sigma_2 & \sigma_2^2 \end{pmatrix} \tag{4.2.29}$$

另外,在上章 §2 例 4 中已指出,二元正态分布场合,独立的充要条件是 $\rho=0$,这表明:

性质 4 对于二元正态分布,不相关性与独立性是等价的.

在 §6 中,我们将把这个结果推广到多元的场合.

下面,我们给出一个边际分布是正态分布而联合分布不是多元正态分布的例子.

[例9] 令 $\varphi(x) = \dfrac{1}{\sqrt{2\pi}} e^{-x^2/2},\quad -\infty < x < \infty$

$$g(x) = \begin{cases} \cos x, & |x| < \pi \\ 0, & |x| \geqslant \pi \end{cases}$$

$$p(x,y) = \varphi(x)\varphi(y) + \frac{1}{2\pi}e^{-\pi^2}g(x)g(y),\quad -\infty < x,y < \infty$$

关于 $p(x,y)$，不难验证：(1) 是二元密度函数；(2) 边际分布都是正态分布；(3) 相关系数为 0；(4) 不独立；(5) 不是二元正态密度函数. 这些留给读者作为练习.

独立性与不相关性一致的另一特殊场合是两个二值随机变量.

性质 5 若 ξ 与 η 都是二值随机变量，则不相关性与独立性是等价的.

[证明] 设 ξ 取二值 a 及 c，η 取二值 b 及 d，需要证明的是由 $\rho_{\xi\eta}=0$ 可推得 ξ 与 η 独立.

记 $A=\{\xi=a\}, B=\{\eta=b\}$

从而

$$\bar{A}=\{\xi=c\}, \quad \bar{B}=\{\eta=d\}$$

于是它们的示性函数

$$\mathbf{1}_A=\frac{\xi-c}{a-c}, \quad \mathbf{1}_B=\frac{\eta-d}{b-d}$$

由 $\operatorname{cov}(\mathbf{1}_A,\mathbf{1}_B)=E\mathbf{1}_A\mathbf{1}_B-E\mathbf{1}_A\cdot E\mathbf{1}_B=P(AB)-P(A)P(B)$

$$D\mathbf{1}_A=P(A)P(\bar{A}), \quad D\mathbf{1}_B=P(B)P(\bar{B})$$

得到

$$\rho_{\mathbf{1}_A\mathbf{1}_B}=\frac{P(AB)-P(A)P(B)}{\sqrt{P(A)P(\bar{A})P(B)P(\bar{B})}}=0$$

这是因为 $\mathbf{1}_A$ 与 $\mathbf{1}_B$ 分别为 ξ 与 η 的线性变换，而后者不相关.

因而 $P(AB)=P(A)P(B)$，即

$$P\{\xi=a,\eta=b\}=P\{\xi=a\}P\{\eta=b\}$$

再由 $(A,\bar{B}),(\bar{A},B)$ 及 $(\bar{A},\bar{B})$ 的独立性可知

$$P\{\xi=a,\eta=d\}=P\{\xi=a\}P\{\eta=d\}$$
$$P\{\xi=c,\eta=b\}=P\{\xi=c\}P\{\eta=b\}$$
$$P\{\xi=c,\eta=d\}=P\{\xi=c\}P\{\eta=d\}$$

至此我们已证得 ξ 与 η 独立.

从上述证明中可得如下推论.

推论 1 对事件 A 与 B,若定义事件相关系数为

$$\rho_{AB} = \rho_{1_A 1_B} = \frac{P(AB) - P(A)P(B)}{\sqrt{P(A)P(\bar{A})P(B)P(\bar{B})}} \quad (4.2.30)$$

则 A 与 B 独立的充要条件为 $\rho_{AB} = 0$.

推论 2 $\quad |P(AB) - P(A)P(B)| \leq \dfrac{1}{4} \quad (4.2.31)$

[在抽样调查中的应用] **抽样调查**(sampling survey)是社会经济中用得最多的统计方法. 在国外,上至总统竞选前的民意调查,下至针对家庭的家计调查,十分普遍. 近年,我国也已经进行了不少有效的抽样调查.

为对总体的某个指标(主要是总值、平均值、比率和百分比)进行估算,特设计某种抽样方案,以随机的方式抽取若干个体作调查,利用所得数据算出估计值,并希望给出估计的精度. 这是抽样调查的大意.

最简单也是最基本的抽样方式是所谓**简单随机抽样**,这时总体的 N 个个体中的每一个在一个大小为 n 的抽样中有同样的机会被抽到.

下面的例子可以概括水稻产量、家庭收入、收视率等等具体情况,采用的是简单随机抽样.

[例 10] 袋中有 N 张卡片,各记以数字 $Y_1, Y_2, \cdots, Y_N$,不放回地从中抽出 n 张,求其和的数学期望与方差.

[解] 取一张时,其数字的均值及方差分别为

$$\bar{Y} = \frac{1}{N} \sum_{i=1}^{N} Y_i$$

及

$$\sigma^2 = \frac{1}{N} \sum_{i=1}^{N} (Y_i - \bar{Y})^2$$

若以 η_n 记 n 张卡片的数字之和,以 $\xi_i, i = 1, 2, \cdots, n$ 记第 i 次抽得的卡片上的数字,则

$$\eta_n = \xi_1 + \xi_2 + \cdots + \xi_n$$
$$P\{\xi_i = Y_l\} = \frac{1}{N}, \quad l = 1, 2, \cdots, N, \ i = 1, 2, \cdots, n$$

因此
$$E\xi_i = \overline{Y}, \quad D\xi_i = \sigma^2$$

所以
$$E\eta_n = E\xi_1 + E\xi_2 + \cdots + E\xi_n = n\overline{Y} \quad (4.2.32)$$

$$D\eta_n = \sum_{i=1}^{n} D\xi_i + 2 \sum_{1 \leqslant i < j \leqslant n} \mathrm{cov}(\xi_i, \xi_j)$$
$$= n\sigma^2 + n(n-1)\mathrm{cov}(\xi_1, \xi_2) \quad (4.2.33)$$

这里用到 ξ_i 之间的对称性,也即抽签与顺序无关.

在(4.2.33)中令 $n = N$,这时 $\eta_N = Y_1 + Y_2 + \cdots + Y_N$ 是一个常数,因此 $D\eta_N = 0$,于是
$$N\sigma^2 + N(N-1)\mathrm{cov}(\xi_1, \xi_2) = 0$$

所以
$$\mathrm{cov}(\xi_1, \xi_2) = -\frac{\sigma^2}{N-1} \quad (4.2.34)$$

最后得到
$$D\eta_n = n\sigma^2 - \frac{n(n-1)\sigma^2}{N-1}$$
$$= \frac{n(N-n)}{N-1}\sigma^2 \quad (4.2.35)$$

与有放回抽取的方差 $n\sigma^2$ 相比,多出了一个因子 $\frac{N-n}{N-1}$,称为**有限总体修正因子**. 当 $n=1$ 时,它等于 1;而当 $n=N$ 时,它取值为 0. 在不放回场合,添加抽取的信息量较大,即方差小,这与直观完全符合.

特别地,若取 $Y_1 = Y_2 = \cdots = Y_M = 1, Y_{M+1} = \cdots = Y_N = 0$,则可以得到超几何分布的均值和方差的表达式.

事实上,取 1 者当次品,取 0 者当合格品,则 ξ_i 记第 i 次摸到

的次品数,η_n 表示 n 次共摸到的次品数,它服从超几何分布(3.1.16).这时

$$\bar{Y} = \frac{M}{N}, \quad \sigma^2 = \frac{M}{N}\left(1 - \frac{M}{N}\right) \tag{4.2.36}$$

由(4.2.32)得到

$$E\eta_n = \frac{nM}{N} \tag{4.2.37}$$

这个答案曾在上节例 16 中得到过.

由(4.2.35)得到

$$D\eta_n = \frac{nM}{N}\left(1 - \frac{M}{N}\right)\frac{N-n}{N-1}. \tag{4.2.38}$$

四、应用实例

下面提供有关均值与方差应用的若干例子.

[例 11] (**信号 – 噪声模型**) 在当代通信理论中,我们关心的是未知信号 S,信号在传输过程中不可避免地要受到噪声 N 的随机干扰,因此我们接收到的是受到随机干扰的观察值 ξ,它们满足如下模型

$$\xi = S + N \tag{4.2.39}$$

为了正确恢复信号 S,通常的做法是进行重复观察得到观察值 $\xi_1, \xi_2, \cdots, \xi_n$,并对它们作平均

$$\begin{aligned}\frac{1}{n}\sum_{i=1}^{n}\xi_i &= \frac{1}{n}\sum_{i=1}^{n}S + \frac{1}{n}\sum_{i=1}^{n}N_i \\ &= S + \frac{1}{n}\sum_{i=1}^{n}N_i \end{aligned} \tag{4.2.40}$$

若假定噪声 $N_1, N_2, \cdots, N_n$ 独立同分布,均值为 0,方差为 σ^2,则

$$D\left[\frac{1}{n}\sum_{i=1}^{n}N_i\right] = \frac{\sigma^2}{n} \tag{4.2.41}$$

因此经过处理噪声方差降为原来的 $\frac{1}{n}$,从而大大提高了信号对噪

声的功率比,可以实现强噪声背景下弱信号的接收.

雷达信号接收中正是利用上述模型.

在石油地球物理勘探中,目前最有效的方法是人工地震法.利用阵列布置的检波器收到的信号既有地层结构的信息,也混有多种无用的噪声,通过各种校正后的叠加以还原信息的工作,正在全世界的许多超大型计算机上日夜进行.

对物理量的测量通常要重复多次再取其平均也是根据这个模型.直观上,误差有正有负,取平均则相互抵消,有利于得到物理量的真值.

[例12] (估计量的无偏性与有效性) 若手机的通话时间 X 服从 $\mathrm{Exp}\left(\dfrac{1}{\mu}\right)$,在实际工作中需要确定唯一的未知参数 $\mu = EX$,这是**数理统计**中的**参数估计**问题.

通常的做法是通过抽样获得 X 的一个样本 $X_1,\cdots,X_n$,它们相互独立并且都服从 $\mathrm{Exp}\left(\dfrac{1}{\mu}\right)$,再由它们构造出**统计量** $\hat{\mu} = \hat{\mu}(X_1,\cdots,X_n)$ 作为 μ 的**估计量**.

μ 虽未知但是常数,而 $\hat{\mu}$ 则是样本的函数即随机变量,因此为了使 $\hat{\mu}$ 成为 μ 的有意义的估计量,通常要对它提出若干要求.很基本的一个要求是**无偏性**

$$E\hat{\mu} = \mu$$

也就是说,在平均的意义下应当得到所期望的结果,无系统性偏差.显然无偏性是相当合理的一个优良性准则.

满足无偏性要求的估计量很多,例如 $\hat{\mu}_1 = X_1$, $\hat{\mu}_2 = \dfrac{X_1 + X_n}{2}$,$\cdots$,$\overline{X} = \dfrac{1}{n}(X_1 + \cdots + X_n)$ 等等都是.如何从它们中选取最好的一个呢?按估计量本身的含义,自然希望估计量与被估计的参数的偏差越小越好.方差正是这样的度量,这样一来,由于 $D\hat{\mu}_1 = DX$, $D\hat{\mu}_2 =$

$\frac{DX}{2},\cdots,D\bar{X}=\frac{DX}{n}$,因此 $\bar{X}$ 是其中最好的.

一般地,对于 μ 的无偏估计量 $\hat{\mu}'$ 及 $\hat{\mu}''$,若 $D\hat{\mu}'<D\hat{\mu}''$,则称 $\hat{\mu}'$ 比 $\hat{\mu}''$ **有效**. 因此**有效性**成为另一个优良性准则.

长期以来无偏-有效性成为评价估计量优劣的一个很通用的准则. 不过,若注意到

$$E(\hat{\mu}-\mu)^2 = D\hat{\mu} + (E\hat{\mu}-\mu)^2$$

则会发现还可以寻找这样的估计量,它有一定的偏度 $E\hat{\mu}-\mu$,但能得到更小的方差 $D\hat{\mu}$,并使"估计量与被估计的参数的均方误差" $E(\hat{\mu}-\mu)^2$ 更小,这就开辟了有偏估计这一新方向.

[例13] (**现代证券组合理论**) 马科维兹(Markowitz)在50年代引进的均值-方差模型成了现代证券组合理论的基石. 在这个理论中,假定有 n 种证券可以投资,并把它们的收益率看作是随机变量,通常记为 $r_1,r_2,\cdots,r_n$,相应的均值记为 $\bar{r}_1,\bar{r}_2,\cdots,\bar{r}_n$,方差记为 $\sigma_1^2,\sigma_2^2,\cdots,\sigma_n^2$,并以 ρ_{ij} 记 r_i 与 r_j 的相关系数. 一个相当自然的假定是:投资者都追求高收益而规避风险,也即希望有高的均值而不愿有大的方差. 但是证券市场的历史记录表明,对于个别证券而言,高收益总是伴随着高风险. 根本的出路在于采用证券组合,即把全部资金分散投资于各种证券. 假定投资于上述 n 种证券的资金比例分别为 $w_1,w_2,\cdots,w_n$,则总的收益率为

$$r_p = \sum_{i=1}^{n} w_i r_i \qquad (4.2.42)$$

显然,其平均收益率为

$$\bar{r}_p = Er_p = \sum_{i=1}^{n} w_i \bar{r}_i \qquad (4.2.43)$$

而方差则为

$$\sigma_p^2 = Dr_p = \sum_{i=1}^{n}\sum_{j=1}^{n} w_i w_j \rho_{ij} \sigma_i \sigma_j \qquad (4.2.44)$$

一般情况下,σ_p^2 要大大小于 σ_i^2. 若进行充分分散化投资,例

如 $w_i = \dfrac{1}{n}, i=1,2,\cdots,n$. 则 $\sigma_p^2 = \dfrac{1}{n^2}\sum_{i=1}^{n}\sum_{j=1}^{n}\rho_{ij}\sigma_i\sigma_j$. 在理想场合,若组合中大部分证券弱相关甚至不相关,那么 σ_p^2 将接近于 $\dfrac{1}{n^2}\sum_{i=1}^{n}\sigma_i^2$,因此分散化投资的确能降低投资风险. 这就是通常所说的:不要把所有的鸡蛋放在一只篮子里.

进一步可以讨论寻找最优证券组合的问题. 一个自然的提法是:求投资比例 $w_1,w_2,\cdots,w_n$,使 $\bar{r}_p$ 等于某个目标值,而让其风险 σ_p^2 达到最小. 这是一个线性约束下的二次规划问题,不难求解.

马科维兹模型兼顾了金融市场中收益和风险两大要素,而且形式简便,为金融学的发展开创了新局面,他也因此获得了 1990 年度的诺贝尔经济学奖.

[例 14] (**蒙特卡罗法的方差**) 在第一章几何概率一节中我们介绍了积分计算的蒙特卡罗法. 为计算积分 $I = \int_a^b f(x)\mathrm{d}x$,以区域 $G = \{(x,y): a\leq x\leq b, 0\leq y\leq M\}$ 包围它,然后产生在 G 中均匀分布的随机数对 (x_i,y_i),计 N 对,其中 n 对落入阴影区域,并用 $\hat{I} = \dfrac{nM(b-a)}{N}$ 作为 I 的近似值. 这里的 n 是随机变量,$En = N\cdot\dfrac{I}{M(b-a)}$,因此 $E\hat{I} = I$,

$$D\hat{I} = \dfrac{M^2(b-a)^2}{N^2}Dn = \dfrac{M^2(b-a)^2}{N^2}\cdot N \cdot \dfrac{I}{M(b-a)}\cdot \dfrac{M(b-a)-I}{M(b-a)}$$
$$= \dfrac{I[M(b-a)-I]}{N} \qquad (4.2.45)$$

因此当包围积分区域(阴影部分)的区域 G 取得越小时,积分计算的误差越小. 降低方差是蒙特卡罗法的重要研究课题之一.

总之,随机现象具有不确定性,因此随机变量具有正的方差可以说是这种不确定性的反映,是其固有的特征. 在许多情况下,人们希望减少不确定性,降低方差. 这一般通过三种途径实现,一是降低本身的变差,例如例 14;二是通过平均,例 11 及例 13 均是如此;三是加大观测次数,以上各例都是.

但是也有希望增大方差的场合,下面略作评论.

对于许多服务行业,过分集中的客流难于应付,例如车站、银行、食堂和旅游观光地等等,因此采取了各种减少拥挤的办法,无非是为了增大客人到达时刻的方差.

以前讲过,各种机会游戏都是人们创造的随机现象,从而也就创造了各种方差.有时为了追求刺激,还特意加大方差.彩票就是例子:绝大部分彩民一无所得,个别幸运儿成为百万富翁.

统计学与决策科学中广泛采用的随机化措施也基本上可列入此类,它们开拓了人类主动利用随机性的新局面.

希望读者在日常生活中找出更多的例子.

五、矩

数学期望,方差,协方差是随机变量最常用的数字特征,它们都是某种矩.矩(moment)是最广泛使用的一种数字特征,在概率论和数理统计中占有重要地位.最常用的矩有两种:一种是原点矩,一种是中心矩.

定义 4.2.5 对正整数 k,称

$$m_k = E\xi^k \quad (4.2.46)$$

为 k 阶原点矩.数学期望是一阶原点矩.

由于 $|\xi|^{k-1} \leqslant 1 + |\xi|^k$,因此若 k 阶矩存在,则所有低阶矩都存在.

定义 4.2.6 对正整数 k,称

$$c_k = E(\xi - E\xi)^k \quad (4.2.47)$$

为 k 阶中心矩.方差是 2 阶中心矩.

由于

$$c_k = E(\xi - E\xi)^k = \sum_{i=0}^{k} \binom{k}{i}(-E\xi)^{k-i}E\xi^i$$

$$= \sum_{i=0}^{k} \binom{k}{i}(-m_1)^{k-i} m_i \qquad (4.2.48)$$

故中心矩可通过原点矩来表达,反之,

$$m_k = E\xi^k = E[(\xi - m_1) + m_1]^k$$

$$= \sum_{i=0}^{k} \binom{k}{i} E(\xi - m_1)^{k-i} m_1^i = \sum_{i=0}^{k} \binom{k}{i} c_{k-i} m_1^i \qquad (4.2.49)$$

因此当已知数学期望之后,原点矩也可以通过中心矩给出.

此外对正数 p 还可以定义 p **阶原点绝对矩** $E|\xi|^p$ 及 p **阶中心绝对矩** $E|\xi - E\xi|^p$,它们较少使用.

[例15] 设 ξ 为正态随机变量,其密度函数为

$$p(x) = \frac{1}{\sqrt{2\pi}\sigma} e^{-x^2/(2\sigma^2)}$$

因此 $E\xi = 0$,故

$$m_k = c_k = E\xi^k = \int_{-\infty}^{\infty} x^k \frac{1}{\sqrt{2\pi}\sigma} e^{-x^2/(2\sigma^2)} dx \qquad (4.2.50)$$

显然,k 为奇数时,$c_k = 0$;k 为偶数时,

$$c_k = \sqrt{\frac{2}{\pi}} \int_0^{\infty} \frac{x^k}{\sigma} e^{-\frac{x^2}{2\sigma^2}} dx = \sqrt{\frac{2}{\pi}} \sigma^k \cdot 2^{\frac{k-1}{2}} \int_0^{\infty} z^{\frac{k-1}{2}} e^{-z} dz$$

$$= \sqrt{\frac{2}{\pi}} \sigma^k 2^{\frac{k-1}{2}} \Gamma\left(\frac{k+1}{2}\right) = \sigma^k (k-1)(k-3)\cdots 3 \cdot 1$$

$$(4.2.51)$$

特别地

$$c_4 = 3\sigma^4 \qquad (4.2.52)$$

对于多维随机变量,可以定义各种混合矩,例如

$$E(\xi - E\xi)^k (\eta - E\eta)^l \qquad (4.2.53)$$

称为 $k + l$ **阶混合中心矩**.协方差是二阶混合中心矩,是其中最重要的一种.这里我们不一一赘述了.

六、分位数

矩之外的主要数字特征是分位数.对分布函数 $F(x)$,常需作

如下计算:对 $0<p<1$,要找 x_p 使
$$F(x_p) = p \qquad (4.2.54)$$
这相当于求分布函数的反函数. 当 $F(x)$ 连续又严格单调上升时(大部分连续型分布符合这个要求),显然有唯一解,但一般情况下则可能无解或有许多解. 因此通常采用如下定义:

定义 4.2.7 对 $0<p<1$,若
$$F(x_p) \leqslant p \leqslant F(x_p + 0) \qquad (4.2.55)$$
则称 x_p 为分布函数 $F(x)$ 的 p **分位数**.

最重要的分位数是 $x_{0.5}$,称为**中位数**(median). 它是与均值竞争的中心趋势度量,优点是少受个别特大或特小值的影响,具有一定纠错功能,缺点是不像均值那样容易作数学处理. 目前各国已倾向于用中位数表征收入水平的中心趋势. 此外,近年来,金融界已普遍采用损失分布的分位数作为风险的一种度量,称为**风险价值**(value at risk).

*七、条件数学期望,最佳线性预测

在第三章§2我们曾经引进了条件分布函数的概念,现在要相应地引进条件数学期望的概念,并说明它的应用.

为方便起见,我们讨论两个随机变量 ξ 与 η 的场合,假定它们具有密度函数 $p(x,y)$,并以 $p(y|x)$ 记已知 $\xi = x$ 的条件下,η 的条件密度函数,以 $p_1(x)$ 记 ξ 的密度函数.

定义 4.2.8 在 $\xi = x$ 的条件下,η 的**条件数学期望**定义为
$$E\{\eta \mid \xi = x\} = \int_{-\infty}^{\infty} y p(y \mid x) \mathrm{d}y \qquad (4.2.56)$$

条件数学期望在**预测**问题中起重要作用. 问题这样提出:若 ξ, η 是相依的随机变量,我们要找 ξ 与 η 的函数关系,设这个关系是 $y = h(x)$,如果 $E\eta^2$ 及 $E[h(\xi)]^2$ 都存在,我们的目的是找函数 $h(x)$,使 η 与 $h(\xi)$ "尽可能靠近",这里的"靠近"需要一个标准,最常用的是**高斯**的**最小二乘法**(least squares),这时要求使如下的

均方误差达到最小:

$$E[\eta - h(\xi)]^2 = \min \quad (4.2.57)$$

因为

$$E[\eta - h(\xi)]^2 = \int_{-\infty}^{\infty}\int_{-\infty}^{\infty}[y - h(x)]^2 p(x,y)\mathrm{d}x\mathrm{d}y$$

$$= \int_{-\infty}^{\infty} p_1(x)\left\{\int_{-\infty}^{\infty}[y - h(x)]^2 p(y\mid x)\mathrm{d}y\right\}\mathrm{d}x$$

$$(4.2.58)$$

由(4.2.8)知道,当 $h(x) = E\{\eta\mid\xi = x\}$ 时, $\int_{-\infty}^{\infty}[y - h(x)]^2 \cdot p(y\mid x)\mathrm{d}y$ 达到最小,从而使(4.2.58)达到最小. 即当我们观察到 $\xi = x$ 时, $E\{\eta\mid\xi = x\}$ 是一切对 η 的估值中均方误差最小的一个.

今后我们将称 $y = E\{\eta\mid\xi = x\}$ 是 η 关于 ξ 的**回归**.

如果以 $E\{\eta\mid\xi\}$ 记随机变量 ξ 的如下函数:当 $\xi = x$ 时,它取值 $E\{\eta\mid\xi = x\}$. 这样定义的 $E\{\eta\mid\xi\}$ 是随机变量,对它可以求数学期望,并有下列关系式:

$$E\eta = E[E\{\eta\mid\xi\}] \quad (4.2.59)$$

这是条件数学期望的一个极端重要的性质,称为**重期望公式**,有广泛应用,下面仍对连续型随机变量的场合加以证明.

$$E[E\{\eta\mid\xi\}] = \int_{-\infty}^{\infty} E\{\eta\mid\xi = x\} p_1(x)\mathrm{d}x$$

$$= \int_{-\infty}^{\infty}\left[\int_{-\infty}^{\infty} yp(y\mid x)\mathrm{d}y\right] p_1(x)\mathrm{d}x$$

$$= \int_{-\infty}^{\infty}\int_{-\infty}^{\infty} yp(x,y)\mathrm{d}x\mathrm{d}y = E\eta$$

[例16] 若 (ξ,η) 服从二元正态分布,则由(3.2.29)知

$$p(y\mid x) = \frac{1}{\sigma_2\sqrt{2\pi}\sqrt{1-\rho^2}}\exp\left\{-\frac{1}{2\sigma_2^2(1-\rho^2)}\right.$$

$$\left.\cdot\left[y - \left(\mu_2 + \rho\frac{\sigma_2}{\sigma_1}(x - \mu_1)\right)\right]^2\right\}$$

这是正态分布 $N\left(\mu_2 + \rho \dfrac{\sigma_2}{\sigma_1}(x - \mu_1), \sigma_2^2(1 - \rho^2)\right)$,因此

$$E\{\eta \mid \xi = x\} = \mu_2 + \rho \frac{\sigma_2}{\sigma_1}(x - \mu_1) \quad (4.2.60)$$

值得提醒的是:这时条件数学期望 $E\{\eta|\xi=x\}$ 是 x 的线性函数.

通常,(ξ,η) 的联合分布函数是不知道的,或者虽然知道但是却不易算出 $E\{\eta|\xi=x\}$. 假定已知 ξ 与 η 的数学期望 μ_1,μ_2,标准差 σ_1,σ_2 及相关系数 ρ,这时可以降低一点要求,改为求**最佳线性预测**. 也就是说,把 $h(x)$ 限定为 x 的线性函数 $L(x) = a + bx$,求 a,b 使

$$e(a,b) = E[\eta - (a + b\xi)]^2 \quad (4.2.61)$$

达到最小.

把 $e(a,b)$ 对 a,b 求偏导数并令它们等于 0,得到

$$2E[\eta - (a + b\xi)] = 0$$
$$2E[(\eta - (a + b\xi))\xi] = 0$$

整理后变成

$$\begin{aligned} a + b\mu_1 &= \mu_2 \\ a\mu_1 + bE\xi^2 &= E\xi\eta \end{aligned} \quad (4.2.62)$$

因此解得

$$a = \mu_2 - b\mu_1, \quad b = \frac{\mathrm{cov}(\xi,\eta)}{\sigma_1^2} = \rho \cdot \frac{\sigma_2}{\sigma_1} \quad (4.2.63)$$

最佳线性预测为

$$L(x) = \mu_2 + \rho \frac{\sigma_2}{\sigma_1}(x - \mu_1) \quad (4.2.64)$$

我们称 (4.2.64) 为 η 关于 ξ 的**线性回归**. 这个结果与 $E\{\eta|\xi=x\}$ 一般是不同的,但是在 (ξ,η) 是二元正态分布的场合,由 (4.2.60) 知两者是重合的,所以在正态分布场合,最佳预测是线性预测,这是一个十分重要的结果.

进一步,我们还可以计算最佳线性预测的均方误差.

$$E[\eta - L(\xi)]^2 = E[\eta - \mu_2 - b(\xi - \mu_1)]^2$$
$$= \sigma_2^2 + b^2\sigma_1^2 - 2b\text{cov}(\xi,\eta)$$
$$= \sigma_2^2 - \frac{\text{cov}^2(\xi,\eta)}{\sigma_1^2} = \sigma_2^2(1-\rho^2) \quad (4.2.65)$$

因此预测误差同 η 的方差有关,也同 ξ 与 η 的相关系数有关,特别当 $|\rho|=1$ 时(这时 ξ 与 η 有线性关系),预测误差为 0,也就是说,可以完全准确地进行线性预测.从这个讨论再次看出,相关系数反映了 ξ 与 η 线性联系的程度.

最佳线性预测理论中的另一个重要事实是:预测值 $\hat{\eta}=L(\xi)$ 与残差 $\eta-\hat{\eta}$ 是不相关的.证明如下:

由(4.2.64)知
$$\hat{\eta} = L(\xi) = \mu_2 + \rho\frac{\sigma_2}{\sigma_1}(\xi - \mu_1) \quad (4.2.66)$$

因此
$$E\hat{\eta} = \mu_2 \quad (4.2.67)$$
$$E(\eta - \hat{\eta}) = 0 \quad (4.2.68)$$

这样一来
$$\text{cov}(\hat{\eta},\eta-\hat{\eta}) = E[(\hat{\eta}-\mu_2)(\eta-\hat{\eta})]$$
$$= E\left\{\rho\frac{\sigma_2}{\sigma_1}(\xi-\mu_1)\left[(\eta-\mu_2) - \rho\frac{\sigma_2}{\sigma_1}(\xi-\mu_1)\right]\right\}$$
$$= \rho\frac{\sigma_2}{\sigma_1}\left(\rho\sigma_1\sigma_2 - \rho\frac{\sigma_2}{\sigma_1}\sigma_1^2\right) = 0 \quad (4.2.69)$$

这个事实可以解释为:残差中已不再包含对预测 η 有用的知识.因此观察值 η 被分解为两个不相关的随机变量之和:
$$\eta = \hat{\eta} + (\eta - \hat{\eta}) \quad (4.2.70)$$

以上是**二阶矩理论**,或称**均值-方差理论**,它以最小二乘法为准则,研究最佳线性预测.它是概率论中最有实用价值的理论之一.

*§3. 熵 与 信 息 [①]

一、不肯定性与熵

随机试验的主要特征是在试验之前无法肯定地知道哪一个结果将会出现,即随机试验具有一种不肯定性.但是对于不同的随机试验,这种不肯定性的程度却可以有很大的差别.譬如,以射击为例,若有两个射手,他们的射击情况分别以下列两个随机试验来描述:

$$\text{甲}:\begin{pmatrix} A, & \bar{A} \\ 0.5, & 0.5 \end{pmatrix} \quad \text{乙}:\begin{pmatrix} A, & \bar{A} \\ 0.99, & 0.01 \end{pmatrix}$$

这里 A 表示射中目标,$\bar{A}$ 表示未射中目标,下一行是相应的概率.显然这两个试验的不肯定性程度很不相同,甲的不肯定性要大得多.假如还有第三个射手,用来描述其射击水平的随机试验为

$$\text{丙}:\begin{pmatrix} A, & \bar{A} \\ 0.7, & 0.3 \end{pmatrix}$$

显然应认为此试验的不肯定性程度介于上述两者之间.

因此有必要从数值上估计各种各样随机试验的不肯定性程度,即我们希望找到一个量,用它可以合理地作为不肯定性程度的度量.这样的一个量已经被美国数学家香农(Shannon)找到.

假定我们研究的随机试验 α 只有有限个不相容的结果 A_1, $A_2,\cdots,A_n$,它们相应的概率为 $p(A_1)$,$p(A_2),\cdots,p(A_n)$,满足 $\sum_{i=1}^{n} p(A_i) = 1$,简写如下:

$$\alpha:\begin{pmatrix} A_1, & A_2, & \cdots, & A_n \\ p(A_1), & p(A_2), & \cdots, & p(A_n) \end{pmatrix}$$

[①] 此节内容与本书其余部分基本上独立,初学时可跳过.

我们希望找到一个量 $H(\alpha)$ 来度量 α 的不肯定性程度. 这个量当然依赖于 $p(A_1)$，$p(A_2)$，$\cdots$，$p(A_n)$，因此亦记为 $H(p(A_1)，p(A_2)，\cdots，p(A_n))$.

为了具体定出 $H(\alpha)$ 的表达式，我们先考察一下，究竟 $H(\alpha)$ 应满足什么要求.

首先，我们要求

（i）H 是 $p(A_i)$ 的连续函数.

这个要求相当自然，一方面 $p(A_i)$ 的微小变化当然不应引起 H 的巨大变化，同时也只有连续函数才便于数学上处理.

其次，我们考虑一种特殊的随机试验，这种试验有 n 个结果，且各个结果出现的概率均为 $\dfrac{1}{n}$，以后简称为**有 n 个等概结果的试验**. 在这种特殊试验中，H 当然应该只是 n 的函数，并且当 n 增大时，也即试验有更多可能的结果时，其相应的不肯定性程度也随之增加.

因此，我们对 H 提出要求：

（ii）对有 n 个等概结果的试验，H 是 n 的单调上升函数.

对 $H(\alpha)$ 的第三个要求比较复杂，它牵涉到把一个试验分为相继的两个试验. 我们通过简单的例子来阐述其含义.

考虑有三个结果的试验

$$\alpha : \begin{pmatrix} A_1, A_2, A_3 \\ p_1, p_2, p_3 \end{pmatrix}$$

这个试验的不肯定性程度 $H(\alpha) = H(p_1, p_2, p_3)$. 为了确定到底是哪一个结果出现，我们也可以进行这样相继的两个试验：在第一个试验中，先确定到底是 A_1 出现，还是 A_2 或 A_3 出现，即进行下列试验：

$$\alpha_1 : \begin{pmatrix} A_1, & B \\ p_1, & p_2 + p_3 \end{pmatrix}$$

显然 $H(\alpha_1) = H(p_1, p_2 + p_3)$. 如果 A_1 出现（其概率为 p_1），则试验

结果已完全确定,无须再作进一步的试验;但是如果是 B 出现(其概率为 p_2+p_3),则尚须进行如下试验,才能最后确定试验结果:

$$\alpha_2 : \begin{pmatrix} A_2, & A_3 \\ \dfrac{p_2}{p_2+p_3}, & \dfrac{p_3}{p_2+p_3} \end{pmatrix}$$

这个试验的不肯定性程度为 $H(\alpha_2) = H\left(\dfrac{p_2}{p_2+p_3}, \dfrac{p_3}{p_2+p_3}\right)$.

可以直接进行试验 α,以确定 A_1, A_2, A_3 中哪一个结果出现;但是若先进行试验 α_1,然后有必要时(概率 p_2+p_3)再进行 α_2,也可达到同样的目的.因此,我们自然认为这两组试验所含的不肯定性程度是一样的,即

$$H(p_1,p_2,p_3) = H(p_1, p_2+p_3) + (p_2+p_3)H\left(\dfrac{p_2}{p_2+p_3}, \dfrac{p_3}{p_2+p_3}\right)$$

这些考虑启发我们对 H 提出下列要求:

(iii)一个试验分成相继的两个试验时,未分之前的 H 是既分之后的 H 的加权和.

条件(i)、(ii)、(iii)已完全确定 H 的形式.为书写方便起见,下面简记 $p(A_i)$ 为 p_i.

定理 4.3.1(香农) 唯一满足(i)、(ii)、(iii)三个条件的 H 具有下列形式:

$$H = -C\sum_{i=1}^{n} p_i \log p_i \tag{4.3.1}$$

其中 C 是正常数.

为证明这个定理,要用到下述分析引理.

引理 4.3.1 若 $f(n)$ 是 n 的单调上升函数,且对一切正整数 m, n 成立

$$f(mn) = f(m) + f(n) \tag{4.3.2}$$

则

$$f(n) = C\log n$$

其中 C 是一个正常数.

[证明] 由(4.3.2)可得 $f(1) = 0$,所以对其他正整数 m,有 $f(m) > 0$.另一方面,
$$f(n^2) = f(n) + f(n) = 2f(n)$$
$$f(n^3) = f(n^2) + f(n) = 3f(n)$$
一般地
$$f(n^k) = kf(n) \tag{4.3.3}$$

若 n, m 是两个任意的正整数,$m \neq 1$,选任意大的正整数 k,再取正整数 l,使
$$m^l \leq n^k < m^{l+1} \tag{4.3.4}$$
由函数的单调性
$$f(m^l) \leq f(n^k) < f(m^{l+1})$$
由(4.3.3)得
$$lf(m) \leq kf(n) < (l+1)f(m)$$
因此
$$\frac{l}{k} \leq \frac{f(n)}{f(m)} < \frac{l+1}{k}$$
对(4.3.4)取对数得
$$l \log m \leq k \log n < (l+1) \log m$$
因此也有
$$\frac{l}{k} \leq \frac{\log n}{\log m} < \frac{l+1}{k}$$
这样一来
$$\left| \frac{f(n)}{f(m)} - \frac{\log n}{\log m} \right| < \frac{1}{k}$$
上式对任意大的 k 都成立,因此
$$\frac{f(n)}{f(m)} = \frac{\log n}{\log m}$$
由于 m, n 的任意性即知
$$f(n) = C \log n$$

其中 C 是常数,再由 $f(n)$ 是 n 的上升函数,可知 C 是正的.

现在可以来证明定理了.

[证明] 首先,记 $H\left(\dfrac{1}{n},\dfrac{1}{n},\cdots,\dfrac{1}{n}\right)=f(n)$,按条件(ii)知 $f(n)$ 是 n 的单调上升函数. 对有 mn 个等概结果的试验,可以把它分解为 m 个有 n 个等概结果的试验,因此由条件(iii)知

$$f(mn)=f(m)+m\cdot\dfrac{1}{m}f(n)=f(m)+f(n)$$

利用引理 4.3.1 立刻得到

$$H\left(\dfrac{1}{n},\dfrac{1}{n},\cdots,\dfrac{1}{n}\right)=C\log n$$

其次,当 $p_1,p_2,\cdots,p_n$ 是有理数时,不妨记 $p_i=\dfrac{n_i}{\sum_{i=1}^{n}n_i}$,考虑一个有 $\sum_{i=1}^{n}n_i$ 个等概结果的试验,而这个试验又可以看作两个相继的试验,其中第一个试验以概率 p_i 出现结果 A_i;而第二个试验,则是在出现结果 A_i 的基础上,考察它是出现 n_i 个等概结果中的哪一个,因此按条件(iii)应有

$$C\log\sum_{i=1}^{n}n_i=H(p_1,p_2,\cdots,p_n)+C\sum_{i=1}^{n}p_i\log n_i$$

于是

$$\begin{aligned}H(p_1,p_2,\cdots,p_n)&=C\left[\log\sum_{i=1}^{n}n_i-\sum_{i=1}^{n}p_i\log n_i\right]\\&=C\left[\sum_{i=1}^{n}p_i\left(\log\sum_{j=1}^{n}n_j-\log n_i\right)\right]\\&=-C\sum_{i=1}^{n}p_i\log p_i\end{aligned}$$

最后,对任意的实数 $p_1,p_2,\cdots,p_n$,可用有理数来逼近它,但按条件(i)知 H 是各自变量的连续函数,因此上述表达式仍然成立,

从而完成了定理证明.

定理中的系数 C,可以根据方便选择,它取决于度量单位. 常用的度量单位有二进制单位及十进制单位,前者对数的底取为 2,后者用常用对数.

在(4.3.1)中,若 $p_i = 0$,则相应的项 $p_i \log p_i$ 定义为零,因此在试验中增减零概率结果不影响不肯定性,这是很自然的.

以后将称

$$H(\alpha) = -\sum_{i=1}^{n} p(A_i) \log p(A_i) \qquad (4.3.5)$$

为试验 α 的**熵**(entropy).

从下面例子可以看出,熵确实可以度量试验的不肯定性程度.

[例1] 计算本节开始时射击例子中射手甲、乙、丙射击试验相应的熵.

$$H_{甲} = -\frac{1}{2}\lg\frac{1}{2} - \frac{1}{2}\lg\frac{1}{2} = \lg 2 = 0.3010$$

$$H_{乙} = -0.99 \cdot \lg 0.99 - 0.01 \cdot \lg 0.01 = 0.0243$$

$$H_{丙} = -0.7 \cdot \lg 0.7 - 0.3 \cdot \lg 0.3 = 0.2653$$

这里均用十进制单位. 甲的熵最大,乙最小,丙介于其中,与直观完全符合.

[例2] 英文字母出现的熵.

熵的概念的引入与通信理论的发展密切相关,后者需要解决最有效而无错误地传递消息这一任务. 用文字给出的消息通常经过编码变成某种信号,经信道传输,到达接收地点,再经译码还原. 当然编码的优劣将直接影响通信的效率. 最简单的办法是把每一个字母都转换成相同长度的码子,但正如本书一开头就看到的那样,在英文中不同字母出现的频率很不相同. 因此更有效的办法当然是把最常出现的字母编成较短的码子,而把不常出现的字母编成较长的码子. 这个问题与英文字母出现的熵有直接关系.

假如把 26 个字母连同分隔用的空格共 27 个符号,看作是等

可能出现的,则相应的试验(接收到一个符号,要判断它是哪个字母或空格)的熵为

$$H_0 = \lg 27 = 1.4314$$

但是接收到一个符号,它是空格的可能性比是 z 的可能性要大 200 倍,也即不肯定性程度似乎不应该有这么大. 事实上,如果我们考虑到不同字母及空格的出现概率(数值见第一章§1),则

$$H_1 = -\sum_{i=1}^{27} p_i \lg p_i = 1.213$$

也就是说不肯定性要小不少. 当然如果再注意到英文中前后字母间的联系,例如 q 总是接着 u,则这种不肯定性还要小得多.

二、熵的基本性质

下面讨论用(4.3.5)定义的熵的若干基本性质,通过这些研究将进一步看到熵作为不肯定性程度度量的合理性.

首先考察一下函数 $\varphi(x) = -x\log x$ 的性质,显然对于 $x > 0$,均有 $\varphi''(x) < 0$,因此 $\varphi(x)$ 是 $(0, \infty)$ 上的上凸函数,即对于任意的 $p > 0, q > 0$,且 $p + q = 1$,不等式

$$p\varphi(x_1) + q\varphi(x_2) < \varphi(px_1 + qx_2) \tag{4.3.6}$$

对一切 $0 < x_1 < x_2 < \infty$ 成立.

一般地,不难用归纳法证明如下分析引理.

引理 4.3.2(延森(Jensen)不等式) 设 $\varphi(x)$ 是 $[a, b]$ 上的上凸函数,而 $x_1, x_2, \cdots, x_n$ 是 $[a, b]$ 中的任意点,$\lambda_1, \lambda_2, \cdots, \lambda_n$ 是和为 1 的正数,则

$$\sum_{i=1}^{n} \lambda_i \varphi(x_i) \leq \varphi\left(\sum_{i=1}^{n} \lambda_i x_i\right) \tag{4.3.7}$$

等号成立当且仅当诸 x_i 相等.

下面证明熵的若干性质.

性质 1 当且仅当 $p(A_i), i = 1, 2, \cdots, n$ 之中的一个等于 1 时,熵 $H = 0$,其他情况下,熵恒为正.

性质 2 在有 n 个可能结果的试验中,等概试验具有最大熵,其值为 $\log n$.

[证明] 在引理 4.3.2 中取 $\varphi(x) = -x\log x$,$x_i = p(A_i)$,$\lambda_i = \dfrac{1}{n}$,代入(4.3.7)式,得到

$$\dfrac{-1}{n}\sum_{i=1}^{n} p(A_i)\log p(A_i) \leqslant \dfrac{-1}{n}\log\dfrac{1}{n}$$

即

$$H(p(A_1),\cdots,p(A_n)) \leqslant \log n = H\left(\dfrac{1}{n},\cdots,\dfrac{1}{n}\right)$$

下面考虑两个试验 α 及 β,设它们的结果及概率如下

$$\alpha:\begin{pmatrix} A_1, & \cdots, & A_m \\ p(A_1), & \cdots, & p(A_m) \end{pmatrix} \quad \beta:\begin{pmatrix} B_1, & \cdots, & B_n \\ p(B_1), & \cdots, & p(B_n) \end{pmatrix}$$

又以 $\alpha\beta$ 记这两个试验联合起来所构成的新试验,于是试验 $\alpha\beta$ 的可能结果为 A_kB_l,$k=1,2,\cdots,m$,$l=1,2,\cdots,n$,相应的概率为 $p(A_kB_l)$. 按定义

$$H(\alpha\beta) = -\sum_{k,l} p(A_kB_l)\log p(A_kB_l) \qquad (4.3.8)$$

性质 3 若试验 α 与试验 β 独立,则

$$H(\alpha\beta) = H(\alpha) + H(\beta) \qquad (4.3.9)$$

[证明] 在这种场合 $p(A_kB_l) = p(A_k)p(B_l)$,因此

$$\begin{aligned} H(\alpha\beta) &= -\sum_{k,l} p(A_k)p(B_l)\log p(A_k)p(B_l) \\ &= -\sum_{k,l} p(A_k)p(B_l)[\log p(A_k) + \log p(B_l)] \\ &= H(\alpha) + H(\beta) \end{aligned}$$

三、条件熵与信息量

为了进一步研究熵的性质,需要引进条件熵的概念. 设 α,β 是前述两个试验,以 $p(B_l \mid A_k)$ 记试验 α 出现结果 A_k 的条件下,

试验 β 出现结果 B_l 的概率,则

$$H_{A_k}(\beta) = -\sum_{l=1}^{n} p(B_l \mid A_k)\log p(B_l \mid A_k) \qquad (4.3.10)$$

是在试验 α 出现 A_k 的条件下,试验 β 的熵.

我们称平均值

$$H_{\alpha}(\beta) = \sum_{k=1}^{m} p(A_k) H_{A_k}(\beta) \qquad (4.3.11)$$

为在试验 α 实现的条件下试验 β 的**条件熵**.

下面指出 $H_{\alpha}(\beta)$ 的某些重要性质.

性质 1 $H(\alpha\beta) = H(\alpha) + H_{\alpha}(\beta)$. $\qquad (4.3.12)$

[证明] $H(\alpha\beta) = -\sum_{k,l} p(A_k B_l)\log p(A_k B_l)$

$= -\sum_{k,l} p(A_k) p(B_l \mid A_k)[\log p(A_k) + \log p(B_l \mid A_k)]$

$= -\sum_{k} p(A_k)\log p(A_k) \sum_{l} p(B_l \mid A_k)$

$\quad -\sum_{k} p(A_k) \sum_{l} p(B_l \mid A_k)\log p(B_l \mid A_k)$

$= H(\alpha) + H_{\alpha}(\beta)$

特别当 α 与 β 独立时,$H_{\alpha}(\beta) = H(\beta)$,此时 (4.3.12) 化为 (4.3.9) 式.

同理,

$$H(\alpha\beta) = H(\beta) + H_{\beta}(\alpha)$$

这个性质称为**熵的加法法则**. 推导熵的表达式时的条件 (iii),事实上是加法法则的另一种表述.

性质 2 $H_{\alpha}(\beta)$ 是非负的. 又若所有的 $p(A_i) > 0$,则当且仅当 $H_{A_i}(\beta) = 0 (i = 1,\cdots,m)$ 时,$H_{\alpha}(\beta) = 0$ 才成立,此时还有 $H(\alpha\beta) = H(\alpha)$.

这些性质用条件熵的定义立即得到. 后一结论说明,只有当试验 α 的任何结果都使试验 β 的不肯定性完全消除时,才有 $H_{\alpha}(\beta) = 0$,此时 α 的结果完全决定了 β 的结果.

性质 3　$H_\alpha(\beta) \leq H(\beta).$ 　　　　　　　　　　(4.3.13)

[证明]　在引理 4.3.2 中，取 $\varphi(x) = -x\log x$，$\lambda_i = p(A_i)$，$x_i = p(B_k \mid A_i)$，则

$$-\sum_{i=1}^m p(A_i) p(B_k \mid A_i) \log p(B_k \mid A_i)$$
$$\leq -\left[\sum_{i=1}^m p(A_i) p(B_k \mid A_i)\right] \log\left[\sum_{i=1}^m p(A_i) p(B_k \mid A_i)\right]$$
$$= -p(B_k) \log p(B_k)$$

两边对 k 求和即得

$$-\sum_{i=1}^m p(A_i) \sum_{k=1}^n p(B_k \mid A_i) \log p(B_k \mid A_i) \leq -\sum_{k=1}^n p(B_k) \log p(B_k)$$

此即

$$H_\alpha(\beta) \leq H(\beta)$$

此外，显然有

$$H(\alpha\beta) = H(\alpha) + H_\alpha(\beta) \leq H(\alpha) + H(\beta)$$

关系式(4.3.13)的涵义不难理解，因为进行试验 α 之后，一般对试验 β 的结果会增加了解，从而消除了部分不肯定性，只有当 α 与 β 独立时，$H_\alpha(\beta) = H(\beta)$，此时 α 的结果无助于减少 β 的不肯定性. 因此量 $H(\beta) - H_\alpha(\beta)$ 是作了辅助试验 α 之后试验 β 不肯定性的减少量，即是由于试验 α 的进行而得到的有关试验 β 的信息.

记

$$I(\alpha, \beta) = H(\beta) - H_\alpha(\beta) \qquad (4.3.14)$$

并称之为含在试验 α 中的有关试验 β 的**信息量**.

因为

$$H(\alpha\beta) = H(\alpha) + H_\alpha(\beta) = H(\beta) + H_\beta(\alpha)$$

所以

$$H(\alpha) - H_\beta(\alpha) = H(\beta) - H_\alpha(\beta)$$

即

$$I(\beta,\alpha) = I(\alpha,\beta)$$

因此 β 中含有 α 的信息量与 α 中含有 β 的信息量相等.

显然

$$0 \leqslant I(\alpha,\beta) \leqslant H(\alpha), \quad 0 \leqslant I(\alpha,\beta) \leqslant H(\beta) \quad (4.3.15)$$

当且仅当 α 与 β 独立时,才有 $I(\alpha,\beta) = 0$,此时一个试验不含有另一个试验的任何信息量. 另一个极端情形是当 α 的结果完全决定 β 的结果,此时 $H_\alpha(\beta) = 0$,从而 $I(\alpha,\beta) = H(\beta)$. 特别地,$I(\beta,\beta) = H(\beta)$,这就是说,包含在试验 β 中有关试验 β 的信息量等于 β 的熵,因而熵也是信息量.

四、连续型分布的熵

对于具有密度函数的连续型分布,可以类似地定义它的熵. 设随机变量 α 及 β 的密度函数分别为 $p(x)$ 及 $q(y)$,它们的联合密度函数为 $f(x,y)$. 一种比较显然的定义熵的办法是仿照离散型场合,定义

$$H(\alpha) = -\int_{-\infty}^{\infty} p(x) \log p(x) \mathrm{d}x \quad (4.3.16)$$

$$H(\alpha\beta) = -\iint f(x,y) \log f(x,y) \mathrm{d}x \mathrm{d}y \quad (4.3.17)$$

和

$$H_\alpha(\beta) = -\iint f(x,y) \log \frac{f(x,y)}{p(x)} \mathrm{d}x \mathrm{d}y \quad (4.3.18)$$

$$H_\beta(\alpha) = -\iint f(x,y) \log \frac{f(x,y)}{q(y)} \mathrm{d}x \mathrm{d}y \quad (4.3.19)$$

这样定义的熵及条件熵具有许多离散型分布的熵的性质. 简单罗列如下:

性质 1 若 α 限制在 V 中变化,则 V 中的均匀分布有最大熵,其值等于 $\log |V|$,此处 $|V|$ 是 V 的测度.

性质 2 $H(\alpha\beta) = H(\alpha) + H_\alpha(\beta) = H(\beta) + H_\beta(\alpha)$,而且

$$H_\alpha(\beta) \leqslant H(\beta)$$

因而

$$H(\alpha\beta) \leqslant H(\alpha) + H(\beta)$$

这两个等号成立的充要条件是 α 与 β 独立.

第一个性质说明,从熵的观点看,均匀分布具有特殊地位.令人惊奇的是,常见的另外两个分布——正态分布与指数分布,从熵的观点看,也具有特殊地位.

性质 3 设 $p(x)$ 是一元密度函数,其标准差为 σ,则当 $p(x)$ 为正态分布时其熵最大,其值等于 $\log\sqrt{2\pi\mathrm{e}}\sigma$(对数以 e 为底).

[证明] 不失一般性,设其数学期望为零,这时要求 $p(x)$ 满足约束条件

$$\int p(x)\,\mathrm{d}x = 1$$

及

$$\sigma^2 = \int x^2 p(x)\,\mathrm{d}x$$

又使

$$H(x) = -\int p(x)\log p(x)\,\mathrm{d}x$$

达到最大. 根据变分法,这相当于要求

$$\int [-p(x)\log p(x) + \lambda p(x) + \mu x^2 p(x)]\,\mathrm{d}x$$

达到极大,即

$$-1 - \log p(x) + \lambda + \mu x^2 = 0$$

选取常数使其满足约束条件,即得

$$p(x) = \frac{1}{\sqrt{2\pi}\sigma}\mathrm{e}^{-x^2/(2\sigma^2)}$$

此时

$$H(x) = \int \frac{1}{\sqrt{2\pi}\sigma}\mathrm{e}^{-x^2/(2\sigma^2)}\left[\log\sqrt{2\pi}\sigma + \frac{x^2}{2\sigma^2}\right]\mathrm{d}x$$

$$= \log \sqrt{2\pi}\sigma + \frac{1}{2} = \log \sqrt{2\pi e}\sigma$$

在 n 元场合,假定分布的协方差矩阵为 $\boldsymbol{\Sigma} = (\sigma_{ij})$,则

$$p(\boldsymbol{x}) = \frac{1}{(2\pi)^{n/2}(\det \boldsymbol{\Sigma})^{\frac{1}{2}}} \exp\left\{-\frac{1}{2}\boldsymbol{x}\boldsymbol{\Sigma}^{-1}\boldsymbol{x}^{\mathrm{T}}\right\}, \quad \boldsymbol{x} \in \mathbf{R}^n$$

达到最大熵 $\log(2\pi e)^{n/2}(\det \boldsymbol{\Sigma})^{\frac{1}{2}}$.

性质 4 若密度函数 $p(x)$ 当 $x \leqslant 0$ 时等于 0,并且其均值为 a,则指数分布 $\mathrm{Exp}\left(\frac{1}{a}\right)$,即

$$p(x) = \frac{1}{a}\mathrm{e}^{-x/a}, \quad x > 0$$

达到最大熵,其值为 $\log ea$.

证明方法与推导正态分布时完全一样,不再写出.

连续熵的性质也有与离散熵不同的,特别是它的数值会因坐标系的改变而改变. 因此还存在着别种关于连续熵的定义,不过这里不准备再深入讨论了.

熵是一门新兴学科——**信息论**中的基本概念. 它的引入使得人们能对随机现象的不肯定性进行度量,是具有重大意义的.

*§4. 母 函 数

一、整值随机变量与母函数的定义

在离散型随机变量中,那些只取非负整数值 $0, 1, 2, \cdots$ 的占有重要的地位. 事实上,我们所遇到的离散型分布如二项分布,超几何分布,泊松分布,几何分布,巴斯卡分布,负二项分布等都是取非负整数值的.

我们称取非负整数值的随机变量为**整值随机变量**. 对于整值随机变量,有一种处理方法很便于应用,这就是母函数法.

若随机变量 ξ 取非负整数值,且相应的分布列为

ξ	0	1	2	$\cdots$
P	p_0	p_1	p_2	$\cdots$

(4.4.1)

则称
$$P(s) = \sum_{k=0}^{\infty} p_k s^k \qquad (4.4.2)$$

为 ξ 的**母函数**(generating function). 由佚名统计学家公式知
$$P(s) = Es^{\xi} \qquad (4.4.3)$$

因为母函数由分布列完全决定,因此亦称它为该概率分布的母函数. 由于
$$\sum_{k=0}^{\infty} p_k = 1 \qquad (4.4.4)$$

由幂级数的收敛性知道 $P(s)$ 至少在 $|s| \leq 1$ 一致收敛且绝对收敛. 因此母函数对任何整值随机变量都存在.

对于任一数列 $\{a_n\}$ 也可定义 $\sum_{n=0}^{\infty} a_n s^n$ 为其母函数,但我们以后只讨论概率分布对应的母函数.

母函数在 19 世纪初被拉普拉斯引进,它是在概率论中第一个被系统地应用的变换法,对后来在概率论中引进其他更有用的变换——如下节要介绍的特征函数——有启发作用. 本书把变换法的重点放在特征函数法上,至于为什么要单独介绍母函数,首先是由于它比较简单,在整值随机变量场合很有用,可以作为特征函数的前导;其次,在随机过程中要用到有关结果;最后还由于从母函数法发展起来的 Z 变换法已成为解决许多问题的重要工具. 但是,跳过本节母函数的内容,并不太影响本书以后章节的学习.

下面求几种分布的母函数.

[例1] 二项分布
$$P(s) = \sum_{k=0}^{n} \binom{n}{k} p^k q^{n-k} s^k = (q + ps)^n \qquad (4.4.5)$$

[例2] 超几何分布

$$P(s) = \sum_{k=0}^{n} \frac{\binom{M}{k}\binom{N-M}{n-k}}{\binom{N}{n}} s^k \qquad (4.4.6)$$

这是**超几何级数**,是一种特殊函数,处理起来不大方便,在概率论中也很少用,由于超几何分布的名称来自于它,因此我们顺便提及.

[例3] 泊松分布

$$P(s) = \sum_{k=0}^{\infty} \frac{\lambda^k}{k!} e^{-\lambda} s^k = e^{-\lambda} \cdot e^{\lambda s} = e^{\lambda(s-1)} \qquad (4.4.7)$$

[例4] 几何分布

$$P(s) = \sum_{k=1}^{\infty} q^{k-1} p s^k = ps \sum_{k=1}^{\infty} (qs)^{k-1} = \frac{ps}{1-qs} \qquad (4.4.8)$$

二、母函数的性质

1. 唯一性. 由分布列(4.4.1)用(4.4.2)定义母函数,这显然是唯一确定的;下面证明,由母函数也能唯一确定分布列.

设概率分布$\{p_k\}$及$\{q_k\}$分别具有母函数$P(s)$及$Q(s)$,而且$P(s) = Q(s)$,因为$P(s)$及$Q(s)$都是幂级数,且当$|s| \leq 1$时收敛,对$P(s)$及$Q(s)$求导k次,并令$s=0$,则得

$$k! \, p_k = P^{(k)}(0) = Q^{(k)}(0) = k! \, q_k$$

因此$p_k = q_k, k = 0, 1, 2, \cdots$即两个概率分布一样.

这样一来,概率分布与母函数是一一对应的,因而对于概率分布的许多研究可以化为对所对应的母函数的研究,因为母函数是幂级数,具有许多良好的性质,便于处理,所以母函数是研究整值随机变量的有效工具.

2. 母函数与数字特征. 母函数的应用之一是利用它能求得概率分布的数字特征,若

$$P(s) = \sum_{k=0}^{\infty} p_k s^k$$

即

$$P'(s) = \sum_{k=1}^{\infty} k p_k s^{k-1}, \quad P''(s) = \sum_{k=2}^{\infty} k(k-1) p_k s^{k-2}$$

这两个级数至少在 $|s|<1$ 是收敛的.

当数学期望 $\sum_{k=1}^{\infty} k p_k$ 存在时,

$$P'(1) = \sum_{k=1}^{\infty} k p_k = E\xi \qquad (4.4.9)$$

当数学期望 $\sum_{k=1}^{\infty} k p_k = \infty$ 时, $\lim_{s \to 1} P'(s) = \infty$.

同样,当方差 $D\xi$ 存在时,

$$E[\xi(\xi-1)] = \sum_{k=2}^{\infty} k(k-1) p_k = P''(1)$$

故

$$D\xi = E\xi^2 - (E\xi)^2 = P''(1) + P'(1) - [P'(1)]^2 \qquad (4.4.10)$$

公式(4.4.9)及(4.4.10)是计算数学期望及方差的简便公式.

[例5] 二项分布:母函数为 $P(s) = (q+ps)^n$.

$$E\xi = P'(1) = n(q+ps)^{n-1} p \big|_{s=1} = np$$

$$P''(1) = n(n-1)(q+ps)^{n-2} p^2 \big|_{s=1} = n(n-1)p^2$$

$$D\xi = n^2 p^2 - np^2 + np - n^2 p^2 = npq$$

这些结果在§1与§2中曾直接计算过.

[例6] 泊松分布:母函数为 $P(s) = \mathrm{e}^{\lambda(s-1)}$.

$$E\xi = P'(1) = \mathrm{e}^{\lambda(s-1)} \cdot \lambda \big|_{s=1} = \lambda$$

$$P''(1) = \mathrm{e}^{\lambda(s-1)} \cdot \lambda^2 \big|_{s=1} = \lambda^2$$

$$D\xi = \lambda^2 + \lambda - \lambda^2 = \lambda$$

这些结果在§1与§2中也直接计算过,这里的计算较方便.

三、独立随机变量和的母函数

若随机变量 ξ 与 η 相互独立,它们都是整值随机变量,概率分布分别为 $\{a_k\}$ 及 $\{b_k\}$,而相应的母函数为 $A(s)$ 及 $B(s)$,下面计算随机变量 $\zeta = \xi + \eta$ 的概率分布. 显然 ζ 也是整值随机变量,若记 $c_r = P\{\zeta = r\}$,则

$$c_r = a_0 b_r + a_1 b_{r-1} + \cdots + a_r b_0$$

这就是离散卷积公式(3.3.6).

记

$$C(s) = \sum_{r=0}^{\infty} c_r s^r$$

利用母函数在 $|s| \leq 1$ 的一致收敛性及绝对收敛性,

$$A(s)B(s) = \sum_{k=0}^{\infty} a_k s^k \cdot \sum_{l=0}^{\infty} b_l s^l = \sum_{k,l} a_k b_l s^{k+l}$$
$$= \sum_{r=0}^{\infty} \Big(\sum_{k=0}^{r} a_k b_{r-k} \Big) s^r = \sum_{r=0}^{\infty} c_r s^r$$

因此

$$C(s) = A(s)B(s)$$

即两个独立随机变量之和的母函数是这两个随机变量的母函数的乘积. 这是一个相当重要的性质,由于母函数具有这个性质,因此在研究独立随机变量和的问题时,母函数很适用.

容易把上面结果推广到 n 个独立整值随机变量之和的场合,若随机变量 $\xi_1, \xi_2, \cdots, \xi_n$ 相互独立,且它们的母函数分别为 $P_1(s), P_2(s), \cdots, P_n(s)$,则 $\eta = \xi_1 + \xi_2 + \cdots + \xi_n$ 的母函数为

$$P(s) = P_1(s) P_2(s) \cdots P_n(s) \tag{4.4.11}$$

特别当 ξ_i 有相同概率分布的场合,$P_i(s) = P_1(s)$,这时

$$P(s) = [P_1(s)]^n \tag{4.4.12}$$

[例7] 二项分布的母函数:在成功概率为 p 的 n 次伯努利试验中,若令

$$\xi_i = \begin{cases} 1, & \text{在第 } i \text{ 次试验中出现成功} \\ 0, & \text{在第 } i \text{ 次试验中出现失败} \end{cases}$$

则 $\xi_1, \xi_2, \cdots, \xi_n$ 相互独立,服从伯努利分布,而 $\eta = \xi_1 + \xi_2 + \cdots + \xi_n$ 服从二项分布. ξ_i 的母函数为 $(q+ps)$,由 (4.4.12),η 的母函数为

$$P(s) = (q + ps)^n$$

这与例 1 直接计算的结果相同.

利用母函数,可以给第二章讲过的泊松逼近定理一个新的证明.

简言之,泊松定理可表为:若 $np_n \to \lambda$,则 $B(n, p_n) \to P(\lambda)$.

事实上,$B(n, p_n)$ 的母函数为 $(1 - p_n + p_n s)^n$,注意到

$$(1 - p_n + p_n s)^n = (1 + p_n(s-1))^n$$
$$= \left(1 + \frac{np_n(s-1)}{n}\right)^n \to e^{\lambda(s-1)}$$

这正是 $P(\lambda)$ 的母函数,因此由唯一性推知:$B(n, p_n) \to P(\lambda)$.

[例 8] 帕斯卡分布的母函数:由 (3.1.19) 定义的帕斯卡分布,表示伯努利试验中第 r 次成功出现时的试验次数 ζ 的概率分布,而 ζ 有如下表达式

$$\zeta = \eta_1 + \cdots + \eta_r$$

即 (3.1.20),其中 $\eta_1, \cdots, \eta_r$ 相互独立,均服从几何分布.由 (4.4.8) 知几何分布的母函数为 $\frac{ps}{1-qs}$,因此据 (4.4.12) 可得帕斯卡分布的母函数为

$$P(s) = \left(\frac{ps}{1-qs}\right)^r. \tag{4.4.13}$$

$\eta_1, \cdots, \eta_n$ 的上述两个性质的严格证明,相当繁难,留给有兴趣的读者.

[例 9] 掷 5 颗骰子,求所得总和为 15 的概率.

[解] 若以 ξ_i 记第 i 颗掷出的数字,则总和 $\eta = \xi_1 + \xi_2 + \cdots + \xi_5$,$\xi_i$ 的母函数为

$$P_i(s) = \frac{1}{6}(s + s^2 + s^3 + s^4 + s^5 + s^6)$$

显然 $\xi_1, \xi_2, \cdots, \xi_5$ 是相互独立的,因此 η 的母函数为

$$P(s) = \frac{1}{6^5}(s + s^2 + \cdots + s^6)^5$$

所求的概率 $P\{\eta = 15\}$ 是 $P(s)$ 展开式中 s^{15} 项的系数. 由于

$$P(s) = \frac{s^5}{6^5}(1 + s + \cdots + s^5)^5 = \frac{s^5}{6^5}\left(\frac{1-s^6}{1-s}\right)^5$$

$$= \frac{s^5}{6^5}(1-s^6)^5(1-s)^{-5}$$

$$= \frac{s^5}{6^5}(1 - 5s^6 + 10s^{12} + \cdots - s^{30})$$

$$\cdot \left[\sum_{k=0}^{\infty}\binom{-5}{k}(-s)^k\right]$$

$$= \frac{s^5}{6^5}(1 - 5s^6 + \cdots)$$

$$\cdot \left[\sum_{k=0}^{\infty}(-1)^k\binom{5+k-1}{k}(-1)^k s^k\right]$$

$$= \frac{s^5}{6^5}(1 - 5s^6 + \cdots)\left(\sum_{k=0}^{\infty}\binom{k+4}{k}s^k\right)$$

故

$$P\{\eta = 15\} = \frac{1}{6^5}\left[1 \times \binom{14}{10} - 5 \times \binom{8}{4}\right] = \frac{651}{6^5}$$

掷骰子问题在概率论发展的早期一直占有显著地位,这里用母函数法给予统一处理.

四、随机个随机变量之和的母函数

若 $\xi_1, \xi_2, \cdots, \xi_n, \cdots$ 是一串相互独立具有相同概率分布的整值随机变量,$P\{\xi_i = j\} = f_j$,其母函数为

$$F(s) = \sum_{j=0}^{\infty} f_j s^j$$

随机变量 ν 是取正整数值的,且 $P\{\nu=n\}=g_n$,其母函数为
$$G(s)=\sum_{n=1}^{\infty}g_n s^n$$
若 $\{\xi_n\}$ 与 ν 独立,考虑和 $\eta=\xi_1+\xi_2+\cdots+\xi_\nu$,记
$$P\{\eta=i\}=h_i$$
我们来求 η 的母函数
$$H(s)=\sum_{i=0}^{\infty}h_i s^i$$
利用全概率公式及 $\{\xi_n\}$ 与 ν 的独立性
$$h_i=P\{\eta=i\}=\sum_{n=1}^{\infty}P\{\nu=n\}P\{\eta=i\mid\nu=n\}$$
$$=\sum_{n=1}^{\infty}P\{\nu=n\}P\{\xi_1+\xi_2+\cdots+\xi_n=i\mid\nu=n\}$$
$$=\sum_{n=1}^{\infty}P\{\nu=n\}P\{\xi_1+\xi_2+\cdots+\xi_n=i\}$$

由于 $\xi_1+\xi_2+\cdots+\xi_n$ 为 n 个相互独立具有相同母函数 $F(s)$ 的随机变量之和,故其母函数
$$\sum_{i=0}^{\infty}P\{\xi_1+\cdots+\xi_n=i\}s^i=[F(s)]^n$$
因此
$$H(s)=\sum_{i=0}^{\infty}h_i s^i=\sum_{n=1}^{\infty}P\{\nu=n\}\sum_{i=0}^{\infty}P\{\xi_1+\cdots+\xi_n=i\}s^i$$
$$=\sum_{n=1}^{\infty}g_n[F(s)]^n=G[F(s)] \tag{4.4.14}$$

从(4.4.14)可以看到,随机个相互独立相同分布的随机变量之和的母函数是原来两个母函数的复合.

由于
$$H'(s)=G'[F(s)]\cdot F'(s)$$
因此当 $E\xi_i$ 及 $E\nu$ 存在时,在上式中令 $s=1$,得到
$$E\eta=E\nu\cdot E\xi_i \tag{4.4.15}$$

这个公式很直观,也有不少用处.

[复合泊松分布] 在上述讨论中,若 ν 服从参数为 λ 的泊松分布,则
$$G(s) = e^{\lambda(s-1)}$$
因此 $\eta = \xi_1 + \xi_2 + \cdots + \xi_\nu$ 的母函数为
$$H(s) = e^{\lambda(F(s)-1)} \qquad (4.4.16)$$
以(4.4.16)为母函数的概率分布称为**复合泊松分布**.这种分布也很有用.

特别当 $F(s) = q + ps$ 时,
$$H(s) = e^{\lambda p(s-1)}$$

[例 10] 若每条蚕的产卵数服从泊松分布,参数为 λ,而每个卵变为成虫的概率为 p,且各卵是否变为成虫彼此间没有关系,求每条蚕养活 k 只小蚕的概率.

[解] 这是第二章习题.现在利用上面结果立刻知道小蚕数服从参数为 λp 的泊松分布,因此所求概率等于
$$\frac{(\lambda p)^k}{k!} e^{-\lambda p}$$

[例 11] 观察资料表明,天空中星体数服从泊松分布,其参数为 λV,这里 V 是被观察区域的体积.若每个星球上有生命存在的概率为 p,则在体积为 V 的宇宙空间中有生命存在的星球数服从参数为 $\lambda p V$ 的泊松分布.

[保险中的索赔模型] 在非寿命保险中通常采用如下索赔模型:
$$\eta = \xi_1 + \xi_2 + \cdots + \xi_\mu \qquad (4.4.17)$$
这里 $\xi_i, i = 1, 2, \cdots$ 为独立同分布随机变量,表示第 i 次索赔数额,而总索赔次数则是随机变量 μ,因此表现为随机个独立随机变量之和的形式.更一般的索赔模型则还假定 μ 也是随机个随机变量之和:
$$\mu = \theta_1 + \theta_2 + \cdots + \theta_\nu \qquad (4.4.18)$$

例如一次事故引起随机个索赔,而事故次数也是随机的. 在这类模型中通常假定事故发生服从泊松分布.

§5. 特 征 函 数

一、定义

数字特征只反映了概率分布的某些侧面,一般并不能通过它们来完全确定分布函数,本节将要引进的特征函数,既能完全决定分布函数而又具有良好的分析性质.

为了定义特征函数,我们需要稍微拓广一下随机变量的概念,引进复随机变量.

定义 4.5.1 如果 ξ 与 η 都是概率空间 $(\Omega, \mathscr{F}, P)$ 上的实值随机变量,则称 $\zeta = \xi + i\eta$ 为**复随机变量**.

从定义知道,对复随机变量的研究本质上是对二维随机向量的研究. 这里举一个例子:如果二维向量 (ξ_1, η_1) 与 (ξ_2, η_2) 是独立的,则我们称复随机变量 $\zeta_1 = \xi_1 + i\eta_1$ 与 $\zeta_2 = \xi_2 + i\eta_2$ 是独立的.

定义一个复随机变量 $\zeta = \xi + i\eta$ 的数学期望为
$$E\zeta = E\xi + iE\eta$$

对复随机变量也可以平行于实随机变量建立起一系列结果. 例如,若 $\zeta_1, \zeta_2, \cdots, \zeta_n$ 是相互独立的,则
$$E\zeta_1 \zeta_2 \cdots \zeta_n = E\zeta_1 E\zeta_2 \cdots E\zeta_n$$

又如,若 $g(x)$ 是一个一元博雷尔可测函数,而 $\eta = g(\xi)$,则成立复佚名统计学家公式
$$E e^{it\eta} = E e^{itg(\xi)} = \int_{-\infty}^{\infty} e^{itg(x)} dF_\xi(x) \tag{4.5.1}$$

这里使用欧拉公式 $e^{i\theta} = \cos\theta + i\sin\theta$.

以后将随时引用这类结果而不再加以说明.

下面引进随机变量 ξ 的特征函数.

定义 4.5.2 若随机变量 ξ 的分布函数为 $F_\xi(x)$,则称

$$f_\xi(t) = E\mathrm{e}^{it\xi} = \int_{-\infty}^{\infty} \mathrm{e}^{itx} \mathrm{d}F_\xi(x) \qquad (4.5.2)$$

为 ξ 的**特征函数**(characteristic function).

特征函数是一个实变量的复值函数,由于 $|\mathrm{e}^{itx}| = 1$,所以它对一切实数 t 都有意义.

显然特征函数只与分布函数有关,因此亦称某一分布函数的特征函数.

对于离散型随机变量,若其分布列为

ξ	x_1	$x_2 \cdots$	$x_n \cdots$
P	p_1	$p_2 \cdots$	$p_n \cdots$

则其特征函数为

$$f(t) = \sum_{j=1}^{\infty} p_j \mathrm{e}^{itx_j} \qquad (4.5.3)$$

特别地,对于整值随机变量,若其母函数为 $P(s)$,则 $f(t) = P(\mathrm{e}^{it})$.

对于连续型随机变量,若其分布密度函数为 $p(x)$,则其特征函数为

$$f(t) = \int_{-\infty}^{\infty} \mathrm{e}^{itx} p(x) \mathrm{d}x \qquad (4.5.4)$$

这时,特征函数是密度函数 $p(x)$ 的傅里叶(Fourier)变换.

一般情况下的特征函数可以看作是这种傅里叶变换的推广.傅里叶分析是数学中一种非常有力的工具,它在许多数学分支中都起了重大作用,以后我们将会看到,它在概率论中也占有突出的地位.

下面指出一些重要分布的特征函数.

[例1] 退化分布 $I_c(x)$ 的特征函数为

$$f(t) = \mathrm{e}^{ict} \qquad (4.5.5)$$

[例2] 二项分布 $B(n,p)$ 的特征函数为

$$f(t) = (pe^{it} + q)^n \quad (4.5.6)$$

[例3] 泊松分布 $P(\lambda)$ 的特征函数为

$$f(t) = e^{\lambda(e^{it}-1)} \quad (4.5.7)$$

[例4] Γ 分布 $\Gamma(r,\lambda)$ 的特征函数为

$$\begin{aligned} f(t) &= \int_0^\infty e^{itx} \frac{\lambda^r}{\Gamma(r)} x^{r-1} e^{-\lambda x} dx \\ &= \int_0^\infty \frac{\lambda^r}{\Gamma(r)} x^{r-1} e^{-\lambda(1-\frac{it}{\lambda})x} dx \\ &= \left(1 - \frac{it}{\lambda}\right)^{-r} \end{aligned} \quad (4.5.8)$$

特别地,参数为 λ 的指数分布 $\mathrm{Exp}(\lambda)$,即 $\Gamma(1,\lambda)$ 的特征函数为

$$f(t) = \left(1 - \frac{it}{\lambda}\right)^{-1} \quad (4.5.9)$$

同样地,参数 n 的 χ^2 分布,即 $\Gamma\left(\dfrac{n}{2}, \dfrac{1}{2}\right)$ 的特征函数为

$$f(t) = (1 - 2it)^{-\frac{n}{2}} \quad (4.5.10)$$

二、性质

下面讨论特征函数的一些基本性质.

性质1 特征函数 $f(t)$ 有如下性质:

$$f(0) = 1 \quad (4.5.11)$$
$$|f(t)| \leqslant f(0) \quad (4.5.12)$$
$$f(-t) = \overline{f(t)} \quad (4.5.13)$$

[证明] $f(0) = \int_{-\infty}^{\infty} 1 dF(x) = 1$

$|f(t)| \leqslant \int_{-\infty}^{\infty} |e^{itx}| dF(x) = 1 = f(0)$

$f(-t) = \int_{-\infty}^{\infty} e^{-itx} dF(x)$

$$= \overline{\int_{-\infty}^{\infty} e^{itx} dF(x)} = \overline{f(t)}$$

性质 2 特征函数在 $(-\infty, \infty)$ 上一致连续.

[证明] 因为

$$|f(t+h) - f(t)| = \left| \int_{-\infty}^{\infty} (e^{i(t+h)x} - e^{itx}) dF(x) \right|$$

$$\leq \int_{-\infty}^{\infty} |e^{ihx} - 1| dF(x) \leq 2\int_{|x|\geq A} dF(x) + \int_{-A}^{A} |e^{ihx} - 1| dF(x)$$

$$= 2\int_{|x|\geq A} dF(x) + 2\int_{-A}^{A} \left|\sin\frac{hx}{2}\right| dF(x)$$

注意上式右边已与 t 无关；可选足够大的 A 使 $\int_{|x|\geq A} dF(x)$ 任意小，对选定的 A 再选充分小的 $|h|$ 可使第二个积分也任意小，从而证明了结论.

性质 3 对于任意的正整数 n 及任意实数 $t_1, t_2, \cdots, t_n$ 及复数 $\lambda_1, \lambda_2, \cdots, \lambda_n$，成立

$$\sum_{k=1}^{n} \sum_{j=1}^{n} f(t_k - t_j) \lambda_k \overline{\lambda_j} \geq 0 \qquad (4.5.14)$$

[证明]

$$\sum_{k=1}^{n} \sum_{j=1}^{n} f(t_k - t_j) \lambda_k \overline{\lambda_j}$$

$$= \sum_{k=1}^{n} \sum_{j=1}^{n} E e^{i(t_k - t_j)\xi} \lambda_k \overline{\lambda_j}$$

$$= E\left\{ \sum_{k=1}^{n} \sum_{j=1}^{n} e^{i(t_k - t_j)\xi} \lambda_k \overline{\lambda_j} \right\}$$

$$= E\left\{ \left(\sum_{k=1}^{n} e^{it_k \xi} \lambda_k\right) \left(\sum_{j=1}^{n} e^{-it_j \xi} \overline{\lambda_j}\right) \right\}$$

$$= E\left| \sum_{k=1}^{n} e^{it_k \xi} \lambda_k \right|^2 \geq 0$$

这个性质称为特征函数的**非负定性**，以后我们将会看到，这是特征函数最本质的性质之一.

性质 4 两个相互独立的随机变量之和的特征函数等于它们的特征函数之积.

[证明] 设 ξ_1 与 ξ_2 是两个相互独立的随机变量,而 $\eta = \xi_1 + \xi_2$,由 ξ_1 与 ξ_2 的独立性不难推得复随机变量 $e^{it\xi_1}$ 与 $e^{it\xi_2}$ 也是独立的,因此

$$E e^{it\eta} = E e^{it(\xi_1 + \xi_2)} = E e^{it\xi_1} \cdot E e^{it\xi_2}$$

性质 4 可用归纳法推广到 n 个独立随机变量之和的场合.

应当着重指出,正是由于性质 4,才使特征函数在概率论中占有重要地位. 由于这个性质,独立随机变量和的特征函数可以方便地用各个特征函数相乘来求得,而独立和的分布密度要通过卷积这种复杂的运算才能得到,相比之下,用特征函数来处理独立和问题就有力得多. 独立和问题在概率论的古典问题中占有"中心"地位,而这些问题的解决大大有赖于特征函数的引进与使用.

性质 5 设随机变量 ξ 有 n 阶矩存在,则它的特征函数可微分 n 次,且当 $k \leqslant n$ 时:

$$f^{(k)}(0) = i^k E \xi^k \tag{4.5.15}$$

[证明]

$$\left| \frac{d^k}{dt^k}(e^{itx}) \right| = |i^k x^k e^{itx}| \leqslant |x|^k$$

由于 ξ 的 k 阶矩存在,故 $\int_{-\infty}^{\infty} |x|^k dF(x) < \infty$,因而可作下列积分号下的微分

$$f^{(k)}(t) = \int_{-\infty}^{\infty} \frac{d^k}{dt^k}(e^{itx}) dF(x)$$

$$= i^k \int_{-\infty}^{\infty} x^k e^{itx} dF(x)$$

取 $t = 0$ 即得 (4.5.15).

性质 5 使我们可以方便地求得随机变量的各阶矩.

推论 若随机变量 ξ 有 n 阶矩存在,则它的特征函数可作如下展开:

$$f(t) = 1 + (\mathrm{i}t)E\xi + \frac{(\mathrm{i}t)^2}{2!}E\xi^2 + \cdots + \frac{(\mathrm{i}t)^n}{n!}E\xi^n + o(t^n)$$
(4.5.16)

[证明] 由性质 5，$f(t)$ 可以在 $t=0$ 近旁作泰勒展开，公式 (4.5.16) 就是在带有皮阿诺余项的展开式中，代入 (4.5.15) 式而得到的.

性质 6 设 $\eta = a\xi + b$，这里 a, b 为常数，则
$$f_\eta(t) = \mathrm{e}^{\mathrm{i}bt} f_\xi(at) \qquad (4.5.17)$$

[证明]
$$f_\eta(t) = E\mathrm{e}^{\mathrm{i}t\eta} = E\mathrm{e}^{\mathrm{i}t(a\xi+b)}$$
$$= \mathrm{e}^{\mathrm{i}bt} E\mathrm{e}^{\mathrm{i}ta\xi} = \mathrm{e}^{\mathrm{i}bt} f_\xi(at)$$

[例 5] 正态分布 $N(\mu, \sigma^2)$ 的特征函数

先讨论 $N(0,1)$ 的场合：
$$f(t) = \frac{1}{\sqrt{2\pi}} \int_{-\infty}^{\infty} \mathrm{e}^{\mathrm{i}tx} \mathrm{e}^{-\frac{x^2}{2}} \mathrm{d}x = \frac{1}{\sqrt{2\pi}} \int_{-\infty}^{\infty} \cos tx \cdot \mathrm{e}^{-\frac{x^2}{2}} \mathrm{d}x$$

由于正态分布一阶矩存在，可对上式求导，得
$$f'(t) = \frac{1}{\sqrt{2\pi}} \int_{-\infty}^{\infty} (-x) \sin tx \cdot \mathrm{e}^{-\frac{x^2}{2}} \mathrm{d}x = \frac{1}{\sqrt{2\pi}} \int_{-\infty}^{\infty} \sin tx \, \mathrm{d}\mathrm{e}^{-\frac{x^2}{2}}$$
$$= \left[\frac{1}{\sqrt{2\pi}} \sin tx \cdot \mathrm{e}^{-\frac{x^2}{2}}\right]_{-\infty}^{\infty} - \frac{1}{\sqrt{2\pi}} \int_{-\infty}^{\infty} t\cos tx \cdot \mathrm{e}^{-\frac{x^2}{2}} \mathrm{d}x$$
$$= -tf(t)$$

因此
$$\ln f(t) = -\frac{t^2}{2} + c$$

由于 $f(0) = 1$，所以 $c = 0$. 这样一来，
$$f(t) = \mathrm{e}^{-\frac{t^2}{2}} \qquad (4.5.18)$$

一般 $N(\mu, \sigma^2)$ 的场合，利用性质 6 即得
$$f(t) = \mathrm{e}^{\mathrm{i}\mu t - \frac{1}{2}\sigma^2 t^2} \qquad (4.5.19)$$

三、逆转公式与唯一性定理

现在来证明特征函数与分布函数是相互唯一确定的,由分布函数决定特征函数是显然的,剩下来的是需要证明可由特征函数唯一决定分布函数.

下面定理的证明要用到如下数学分析的引理.

引理 4.5.1 设 $x_1 < x_2$,

$$g(T, x, x_1, x_2) = \frac{1}{\pi} \int_0^T \left[\frac{\sin t(x - x_1)}{t} - \frac{\sin t(x - x_2)}{t} \right] dt \quad (4.5.20)$$

则

$$\lim_{T \to \infty} g(T, x, x_1, x_2) = \begin{cases} 0, & x < x_1 \text{ 或 } x > x_2 \\ \frac{1}{2}, & x = x_1 \text{ 或 } x = x_2 \\ 1, & x_1 < x < x_2 \end{cases} \quad (4.5.21)$$

[证明] 从数学分析中知道狄利克雷积分

$$D(\alpha) = \frac{1}{\pi} \int_0^\infty \frac{\sin \alpha t}{t} dt = \begin{cases} \frac{1}{2}, & \alpha > 0 \\ 0, & \alpha = 0 \\ -\frac{1}{2}, & \alpha < 0 \end{cases} \quad (4.5.22)$$

而

$$\lim_{T \to \infty} g(T, x, x_1, x_2) = D(x - x_1) - D(x - x_2)$$

分别考察 x 在区间 (x_1, x_2) 的端点及内外时相应狄利克雷积分的值即得 (4.5.21).

定理 4.5.1 (逆转公式) 设分布函数 $F(x)$ 的特征函数为 $f(t)$,又 x_1, x_2 是 $F(x)$ 的连续点,则

$$F(x_2) - F(x_1) = \lim_{T \to \infty} \frac{1}{2\pi} \int_{-T}^T \frac{e^{-itx_1} - e^{-itx_2}}{it} f(t) dt \quad (4.5.23)$$

[证明] 不妨设 $x_1 < x_2$,记

$$I_T = \frac{1}{2\pi}\int_{-T}^{T}\frac{e^{-itx_1} - e^{-itx_2}}{it}f(t)\,dt$$

$$= \frac{1}{2\pi}\int_{-T}^{T}\int_{-\infty}^{\infty}\frac{e^{-itx_1} - e^{-itx_2}}{it}e^{itx}\,dF(x)\,dt$$

为证被积函数的有界性,用到不等式

$$|e^{i\alpha} - 1| \leqslant |\alpha|$$

事实上,对 $\alpha > 0$

$$|e^{i\alpha} - 1| = \left|\int_0^{\alpha}e^{ix}\,dx\right| \leqslant \int_0^{\alpha}|e^{ix}|\,dx = \alpha$$

对 $\alpha \leqslant 0$,取共轭即知不等式也成立.

因此

$$\left|\frac{e^{-itx_1} - e^{-itx_2}}{it}e^{itx}\right| \leqslant x_2 - x_1$$

交换上述二次积分顺序得到

$$I_T = \frac{1}{2\pi}\int_{-\infty}^{\infty}\left[\int_{-T}^{T}\frac{e^{-itx_1} - e^{-itx_2}}{it}e^{itx}\,dt\right]dF(x)$$

$$= \frac{1}{2\pi}\int_{-\infty}^{\infty}\left[\int_{0}^{T}\frac{e^{it(x-x_1)} - e^{-it(x-x_1)} - e^{it(x-x_2)} + e^{-it(x-x_2)}}{it}\,dt\right]dF(x)$$

$$= \frac{1}{\pi}\int_{-\infty}^{\infty}\left[\int_{0}^{T}\left(\frac{\sin t(x-x_1)}{t} - \frac{\sin t(x-x_2)}{t}\right)dt\right]dF(x)$$

$$= \int_{-\infty}^{\infty}g(T,x,x_1,x_2)\,dF(x)$$

此处 $g(T,x,x_1,x_2)$ 按(4.5.20)定义.由(4.5.21)可以知道 $|g(T,x,x_1,x_2)|$ 有界,因此由勒贝格控制收敛定理[①]并利用引理的结果可得:

$$\lim_{T\to\infty}I_T = \int_{-\infty}^{\infty}\lim_{T\to\infty}g(T,x,x_1,x_2)\,dF(x)$$

---

① 为了避免冗长的分析论证,在证明特征函数的逆转公式及逆极限定理时,我们共四次使用了实变函数论中关于极限号与积分号交换的勒贝格控制收敛定理.

$$= F(x_2) - F(x_1)$$

定理 4.5.2(唯一性定理) 分布函数由其特征函数唯一决定.

[证明] 应用逆转公式,在 $F(x)$ 的每一连续点上,当 y 沿着 $F(x)$ 的连续点趋于 $-\infty$ 时,有

$$F(x) = \frac{1}{2\pi} \lim_{y \to -\infty} \lim_{T \to \infty} \int_{-T}^{T} \frac{e^{-ity} - e^{-itx}}{it} f(t) \mathrm{d}t \quad (4.5.24)$$

而分布函数由其连续点上的值唯一决定.

由唯一性定理可知特征函数也完整地描述了随机变量.

特别当 $f(t)$ 是绝对可积函数时,有下列更强的结果.

定理 4.5.3 若 $\int_{-\infty}^{\infty} |f(t)| \mathrm{d}t < \infty$,则相应的分布函数 $F(x)$ 的导数存在并连续,而且

$$F'(x) = \frac{1}{2\pi} \int_{-\infty}^{\infty} e^{-itx} f(t) \mathrm{d}t \quad (4.5.25)$$

[证明] 由逆转公式,若 $x + \Delta x$ 及 x 是 $F(x)$ 的连续点,则

$$\frac{F(x + \Delta x) - F(x)}{\Delta x} = \lim_{T \to \infty} \frac{1}{2\pi} \int_{-T}^{T} \frac{e^{-itx} - e^{-it(x + \Delta x)}}{it \Delta x} f(t) \mathrm{d}t$$

利用 $|e^{i\alpha} - 1| \leq |\alpha|$,可得

$$\left| \frac{e^{-itx} - e^{-it(x + \Delta x)}}{it \Delta x} \right| \leq 1.$$

依假设 $\int_{-\infty}^{\infty} |f(t)| \mathrm{d}t < \infty$,因此

$$\frac{F(x + \Delta x) - F(x)}{\Delta x} = \frac{1}{2\pi} \int_{-\infty}^{\infty} \frac{e^{-itx} - e^{-it(x + \Delta x)}}{it \Delta x} f(t) \mathrm{d}t$$

利用控制收敛定理

$$F'(x) = \lim_{\Delta x \to 0} \frac{F(x + \Delta x) - F(x)}{\Delta x}$$

$$= \frac{1}{2\pi} \int_{-\infty}^{\infty} \lim_{\Delta x \to 0} \frac{e^{-itx} - e^{-it(x + \Delta x)}}{it \Delta x} f(t) \mathrm{d}t$$

$$= \frac{1}{2\pi}\int_{-\infty}^{\infty} e^{-itx} f(t)\,dt$$

因此 $p(x) = F'(x)$ 存在而有界. 再次利用控制收敛定理就可得 $F'(x)$ 的连续性.

因此在 $f(t)$ 是绝对可积的条件下,分布密度 $p(x)$ 与特征函数 $f(t)$ 通过傅里叶变换来联系.

四、分布函数的再生性

许多重要的分布函数具有一个有趣的性质——再生性. 这个性质用特征函数来研究最为方便. 下面通过几个例子来说明它.

[例6](二项分布) 若 ξ_1 服从 $B(m,p)$,ξ_2 服从 $B(n,p)$,而且 ξ_1 与 ξ_2 独立,则 $\eta = \xi_1 + \xi_2$ 服从 $B(m+n,p)$.

事实上 $f_{\xi_1}(t) = (pe^{it}+q)^m$, $f_{\xi_2}(t) = (pe^{it}+q)^n$,由性质4知
$$f_\eta(t) = (pe^{it}+q)^{m+n}$$
因此由唯一性定理知 η 服从 $B(m+n,p)$.

这个事实简记作
$$B(n_1,p) * B(n_2,p) = B(n_1+n_2,p) \qquad (4.5.26)$$

[例7](泊松分布) 若 ξ_1 服从 $P(\lambda_1)$,ξ_2 服从 $P(\lambda_2)$,而且 ξ_1 与 ξ_2 独立,则 $\eta = \xi_1 + \xi_2$ 服从 $P(\lambda_1 + \lambda_2)$.

事实上
$$f_{\xi_1}(t) = e^{\lambda_1(e^{it}-1)}, \quad f_{\xi_2}(t) = e^{\lambda_2(e^{it}-1)}$$
$$f_\eta(t) = e^{(\lambda_1+\lambda_2)(e^{it}-1)}$$

这个事实简记作
$$P(\lambda_1) * P(\lambda_2) = P(\lambda_1 + \lambda_2) \qquad (4.5.27)$$

[例8](正态分布) 若 ξ_1 服从 $N(\mu_1, \sigma_1^2)$,ξ_2 服从 $N(\mu_2, \sigma_2^2)$,而且 ξ_1 与 ξ_2 独立,则 $\eta = \xi_1 + \xi_2$ 服从 $N(\mu_1 + \mu_2, \sigma_1^2 + \sigma_2^2)$.

事实上

$$f_{\xi_1}(t) = e^{i\mu_1 t - \frac{1}{2}\sigma_1^2 t^2}, \quad f_{\xi_2}(t) = e^{i\mu_2 t - \frac{1}{2}\sigma_2^2 t^2}$$

$$f_\eta(t) = e^{i(\mu_1 + \mu_2)t - \frac{1}{2}(\sigma_1^2 + \sigma_2^2)t^2}$$

这个事实简记作

$$N(\mu_1, \sigma_1^2) * N(\mu_2, \sigma_2^2) = N(\mu_1 + \mu_2, \sigma_1^2 + \sigma_2^2) \quad (4.5.28)$$

[例9](Γ分布) 若ξ_1服从$\Gamma(r_1, \lambda)$,ξ_2服从$\Gamma(r_2, \lambda)$,而且ξ_1与ξ_2独立,则$\eta = \xi_1 + \xi_2$服从$\Gamma(r_1 + r_2, \lambda)$.

事实上,由(4.5.8)

$$f_{\xi_1}(t) = \left(1 - \frac{it}{\lambda}\right)^{-r_1}, \quad f_{\xi_2}(t) = \left(1 - \frac{it}{\lambda}\right)^{-r_2}$$

$$f_\eta(t) = \left(1 - \frac{it}{\lambda}\right)^{-(r_1 + r_2)}$$

这个事实简记作

$$\Gamma(r_1, \lambda) * \Gamma(r_2, \lambda) = \Gamma(r_1 + r_2, \lambda) \quad (4.5.29)$$

特别地,χ_n^2分布即为$\Gamma\left(\frac{n}{2}, \frac{1}{2}\right)$,也具有再生性:

$$\chi_m^2 * \chi_n^2 = \chi_{m+n}^2 \quad (4.5.30)$$

这个性质,通常称为χ^2分布的可加性,已见于式(3.3.38),在数理统计中是最常使用的命题之一.

还有不少重要分布也有再生性,留给读者作为练习.

还有人研究了这类命题的逆命题——分布函数的分解问题,即若两个独立随机变量之和服从某一分布,问是否能断定这两个随机变量也分别服从这个分布.已经证明对于正态分布及泊松分布,二项分布与多项分布逆命题的确成立.

五、多元特征函数

若随机向量$(\xi_1, \xi_2, \cdots, \xi_n)$的分布函数为$F(x_1, x_2, \cdots, x_n)$,与随机变量相仿,我们可以定义它的特征函数

$$f(t_1, t_2, \cdots, t_n) = \int_{-\infty}^{\infty} \cdots \int_{-\infty}^{\infty} e^{i(t_1 x_1 + \cdots + t_n x_n)} dF(x_1, \cdots, x_n)$$

$$(4.5.31)$$

可以类似于一元的场合,建立起 n 元特征函数的理论,由于方法完全相同,我们只叙述一些有关结论,证明一概从略.

性质 1 $f(t_1, t_2, \cdots, t_n)$ 在 $\mathbf{R}^n$ 中一致连续,而且
$$|f(t_1, t_2, \cdots, t_n)| \leq f(0, 0, \cdots, 0) = 1$$
$$f(-t_1, -t_2, \cdots, -t_n) = \overline{f(t_1, t_2, \cdots, t_n)}$$

性质 2 如果 $f(t_1, t_2, \cdots, t_n)$ 是 $(\xi_1, \xi_2, \cdots, \xi_n)$ 的特征函数,则 $\eta = a_1\xi_1 + a_2\xi_2 + \cdots + a_n\xi_n$ 的特征函数为
$$f_\eta(t) = f(a_1 t, a_2 t, \cdots, a_n t)$$

性质 3 如果矩 $E\xi_1^{k_1}\xi_2^{k_2}\cdots\xi_n^{k_n}$ 存在,则
$$E\xi_1^{k_1}\xi_2^{k_2}\cdots\xi_n^{k_n}$$
$$= \mathrm{i}^{-\sum_{j=1}^{n} k_j} \left[\frac{\partial^{k_1+k_2+\cdots+k_n} f(t_1, t_2, \cdots, t_n)}{\partial t_1^{k_1} \partial t_2^{k_2} \cdots \partial t_n^{k_n}} \right]_{t_1 = t_2 = \cdots = t_n = 0} \quad (4.5.32)$$

性质 4 若 $(\xi_1, \xi_2, \cdots, \xi_n)$ 的特征函数为 $f(t_1, t_2, \cdots, t_n)$,则 $k(k < n)$ 维随机向量 $(\xi_1, \xi_2, \cdots, \xi_k)$ 的特征函数为
$$f_{1, 2, \cdots, k}(t_1, t_2, \cdots, t_k) = f(t_1, t_2, \cdots, t_k, 0, \cdots, 0)$$

这是前 k 个分量的 k 元边际分布函数对应的特征函数. 对应于任意 k 个分量 $\xi_{j_1}, \xi_{j_2}, \cdots, \xi_{j_k}$ 的边际分布函数的特征函数,可以类似得到.

逆转公式 如果 $f(t_1, t_2, \cdots, t_n)$ 是随机向量 $(\xi_1, \xi_2, \cdots, \xi_n)$ 的特征函数,而 $F(x_1, x_2, \cdots, x_n)$ 是它的分布函数,则
$$P\{a_k \leq \xi_k < b_k, \quad k = 1, 2, \cdots, n\}$$
$$= \lim_{\substack{T_j \to \infty \\ j = 1, \cdots, n}} \frac{1}{(2\pi)^n} \int_{-T_1}^{T_1} \int_{-T_2}^{T_2} \cdots \int_{-T_n}^{T_n} \prod_{k=1}^{n} \frac{\mathrm{e}^{-\mathrm{i}t_k a_k} - \mathrm{e}^{-\mathrm{i}t_k b_k}}{\mathrm{i}t_k}$$
$$\cdot f(t_1, t_2, \cdots, t_n) \mathrm{d}t_1 \mathrm{d}t_2 \cdots \mathrm{d}t_n$$

其中 a_k 和 b_k 都是任意实数,但满足唯一的要求:$(\xi_1, \xi_2, \cdots, \xi_n)$ 落在平行体
$$a_k \leq x_k < b_k, \quad k = 1, 2, \cdots, n$$
的面上的概率等于零.

唯一性定理　分布函数 $F(x_1,x_2,\cdots,x_n)$ 由其特征函数唯一决定.

有了唯一性定理,可以进一步证明特征函数的如下两个性质,它们表征了独立性.

性质 5　若 $(\xi_1,\xi_2,\cdots,\xi_n)$ 的特征函数为 $f(t_1,t_2,\cdots,t_n)$,而 ξ_j 的特征函数为 $f_{\xi_j}(t), j=1,2,\cdots,n$,则随机变量 $\xi_1,\xi_2,\cdots,\xi_n$ 相互独立的充要条件为

$$f(t_1,t_2,\cdots,t_n) = f_{\xi_1}(t_1)f_{\xi_2}(t_2)\cdots f_{\xi_n}(t_n) \quad (4.5.33)$$

性质 6　若以 $f_1(t_1,\cdots,t_n), f_2(u_1,\cdots,u_m)$ 及 $f(t_1,\cdots,t_n,u_1,\cdots,u_m)$ 分别记随机向量 $(\xi_1,\cdots,\xi_n),(\eta_1,\cdots,\eta_m)$ 及 $(\xi_1,\cdots,\xi_n,\eta_1,\cdots,\eta_m)$ 的特征函数,则 $(\xi_1,\cdots,\xi_n)$ 与 $(\eta_1,\cdots,\eta_m)$ 独立的充要条件为:对一切实数 $t_1,\cdots,t_n$ 及 $u_1,\cdots,u_m$ 成立

$$f(t_1,\cdots,t_n,u_1,\cdots,u_m)$$
$$= f_1(t_1,\cdots,t_n)f_2(u_1,\cdots,u_m) \quad (4.5.34)$$

在下一节,我们要用到如下定理,相应于此定理的一元结果,将在下章叙述并证明.

连续性定理　若特征函数列 $\{f_k(t_1,t_2,\cdots,t_n)\}$ 收敛于一个连续函数 $f(t_1,t_2,\cdots,t_n)$,则函数 $f(t_1,t_2,\cdots,t_n)$ 是某分布函数所对应的特征函数.

*§6. 多元正态分布

一、密度函数与特征函数

在本节中,我们将讨论多元正态分布的定义与性质,假定读者具有矩阵论的基本知识.因为对二元的场合我们已直接推导过其中的大部分结果,所以基础知识不足的读者不妨跳过本节.

下面,我们将以黑体的小写字母记列向量,如:

$$\boldsymbol{\mu} = \begin{pmatrix} \mu_1 \\ \mu_2 \\ \vdots \\ \mu_n \end{pmatrix}, \quad \boldsymbol{\xi} = \begin{pmatrix} \xi_1 \\ \xi_2 \\ \vdots \\ \xi_n \end{pmatrix}$$

以黑体的大写字母记矩阵,例如

$$\boldsymbol{\Sigma} = \begin{pmatrix} \sigma_{11} & \sigma_{12} & \cdots & \sigma_{1n} \\ \sigma_{21} & \sigma_{22} & \cdots & \sigma_{2n} \\ \vdots & \vdots & & \vdots \\ \sigma_{n1} & \sigma_{n2} & \cdots & \sigma_{nn} \end{pmatrix}$$

以 T 记矩阵(当然也包括向量)的转置,因此 $\boldsymbol{t}^T \boldsymbol{\xi} = \sum_{i=1}^{n} t_i \xi_i$(其中,$\boldsymbol{t}$ 为列向量);以 $\boldsymbol{\Sigma}^{-1}$ 记 $\boldsymbol{\Sigma}$ 的逆阵;以 $\det \boldsymbol{\Sigma}$ 记 $\boldsymbol{\Sigma}$ 的行列式之值.

在(3.2.13)中,我们已定义了 n 元正态分布的密度函数,采用列向量形式,其表达式为

$$p(\boldsymbol{x}) = \frac{1}{(2\pi)^{n/2}(\det \boldsymbol{\Sigma})^{\frac{1}{2}}} \exp\left\{ -\frac{1}{2}(\boldsymbol{x}-\boldsymbol{\mu})^T \boldsymbol{\Sigma}^{-1}(\boldsymbol{x}-\boldsymbol{\mu}) \right\}$$

(4.6.1)

其中 $\boldsymbol{\Sigma}$ 是 n 阶正定对称矩阵,$\boldsymbol{\mu}$ 是实值列向量,并简记这个正态分布为 $N(\boldsymbol{\mu}, \boldsymbol{\Sigma})$.

事实上,我们还需要证明由(4.6.1)定义的函数是 $\mathbf{R}^n$ 中的密度函数.

显然

$$p(\boldsymbol{x}) > 0, \quad \boldsymbol{x} \in \mathbf{R}^n \qquad (4.6.2)$$

因此只须验证下式成立

$$\int_{\mathbf{R}^n} p(\boldsymbol{x}) \, \mathrm{d}\boldsymbol{x} = 1 \qquad (4.6.3)$$

为了证明(4.6.3),我们要用到矩阵论中这样一个结果:若 $\boldsymbol{\Sigma}$ 是正定对称阵,则存在非奇异阵 $\boldsymbol{L}$,使

$$\boldsymbol{\Sigma} = \boldsymbol{L}\boldsymbol{L}^T \qquad (4.6.4)$$

作线性变换
$$y = L^{-1}(x - \mu) \tag{4.6.5}$$
则逆变换为
$$x = Ly + \mu \tag{4.6.6}$$
变换(4.6.6)的雅可比行列式由下式给出
$$\det L = (\det \Sigma)^{\frac{1}{2}} \tag{4.6.7}$$
由于
$$(x - \mu)^T \Sigma^{-1} (x - \mu) = [L^{-1}(x - \mu)]^T [L^{-1}(x - \mu)] = y^T y \tag{4.6.8}$$

因此
$$\int_{\mathbf{R}^n} p(x) \, dx = \frac{1}{(2\pi)^{n/2} (\det \Sigma)^{\frac{1}{2}}} \int_{\mathbf{R}^n} \exp\left\{-\frac{1}{2} y^T y\right\} \cdot (\det \Sigma)^{\frac{1}{2}} dy$$
$$= \frac{1}{(2\pi)^{n/2}} \int_{-\infty}^{\infty} \cdots \int_{-\infty}^{\infty} \exp\left\{-\frac{1}{2} \sum_{k=1}^{n} y_k^2\right\} dy_1 \cdots dy_n$$
$$= \left[\frac{1}{\sqrt{2\pi}} \int_{-\infty}^{\infty} e^{-u^2/2} du\right]^n = 1$$

从而证明了(4.6.3),所以(4.6.1)确实定义了 $\mathbf{R}^n$ 上的一个密度函数.

定理 4.6.1 n 元正态分布(4.6.1)的特征函数为
$$f(t) = \exp\left\{i\mu^T t - \frac{1}{2} t^T \Sigma t\right\} \tag{4.6.9}$$

[证明] 按定义
$$f(t) = \int_{\mathbf{R}^n} e^{it^T x} p(x) \, dx$$
$$= \frac{1}{(2\pi)^{n/2} (\det \Sigma)^{\frac{1}{2}}}$$
$$\cdot \int_{\mathbf{R}^n} e^{it^T x} \exp\left\{-\frac{1}{2}(x - \mu)^T \Sigma^{-1} (x - \mu)\right\} dx$$

作变换(4.6.5),注意到

$$i t^T x = i t^T \mu + i t^T L y = i t^T \mu + i(L^T t)^T y \qquad (4.6.10)$$

记 $s = L^T t$,则

$$i t^T x - \frac{1}{2}(x-\mu)^T \Sigma^{-1}(x-\mu)$$

$$= i t^T \mu + i s^T y - \frac{1}{2} y^T y$$

$$= i \mu^T t + \sum_{k=1}^{n}\left(i s_k y_k - \frac{1}{2} y_k^2\right)$$

$$= i \mu^T t - \frac{1}{2}\sum_{k=1}^{n}(y_k - i s_k)^2 - \frac{1}{2}\sum_{k=1}^{n} s_k^2$$

$$= i \mu^T t - \frac{1}{2}\sum_{k=1}^{n}(y_k - i s_k)^2 - \frac{1}{2} t^T \Sigma t$$

因此

$$f(t) = \frac{e^{i\mu^T t - \frac{1}{2} t^T \Sigma t}}{(2\pi)^{\frac{n}{2}}(\det \Sigma)^{\frac{1}{2}}}$$

$$\cdot \int_{-\infty}^{\infty}\cdots\int_{-\infty}^{\infty} \exp\left\{-\frac{1}{2}\sum_{k=1}^{n}(y_k - i s_k)^2\right\}(\det \Sigma)^{\frac{1}{2}} dy_1 \cdots dy_n$$

$$= e^{i\mu^T t - \frac{1}{2} t^T \Sigma t}$$

在(4.6.1)中,假定 Σ 是正定对称阵,否则该表达式没有意义,因此我们只是对正定对称阵 Σ 的场合定义了多元正态分布,但是利用特征函数表达式(4.6.9)有可能把定义拓广到一般非负定对称阵 Σ 的场合.

事实上,设 Σ 是非负定对称阵,令 $\Sigma_k = \Sigma + \frac{1}{k} I$,这里 I 是 n 阶单位阵,显然 Σ_k 是正定对称阵,因此

$$f_k(t) = e^{i\mu^T t - \frac{1}{2} t^T \Sigma_k t}$$

是 n 元正态分布 $N(\mu, \Sigma_k)$ 的特征函数. 现在

$$\lim_{k\to\infty} f_k(t) = e^{i\mu^T t - \frac{1}{2} t^T \Sigma t} = f(t)$$

而 $f(t)$ 在 $\mathbf{R}^n$ 上连续,因此由上节的连续性定理知 $f(t)$ 是 $\mathbf{R}^n$ 上某

分布函数的特征函数.

这样可以引进如下一般定义.

定义 4.6.1 若 $\boldsymbol{\mu}$ 是 n 维实向量, $\boldsymbol{\Sigma}$ 是 n 阶非负定对称阵,则称以(4.6.9)式中的 $f(t)$ 为其特征函数的分布函数为 n **元正态分布**,并简记为 $N(\boldsymbol{\mu}, \boldsymbol{\Sigma})$.

按照这个定义,当 $\boldsymbol{\Sigma}$ 为正定对称阵时,其密度函数由(4.6.1)给出;但是当 $\det \boldsymbol{\Sigma} = 0$ 时,密度函数无法写出.可以证明,若 $\boldsymbol{\Sigma}$ 的秩为 $r(r < n)$,则这时概率分布集中在一个 r 维子空间上,这种正态分布称为**退化正态分布**或**奇异正态分布**.

下面讨论中,我们总是假定随机向量 $\boldsymbol{\xi} = (\xi_1, \xi_2, \cdots, \xi_n)^T$ 服从 n 元正态分布 $N(\boldsymbol{\mu}, \boldsymbol{\Sigma})$.

定理 4.6.2 $\boldsymbol{\xi}$ 的任一子向量 $(\xi_{k_1}, \xi_{k_2}, \cdots, \xi_{k_m})^T (m \leq n)$ 也服从正态分布,分布为 $N(\tilde{\boldsymbol{\mu}}, \tilde{\boldsymbol{\Sigma}})$,其中 $\tilde{\boldsymbol{\mu}} = (\mu_{k_1}, \mu_{k_2}, \cdots, \mu_{k_m})^T$, $\tilde{\boldsymbol{\Sigma}}$ 为保留 $\boldsymbol{\Sigma}$ 的第 $k_1, k_2, \cdots, k_m$ 行及列所得的 m 阶矩阵.

特别地, ξ_j 服从一元正态分布 $N(\mu_j, \sigma_{jj})$.

[证明] 只须在特征函数(4.6.9)中对一切不等于 $k_1, k_2, \cdots, k_m$ 的 l,令 $t_l = 0$ 即得 $(\xi_{k_1}, \xi_{k_2}, \cdots, \xi_{k_m})^T$ 的特征函数

$$\tilde{f}(\tilde{\boldsymbol{t}}) = e^{i\tilde{\boldsymbol{\mu}}^T \tilde{\boldsymbol{t}} - \frac{1}{2}\tilde{\boldsymbol{t}}^T \tilde{\boldsymbol{\Sigma}} \tilde{\boldsymbol{t}}}$$

这里 $\tilde{\boldsymbol{t}} = (t_{k_1}, t_{k_2}, \cdots, t_{k_m})^T$,这正是 $N(\tilde{\boldsymbol{\mu}}, \tilde{\boldsymbol{\Sigma}})$ 的特征函数.

定理 4.6.2 表明,多元正态分布的边际分布还是正态分布.

定理 4.6.3 $\boldsymbol{\mu}$ 及 $\boldsymbol{\Sigma}$ 分别是随机向量 $\boldsymbol{\xi}$ 的数学期望及协方差矩阵,即

$$\mu_j = E\xi_j, \qquad 1 \leq j \leq n \qquad (4.6.11)$$
$$\sigma_{jk} = E(\xi_j - \mu_j)(\xi_k - \mu_k), \quad 1 \leq j, k \leq n \qquad (4.6.12)$$

[证明] 由定理 4.6.2 立即得到(4.6.11),而且知道 $D\xi_j = \sigma_{jj}, j = 1, 2, \cdots, n$ 存在,由柯西 – 施瓦兹不等式又知各协方差存在,因此由(4.5.32)

$$E\xi_j \xi_k = \frac{1}{i^2} \cdot \frac{\partial^2 f(t_1, \cdots, t_n)}{\partial t_j \partial t_k} \bigg|_{t_1 = \cdots = t_n = 0} = \sigma_{jk} + \mu_j \mu_k$$

故
$$E(\xi_j - \mu_j)(\xi_k - \mu_k) = E\xi_j\xi_k - \mu_j\mu_k = \sigma_{jk},$$
因此 n 元正态分布由它的前面二阶矩完全确定.

二、独立性

正如在二元场合一样,对 n 元正态分布而言,独立性与不相关性有密切联系.

定理 4.6.4 $\xi_1, \xi_2, \cdots, \xi_n$ 相互独立的充要条件是它们两两不相关.

[证明] 必要性显然成立,下证充分性.

若 $\xi_1, \xi_2, \cdots, \xi_n$ 两两不相关,即对一切 $j \neq k$,
$$\rho_{jk} = \frac{E[(\xi_j - E\xi_j)(\xi_k - E\xi_k)]}{\sqrt{D\xi_j}\sqrt{D\xi_k}} = 0,$$
因此 $\sigma_{jk} = E(\xi_j - E\xi_j)(\xi_k - E\xi_k) = 0$,所以
$$\begin{aligned} f(t_1, \cdots, t_n) &= e^{i\sum_{k=1}^{n}\mu_k t_k - \frac{1}{2}\sum_{k=1}^{n}\sigma_{kk}t_k^2} \\ &= \prod_{k=1}^{n} e^{i\mu_k t_k - \frac{1}{2}\sigma_{kk}t_k^2} \\ &= \prod_{k=1}^{n} f_{\xi_k}(t_k) \end{aligned}$$
由上节多元特征函数的性质 5 可知 $\xi_1, \xi_2, \cdots, \xi_n$ 相互独立.

定理 4.6.5 若 $\boldsymbol{\xi} = \begin{pmatrix} \boldsymbol{\xi}_1 \\ \boldsymbol{\xi}_2 \end{pmatrix}$,这里 $\boldsymbol{\xi}_1$ 与 $\boldsymbol{\xi}_2$ 是 $\boldsymbol{\xi}$ 的子向量,记
$$\boldsymbol{\Sigma} = \begin{pmatrix} \boldsymbol{\Sigma}_{11} & \boldsymbol{\Sigma}_{12} \\ \boldsymbol{\Sigma}_{21} & \boldsymbol{\Sigma}_{22} \end{pmatrix} \qquad (4.6.13)$$
其中 $\boldsymbol{\Sigma}_{11}$ 及 $\boldsymbol{\Sigma}_{22}$ 分别是 $\boldsymbol{\xi}_1$ 及 $\boldsymbol{\xi}_2$ 的协方差矩阵,$\boldsymbol{\Sigma}_{12}$ 则是由 $\boldsymbol{\xi}_1$ 与 $\boldsymbol{\xi}_2$ 的相应分量的协方差构成的相互协方差矩阵,则 $\boldsymbol{\xi}_1$ 与 $\boldsymbol{\xi}_2$ 独立的充要条件是 $\boldsymbol{\Sigma}_{12} = \boldsymbol{0}$.

[证明] 若 $\boldsymbol{\xi}_1$ 与 $\boldsymbol{\xi}_2$ 独立,则 $\boldsymbol{\xi}_1$ 的任一分量与 $\boldsymbol{\xi}_2$ 的任一分量独

立,因此其协方差为 0,从而由它们构成的矩阵 $\pmb{\Sigma}_{12} = \pmb{0}$,这就证明了必要性.

下面来证明充分性. 由 $\sigma_{ij} = \sigma_{ji}$,因此 $\pmb{\Sigma}_{21} = \pmb{\Sigma}_{12}^{\mathrm{T}} = \pmb{0}$,若 $\pmb{t} = \begin{pmatrix} \pmb{t}_1 \\ \pmb{t}_2 \end{pmatrix}$,这里 $\pmb{t}_1$ 与 $\pmb{\xi}_1$ 有相同维数,$\pmb{t}_2$ 与 $\pmb{\xi}_2$ 有相同维数,则

$$\pmb{t}^{\mathrm{T}} \pmb{\Sigma} \pmb{t} = \pmb{t}_1^{\mathrm{T}} \pmb{\Sigma}_{11} \pmb{t}_1 + 2\pmb{t}_1^{\mathrm{T}} \pmb{\Sigma}_{12} \pmb{t}_2 + \pmb{t}_2^{\mathrm{T}} \pmb{\Sigma}_{22} \pmb{t}_2 = \pmb{t}_1^{\mathrm{T}} \pmb{\Sigma}_{11} \pmb{t}_1 + \pmb{t}_2^{\mathrm{T}} \pmb{\Sigma}_{22} \pmb{t}_2$$

因此若记 $\pmb{\mu} = \begin{pmatrix} \pmb{\mu}_1 \\ \pmb{\mu}_2 \end{pmatrix}$,其中 $\pmb{\mu}_1, \pmb{\mu}_2$ 分别为 $\pmb{\xi}_1$ 及 $\pmb{\xi}_2$ 的数学期望,则

$$\begin{aligned} f_{\pmb{\xi}}(\pmb{t}) &= \exp\left\{ i \pmb{\mu}^{\mathrm{T}} \pmb{t} - \frac{1}{2} \pmb{t}^{\mathrm{T}} \pmb{\Sigma} \pmb{t} \right\} \\ &= \exp\left\{ i \pmb{\mu}_1^{\mathrm{T}} \pmb{t}_1 + i \pmb{\mu}_2^{\mathrm{T}} \pmb{t}_2 - \frac{1}{2} \pmb{t}_1^{\mathrm{T}} \pmb{\Sigma}_{11} \pmb{t}_1 - \frac{1}{2} \pmb{t}_2^{\mathrm{T}} \pmb{\Sigma}_{22} \pmb{t}_2 \right\} \\ &= \exp\left\{ i \pmb{\mu}_1^{\mathrm{T}} \pmb{t}_1 - \frac{1}{2} \pmb{t}_1^{\mathrm{T}} \pmb{\Sigma}_{11} \pmb{t}_1 \right\} \cdot \exp\left\{ i \pmb{\mu}_2^{\mathrm{T}} \pmb{t}_2 - \frac{1}{2} \pmb{t}_2^{\mathrm{T}} \pmb{\Sigma}_{22} \pmb{t}_2 \right\} \\ &= f_{\pmb{\xi}_1}(\pmb{t}_1) f_{\pmb{\xi}_2}(\pmb{t}_2) \end{aligned}$$

由上节多元特征函数的性质 6 可知 $\pmb{\xi}_1$ 与 $\pmb{\xi}_2$ 独立.

类似地可以证明,若 $\pmb{\xi}$ 的子向量 $\pmb{\xi}_1, \pmb{\xi}_2, \cdots, \pmb{\xi}_k$ 两两独立,则它们也相互独立.

三、线性变换

服从正态分布的随机向量在线性变换下具有许多特殊的性质,这些性质有很大的理论和实用价值,下面只讨论这类性质中最基本的一些.

一般,若 $\pmb{\xi} = (\xi_1, \cdots, \xi_n)^{\mathrm{T}}$ 是 n 维随机向量,其数学期望为 $\pmb{\mu}$,协方差矩阵为 $\pmb{\Sigma}$.

考虑 $\pmb{\xi}$ 的分量的线性组合 $\zeta = \sum_{j=1}^{n} l_j \xi_j = \pmb{l}^{\mathrm{T}} \pmb{\xi}$,显然

$$E\zeta = \sum_{j=1}^{n} l_j \mu_j = \pmb{l}^{\mathrm{T}} \pmb{\mu} \qquad (4.6.14)$$

$$D\zeta = \sum_{j=1}^{n}\sum_{k=1}^{n} l_j l_k \sigma_{jk} = \boldsymbol{l}^{\mathrm{T}}\boldsymbol{\Sigma l} \qquad (4.6.15)$$

同样地，若 $C = (c_{jk})$ 是 $m \times n$ 矩阵，则 m 维随机向量 $\boldsymbol{\eta} = C\boldsymbol{\xi}$ 有

$$E\boldsymbol{\eta} = C\boldsymbol{\mu} \qquad (4.6.16)$$
$$D\boldsymbol{\eta} = C\boldsymbol{\Sigma}C^{\mathrm{T}} \qquad (4.6.17)$$

这里 $D\boldsymbol{\eta}$ 记 $\boldsymbol{\eta}$ 的协方差矩阵.

定理 4.6.6 $\boldsymbol{\xi} = (\xi_1, \cdots, \xi_n)^{\mathrm{T}}$ 服从 n 元正态分布 $N(\boldsymbol{\mu}, \boldsymbol{\Sigma})$ 的充要条件是它的任何一个线性组合 $\zeta = \sum_{j=1}^{n} l_j \xi_j$ 服从一元正态分布 $N\left(\sum_{j=1}^{n} l_j \mu_j, \sum_{j,k=1}^{n} l_j l_k \sigma_{jk}\right)$.

［证明］必要性：若 $\boldsymbol{\xi}$ 服从 $N(\boldsymbol{\mu}, \boldsymbol{\Sigma})$，则由 (4.6.9)

$$E\mathrm{e}^{\mathrm{i}\boldsymbol{t}^{\mathrm{T}}\boldsymbol{\xi}} = \exp\left\{\mathrm{i}\boldsymbol{\mu}^{\mathrm{T}}\boldsymbol{t} - \frac{1}{2}\boldsymbol{t}^{\mathrm{T}}\boldsymbol{\Sigma t}\right\}$$

取 $\boldsymbol{t} = u\boldsymbol{l}$，这里 u 是实数，则

$$E\mathrm{e}^{\mathrm{i}u\zeta} = E\mathrm{e}^{\mathrm{i}u\boldsymbol{l}^{\mathrm{T}}\boldsymbol{\xi}} = \exp\left\{\mathrm{i}u\boldsymbol{\mu}^{\mathrm{T}}\boldsymbol{l} - \frac{1}{2}u^2 \boldsymbol{l}^{\mathrm{T}}\boldsymbol{\Sigma l}\right\} \qquad (4.6.18)$$

对 u 是任意实数上式都成立，这就说明随机变量 ζ 服从 $N(\boldsymbol{l}^{\mathrm{T}}\boldsymbol{\mu}, \boldsymbol{l}^{\mathrm{T}}\boldsymbol{\Sigma l})$.

充分性：若 $\zeta = \boldsymbol{l}^{\mathrm{T}}\boldsymbol{\xi}$ 服从 $N(\boldsymbol{l}^{\mathrm{T}}\boldsymbol{\mu}, \boldsymbol{l}^{\mathrm{T}}\boldsymbol{\Sigma l})$，仍有 (4.6.18)，在该式中取 $u = 1$，得

$$E\mathrm{e}^{\mathrm{i}\boldsymbol{l}^{\mathrm{T}}\boldsymbol{\xi}} = \exp\left\{\mathrm{i}\boldsymbol{\mu}^{\mathrm{T}}\boldsymbol{l} - \frac{1}{2}\boldsymbol{l}^{\mathrm{T}}\boldsymbol{\Sigma l}\right\}$$

由于 $\boldsymbol{l}$ 的任意性，这说明 $\boldsymbol{\xi}$ 服从 $N(\boldsymbol{\mu}, \boldsymbol{\Sigma})$.

利用定理 4.6.6 可以通过一维正态变量来研究多维正态变量. 在有些场合这提供了很大的方便.

定理 4.6.7 若 $\boldsymbol{\xi} = (\xi_1, \cdots, \xi_n)^{\mathrm{T}}$ 服从 n 元正态分布 $N(\boldsymbol{\mu}, \boldsymbol{\Sigma})$，而 C 为任意 $m \times n$ 阵，则 $\boldsymbol{\eta} = C\boldsymbol{\xi}$ 服从 m 元正态分布 $N(C\boldsymbol{\mu}, C\boldsymbol{\Sigma}C^{\mathrm{T}})$.

［证明］因为对于任意 m 维实值列向量 $\boldsymbol{t}$，

$$f_{\boldsymbol{\eta}}(t) = E e^{i t^T \boldsymbol{\eta}} = E e^{i t^T C \boldsymbol{\xi}} = E e^{i(C^T t)^T \boldsymbol{\xi}}$$

$$= \exp\left\{ i \boldsymbol{\mu}^T (C^T t) - \frac{1}{2}(C^T t)^T \boldsymbol{\Sigma}(C^T t) \right\}$$

$$= \exp\left\{ i(C\boldsymbol{\mu})^T t - \frac{1}{2} t^T (C \boldsymbol{\Sigma} C^T) t \right\} \quad (4.6.19)$$

按定义,$\boldsymbol{\eta}$ 服从 m 元正态分布 $N(C\boldsymbol{\mu}, C\boldsymbol{\Sigma} C^T)$.

定理 4.6.7 表明正态变量在线性变换下还是正态变量,这个性质简称为**正态变量的线性变换不变性**.

推论 1 若 $\boldsymbol{\xi}$ 服从 n 元正态分布 $N(\boldsymbol{\mu}, \boldsymbol{\Sigma})$,则存在一个正交变换 U,使得 $\boldsymbol{\eta} = U\boldsymbol{\xi}$ 是一个具有独立正态分布分量的随机向量,它的数学期望为 $U\boldsymbol{\mu}$,而它的方差分量是 $\boldsymbol{\Sigma}$ 的特征值.

[证明] 从矩阵论知道,对实对称矩阵 $\boldsymbol{\Sigma}$,存在正交阵 U,使 $U\boldsymbol{\Sigma} U^T = D$,其中

$$D = \begin{pmatrix} d_1 & 0 & \cdots & 0 \\ 0 & d_2 & \cdots & 0 \\ \vdots & \vdots & & \vdots \\ 0 & 0 & \cdots & d_n \end{pmatrix} \quad (4.6.20)$$

这里 $d_1, d_2, \cdots, d_n$ 是 $\boldsymbol{\Sigma}$ 的特征值. 若 $\boldsymbol{\Sigma}$ 的秩为 r,则有 r 个特征值不为零. 此处的 U 是以特征向量为列构成的正交阵.

把这里的 U 作为定理 4.6.7 中的变换矩阵,则利用该定理的结果即得推论 1.

从推论 1 可以看出,若 $\boldsymbol{\Sigma}$ 的秩 $r < n$,则正态分布退化到一个 r 维子空间上.

推论 1 说明,对于多维正态变量,可以进行正交变换,使其既保持正态性不变又让各分量独立,这种方法在数理统计中十分有用.

第三章 §3 中的例 10 提供了利用坐标旋转(正交变换的一种)把二维正态变量化为独立分量的生动例子.

推论 2 在正交变换下,多维正态变量保持其独立、同方差性不变.

[证明] 设 $\boldsymbol{\xi} = (\xi_1, \cdots, \xi_n)^T$,诸 ξ_i 相互独立具有相同的方差 σ^2,则它们的协方差矩阵 $D\boldsymbol{\xi} = \sigma^2 \boldsymbol{I}$,其中 $\boldsymbol{I}$ 为 n 阶单位阵. 若 $\boldsymbol{U}$ 是一个正交阵,$\boldsymbol{\eta} = \boldsymbol{U}\boldsymbol{\xi}$,则由定理 4.6.7 知 $\boldsymbol{\eta}$ 服从正态分布,其协方差矩阵为

$$\boldsymbol{U}\sigma^2\boldsymbol{I}\boldsymbol{U}^T = \sigma^2 \boldsymbol{U}\boldsymbol{I}\boldsymbol{U}^T = \sigma^2 \boldsymbol{I}$$

因而 $\boldsymbol{\eta} = (\eta_1, \cdots, \eta_n)^T$ 的诸分量仍是相互独立且具有相同方差.

推论 3 若 $\boldsymbol{\xi} \sim N(\boldsymbol{\mu}, \boldsymbol{\Sigma})$,其中 $\boldsymbol{\Sigma}$ 为 n 阶正定阵,则

$$(\boldsymbol{\xi} - \boldsymbol{\mu})^T \boldsymbol{\Sigma}^{-1} (\boldsymbol{\xi} - \boldsymbol{\mu}) \sim \chi_n^2 \tag{4.6.21}$$

[证明] 利用分解式(4.6.4)中的 $\boldsymbol{L}$,

$$(\boldsymbol{\xi} - \boldsymbol{\mu})^T \boldsymbol{\Sigma}^{-1} (\boldsymbol{\xi} - \boldsymbol{\mu}) = (\boldsymbol{\xi} - \boldsymbol{\mu})^T (\boldsymbol{L}\boldsymbol{L}^T)^{-1} (\boldsymbol{\xi} - \boldsymbol{\mu})$$
$$= [\boldsymbol{L}^{-1}(\boldsymbol{\xi} - \boldsymbol{\mu})]^T [\boldsymbol{L}^{-1}(\boldsymbol{\xi} - \boldsymbol{\mu})] = \boldsymbol{\zeta}^T \boldsymbol{\zeta}$$

其中 $\boldsymbol{\zeta} = \boldsymbol{L}^{-1}(\boldsymbol{\xi} - \boldsymbol{\mu})$,由定理 4.6.7 知它是均值为 $\boldsymbol{0}$ 的 n 维正态变量,其协方差矩阵为

$$\boldsymbol{L}^{-1}\boldsymbol{\Sigma}(\boldsymbol{L}^{-1})^T = \boldsymbol{L}^{-1}\boldsymbol{L}\boldsymbol{L}^T(\boldsymbol{L}^{-1})^T = \boldsymbol{I}$$

从而 $\boldsymbol{\zeta} = (\zeta_1, \cdots, \zeta_n)^T$ 的各个分量是相互独立的标准正态变量,因此

$$\boldsymbol{\zeta}^T \boldsymbol{\zeta} = \zeta_1^2 + \cdots + \zeta_n^2 \sim \chi_n^2$$

正态变量在线性变换下保持其正态性不变,这个性质在理论和应用中极其重要. 要点之一是可以把许多关于分布的问题简化为前二阶矩的计算.

[例1] 若 ξ_1, ξ_2 是相互独立的随机变量,均服从标准正态分布,而

$$\eta_1 = a\xi_1 + b\xi_2, \quad \eta_2 = c\xi_1 + d\xi_2$$

则由于

$$E\eta_1 = 0, \quad D\eta_1 = a^2 D\xi_1 + b^2 D\xi_2 = a^2 + b^2$$
$$E\eta_2 = 0, \quad D\eta_2 = c^2 D\xi_1 + d^2 D\xi_2 = c^2 + d^2$$
$$\text{cov}(\eta_1, \eta_2) = ac + bd, \quad \rho_{\eta_1\eta_2} = \frac{ac + bd}{\sqrt{a^2 + b^2}\sqrt{c^2 + d^2}}$$

因此 $\quad \eta_1 \sim N(0, a^2 + b^2), \quad \eta_2 \sim N(0, c^2 + d^2)$

$$(\eta_1, \eta_2) \sim N\left(0, 0, a^2+b^2, c^2+d^2, \frac{ac+bd}{\sqrt{a^2+b^2}\sqrt{c^2+d^2}}\right)$$

当 $ac+bd=0$ 时，$\rho_{\eta_1\eta_2}=0$，η_1 与 η_2 独立.
当 $\rho_{\eta_1\eta_2}=\pm 1$，即 $(ac+bd)^2=(a^2+b^2)(c^2+d^2)$，
也即 $\Delta = ad-bc=0$ 时，(η_1,η_2) 退化为一维变量，而当 $a=b=c=d=0$ 时，(η_1,η_2) 退化为一个点.

四、条件分布

若 $\boldsymbol{\xi} = \begin{pmatrix} \boldsymbol{\xi}_1 \\ \boldsymbol{\xi}_2 \end{pmatrix}$ 服从 n 元正态分布 $N(\boldsymbol{\mu}, \boldsymbol{\Sigma})$，这里 $\boldsymbol{\xi}_1, \boldsymbol{\xi}_2$ 是它的子向量，$E\boldsymbol{\xi}_1 = \boldsymbol{\mu}_1$，$E\boldsymbol{\xi}_2 = \boldsymbol{\mu}_2$，协方差矩阵 $\boldsymbol{\Sigma}$ 仍由 (4.6.13) 表出.

下面求在给定 $\boldsymbol{\xi}_1 = \boldsymbol{x}_1$ 的条件下 $\boldsymbol{\xi}_2$ 的分布密度函数. 假定 $\det \boldsymbol{\Sigma} \neq 0$，即只讨论非奇异的场合，这时 $\det \boldsymbol{\Sigma}_{11} \neq 0$.

首先，我们来找一个线性变换

$$\boldsymbol{\eta}_1 = \boldsymbol{\xi}_1 \tag{4.6.22}$$
$$\boldsymbol{\eta}_2 = \boldsymbol{T}\boldsymbol{\xi}_1 + \boldsymbol{\xi}_2$$

这个线性变换使 $\boldsymbol{\eta}_1 = \boldsymbol{\xi}_1$，此外我们还要求它使得 $\boldsymbol{\eta}_1$ 与 $\boldsymbol{\eta}_2$ 独立. 由定理 4.6.7 我们知道 $\boldsymbol{\eta} = \begin{pmatrix} \boldsymbol{\eta}_1 \\ \boldsymbol{\eta}_2 \end{pmatrix}$ 是联合正态的，因此根据定理 4.6.5 为使 $\boldsymbol{\eta}_1$ 与 $\boldsymbol{\eta}_2$ 独立，只须它们的相互协方差矩阵为零阵. 但是

$$E(\boldsymbol{\eta}_1 - E\boldsymbol{\eta}_1)(\boldsymbol{\eta}_2 - E\boldsymbol{\eta}_2)^{\mathrm{T}}$$
$$= E(\boldsymbol{\xi}_1 - E\boldsymbol{\xi}_1)(\boldsymbol{T}\boldsymbol{\xi}_1 + \boldsymbol{\xi}_2 - \boldsymbol{T}E\boldsymbol{\xi}_1 - E\boldsymbol{\xi}_2)^{\mathrm{T}}$$
$$= \boldsymbol{\Sigma}_{11}\boldsymbol{T}^{\mathrm{T}} + \boldsymbol{\Sigma}_{12}$$

因此应取

$$\boldsymbol{T} = -\boldsymbol{\Sigma}_{21}\boldsymbol{\Sigma}_{11}^{-1} \tag{4.6.23}$$

故

$$\boldsymbol{\eta}_2 = -\boldsymbol{\Sigma}_{21}\boldsymbol{\Sigma}_{11}^{-1}\boldsymbol{\xi}_1 + \boldsymbol{\xi}_2 \tag{4.6.24}$$

所求的线性变换为

$$\begin{pmatrix} \boldsymbol{\eta}_1 \\ \boldsymbol{\eta}_2 \end{pmatrix} = \begin{pmatrix} \boldsymbol{I} & \boldsymbol{0} \\ -\boldsymbol{\Sigma}_{21}\boldsymbol{\Sigma}_{11}^{-1} & \boldsymbol{I} \end{pmatrix} \begin{pmatrix} \boldsymbol{\xi}_1 \\ \boldsymbol{\xi}_2 \end{pmatrix} \qquad (4.6.25)$$

为求 $\boldsymbol{\eta}_1$ 及 $\boldsymbol{\eta}_2$ 的分布密度函数，先计算

$$E\boldsymbol{\eta}_1 = E\boldsymbol{\xi}_1 = \boldsymbol{\mu}_1, \quad D\boldsymbol{\eta}_1 = D\boldsymbol{\xi}_1 = \boldsymbol{\Sigma}_{11}$$

$$E\boldsymbol{\eta}_2 = -\boldsymbol{\Sigma}_{21}\boldsymbol{\Sigma}_{11}^{-1}E\boldsymbol{\xi}_1 + E\boldsymbol{\xi}_2 = \boldsymbol{\mu}_2 - \boldsymbol{\Sigma}_{21}\boldsymbol{\Sigma}_{11}^{-1}\boldsymbol{\mu}_1$$

$$\begin{aligned} D\boldsymbol{\eta}_2 &= E(\boldsymbol{\eta}_2 - E\boldsymbol{\eta}_2)(\boldsymbol{\eta}_2 - E\boldsymbol{\eta}_2)^{\mathrm{T}} \\ &= E[(\boldsymbol{\xi}_2 - \boldsymbol{\mu}_2) - \boldsymbol{\Sigma}_{21}\boldsymbol{\Sigma}_{11}^{-1}(\boldsymbol{\xi}_1 - \boldsymbol{\mu}_1)] \\ &\quad \cdot [(\boldsymbol{\xi}_2 - \boldsymbol{\mu}_2) - \boldsymbol{\Sigma}_{21}\boldsymbol{\Sigma}_{11}^{-1}(\boldsymbol{\xi}_1 - \boldsymbol{\mu}_1)]^{\mathrm{T}} \\ &= \boldsymbol{\Sigma}_{22} - \boldsymbol{\Sigma}_{21}\boldsymbol{\Sigma}_{11}^{-1}\boldsymbol{\Sigma}_{12} - \boldsymbol{\Sigma}_{21}\boldsymbol{\Sigma}_{11}^{-1}\boldsymbol{\Sigma}_{12} + \boldsymbol{\Sigma}_{21}\boldsymbol{\Sigma}_{11}^{-1}\boldsymbol{\Sigma}_{11}\boldsymbol{\Sigma}_{11}^{-1}\boldsymbol{\Sigma}_{12} \\ &= \boldsymbol{\Sigma}_{22} - \boldsymbol{\Sigma}_{21}\boldsymbol{\Sigma}_{11}^{-1}\boldsymbol{\Sigma}_{12} \end{aligned}$$

正如上述，$\boldsymbol{\eta}_1$ 与 $\boldsymbol{\eta}_2$ 是独立的，又变换(4.6.25)的雅可比行列式等于1，所以有

$$p_{\boldsymbol{\xi}}(\boldsymbol{x}_1, \boldsymbol{x}_2) = p_{\boldsymbol{\eta}}(\boldsymbol{y}_1, \boldsymbol{y}_2) = p_{\boldsymbol{\eta}_1}(\boldsymbol{y}_1)p_{\boldsymbol{\eta}_2}(\boldsymbol{y}_2)$$

这里 $\boldsymbol{y}_1 = \boldsymbol{x}_1, \boldsymbol{y}_2 = -\boldsymbol{\Sigma}_{21}\boldsymbol{\Sigma}_{11}^{-1}\boldsymbol{x}_1 + \boldsymbol{x}_2$，显然 $p_{\boldsymbol{\xi}_1}(\boldsymbol{x}_1) = p_{\boldsymbol{\eta}_1}(\boldsymbol{y}_1)$，因此在给定 $\boldsymbol{\xi}_1 = \boldsymbol{x}_1$ 的条件下，$\boldsymbol{\xi}_2$ 的密度函数

$$\begin{aligned} p(\boldsymbol{x}_2 | \boldsymbol{\xi}_1 = \boldsymbol{x}_1) &= \frac{p_{\boldsymbol{\xi}}(\boldsymbol{x}_1, \boldsymbol{x}_2)}{p_{\boldsymbol{\xi}_1}(\boldsymbol{x}_1)} = \frac{p_{\boldsymbol{\eta}_1}(\boldsymbol{y}_1)p_{\boldsymbol{\eta}_2}(\boldsymbol{y}_2)}{p_{\boldsymbol{\eta}_1}(\boldsymbol{y}_1)} \\ &= p_{\boldsymbol{\eta}_2}(\boldsymbol{y}_2) = p_{\boldsymbol{\eta}_2}(\boldsymbol{x}_2 - \boldsymbol{\Sigma}_{21}\boldsymbol{\Sigma}_{11}^{-1}\boldsymbol{x}_1) \end{aligned}$$

因为 $\boldsymbol{\eta}_2$ 服从 $N(\boldsymbol{\mu}_2 - \boldsymbol{\Sigma}_{21}\boldsymbol{\Sigma}_{11}^{-1}\boldsymbol{\mu}_1, \boldsymbol{\Sigma}_{22} - \boldsymbol{\Sigma}_{21}\boldsymbol{\Sigma}_{11}^{-1}\boldsymbol{\Sigma}_{12})$，所以 $\boldsymbol{\xi}_2$ 对于 $\boldsymbol{\xi}_1 = \boldsymbol{x}_1$ 的条件分布是正态分布 $N(\boldsymbol{\mu}_2 + \boldsymbol{\Sigma}_{21}\boldsymbol{\Sigma}_{11}^{-1}(\boldsymbol{x}_1 - \boldsymbol{\mu}_1), \boldsymbol{\Sigma}_{22} - \boldsymbol{\Sigma}_{21}\boldsymbol{\Sigma}_{11}^{-1}\boldsymbol{\Sigma}_{12})$，我们把这些结果总结为下列定理.

定理 4.6.8 若 $\boldsymbol{\xi} = \begin{pmatrix} \boldsymbol{\xi}_1 \\ \boldsymbol{\xi}_2 \end{pmatrix}$ 服从 n 元正态分布 $N(\boldsymbol{\mu}, \boldsymbol{\Sigma})$，$E\boldsymbol{\xi}_1 = \boldsymbol{\mu}_1, E\boldsymbol{\xi}_2 = \boldsymbol{\mu}_2, \boldsymbol{\Sigma}$ 表示成(4.6.13)，则在给定 $\boldsymbol{\xi}_1 = \boldsymbol{x}_1$ 下，$\boldsymbol{\xi}_2$ 的条件分布还是正态分布，其条件数学期望

$$\boldsymbol{\mu}_{2 \cdot 1} = E(\boldsymbol{\xi}_2 | \boldsymbol{\xi}_1 = \boldsymbol{x}_1) = \boldsymbol{\mu}_2 + \boldsymbol{\Sigma}_{21}\boldsymbol{\Sigma}_{11}^{-1}(\boldsymbol{x}_1 - \boldsymbol{\mu}_1) \qquad (4.6.26)$$

其条件方差

$$\boldsymbol{\Sigma}_{22 \cdot 1} = \boldsymbol{\Sigma}_{22} - \boldsymbol{\Sigma}_{21}\boldsymbol{\Sigma}_{11}^{-1}\boldsymbol{\Sigma}_{12} \qquad (4.6.27)$$

这里 $E(\xi_2|\xi_1=x_1)$ 称为 ξ_2 关于 ξ_1 的**回归**,注意到它是 x_1 的线性函数,又条件方差 $\Sigma_{22\cdot 1}$ 与 x_1 无关.

此外,ξ_1 与残差 $\xi_2 - \Sigma_{21}\Sigma_{11}^{-1}\xi_1$ 独立,而 ξ 的密度函数有如下典型分解:$p_{\xi}(x_1,x_2) = p_{\xi_1}(x_1) p_{\xi_2|\xi_1}(x_2|x_1)$,其中 $p_{\xi_1}(x_1)$ 为 $N(\mu_1, \Sigma_{11})$ 相应的密度函数,而 $p_{\xi_2|\xi_1}(x_2|x_1)$ 是 $N(\mu_{2\cdot 1}, \Sigma_{22\cdot 1})$ 相应的密度函数.

[例2] 二元场合,若 $(\xi_1,\xi_2)^T \sim N(\mu_1,\mu_2,\sigma_1^2,\sigma_2^2,\rho)$,则

$$\boldsymbol{\mu} = \begin{pmatrix} \mu_1 \\ \mu_2 \end{pmatrix} \quad \boldsymbol{\Sigma} = \begin{pmatrix} \sigma_1^2 & \rho\sigma_1\sigma_2 \\ \rho\sigma_1\sigma_2 & \sigma_2^2 \end{pmatrix}$$

在给定 $\xi_1 = x_1$ 下,ξ_2 的条件分布还是正态分布,而且其条件期望由(4.6.26)推知为

$$E(\xi_2|\xi_1=x_1) = \mu_2 + \rho\frac{\sigma_2}{\sigma_1}(x_1-\mu_1)$$

条件方差由(4.6.27)推知为

$$\sigma_2^2 - \frac{(\rho\sigma_1\sigma_2)^2}{\sigma_1^2} = \sigma_2^2(1-\rho^2)$$

这里得到的结果与本章§2最后一段及上章关于二元正态密度的典型分解完全一致,也可以说,定理4.6.8是它们的一般推广.

第四章小结

本章主要讨论了随机变量(或分布函数)的数字特征与特征函数,它们都是概率分布的某种表征.这些讨论不但深化了对随机变量的认识,同时也为以后的研究作了必要的准备.

数字特征是描述随机变量特征的有效工具,它虽然不像分布函数那样完整地描述了随机变量,但是却具有很多优点:它较集中地反映了随机变量变化的一些平均特征(事实上数字特征多是某

种平均值);其次,大部分最重要的分布函数都由一、两个数字特征完全确定,而数字特征较易求得;最后,最常用也是最重要的几个数字特征——数学期望、方差、相关系数——都有明确的概率意义,同时又具有良好的性质.所有这些都决定了数字特征在概率论与数理统计中的重要地位.

特征函数与分布函数一一对应,它虽然不像分布函数那样有直观的概率意义,但却有好得多的分析性质,因此它是解决某些分布问题的有力工具,特别在处理独立随机变量和的分布问题上占有极重要的地位.关于特征函数与分布函数关系的另一些方面,将在下章中进一步讨论.

数字特征与特征函数都可以看作是分布函数的某种变换,而母函数则是概率论中引进的第一个变换,它在概率论发展史上有很大作用.到了现在,母函数以它的简明性以及在某些场合的有力应用而保持了它一定的地位.母函数与特征函数的性质与用途相似,因此本书采用互见的叙述方式以节省篇幅.

我们用特征函数作为工具研究了多元正态分布,建立了它的许多重要性质,这些良好性质从一个方面决定了正态分布在概率论、随机过程论与数理统计中的主角地位,正态分布重要性的另一方面——常见性——将在下章中得到深入的讨论.正态分布的大量特性只有在多元场合才能显现,因此可以说:只有懂得多元正态分布才算懂得正态分布.

最近几十年来,信息,信息的传输、变换与处理的概念正在渗入各种各样的学科,大大加深了人类对客观世界的认识.信息的概念与随机试验、概率分布等概率论概念密切相关,作为不肯定性度量的熵可以看作是概率空间的某种数字特征,因此我们对这些重要概念作了初步的介绍.

本章的作用是承上启下.本章引进的两个基本概念——数字特征与特征函数——将在极限定理的研究中起重要作用.

习 题 四

1. （1）证明关于示性函数成立如下公式：
$$\mathbf{1}_{\bar{A}} = 1 - \mathbf{1}_A; \quad \mathbf{1}_{AB} = \mathbf{1}_A \cdot \mathbf{1}_B; \quad \mathbf{1}_{A \cup B} = 1 - \mathbf{1}_{\bar{A}\bar{B}}$$

（2）利用示性函数导出概率加法公式(1.5.6).

（3）证明：$\mathbf{1}_{A \cup B \cup C} = \mathbf{1}_A + \mathbf{1}_B + \mathbf{1}_C - \mathbf{1}_{AB} - \mathbf{1}_{BC} - \mathbf{1}_{AC} + \mathbf{1}_{ABC}$

（4）证明：$\mathbf{1}_{ABC} = \mathbf{1}_A + \mathbf{1}_B + \mathbf{1}_C - \mathbf{1}_{A \cup B} - \mathbf{1}_{B \cup C} - \mathbf{1}_{A \cup C} + \mathbf{1}_{A \cup B \cup C}$

（5）有五个队参加的比赛中，每个队与别的队都比赛一场，若每场比赛参赛双方各有50%赢的机会，试求整个比赛既没有不败的队也没有不胜的队的概率.

（6）证明 A 与 B 独立的充要条件为 $\mathbf{1}_A$ 与 $\mathbf{1}_B$ 独立.

2. 随机变量 μ 取非负整数值 $n \geq 0$ 的概率为 $p_n = A \dfrac{B^n}{n!}$，已知 $E\mu = a$，试决定 A 与 B.

3. 设随机变量 ξ 只取非负整数值，其概率为 $P\{\xi = k\} = \dfrac{a^k}{(1+a)^{k+1}}, a > 0$ 是常数，试求 $E\xi$ 及 $D\xi$.

4. 若事件 A 在第 i 次试验中出现的概率为 p_i，设 μ 是事件 A 在起初 n 次独立试验中的出现次数，试求 $E\mu$ 及 $D\mu$.

5. 一袋中含有 a 只白球，b 只黑球，从中摸出 c 只 $(c \leq a+b)$，求摸出白球数 μ 的数学期望.

6. 试求：（1）为收集 N 张赠券中的 r 张所需购买的食品袋数 ξ 的数学期望；（2）为集齐水浒108将，平均要购多少袋？（参照习题一第38题）.

7. 试证：若取非负整数值的随机变量 ξ 的数学期望存在，则
$$E\xi = \sum_{k=1}^{\infty} P\{\xi \geq k\}$$

8. 若随机变量 ξ 的分布函数为 $F(x)$，试证：
$$E\xi = \int_0^{\infty} [1 - F(x)] dx - \int_{-\infty}^0 F(x) dx$$
特别地，若 ξ 取非负值，则
$$E\xi = \int_0^{\infty} [1 - F(x)] dx$$

9. 若随机变量 ξ 服从拉普拉斯分布,其密度函数为
$$p(x) = \frac{1}{2\lambda} e^{-|x-\mu|/\lambda}, \ -\infty < x < \infty, \lambda > 0$$
试求 $E\xi$ 及 $D\xi$.

10. 若分子的速度的分布密度函数由麦克斯韦分布律给出:
$$p(s) = \sqrt{\frac{2}{\pi}} \cdot \frac{s^2}{\sigma^3} \exp\left(-\frac{s^2}{2\sigma^2}\right), \quad s > 0$$
其中 $\sigma > 0$ 是常数,试求分子的平均速度和平均动能(假定分子的质量等于 m).

11. 某城市共有 N 辆汽车,车牌号从 1 到 N,若随机地(可重复)记下 n 辆车的车牌号,其最大号码为 ξ,求 $E\xi$.

12. 若 $a \leq \xi \leq b$,试证:$D\xi \leq \frac{(b-a)^2}{4}$,并说明等式在何种情况下成立.

*13. 若 ξ_1, ξ_2 相互独立,均服从 $N(\mu, \sigma^2)$,试证:
$$E\max(\xi_1, \xi_2) = \mu + \frac{\sigma}{\sqrt{\pi}}$$

14. 设 $f(x)(0 \leq x < \infty)$ 是单调非降函数,且 $f(x) > 0$. 对随机变量 ξ,若 $Ef(|\xi|) < \infty$,则对任意 $x > 0, P\{|\xi| \geq x\} \leq \frac{1}{f(x)} Ef(|\xi|)$.

15. 若 $\xi_1, \xi_2, \cdots, \xi_n$ 为正的独立随机变量,服从相同分布,密度函数为 $p(x)$,试证
$$E\left(\frac{\xi_1 + \xi_2 + \cdots + \xi_k}{\xi_1 + \xi_2 + \cdots + \xi_n}\right) = \frac{k}{n}$$

16. 袋中装有 N 只球,但其中白球数为随机变量,只知其数学期望为 n,试证从该袋中摸一球得到白球的概率为 $\frac{n}{N}$.

17. 甲袋中装有 a 只白球 b 只黑球,乙袋中装有 α 只白球 β 只黑球,现从甲袋中摸出 $c(c \leq a+b)$ 只球放入乙袋中,求从乙袋中再摸一球而为白球的概率.

*18. 袋中有 a 只白球 b 只黑球,每次摸出一球后总是放入一只白球,这样进行了 n 次之后,再从袋中摸一球,求它是白球的概率.

*19. 甲袋中有 a 只白球 b 只黑球,乙袋中有 c 只白球 d 只黑球,从两袋中各摸出一球,并交换放入另一袋中,这样做了 n 次之后,再从甲袋中摸出一

球,求这球是白球的概率.

*20. 现有 n 个袋子,各装有 a 只白球 b 只黑球,先从第一个袋子中摸出一球,记下颜色后就把它放入第二个袋子中,再从第二个袋子中摸出一球,记下颜色后就把它放入第三个袋子中,照这样办法依次摸下去,最后从第 n 个袋子中摸出一球并记下颜色,若在这 n 次摸球中所摸得的白球的总数为 S_n,试求 ES_n.

21. 在物理实验中,为测量某物体的重量,通常要重复测量多次,最后再把测量记录的平均值作为该物体的重量,试说明这样做的道理.

*22. 若 $\xi_1,\xi_2,\cdots,\xi_n$ 是独立随机变量, $D\xi_i = \sigma_i^2$,试找"权" $a_1,a_2,\cdots,a_n$(它们满足 $\sum_{i=1}^{n} a_i = 1$),使 $\sum_{i=1}^{n} a_i\xi_i$ 的方差最小.

23. 甲与乙依下列规则玩随机游戏:甲从装有 i 号球 i 个($i = 1,2,3,4,5$)的袋中随机摸出一球放入密盒中,让乙猜号.乙对甲的支付是他猜的号码与真正的号码之差的(1)平方;(2)绝对值.试对这两种场合,讨论乙应采取的最佳策略.

24. 某海港对停泊船只供给净水,初始价是每吨 a 元,以后再供则要加50%的附加费;若用不完造成浪费则每吨加收资源费 $\frac{a}{4}$.设某轮船的净水用量是密度函数为 $p(x)$ 的随机变量,为节约其用水总开支试求其最佳首次供水量 y.

**25. (Black - Scholes 期权定价公式) 若股票价格 S_T 服从对数正态分布,即 $\ln S_T \sim N\left(\ln s_t + \left(r - \frac{\sigma^2}{2}\right)(T-t), \sigma^2(T-t)\right), t < T$.试证明该股票的敲定价为 K 的买入期权的价格 $c_t = e^{-r(T-t)} E[\max(S_T - K, 0)]$ 满足如下 Black - Scholes 公式: $c_t = s_t \Phi(d_1) - Ke^{-r(T-t)} \Phi(d_2)$.

其中 $d_1 = \frac{1}{\sigma\sqrt{T-t}}\left\{\ln\frac{s_t}{K} + \left(r + \frac{\sigma^2}{2}\right)(T-t)\right\}$, $d_2 = d_1 - \sigma\sqrt{T-t}$.

26. 帕雷托(Pareto)分布的密度函数为

$$p(x) = \begin{cases} rA^r \frac{1}{x^{r+1}}, & x \geq A \\ 0, & x < A \end{cases}$$

这里 $r > 0, A > 0$.试指出这分布具有 p 阶矩,当且仅当 $p < r$.

27. 若 ξ 的密度函数为

$$p(x) = \begin{cases} \dfrac{1}{2|x|(\ln|x|)^2}, & |x| > e \\ 0, & \text{其他} \end{cases}$$

试证对于任何 $\alpha > 0, E|\xi|^\alpha = \infty$.

28. 若 ξ 服从 $N(\mu, \sigma^2)$, 试求 $E|\xi - \mu|^k$. 其中 k 为正整数.

*29. 记 $a_k = E|\xi|^k$, 若 $a_n < \infty$, 试证 $\sqrt[k]{a_k} \leqslant \sqrt[k+1]{a_{k+1}}, k = 1, 2, \cdots, n-1$.

30. 设随机变量 $\xi_1, \xi_2, \cdots, \xi_{m+n} (n > m)$ 是独立的, 有相同的分布并且有有限的方差, 试求 $S = \xi_1 + \cdots + \xi_n$ 与 $T = \xi_{m+1} + \xi_{m+2} + \cdots + \xi_{m+n}$ 两和之间的相关系数.

31. 若 (ξ, η) 的密度函数为

$$p(x, y) = \begin{cases} \dfrac{1}{\pi}, & x^2 + y^2 \leqslant 1 \\ 0, & x^2 + y^2 > 1 \end{cases}$$

试验证: ξ 与 η 不相关, 但它们不独立.

32. 某人写好 n 封信, 又写好 n 只信封, 在黑暗中把每封信随意放入某一信封中, 试求放对的信封数 μ 的数学期望及方差.

33. 设随机变量 $\zeta \sim N(0,1)$, 记 $A = \{|\zeta| > 1\}, B = \{|\zeta| > 2\}$, 试求 $\mathbf{1}_A$ 及 $\mathbf{1}_B$ 的概率分布列联表, 数学期望, 方差, 它们的相关系数以及 $D(\mathbf{1}_A + \mathbf{1}_B)$.

*34. 若 ξ, η 服从二元正态分布, $E\xi = a, D\xi = 1, E\eta = b, D\eta = 1$, 证明: ξ 与 η 的相关系数 $r = \cos q\pi$, 其中 $q = P\{(\xi - a)(\eta - b) < 0\}$.

*35. 设 (ξ, η) 服从二元正态分布, $E\xi = E\eta = 0, D\xi = D\eta = 1, r_{\xi\eta} = \rho$, 试证

$$E\max(\xi, \eta) = \sqrt{\dfrac{1-\rho}{\pi}}$$

36. 甲袋中装有 5 只白球, 7 只黑球, 3 只红球, 乙袋中装有 4 只白球, 4 只黑球, 7 只红球, 试问从哪一个袋中取出一只球有较大不肯定性?

37. 试求几何分布的熵.

38. 试求二项分布的熵.

39. 若以 α 及 β 分别记二进位信道的输入及输出, 已知 $P\{\alpha = 1\} = p$, $P\{\alpha = 0\} = 1 - p, P\{\beta = 1 | \alpha = 1\} = q, P\{\beta = 0 | \alpha = 1\} = 1 - q, P\{\beta = 1 | \alpha = 0\} = r, P\{\beta = 0 | \alpha = 0\} = 1 - r$, 试求输出中含有输入的信息量.

**40. 在 12 只金属球中, 混有一只假球, 并且不知道它是比真球轻还是重, 用没有砝码的天平来称这些球. (1) 试问至少需要称多少次才能查出这个假

球并确定它是比真球轻或重.(2)给出一种称球方案.

41. 试用母函数法求帕斯卡分布的数学期望及方差.

42. 设 ξ 是一个母函数为 $P(s)$ 的随机变量,试求下列各概率所对应的母函数:
(1) $P\{\xi > n\}$; (2) $P\{\xi = 2n\}$.

**43. 在伯努利试验中,若试验次数 ν 是随机变量,试证成功的次数与失败的次数这两个随机变量独立的充要条件是 ν 服从泊松分布.

*44. 设 $\{\xi_k\}$ 是一串独立的整值随机变量序列,具有相同概率分布,考虑和 $\eta = \xi_1 + \xi_2 + \cdots + \xi_\nu$,其中 ν 是随机变量,它与 $\{\xi_k\}$ 相互独立,试用(1)母函数法;(2)直接计算证明
$$E\eta = E\nu \cdot E\xi_k, \quad D\eta = E\nu \cdot D\xi_k + D\nu \cdot (E\xi_k)^2$$

45. 某公共汽车站在 $[0, t]$ 中来到的乘客批数 μ 服从参数为 λt 的泊松分布,而每批来到的乘客数是随机变量,来 n 个的概率为 $p_n, n = 0, 1, 2, \cdots$ 试求 $[0, t]$ 中来到乘客数 η 的母函数及数学期望.

46. 试用母函数法证明二项分布、泊松分布与帕斯卡分布的再生性.

*47. 若分布函数 $F(x) = 1 - F(-x + 0)$ 成立;则称它是**对称的**;试证分布函数对称的充要条件是它的特征函数是实的偶函数.

48. 试求 $[0, 1]$ 均匀分布的特征函数.

*49. 一般柯西分布的密度函数为 $p(x) = \frac{1}{\pi} \cdot \frac{\lambda}{\lambda^2 + (x - \mu)^2}, \lambda > 0$,试证它的特征函数为 $e^{i\mu t - \lambda|t|}$,利用这个结果证明柯西分布的再生性.

50. 若随机变量 ξ 服从柯西分布,$\mu = 0, \lambda = 1$,而 $\eta = \xi$,试证关于特征函数成立着
$$f_{\xi+\eta}(t) = f_\xi(t) \cdot f_\eta(t)$$
但是 ξ 与 η 并不独立.

51. 设 $\xi_1, \xi_2, \cdots, \xi_n$ 相互独立且均服从同一柯西分布,试证:$\frac{1}{n}(\xi_1 + \xi_2 + \cdots + \xi_n)$ 与 ξ_1 同分布.

52. 若 $\xi \sim N(\mu, \sigma^2)$,试用特征函数法求 $E(\xi - \mu)^k$.

*53. 求证:对于任何实值特征函数 $f(t)$,以下两个不等式成立:
$$1 - f(2t) \leq 4(1 - f(t))$$
$$1 + f(2t) \geq 2(f(t))^2$$

*54. 求证,如果 $f(t)$ 是相应于分布函数 $F(x)$ 的特征函数,则对于任何 x 值恒成立

$$\lim_{T\to\infty}\frac{1}{2T}\int_{-T}^{T}f(t)\mathrm{e}^{-itx}\mathrm{d}t = F(x+0) - F(x-0)$$

55. 随机变量 ξ 的特征函数为 $f(t)$,且它的 n 阶矩存在,令

$$\chi_k = \frac{1}{\mathrm{i}^k}\left[\frac{\mathrm{d}^k}{\mathrm{d}t^k}\log f(t)\right]_{t=0}, \quad k\le n$$

称 χ_k 为随机变量 ξ 的 k 阶半不变量.

(1) 试证 $\eta = \xi + b$(b 是常数)的 $k(k>1)$ 阶半不变量等于 χ_k.

(2) 试求出半不变量与原点矩之间的关系式.

56. 若随机向量 (ξ,η) 服从二元正态分布 $N(\mu_1,\mu_2,\sigma_1^2,\sigma_2^2,\rho)$,试写出:

(1) (ξ,η) 的特征函数;

(2) $a\xi + b\eta$ 的密度函数;

(3) 当 $\xi = x$ 时 η 的条件密度函数,并讨论 $\rho = -1$,$\rho = 1$ 及 $\rho = 0$ 等特殊情况下结果的概率含意.

57. 若 $\xi_1,\xi_2,\cdots,\xi_n$ 相互独立,均服从 $N(0,1)$,而

$$\eta_1 = \sum_{k=1}^{n}a_k\xi_k, \quad \eta_2 = \sum_{k=1}^{n}b_k\xi_k,$$

试证 η_1 与 η_2 独立的充要条件为 $\sum_{k=1}^{n}a_kb_k = 0$.

58. 设 $\xi_1,\xi_2,\cdots,\xi_n$ 相互独立,具有相同分布 $N(\mu,\sigma^2)$,试求

$$\xi = \begin{pmatrix}\xi_1\\\xi_2\\\vdots\\\xi_n\end{pmatrix}$$

的分布,并写出它的数学期望及协方差矩阵.再求 $\bar{\xi} = \frac{1}{n}\sum_{i=1}^{n}\xi_i$ 的分布密度.

59. 若 (ξ,η) 服从 $N(\mu_1,\mu_2,\sigma_1^2,\sigma_2^2,\rho)$,而

$$U = a\xi + b\eta, \quad V = c\xi + d\eta$$

(1) 试求 U 与 V 的数学期望,方差及相关系数;

(2) 写出 (U,V) 的分布;

(3) 讨论:何种情况下,(U,V) 退化为一维分布;何种情况下,U 与 V 独立.

60. (Fisher 引理) 若 $X_1, X_2, \cdots, X_n$ 相互独立,均服从 $N(\mu, \sigma^2)$,记

$$\bar{X} = \frac{1}{n} \sum_{i=1}^{n} X_i, \quad S_n^2 = \frac{1}{n} \sum_{i=1}^{n} (X_i - \bar{X})^2$$

试证:

(1) $\bar{X}$ 与 S_n^2 相互独立;

(2) $\bar{X} \sim N\left(\mu, \dfrac{\sigma^2}{n}\right)$;

(3) $\dfrac{n S_n^2}{\sigma^2} \sim \chi_{n-1}^2$.

第五章 极限定理

§1. 伯努利试验场合的极限定理

一、问题的提出

在第一章中我们已经指出:人们在长期实践中发现,虽然个别随机事件在某次试验中可以出现也可以不出现,但是在大量重复试验中却呈现出明显的规律性,即一个随机事件出现的频率在某个固定数的附近摆动,这就是所谓"频率稳定性". 对于这点,迄今为止,我们尚未给予理论上的说明.

数学上怎样来描述在一定条件下的大量重复试验呢?我们在第二章已经建立了伯努利试验这一概率模型,并指出它可以作为在一定条件下的重复试验的数学模型. 在伯努利试验中,各次试验是相互独立的,并且在每次试验中,我们所关心的事件 A 出现的概率 $P(A)=p$ 保持不变,这些特征可以看作是从数学角度把"在一定条件下"、"重复试验"等等用语的含义加以明确化.

在伯努利试验中,若以 μ_n 记 n 次试验中 A 出现的次数,则 $\dfrac{\mu_n}{n}$ 便是在这 n 次试验中事件 A 出现的频率,所谓频率稳定性无非是指当试验次数 n 增大时,频率 $\dfrac{\mu_n}{n}$ 接近于某个固定的常数.

这个固定的常数就是事件 A 在一次试验中发生的概率. 由此可见,讨论频率 $\dfrac{\mu_n}{n}$ 的极限行为是理解概率论中最基本的概念——

概率所不可缺少的. 正是这个缘故, 在概率论的发展史上, 极限定理的研究一直占重要地位, 而它的发源地就是伯努利试验这个概型.

从前几章的讨论中我们知道, μ_n 是随机变量, 它服从二项分布

$$P\{\mu_n = k\} = \binom{n}{k} p^k q^{n-k}, \quad k = 0, 1, 2, \cdots, n$$

其数学期望 $E\mu_n = np$, 方差 $D\mu_n = npq$. 这在一定程度上帮助我们进一步了解了频率 $\dfrac{\mu_n}{n}$ 的性质. 但是我们更需要知道的是 n 很大时 μ_n 或 $\dfrac{\mu_n}{n}$ 的性质.

显然, 当 n 很大时, μ_n 一般也很大, 所以直接研究 μ_n 不很恰当, 还是研究频率 $\dfrac{\mu_n}{n}$ 为宜. 因为 $E\left(\dfrac{\mu_n}{n}\right) = p$, $D\left(\dfrac{\mu_n}{n}\right) = \dfrac{pq}{n}$, 所以当 $n \to \infty$ 时, 频率的数学期望保持不变, 而方差则趋于 0. 我们知道方差为 0 的随机变量是常数, 于是我们自然预期频率将趋于常数 p (即事件 A 发生的概率). 但是频率 $\dfrac{\mu_n}{n}$ 是随机变量, 关于它的极限又将采用何种提法呢?

一种提法是: 当 n 足够大时, 频率 $\dfrac{\mu_n}{n}$ 与概率 p 有较大偏差的概率很小. 用数学语言来讲, 就是要证明: 对于任意 $\varepsilon > 0$,

$$\lim_{n \to \infty} P\left\{\left|\dfrac{\mu_n}{n} - p\right| \geqslant \varepsilon\right\} = 0 \tag{5.1.1}$$

或者它的等价的式子成立, 即

$$\lim_{n \to \infty} P\left\{\left|\dfrac{\mu_n}{n} - p\right| < \varepsilon\right\} = 1 \tag{5.1.2}$$

历史上, 雅·伯努利第一个研究了这种类型的极限定理, 在他死后于 1713 年由其子侄整理出版的名著《猜度术》中严格地建立

了(5.1.1)式,这是一大类概率论极限定理——大数定律(law of large numbers)中的第一个.

关于频率接近于概率还有其他提法,譬如近二百年后博雷尔建立了

$$P\left\{\lim_{n\to\infty}\frac{\mu_n}{n}=p\right\}=1 \tag{5.1.3}$$

从而开创了另一种形式的极限定理——强大数定律的研究.

本节只讨论伯努利大数定律,关于强大数定律的讨论将在§4中进行.

为了研究 μ_n 的极限行为,可以讨论它的分布 $P\{\mu_n<x\}$ 的变化情况.但是由于 $E\mu_n=np$,$D\mu_n=npq$,因此对于固定的 x 来考虑 $P\{\mu_n<x\}$ 的极限不会有多大意义,因为它将趋于 0,所以通常改为研究"标准化"的随机变量

$$\zeta_n=\frac{\mu_n-np}{\sqrt{npq}} \tag{5.1.4}$$

的分布函数

$$P\{\zeta_n<x\}$$

的极限行为,由 ζ_n 的分布函数不难求得 μ_n 的分布函数.

关于上述分布,已证明它的极限分布是正态分布 $N(0,1)$,即

$$\lim_{n\to\infty}P\{\zeta_n<x\}=\frac{1}{\sqrt{2\pi}}\int_{-\infty}^{x}e^{-t^2/2}dt \tag{5.1.5}$$

这个结果最早由法国数学家棣莫弗(De Moivre,1667—1754)于1733年建立,他对 $p=\dfrac{1}{2}$ 证得了上述结果.①后来,1812 年由拉普拉斯推广到 $0<p<1$ 的一般场合,那是另一类概率论极限定理——中心极限定理中的第一个.

---

① 棣莫弗对于这个问题作了多年持续的研究,最后于 1733 年利用斯特林公式证出最终结果.本章习题 10 是它的现代表述.

下面将会看到极限定理(5.1.5)的研究直接联系到大 n 场合的二项分布的计算,这就顺便解决了第二章遗留下来的一些计算问题.

形如(5.1.5)的收敛于正态分布的极限定理的研究,在长达两个世纪的时期内成了概率论研究的中心课题,因此在上世纪20年代由波利亚命名为中心极限定理.

经过长期的研究,人们认识到,μ_n 具有性质(5.1.1)及(5.1.5)是由于它是独立随机变量之和,事实上,若令

$$\xi_i = \begin{cases} 1, & \text{第 } i \text{ 次试验出现 } A \\ 0, & \text{第 } i \text{ 次试验不出现 } A \end{cases} \tag{5.1.6}$$

则

$$\mu_n = \xi_1 + \xi_2 + \cdots + \xi_n \tag{5.1.7}$$

这里 $\xi_1, \xi_2, \cdots, \xi_n$ 是相互独立的. 以后我们将会看到,对于一般的随机变量 $\xi_i, i = 1, 2, \cdots, n$,也可以研究它们的和的极限定理,并且在一定条件下,这个和也具有类似于 μ_n 的性质,关于这些问题的研究就构成了本章的主要内容.

为了叙述方便起见,我们引进如下定义.

定义 5.1.1 若 $\xi_1, \xi_2, \cdots, \xi_n, \cdots$ 是随机变量序列,令

$$\eta_n = \frac{\xi_1 + \xi_2 + \cdots + \xi_n}{n} \tag{5.1.8}$$

如果存在这样的一个常数序列 $a_1, a_2, \cdots, a_n, \cdots$,对任意的 $\varepsilon > 0$,恒有

$$\lim_{n \to \infty} P\{|\eta_n - a_n| < \varepsilon\} = 1 \tag{5.1.9}$$

则称序列 $\{\xi_n\}$ 服从**大数定律**(或**大数法则**).

在以后的讨论中,我们几乎总是假定 $\xi_1, \xi_2, \cdots, \xi_n, \cdots$ 是独立随机变量序列,显然,伯努利大数定律是一般大数定律的一种特殊场合.

关于中心极限定理,我们总是对独立随机变量序列 $\xi_1, \xi_2, \cdots, \xi_n, \cdots$ 进行讨论,假定 $E\xi_i$ 及 $D\xi_i$ 存在,令

$$\zeta_n = \frac{\sum_{i=1}^{n} \xi_i - \sum_{i=1}^{n} E\xi_i}{\sqrt{\sum_{i=1}^{n} D\xi_i}} \qquad (5.1.10)$$

我们的目的是寻找使

$$\lim_{n \to \infty} P\{\zeta_n < x\} = \frac{1}{\sqrt{2\pi}} \int_{-\infty}^{x} e^{-t^2/2} dt \qquad (5.1.11)$$

成立的条件.

一般,若独立随机变量序列 $\xi_1, \xi_2, \cdots, \xi_n, \cdots$ 的标准化和 ζ_n 使(5.1.11)式成立,则我们称 $\{\xi_i\}$ 服从**中心极限定理**(central limit theorem).

显然,棣莫弗-拉普拉斯极限定理是中心极限定理的特例.

二、伯努利大数定律

我们将证明一个比伯努利大数定律更强的命题.

1. 切比雪夫大数定律

切比雪夫大数定律　设 $\xi_1, \xi_2, \cdots, \xi_n, \cdots$ 是由两两不相关的随机变量所构成的序列,每一随机变量都有有限的方差,并且它们有公共上界

$$D\xi_1 \leq C, \quad D\xi_2 \leq C, \quad \cdots, \quad D\xi_n \leq C, \cdots$$

则对任意的 $\varepsilon > 0$,皆有

$$\lim_{n \to \infty} P\left\{ \left| \frac{1}{n} \sum_{k=1}^{n} \xi_k - \frac{1}{n} \sum_{k=1}^{n} E\xi_k \right| < \varepsilon \right\} = 1 \qquad (5.1.12)$$

[证明]　因为 $\{\xi_k\}$ 两两不相关,故

$$D\left(\frac{1}{n} \sum_{k=1}^{n} \xi_k\right) = \frac{1}{n^2} \sum_{k=1}^{n} D\xi_k \leq \frac{C}{n}$$

再由切比雪夫不等式得到

$$P\left\{\left|\frac{1}{n}\sum_{k=1}^{n}\xi_k - \frac{1}{n}\sum_{k=1}^{n}E\xi_k\right| < \varepsilon\right\} \geq 1 - \frac{D\left(\frac{1}{n}\sum_{k=1}^{n}\xi_k\right)}{\varepsilon^2} \geq 1 - \frac{C}{n\varepsilon^2}$$

所以

$$1 \geq P\left\{\left|\frac{1}{n}\sum_{k=1}^{n}\xi_k - \frac{1}{n}\sum_{k=1}^{n}E\xi_k\right| < \varepsilon\right\} \geq 1 - \frac{C}{n\varepsilon^2}$$

于是,当 $n\to\infty$ 时有(5.1.12),因此定理得证.

这个结果在1866年被俄国数学家切比雪夫所证明,它是关于大数定律的一个相当普遍的结论,许多大数定律的古典结果是它的特例;此外,证明这个定律所用的方法后来称为**矩法**,也很有创造性,在这基础上发展起来的一系列不等式是研究各种极限定理的有力工具.

马尔可夫(Марков,1856—1922)注意到在切比雪夫的论证中,只要

$$\frac{1}{n^2}D\left(\sum_{k=1}^{n}\xi_k\right) \to 0 \tag{5.1.13}$$

则大数定律就能成立,通常称条件(5.1.13)为**马尔可夫条件**.

马尔可夫大数定律 对于随机变量序列 $\xi_1,\xi_2,\cdots,\xi_n,\cdots$,若(5.1.13)成立,则对任意 $\varepsilon > 0$,均有(5.1.12).

切比雪夫大数定律显然可由马尔可夫大数定律推出;更重要的是马尔可夫大数定律已经没有任何关于独立性的假定.研究相依随机变量序列的大数定律是近代概率论的课题之一,但是这已超出我们讨论的范围.

2. 伯努利大数定律与泊松大数定律

伯努利大数定律 设 μ_n 是 n 次伯努利试验中事件 A 出现的次数,而 p 是事件 A 在每次试验中出现的概率,则对任意 $\varepsilon > 0$,都有

$$\lim_{n\to\infty} P\left\{\left|\frac{\mu_n}{n} - p\right| < \varepsilon\right\} = 1 \tag{5.1.14}$$

[证明] 定义随机变量 ξ_i 如(5.1.6),则

$$E\xi_i = p, \quad D\xi_i = pq \leq \frac{1}{4}$$

而

$$\frac{1}{n}\sum_{k=1}^n \xi_k - \frac{1}{n}\sum_{k=1}^n E\xi_k = \frac{\mu_n}{n} - p$$

故由切比雪夫大数定律立刻推出伯努利大数定律.

显然,伯努利大数定律也可以通过切比雪夫不等式直接加以证明:

$$P\left\{\left|\frac{\mu_n}{n} - p\right| \geq \varepsilon\right\} \leq \frac{1}{\varepsilon^2}D\left\{\frac{\mu_n}{n}\right\} = \frac{1}{n\varepsilon^2}D\xi_i \leq \frac{1}{4n\varepsilon^2} \quad (5.1.15)$$

历史上,伯努利是通过直接展开和繁复的计算才证得大数定律的.

泊松大数定律 如果在一个独立试验序列中,事件 A 在第 k 次试验中出现的概率等于 p_k,以 μ_n 记在前 n 次试验中事件 A 出现的次数,则对任意 $\varepsilon > 0$,都有

$$\lim_{n\to\infty} P\left\{\left|\frac{\mu_n}{n} - \frac{p_1 + p_2 + \cdots + p_n}{n}\right| < \varepsilon\right\} = 1 \quad (5.1.16)$$

[证明] 定义 ξ_k 为第 k 次试验中事件 A 出现的次数,则

$$E\xi_k = p_k, \quad D\xi_k = p_k(1 - p_k) \leq \frac{1}{4}$$

再用切比雪夫大数定律立刻可以推出(5.1.16).

泊松提出了不同于伯努利试验的另一种独立试验模型,证明了二项分布的逼近定理,导出泊松分布(皆见第二章§4)以及证明了上述大数定律,从而奠定了他在概率论发展史上的重要地位. 顺便指出,也是他第一个使用"大数定律"这一名称.

纵观大数定律发展史,对科学发展规律的理解,启发良多. 首要是新概念的提出,从伯努利的首创,到泊松的推广,再到切比雪夫,模型越来越普遍. 其次是方法和数学工具的进步,从伯努利的直接估算,到切比雪夫的矩法,显然后者有力得多. 还有,细致的考

察也十分重要.马尔可夫通过对老师切比雪夫证明细节的深入研究,提出使用最普遍而又摆脱独立性的条件,成集大成者.这些规律为后来的发展一再证实.

3. 大数定律的重要意义

伯努利大数定律建立了在大量重复独立试验中事件出现频率的稳定性,正因为这种稳定性,概率的概念才有客观意义.

观察个别现象时是连同一切个别的特性来观察的.这些个别的特性往往蒙蔽了事物的规律性.通过平均,在大量观察中个别因素的影响将相互抵消而使总体稳定.例如,虽然每个气体分子的运动带有很大的随机性,但是作为气体平均特征的压强、温度等却是稳定的,大数定律说明了这种稳定性.古人用"定律"来称呼这类命题,大概认为它与物理学中的运动三大定律,万有引力定律,化学中的定比定律等一样是宇宙固有的规律.

从现代的观点来看,大数定律也是一类数学定理,它有一定的条件和假设,其结论可以通过通常的数学方法证明.它的要点在于:一、要求 n 很大,即它是一类极限定理.在数学中,极限定理有的是;二、关于平均值,这就有点概率论特色;三、建立概率接近于 1 或 0 的规律,这是概率论研究中特别强调的;四、规律的产生是大量独立或弱相关因素积累的结果,这就涉及统计独立性这一概率论特有的概念.因此大数定律是概率论这一学科中最有特色的命题.

总之,大数定律在偶然性与必然性之间架起了桥梁,对人类认识客观世界大有启迪,是自然哲学的重要组成部分.另一方面,大数定律也有许多应用.例如,伯努利大数定律还提供了通过试验来确定事件概率的方法,既然频率 $\frac{\mu_n}{n}$ 与概率 p 有较大偏差的可能性很小,那么我们便可以通过做试验确定某事件发生的频率并把它作为相应概率的估计.这类方法称为**参数估计**,它是数理统计中的主要研究课题之一,参数估计的重要理论基础之一就是大数定律.

下面我们以保险业为例来说明人类如何利用大数定律以增进社会福祉.

天有不测风云,人有旦夕祸福.自然界和社会生活都充满着不确定性.一场灾害或事故可使一家人立即陷入经济困境,个人对此无能为力,但社会却可建立损失分担机制,保险业与精算学应运而生.作为精算科学基础的保险原理,即损失分担原理,可以认为是大数定律用保险术语的重述.

精算学的研究主题是分析巨大的、不可预测的损失的各种金融后果,并设计某种机制以缓冲这类损失的有害的金融效应.例如在财产保险中每月支付一笔小钱以求在一场大火或失窃后得到高额赔偿,便是人类对抗偶然性的有效方法.

为规避某类风险,人们找中介即保险公司,保险公司则创造满足下面4个条件的群体:

1. 损失是不可预测的;
2. 风险是独立的;
3. 风险是齐性的;
4. 这个群体相当大,使得各个个体要求赔偿的整个损失额变成相对确定.

读者不难把上述4个条件与前面讲过的或后面将要讲到的大数定律成立的条件作对比.

因此可以说,保险业是人类利用大数定律的范例.

三、棣莫弗-拉普拉斯极限定理

大数定律只断言 $P\left\{\left|\dfrac{\mu_n}{n}-p\right|\geqslant\varepsilon\right\}$ 当 $n\to\infty$ 时趋于 0,也即 $\dfrac{\mu_n}{n}$ 接近于 p,而棣莫弗-拉普拉斯极限定理则给出 μ_n 的渐近分布的更精确表述.

下面定理给出了两个结果.第一个结果提供了 $P\{\mu_n=k\}$ 的渐近表达式,这类结果一般称为**局部极限定理**.第二个结果给出了标

准化随机变量 $\dfrac{\mu_n - np}{\sqrt{npq}}$ 的渐近分布,称为**积分极限定理**,它是一般中心极限定理的特例. 这两个结果既有区别也有联系.

定理 5.1.1(棣莫弗 – 拉普拉斯) 若 μ_n 是 n 次伯努利试验中事件 A 出现的次数,$0 < p < 1$,则对任意有限区间 $[a,b]$:

(i) 当 $a \leqslant x_k \equiv \dfrac{k - np}{\sqrt{npq}} \leqslant b$ 及 $n \to \infty$ 时,一致地有

$$P\{\mu_n = k\} \div \left(\dfrac{1}{\sqrt{npq}} \cdot \dfrac{1}{\sqrt{2\pi}} \mathrm{e}^{-\frac{1}{2}x_k^2}\right) \to 1 \quad (5.1.17)$$

(ii) 当 $n \to \infty$ 时,一致地有

$$P\left\{a \leqslant \dfrac{\mu_n - np}{\sqrt{npq}} < b\right\} \to \int_a^b \varphi(x)\,\mathrm{d}x \quad (5.1.18)$$

其中 $\varphi(x) = \dfrac{1}{\sqrt{2\pi}} \mathrm{e}^{-x^2/2}$ ($-\infty < x < \infty$).

[证明] 先证局部极限定理,我们将给出一个比 (5.1.17) 更为精确的渐近式.

因 x_k 只能在有限区间 $[a,b]$ 中取值,故当 $n \to \infty$ 时,

$$k = np + x_k \sqrt{npq} \to \infty \quad (5.1.19)$$

$$j \equiv n - k = nq - x_k \sqrt{npq} \to \infty \quad (5.1.20)$$

由斯特林(Stirling)公式:

$$m! = \sqrt{2\pi m}\, m^m \mathrm{e}^{-m} \mathrm{e}^{\theta_m} \quad \left(0 < \theta_m < \dfrac{1}{12m}\right) \quad (5.1.21)$$

可知

$$P\{\mu_n = k\} = \dfrac{n!}{k!\,j!} p^k q^j$$

$$= \dfrac{\sqrt{2\pi n}\, n^n \mathrm{e}^{-n}}{\sqrt{2\pi k}\, k^k \mathrm{e}^{-k}\, \sqrt{2\pi j}\, j^j \mathrm{e}^{-j}} p^k q^j \mathrm{e}^{\theta_n - \theta_k - \theta_j}$$

$$= \dfrac{1}{\sqrt{2\pi}}\,\dfrac{1}{\sqrt{npq}} \left(\dfrac{np}{k}\right)^{k+\frac{1}{2}} \left(\dfrac{nq}{n-k}\right)^{n-k+\frac{1}{2}} \mathrm{e}^{\theta} \quad (5.1.22)$$

其中 $\theta = \theta_n - \theta_k - \theta_{n-k}$,因此

$$|\theta| < \frac{1}{12}\left(\frac{1}{n} + \frac{1}{k} + \frac{1}{n-k}\right) \qquad (5.1.23)$$

由(5.1.19)及(5.1.20)知

$$\frac{k}{np} = 1 + x_k\sqrt{\frac{q}{np}}, \quad \frac{n-k}{nq} = 1 - x_k\sqrt{\frac{p}{nq}} \qquad (5.1.24)$$

我们将利用展开式

$$\ln(1+x) = x - \frac{x^2}{2} + \frac{x^3}{3} - \frac{x^4}{4} + \cdots \qquad (5.1.25)$$

来对它们进行估计. 这个展开式当 $-1 < x \leqslant 1$ 时收敛,但只有对绝对值很小的那种 x 值才收敛得快. 现在,当 n 充分大时,$x_k\sqrt{\dfrac{q}{np}}$ 及 $x_k\sqrt{\dfrac{p}{nq}}$ 都很小(因此,当 $p = 0$ 及 $p = 1$ 时不能用;此外,当 p 或 q 很小时,渐近展开式引起的误差也较大,这时我们已推荐用泊松逼近公式). 所以

$$\begin{aligned}
&\ln\left(\sqrt{2\pi npq}\,P\{\mu_n = k\}\right) \\
&= \theta - \left(k + \frac{1}{2}\right)\ln\frac{k}{np} - \left(n - k + \frac{1}{2}\right)\ln\frac{n-k}{nq} \\
&= \theta - \left(np + x_k\sqrt{npq} + \frac{1}{2}\right)\ln\left(1 + x_k\sqrt{\frac{q}{np}}\right) \\
&\quad - \left(nq - x_k\sqrt{npq} + \frac{1}{2}\right)\ln\left(1 - x_k\sqrt{\frac{p}{nq}}\right) \\
&= \theta - \left(np + x_k\sqrt{npq} + \frac{1}{2}\right) \\
&\quad \cdot \left(x_k\sqrt{\frac{q}{np}} - \frac{x_k^2 q}{2np} + \frac{x_k^3 q\sqrt{npq}}{3n^2 p^2} - \frac{x_k^4 q^2}{4n^2 p^2} + \cdots\right) \\
&\quad - \left(nq - x_k\sqrt{npq} + \frac{1}{2}\right)
\end{aligned}$$

$$\cdot \left(-x_k \sqrt{\frac{p}{nq}} - \frac{x_k^2 p}{2nq} - \frac{x_k^3 p}{3n^2 q^2}\sqrt{npq} - \frac{x_k^4 p^2}{4n^2 q^2} + \cdots \right)$$

$$= \theta - \frac{x_k^2}{2} + \frac{q-p}{6\sqrt{npq}}(x_k^3 - 3x_k)$$

$$+ \frac{1}{12npq}[3(p^2+q^2)x_k^2 - (p^3+q^3)x_k^4] + o\left(\frac{1}{n}\right) \quad (5.1.26)$$

因此

$$P\{\mu_n = k\}$$

$$= \frac{1}{\sqrt{2\pi}} \cdot \frac{1}{\sqrt{npq}} \exp\left\{ -\frac{x_k^2}{2} + \frac{(q-p)(x_k^3 - 3x_k)}{6\sqrt{npq}} + O\left(\frac{1}{n}\right) \right\}$$

$$= \frac{1}{\sqrt{2\pi}} \cdot \frac{1}{\sqrt{npq}} e^{-\frac{x_k^2}{2}} \left[1 + \frac{(q-p)(x_k^3 - 3x_k)}{6\sqrt{npq}} + O\left(\frac{1}{n}\right) \right] \quad (5.1.27)$$

取其第一项即得(5.1.17),因此我们已证得了局部极限定理.显然,我们得到了更精确的估计式.又知当 $p=q$ 及 $x_k^3 - 3x_k = 0$ 时,近似效果尤佳.

下面转入证明积分极限定理.

$$P\left\{ a \leqslant \frac{\mu_n - np}{\sqrt{npq}} < b \right\}$$

$$= P\{np + a\sqrt{npq} \leqslant \mu_n < np + b\sqrt{npq}\}$$

$$= \sum_{k=k_1}^{k_2} P\{\mu_n = k\} \quad (5.1.28)$$

上式中 k_1 为不小于 $np + a\sqrt{npq}$ 的最小整数,k_2 为小于 $np + b\sqrt{npq}$ 的最大整数,由局部极限定理知当 n 充分大时,对任给 $\varepsilon > 0$,有

$$P\{\mu_n = k\} = \frac{1}{\sqrt{npq}}(\varphi(x_k) + \varepsilon_k), |\varepsilon_k| < \varepsilon$$

$$(k = k_1, k_1 + 1, \cdots, k_2)$$

代入(5.1.28)式得到

$$P\left\{a \leqslant \frac{\mu_n - np}{\sqrt{npq}} < b\right\}$$
$$= \sum_{k=k_1}^{k_2} \frac{1}{\sqrt{npq}} \varphi(x_k) + \sum_{k=k_1}^{k_2} \frac{\varepsilon_k}{\sqrt{npq}}$$

因为有
$$\left|\sum_{k=k_1}^{k_2} \frac{\varepsilon_k}{\sqrt{npq}}\right| \leqslant \frac{1}{\sqrt{npq}}(k_2 - k_1 + 1)\varepsilon \leqslant \frac{(b-a)\sqrt{npq}+1}{\sqrt{npq}}\varepsilon$$

故当 $n \to \infty$ 时,注意 x_k 的增量为 $\frac{1}{\sqrt{npq}}$,就得到

$$P\left\{a \leqslant \frac{\mu_n - np}{\sqrt{npq}} < b\right\} \to \int_a^b \varphi(x)\,\mathrm{d}x$$

定理到此完全证毕.

利用 $\frac{1}{\sqrt{2\pi}}\int_{-\infty}^{\infty} \mathrm{e}^{-x^2/2}\mathrm{d}x = 1$,不难证明在积分极限定理中,当 $a = -\infty, b = +\infty$ 时仍然成立.

四、棣莫弗 - 拉普拉斯极限定理的一些应用

棣莫弗 - 拉普拉斯极限定理虽然是作为二项分布的近似而推导出来的,但是它的重要性远远超出数值计算的范围. 对它的各种推广形式的深入讨论将在以后几节进行,这里我们先介绍一些它的具体应用,其中有些解决了第一、二章遗留的问题.

[推导伯努利大数定律] 积分极限定理断言 μ_n 的分布渐近于正态分布 $N(np, npq)$,因此伯努利试验中事件 A 出现的频率 $\frac{\mu_n}{n}$ 的分布渐近于正态分布 $N\left(p, \frac{pq}{n}\right)$. 这里可以想象,当 $n \to \infty$ 时,$\frac{\mu_n}{n}$ 的分布会收敛于退化分布

$$I_p(x) = \begin{cases} 0, & x \leqslant p \\ 1, & x > p \end{cases}$$

这正是伯努利大数定律所确定的事实.下面来严格证明.

给定 $\varepsilon > 0$,对任意正数 l,只要 n 足够大,就有
$$l\sqrt{npq} < \varepsilon n$$
因此
$$\left\{\left|\frac{\mu_n - np}{\sqrt{npq}}\right| < l\right\} \subset \left\{\left|\frac{\mu_n - np}{n}\right| < \varepsilon\right\}$$
所以对大的 n,
$$P\left\{\left|\frac{\mu_n - np}{\sqrt{npq}}\right| < l\right\} \leq P\left\{\left|\frac{\mu_n - np}{n}\right| < \varepsilon\right\}$$
由积分极限定理,当 $n \to \infty$ 时,上式左边收敛于
$$\frac{1}{\sqrt{2\pi}} \int_{-l}^{l} e^{-x^2/2} dx$$
对于任给 $\delta > 0$,可以选 l,使得上面积分值大于 $1 - \delta$,因此对充分大的 n 有
$$P\left\{\left|\frac{\mu_n}{n} - p\right| < \varepsilon\right\} > 1 - \delta$$
这就证明了伯努利大数定律,从这里也可看出,积分极限定理比大数定律更精细.

[用频率估计概率时的计算问题] 由积分极限定理
$$P\left\{\left|\frac{\mu_n}{n} - p\right| < \varepsilon\right\}$$
$$= P\left\{-\varepsilon\sqrt{\frac{n}{pq}} < \frac{\mu_n - np}{\sqrt{npq}} < \varepsilon\sqrt{\frac{n}{pq}}\right\}$$
$$\simeq \Phi\left(\varepsilon\sqrt{\frac{n}{pq}}\right) - \Phi\left(-\varepsilon\sqrt{\frac{n}{pq}}\right) = 2\Phi\left(\varepsilon\sqrt{\frac{n}{pq}}\right) - 1 \quad (5.1.29)$$
这个关系式可用来解决许多计算问题.

第一类问题是已知 n, p, ε,求概率 $P\left\{\left|\frac{\mu_n}{n} - p\right| < \varepsilon\right\}$;这时只要利用(5.1.29)并查正态分布函数 $\Phi(x)$ 的数值表就可解决,这类

问题在二项分布计算中经常会遇到.

[**例1**] 蒲丰试验中掷硬币 4 040 次,出正面 2 048 次,试计算当重复蒲丰试验时,正面出现的频率与概率之差的偏离程度不大于蒲丰试验中所发生的偏离的概率.

[**解**] 蒲丰投币中频率 $\frac{2\ 048}{4\ 040}$ 与概率 $p = \frac{1}{2}$ 的偏离为 $\varepsilon = \frac{2\ 048}{4\ 040} - \frac{1}{2} = 0.006\ 93$,故所求概率为

$$\beta = P\left\{\left|\frac{\mu}{4040} - \frac{1}{2}\right| \leqslant 0.006\ 93\right\} = 2\Phi\left(0.006\ 93 \cdot \sqrt{\frac{4\ 040}{\frac{1}{2} \cdot \frac{1}{2}}}\right) - 1$$

$$= 2\Phi(0.881\ 0) - 1 = 2 \times 0.810\ 9 - 1 = 0.622$$

第二类问题是要使 $\frac{\mu_n}{n}$ 与 p 的差异不大于定数 ε 的概率不小于预先给的数 β,问最少应做多少次试验? 这时只需要求满足下式的最小 n,

$$2\Phi\left(\varepsilon\sqrt{\frac{n}{pq}}\right) - 1 \geqslant \beta \tag{5.1.30}$$

这也可通过查表求得.

[**例2**] 某品牌往常的市场占有率为 15%,今公司决定再做一次抽样调查,要求误差小于 1% 的概率达到 95%,问至少要抽多少户?

[**解**] 很好设计的抽样调查方案完全适合于伯努利概型. 这时 $\varepsilon = 0.01, p = 0.15, \beta = 0.95$,下面利用(5.1.30)求 n,即

$$\Phi\left(0.01\sqrt{\frac{n}{0.15 \times 0.85}}\right) \geqslant \frac{\beta + 1}{2} = 0.975$$

反查标准正态分布函数的数值表得

$$0.01\sqrt{\frac{n}{0.15 \times 0.85}} \geqslant 1.96$$

因此

$$n \geq 4\,898.04$$

抽样调查方案设计中,样本大小的确定至关重要,一方联系着结果的精度与可信度,另一方联系着开支预算与工作量.上例中 p 有以往的信息可用,但在一般情况下只能靠估计或设计一个小型调查以提供初值.

第三类问题已知 n 及 β,求 ε,这类问题是在进行误差估计时提出来的.解法如下:先找 z_β 使

$$2\Phi(z_\beta) - 1 = \beta$$

这时

$$\varepsilon = z_\beta \sqrt{\frac{pq}{n}} \qquad (5.1.31)$$

即为所求.若 p 不知道,则利用 $pq \leq \dfrac{1}{4}$,有下列估计式

$$\varepsilon \leq \frac{z_\beta}{2\sqrt{n}} \qquad (5.1.32)$$

这类估计在蒙特卡罗方法中很有用处.

[例3] 在上例的市场占有率抽样调查中,若预算只许调查 2 000 户,可信度仍要求为 95%,这时的抽样误差达到多少?

[解] 这正是第三类计算题.这时 $n = 2\,000, \beta = 0.95, p = 0.15$,要求 ε,代入公式得

$$\varepsilon = 1.96 \cdot \sqrt{\frac{0.15 \times 0.85}{2\,000}} = 0.015\,65$$

假如这个误差在允许范围内,就可实行;若认为误差太大,则只有增加抽样数量,这就要求追加预算.

[概率的置信区间估计] 由积分极限定理

$$P\left\{\left|\frac{\dfrac{\mu_n}{n} - p}{\sqrt{\dfrac{p(1-p)}{n}}}\right| < z_\beta\right\} = \beta \qquad (5.1.33)$$

其中 z_β 满足 $2\Phi(z_\beta) - 1 = \beta$,只要 n 相当大.

对 p 的二次方程

$$\left(\frac{\mu_n}{n} - p\right)^2 = z_\beta^2 \frac{p(1-p)}{n}$$

求解并略去 $\dfrac{1}{n}$ 的高阶无穷小项得:

$$P\left\{\frac{\mu_n}{n} - z_\beta \sqrt{\frac{\frac{\mu_n}{n}\left(1 - \frac{\mu_n}{n}\right)}{n}} < p < \frac{\mu_n}{n} + z_\beta \sqrt{\frac{\frac{\mu_n}{n}\left(1 - \frac{\mu_n}{n}\right)}{n}}\right\} = \beta$$

(5.1.34)

在数理统计中称我们已在**置信水平** β(一般为 95%)下得到概率 p 的**置信区间**

$$\left(\frac{\mu_n}{n} - z_\beta \sqrt{\frac{\frac{\mu_n}{n}\left(1 - \frac{\mu_n}{n}\right)}{n}},\ \frac{\mu_n}{n} + z_\beta \sqrt{\frac{\frac{\mu_n}{n}\left(1 - \frac{\mu_n}{n}\right)}{n}}\right) \quad (5.1.35)$$

[**局部极限定理在二项分布计算中的应用**] 局部极限定理给出

$$\binom{n}{k} p^k q^{n-k} \div \left(\frac{1}{\sqrt{npq}} \cdot \frac{1}{\sqrt{2\pi}} e^{-\frac{1}{2}\left(\frac{k-np}{\sqrt{npq}}\right)^2}\right) \to 1 \quad (5.1.36)$$

这个事实由图 5.1.1 表示出来,其中阶梯函数给出概率 $\binom{n}{k} p^k q^{n-k}$,而粗线则给出对应的正态分布密度函数曲线.

我们来利用局部极限定理对 $\binom{n}{k} p^k q^{n-k}$ 进行近似计算.

因为标准正态密度函数

$$\varphi(x) = \frac{1}{\sqrt{2\pi}} e^{-x^2/2},\ -\infty < x < \infty \quad (5.1.37)$$

有专门数值表,当 n 较大时,对二项分布的计算可用下列近似式:

$$\binom{n}{k} p^k q^{n-k} \approx \frac{1}{\sqrt{npq}} \varphi(x_k) \quad (5.1.38)$$

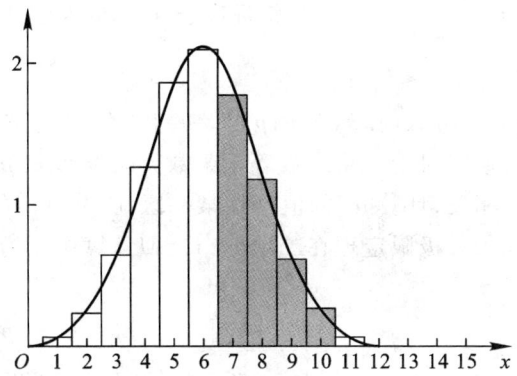

图 5.1.1 二项分布的正态逼近

其中 $x_k = \dfrac{k-np}{\sqrt{npq}}$. 用这种方法计算当然会有误差,但实践证明(也能利用(5.1.27)作理论分析),当 p 不太接近于 0 或 1,而 n 又不太小时,都能得到良好的结果.

下面就用这种办法来解决第二章§4中提出的一些二项分布计算问题.

先来计算人寿保险的例 4(1),那里要求计算 $b(40;10\,000,0.005)$,利用(5.1.38)

$$b(40;10\,000,0.005)$$
$$\approx \frac{1}{\sqrt{10\,000\times 0.005\times 0.995}}\varphi\left(\frac{40-10\,000\times 0.005}{\sqrt{10\,000\times 0.005\times 0.995}}\right)$$
$$= \frac{1}{7.05}\varphi(1.418) = \frac{1}{7.05}\times 0.145\,6 = 0.020\,7$$

而精确值为 0.021 4,误差不大.

[积分极限定理在二项分布计算中的应用] 积分极限定理给出

$$P\left\{a \leqslant \frac{\mu_n - np}{\sqrt{npq}} < b\right\} \to \Phi(b) - \Phi(a) \qquad (5.1.39)$$

其中 $\Phi(x) = \frac{1}{\sqrt{2\pi}} \int_{-\infty}^{x} e^{-t^2/2} dt$ 是标准正态分布函数,利用它可以计算形如 $P\{k_1 \leq \mu_n \leq k_2\}$ 的概率.

因为当 n 充分大时,$b(k;n,p)$ 即使对于最可能成功次数,其数值也很小,这时讨论成功次数等于某数 k 的概率 $P\{\mu_n = k\}$ 便没有太大意思;相反,计算 μ_n 的值落在某一区间 $[k_1, k_2]$ 的概率倒十分重要,因此积分极限定理在二项分布近似计算中更为有用.

我们有

$$P\{k_1 \leq \mu_n \leq k_2\} = P\left\{\frac{k_1 - np}{\sqrt{npq}} \leq \frac{\mu_n - np}{\sqrt{npq}} \leq \frac{k_2 - np}{\sqrt{npq}}\right\}$$

$$\simeq \Phi\left(\frac{k_2 - np}{\sqrt{npq}}\right) - \Phi\left(\frac{k_1 - np}{\sqrt{npq}}\right) \quad (5.1.40)$$

细察图 5.1.1 可以看出,在用连续型分布正态分布逼近离散型分布二项分布时存在着偏差. 对应于离散值 7,8,9,10 的矩形面积,相应的该是 $6.5 < x < 10.5$ 上的曲边梯形面积,因此下面的修正公式,常能得到更好的近似效果:

$$P\{k_1 \leq \mu_n \leq k_2\} \simeq \Phi\left(\frac{k_2 - np + 0.5}{\sqrt{npq}}\right) - \Phi\left(\frac{k_1 - np - 0.5}{\sqrt{npq}}\right)$$
$$(5.1.41)$$

当 p 不太接近 0 或 1,而 n 又不太小时,用这个近似式能得到良好的结果.

特别当 $k_1 = k_2$ 时,(5.1.41) 化为 (5.1.38),与局部极限定理的结果完全统一.

例如,我们来完成第二章 §4 中的一些计算. 人寿保险的例 4(2) 要计算 $P\{\mu \leq 70\}$,利用 (5.1.41)

$P\{\mu \leq 70\}$

$\simeq \Phi\left(\dfrac{70 - 10\,000 \times 0.005 + 0.5}{\sqrt{10\,000 \times 0.005 \times 0.995}}\right) - \Phi\left(\dfrac{-10\,000 \times 0.005 - 0.5}{\sqrt{10\,000 \times 0.005 \times 0.995}}\right)$

$= \Phi(2.91) - \Phi(-7.16) = \Phi(2.91) - [1 - \Phi(7.16)] = 0.998$

这里 $\Phi(7.16)$ 取为 1,此外计算中还用到 $\Phi(-x)=1-\Phi(x)$,这由 $\varphi(x)$ 的对称性即得.

可见,保险公司有很大把握假设死亡人数不大于 70 人,并可据此作各种估算. 当然 70 是举例性的,读者不妨试着计算 $P\{\mu\leq 100\}$.

第二章 §4 的例 5,即机票超售问题,作为贯穿本书的一个案例,是很现实的一个问题,为使问题能在允许的篇幅内有答案,已被数学模型化,假定各个旅客登机的独立性,归为伯努利概型,并把问题的要求加以简化与明确,即对不同的超售额 m 计算发生麻烦(即有旅客被拒登机)的概率. 这是在用数学解决实际问题时必须经过的一步,也是没有标准答案的一步,因此不同理论修养和实践经验的应用数学家将采用大相径庭的数学模型来处理同一个实际问题.

我们的方案是对适当的 m 计算如下概率:
$$P = P\{\mu > 200\} = \sum_{k>200} b(k;200+m,0.95) \quad (5.1.42)$$
有了积分极限定理以及近似计算公式 (5.1.41),任务不难完成. 例如当 $m=7$ 时,
$$P = \sum_{k=201}^{207} b(k;207,0.95) \simeq \Phi\left(\frac{207-207\times 0.95+0.5}{\sqrt{207\times 0.95\times 0.05}}\right) -$$
$$\Phi\left(\frac{201-207\times 0.95-0.5}{\sqrt{207\times 0.95\times 0.05}}\right)$$
$$= \Phi(3.460) - \Phi(1.228) = 0.9997 - 0.8903 = 0.1094$$

相应于 $m=1,2,3,4,5,6,7$ 的 P 值已列于第一章 §1 中,供主管部门使用. 实际问题的最终解决大都要求应用数学家与实际部门反复磋商. 显然 (5.1.42) 也可用泊松逼近计算.

现在我们能够解决第二章 §4 例 6 中提出的车间用电问题了. 该问题是要求 r,使
$$P\{\mu\leq r\} = \sum_{k=0}^{r}\binom{200}{k}(0.6)^k(0.4)^{200-k} \geq 0.999 \quad (5.1.43)$$

我们可以利用积分极限定理计算这个概率.

$$\sum_{k=0}^{r} \binom{200}{k}(0.6)^k(0.4)^{200-k}$$
$$\simeq \Phi\left(\frac{r-200\times 0.6+0.5}{\sqrt{200\times 0.6\times 0.4}}\right) - \Phi\left(\frac{-200\times 0.6-0.5}{\sqrt{200\times 0.6\times 0.4}}\right)$$
$$= \Phi\left(\frac{r-119.5}{\sqrt{48}}\right) - \Phi(-17.39) \approx \Phi\left(\frac{r-119.5}{\sqrt{48}}\right) \geqslant 0.999$$

查表得

$$\frac{r-119.5}{\sqrt{48}} = 3.09$$

所以
$$r = 141$$

这个结果表明 $P\{\mu \leqslant 141\} \geqslant 0.999$,所以我们若供电 141 千瓦,那么由于供电不足而影响生产的可能性小于 0.001,相当于在 8 小时工作中有半分钟受影响,这在一般工厂中是允许的. 当然不同的生产单位,可能提出不同的要求,那么我们可以改变 (5.1.43) 右端的概率值,但是方法还是同样的.

再来计算作为分子运动模型的例 7,其中 $p = \frac{1}{2}$, $n = 5.4\times 10^{22}$.

$$P\{|\mu - np| > 2.7\times 10^{12}\}$$
$$= P\left\{\frac{|\mu-np|}{\sqrt{npq}} > \frac{2.7\times 10^{12}}{\sqrt{5.4\times 10^{22}\times \frac{1}{4}}}\right\}$$
$$= P\left\{\frac{|\mu-np|}{\sqrt{npq}} > 23.2\right\} \simeq \frac{2}{\sqrt{2\pi}}\int_{23.2}^{\infty} e^{-t^2/2} dt$$

这个数值非常小,从 $\Phi(x)$ 的数值表中不能找到,但我们可以用下面方法对它进行估计.

由于对 $z > 0$ 有

$$\int_{z}^{\infty} e^{-t^2/2} dt < \frac{1}{z}\int_{z}^{\infty} t e^{-t^2/2} dt = \frac{1}{z} e^{-z^2/2} \qquad (5.1.44)$$

利用它可以得到

$$\frac{2}{\sqrt{2\pi}} \int_{23.2}^{\infty} e^{-t^2/2} dt < \frac{2}{\sqrt{2\pi}} \cdot \frac{1}{23.2} e^{-269.12} < 10^{-100}$$

这概率非常非常之小.

这种计算为分子运动论提供佐证:虽然每个气体分子的运动轨道、速度、方向都是随机的,但因为分子数量十分巨大,从宏观上看,作为平均特征的压强、温度等却是十分稳定的.

现在也能对第一章§1中的高尔顿板这个试验作理论解释了. 读者可能早已想到,近似小球高度的曲线是正态分布密度函数曲线. 这完全正确. 事实上,高尔顿板可以看作是伯努利试验的一个实验模型. 如果我们把小球碰到钉子看作是一次试验,而把从右边落下算是成功,当然从左边落下就算是失败,这时就有了一次 $p = \frac{1}{2}$ 的伯努利试验. 小球从顶端到底层共需要经过 n 排钉子,这就相当于一个 n 次伯努利试验,剩下的只是要说明为什么高度曲线会是正态分布密度函数曲线,这个问题留给读者思考.

§2. 收 敛 性

从下节开始,我们将把在伯努利试验场合建立的极限定理推广到更为一般的场合,本节为此准备必要的概念与工具.

从上节的讨论中我们已经看到,概率论的极限定理研究的是随机变量序列与分布函数序列的某种收敛性,下面我们将给这些收敛性以明确定义并讨论它们的有关性质. 这些结果对于深入研究概率论也有着独自的重要性.

特征函数是研究极限定理的有力工具,从上章的讨论中我们已经知道,它与分布函数互相唯一确定,本节中我们将证明这种对应还具有某种连续性,这些性质决定了特征函数在极限定理研究中的特殊地位. 顺便还得到特征函数的充要条件,这个结果在平稳随机过程的研究中有基本的重要性.本节定理的证明都较长,初学时可以略去,后面用到的是结论.

一、分布函数弱收敛

中心极限定理讨论的是分布函数列收敛于正态分布.事实上,在棣莫弗-拉普拉斯积分极限定理中,若记

$$F_n(x) = P\left\{\frac{\mu_n - np}{\sqrt{npq}} < x\right\}$$

则定理的结论可以表述为

$$F_n(x) \to \Phi(x)$$

这正是一个分布函数列 $\{F_n(x)\}$ 收敛于某一个分布函数 $\Phi(x)$,这种收敛对每一点 x 都成立.

这个考察对于我们引进一般分布函数列的收敛性定义很有帮助,在给出定义前,我们再来看一个例子.

[例1] 令

$$F_n(x) = \begin{cases} 0, & x \leqslant -\dfrac{1}{n} \\ 1, & x > -\dfrac{1}{n} \end{cases} \quad (5.2.1)$$

这是一个退化分布,它可以解释为一个单位质量全部集中在 $x = -\dfrac{1}{n}$ 这一点的分布.当 $n \to \infty$ 时,我们自然认为 $\{F_n(x)\}$ 应该收敛于一个单位质量全部集中在 $x = 0$ 这一点的分布,即

$$F(x) = \begin{cases} 0, & x \leqslant 0 \\ 1, & x > 0 \end{cases}$$

但是,$F_n(0) \equiv 1$,而 $F(0) = 0$,显然,$F_n(0) \not\to F(0)$.因此看来要求分布函数列在所有的点都收敛到极限分布函数是太严了.上例中不收敛的点是极限分布函数 $F(x)$ 的不连续点.

定义 5.2.1 对于分布函数列 $\{F_n(x)\}$,如果存在一个非降

函数$F(x)$使

$$\lim_{n\to\infty}F_n(x)=F(x) \tag{5.2.2}$$

在$F(x)$的每一连续点上都成立,则称$F_n(x)$**弱收敛**于$F(x)$,并记为$F_n(x)\xrightarrow{W}F(x)$.

这样得到的极限函数是一个有界的非降的函数,我们也可以选得它是左连续的,但是下例说明,它不一定是一个分布函数.

[例2] 取

$$F_n(x)=\begin{cases}0, & x\leqslant n \\ 1, & x>n\end{cases} \tag{5.2.3}$$

显然$\lim\limits_{n\to\infty}F_n(x)=0$对一切$x$成立,但$F(x)\equiv0$不是分布函数.

当然,若已知分布函数列$\{F_n(x)\}$弱收敛于分布函数$F(x)$及$G(x)$,则$F(x)=G(x)$对一切x成立.

我们希望能得到一个分布函数列弱收敛于一个分布函数的充要条件,为此先建立一些重要的分析结果,这些结果对一般的有界非降函数列都成立,它们的弱收敛概念类似地定义.

引理5.2.1 设$\{F_n(x)\}$是实变量x的非降函数列,D是$\mathbf{R}^1$上的稠密集.若对D中的所有点,序列$\{F_n(x)\}$收敛于$F(x)$,则对$F(x)$的一切连续点x有

$$\lim_{n\to\infty}F_n(x)=F(x) \tag{5.2.4}$$

[证明] 设x是任意点,选$x'\in D,x''\in D$,使$x'\leqslant x\leqslant x''$,由非降性知

$$F_n(x')\leqslant F_n(x)\leqslant F_n(x'')$$

因此

$$F(x')\leqslant \varliminf_{n\to\infty}F_n(x)\leqslant \varlimsup_{n\to\infty}F_n(x)\leqslant F(x'')$$

因为D在$\mathbf{R}^1$上稠密,故

$$F(x-0)\leqslant \varliminf_{n\to\infty}F_n(x)\leqslant \varlimsup_{n\to\infty}F_n(x)\leqslant F(x+0)$$

所以对于$F(x)$的连续点x,成立(5.2.4).

下面证明海莱(Helly,1884—1943)的两个重要定理.

定理 5.2.1(海莱第一定理)　任一一致有界的非降函数列 $\{F_n(x)\}$ 中必有一子序列 $\{F_{n_k}(x)\}$ 弱收敛于某一有界的非降函数 $F(x)$.

[证明]　任取 $\mathbf{R}^1$ 上的一个到处稠密的可数点集 D,下面我们就取有理数全体,并排列为 $r_1, r_2, \cdots, r_m, \cdots$. 对于序列 $\{F_n(r_1)\}$,这是一个有界的实数序列,故必包含一收敛于某极限 $G(r_1)$ 的子序列 $\{F_{1,n}(r_1)\}$,即

$$\lim_{n\to\infty} F_{1,n}(r_1) = G(r_1)$$

现在考虑序列 $\{F_{1,n}(r_2)\}$,同样由于有界性,在其中存在子序列 $\{F_{2,n}(r_2)\}$ 收敛于某一值 $G(r_2)$. 这时,同时成立着

$$\lim_{n\to\infty} F_{2,n}(r_1) = G(r_1), \quad \lim_{n\to\infty} F_{2,n}(r_2) = G(r_2)$$

继续这样做,可得序列 $\{F_{m,n}(x)\}$,使

$$\lim_{n\to\infty} F_{m,n}(r_k) = G(r_k), \quad k = 1, 2, \cdots, m \tag{5.2.5}$$

同时成立.

这样,我们得到了 $\{F_n(x)\}$ 的如下子序列

$$F_{1,1}(x), F_{1,2}(x), F_{1,3}(x), \cdots, F_{1,n}(x), \cdots$$
$$F_{2,1}(x), F_{2,2}(x), F_{2,3}(x), \cdots, F_{2,n}(x), \cdots$$
$$\cdots\cdots\cdots\cdots$$
$$F_{m,1}(x), F_{m,2}(x), F_{m,3}(x), \cdots, F_{m,n}(x), \cdots$$
$$\cdots\cdots\cdots\cdots \tag{5.2.6}$$

这里每行都是前一行的子序列,而且它们具有性质(5.2.5). 选取这个阵列的对角线元素 $F_{n,n}(x)$ 构成新序列 $\{F_{n,n}(x)\}$,由于它是从 $\{F_{1,n}(x)\}$ 分出来的,故 $\lim_{n\to\infty} F_{n,n}(r_1) = G(r_1)$. 其次,除第一项外,它是由 $\{F_{2,n}(x)\}$ 分出来的,故 $\lim_{n\to\infty} F_{n,n}(r_2) = G(r_2)$. 一般地,对任何固定的 k,皆有 $\lim_{n\to\infty} F_{n,n}(r_k) = G(r_k)$,因此对一切有理数 r,

$$\lim_{n\to\infty} F_{n,n}(r) = G(r) \tag{5.2.7}$$

这里的 $G(r)$ 是定义在有理数上的函数,它也是有界与非降的.

对一切 $x \in \mathbf{R}^1$,定义

$$F(x) = \sup_{r_k \leq x} G(r_k)$$

这函数在一切有理数上与 $G(x)$ 相等,它显然也是有界与非降的.

由引理 5.2.1 知

$$\lim_{n \to \infty} F_{n,n}(x) = F(x) \tag{5.2.8}$$

对 $F(x)$ 的一切连续点成立,这就证明了定理 5.2.1. 通常形象地称这个定理的证明方法为**对角线法**.

极限函数 $F(x)$ 不一定左连续,但总可以改变它不连续点上的值使之左连续,这样的改变显然不影响(5.2.8)式的成立.

定理 5.2.2(海莱第二定理) 设 $f(x)$ 是 $[a,b]$ 上的连续函数,又 $\{F_n(x)\}$ 是在 $[a,b]$ 上弱收敛于函数 $F(x)$ 的一致有界非降函数序列,且 a 和 b 是 $F(x)$ 的连续点,则

$$\lim_{n \to \infty} \int_a^b f(x) \, \mathrm{d}F_n(x) = \int_a^b f(x) \, \mathrm{d}F(x)$$

[**证明**] 由函数 $f(x)$ 的连续性推知,对任意正数 ε,总可以找到一种分割,把区间 $[a,b]$ 分为 $[x_0,x_1],[x_1,x_2],\cdots,[x_{N-1},x_N]$(其中 $x_0 = a, x_N = b$)等 N 个小区间,使得当 $x \in [x_k, x_{k+1}]$ 时,$|f(x) - f(x_k)| < \varepsilon$. 利用这种情况,我们能导入一个辅助函数 $f_\varepsilon(x)$,它只取有限个值,并且当 $x_k < x < x_{k+1}$ 时,$f_\varepsilon(x) = f(x_k)$.

这样显然对 $a \leq x \leq b$ 的一切 x 皆有不等式

$$|f(x) - f_\varepsilon(x)| < \varepsilon \tag{5.2.9}$$

在此我们可预先选取分点 $x_1, x_2, \cdots, x_{N-1}$,使它们是 $F(x)$ 的连续点. 因为 $\{F_n(x)\}$ 弱收敛于 $F(x)$,故当 n 充分大时,在此 $N-1$ 个分点及 x_0, x_N 上成立不等式

$$|F(x_k) - F_n(x_k)| < \frac{\varepsilon}{MN} \tag{5.2.10}$$

这里 M 是 $|f(x)|$ 在区间 $a \leq x \leq b$ 中的最大值. 显然,

$$\left| \int_a^b f(x)\,dF(x) - \int_a^b f(x)\,dF_n(x) \right|$$
$$\leq \left| \int_a^b f(x)\,dF(x) - \int_a^b f_\varepsilon(x)\,dF(x) \right|$$
$$+ \left| \int_a^b f_\varepsilon(x)\,dF(x) - \int_a^b f_\varepsilon(x)\,dF_n(x) \right|$$
$$+ \left| \int_a^b f_\varepsilon(x)\,dF_n(x) - \int_a^b f(x)\,dF_n(x) \right| \quad (5.2.11)$$

由于(5.2.9)式,
$$\left| \int_a^b f(x)\,dF(x) - \int_a^b f_\varepsilon(x)\,dF(x) \right| \leq \varepsilon [F(b) - F(a)]$$
$$(5.2.12)$$
$$\left| \int_a^b f_\varepsilon(x)\,dF_n(x) - \int_a^b f(x)\,dF_n(x) \right| \leq \varepsilon [F_n(b) - F_n(a)]$$
$$(5.2.13)$$

而由(5.2.9)式,(5.2.10)式可知
$$\left| \int_a^b f_\varepsilon(x)\,dF(x) - \int_a^b f_\varepsilon(x)\,dF_n(x) \right|$$
$$= \left| \sum_{k=0}^{N-1} f(x_k)[F(x_{k+1}) - F(x_k)] \right.$$
$$\left. - \sum_{k=0}^{N-1} f(x_k)[F_n(x_{k+1}) - F_n(x_k)] \right|$$
$$= \left| \sum_{k=0}^{N-1} f(x_k)[F(x_{k+1}) - F_n(x_{k+1})] \right.$$
$$\left. - \sum_{k=0}^{N-1} f(x_k)[F(x_k) - F_n(x_k)] \right|$$
$$\leq N\left(M\frac{\varepsilon}{MN} + M\frac{\varepsilon}{MN}\right) = 2\varepsilon \quad (5.2.14)$$

因此
$$\left| \int_a^b f(x)\,dF(x) - \int_a^b f(x)\,dF_n(x) \right|$$
$$\leq \varepsilon[F(b) - F(a)] + \varepsilon[F_n(b) - F_n(a)] + 2\varepsilon$$

由于$\{F_n(x)\}$的一致有界性,上式右边可以任意小,故定理得证.

定理 5.2.3(拓广的海莱第二定理) 设$f(x)$在$(-\infty,\infty)$上有界连续,又$\{F_n(x)\}$是$(-\infty,\infty)$上弱收敛于函数$F(x)$的一致有界非降函数序列,且

$$\lim_{n\to\infty}F_n(-\infty)=F(-\infty),\quad \lim_{n\to\infty}F_n(\infty)=F(\infty)$$

则

$$\lim_{n\to\infty}\int_{-\infty}^{\infty}f(x)\,\mathrm{d}F_n(x)=\int_{-\infty}^{\infty}f(x)\,\mathrm{d}F(x)$$

[证明] 设$A<0,B>0$,令

$$J_1=\left|\int_{-\infty}^{A}f(x)\,\mathrm{d}F_n(x)-\int_{-\infty}^{A}f(x)\,\mathrm{d}F(x)\right|$$

$$J_2=\left|\int_{A}^{B}f(x)\,\mathrm{d}F_n(x)-\int_{A}^{B}f(x)\,\mathrm{d}F(x)\right|$$

$$J_3=\left|\int_{B}^{\infty}f(x)\,\mathrm{d}F_n(x)-\int_{B}^{\infty}f(x)\,\mathrm{d}F(x)\right|$$

显然

$$\left|\int_{-\infty}^{\infty}f(x)\,\mathrm{d}F_n(x)-\int_{-\infty}^{\infty}f(x)\,\mathrm{d}F(x)\right|\leqslant J_1+J_2+J_3$$

由于$f(x)$是有界的,存在常数$M>0$,使$|f(x)|<M$. 又由于序列$\{F_n(x)\}$的一致有界性,只要A与B的绝对值充分大,并使A和B是$F(x)$的连续点,而n也取得充分大,则可使J_1,J_3小到预先给定的程度. 事实上

$$J_1\leqslant\left|\int_{-\infty}^{A}f(x)\,\mathrm{d}F(x)\right|+\left|\int_{-\infty}^{A}f(x)\,\mathrm{d}F_n(x)\right|$$

$$\leqslant M[F(A)-F(-\infty)]+M|F_n(A)-F_n(-\infty)|$$

$$\leqslant M[F(A)-F(-\infty)]$$

$$+M[|F_n(A)-F(A)|+|F(A)-F(-\infty)|+|F(-\infty)-F_n(-\infty)|]$$

而按假定有

$$\lim_{n\to\infty}F_n(A)=F(A),\quad \lim_{n\to\infty}F_n(-\infty)=F(-\infty)$$

故当A绝对值充分大时,J_1可以任意小.

对 J_3 作对应的处理,则当 B 充分大,并注意到
$$\lim_{n\to\infty}F_n(B)=F(B), \quad \lim_{n\to\infty}F_n(+\infty)=F(+\infty)$$
J_3 也可以任意小. 再根据定理 5.2.2, 只要 n 充分大, 也可使 J_2 任意小, 从而证得了定理.

二、连续性定理

下面我们将导出一个分布函数列弱收敛到一个极限分布的充要条件, 这个结果同时说明了存在于分布函数与特征函数之间的一一对应是连续的, 这个性质对于特征函数成为研究一些概率论极限定理的主要工具有基本的重要性.

定理 5.2.4(正极限定理) 设分布函数列 $\{F_n(x)\}$ 弱收敛于某一分布函数 $F(x)$, 则相应的特征函数列 $\{f_n(t)\}$ 收敛于特征函数 $f(t)$, 且在 t 的任一有限区间内收敛是一致的.

[证明] 函数 e^{itx} 在 $-\infty<x<\infty$ 上有界连续, 而
$$f_n(t)=\int_{-\infty}^{\infty}e^{itx}dF_n(x)$$
$$f(t)=\int_{-\infty}^{\infty}e^{itx}dF(x)$$
因此由拓广的海莱第二定理即知当 $n\to\infty$ 时, 有
$$f_n(t)\to f(t)$$
至于在 t 的每一有限区间内收敛的一致性(均匀性), 由拓广的海莱第二定理的证明就可看出.

定理 5.2.5(逆极限定理) 设特征函数列 $\{f_n(t)\}$ 收敛于某一函数 $f(t)$, 且 $f(t)$ 在 $t=0$ 连续, 则相应的分布函数列 $\{F_n(x)\}$ 弱收敛于某一分布函数 $F(x)$, 而且 $f(t)$ 是 $F(x)$ 的特征函数.

[证明] 由海莱第一定理, 知必存在子序列 $\{F_{n_k}(x)\}$ 弱收敛于某一非降函数 $F(x)$, 且 $F(x)$ 可视为左连续的. 极限函数 $F(x)$ 显然满足 $F(-\infty)\geqslant 0, F(\infty)\leqslant 1$, 我们来证明 $F(x)$ 是分布函数. 否则, 应有

$$\delta = F(\infty) - F(-\infty) < 1 \qquad (5.2.15)$$

任取一正数 $\varepsilon < 1 - \delta$. 因 $f(t)$ 是特征函数列的极限,故 $f(0) = 1$. 由于 $f(t)$ 在 $t = 0$ 是连续的,故可选取充分小的正数 τ,使

$$\frac{1}{2\tau} \left| \int_{-\tau}^{\tau} f(t) \mathrm{d}t \right| > 1 - \frac{\varepsilon}{2} > \delta + \frac{\varepsilon}{2} \qquad (5.2.16)$$

同时选取 $X \geqslant \dfrac{4}{\tau \varepsilon}$ 及 K,使 $k \geqslant K$ 时,

$$\delta_k = F_{n_k}(X) - F_{n_k}(-X) \leqslant \delta + \frac{\varepsilon}{4}$$

又因 $f_{n_k}(t)$ 是特征函数,那么

$$\int_{-\tau}^{\tau} f_{n_k}(t) \mathrm{d}t = \int_{-\infty}^{\infty} \left[\int_{-\tau}^{\tau} \mathrm{e}^{itx} \mathrm{d}t \right] \mathrm{d}F_{n_k}(x) \qquad (5.2.17)$$

显然

$$\left| \int_{-\tau}^{\tau} \mathrm{e}^{itx} \mathrm{d}t \right| \leqslant 2\tau$$

还有,在 $|x| > X$ 时,

$$\left| \int_{-\tau}^{\tau} \mathrm{e}^{itx} \mathrm{d}t \right| = \left| \frac{2}{x} \sin \tau x \right| < \frac{2}{X} \qquad (5.2.18)$$

因此

$$\left| \int_{-\tau}^{\tau} f_{n_k}(t) \mathrm{d}t \right|$$
$$\leqslant \left| \int_{|x| \leqslant X} \left(\int_{-\tau}^{\tau} \mathrm{e}^{itx} \mathrm{d}t \right) \mathrm{d}F_{n_k}(x) \right| + \left| \int_{|x| > X} \left(\int_{-\tau}^{\tau} \mathrm{e}^{itx} \mathrm{d}t \right) \mathrm{d}F_{n_k}(x) \right|$$
$$< 2\tau \delta_k + \frac{2}{X}$$

所以

$$\frac{1}{2\tau} \left| \int_{-\tau}^{\tau} f_{n_k}(t) \mathrm{d}t \right| \leqslant \delta_k + \frac{1}{X\tau} \leqslant \delta + \frac{\varepsilon}{2}$$

令 $k \to \infty$,由控制收敛定理知

$$\frac{1}{2\tau} \left| \int_{-\tau}^{\tau} f(t) \mathrm{d}t \right| \leqslant \delta + \frac{\varepsilon}{2}$$

这与(5.2.16)式矛盾,因此(5.2.15)式不成立,也即应有
$$F(-\infty)=0, \quad F(\infty)=1$$
因而 $F(x)$ 是分布函数.再由定理 5.2.4 推知 $f(t)$ 是 $F(x)$ 的特征函数.

进而证明 $\{F_n(x)\}$ 也弱收敛于同一分布函数 $F(x)$. 如其不然,一定存在 $F(x)$ 的一个连续点 x_0 使 $\{F_n(x_0)\}$ 不收敛于 $F(x_0)$. 这时可从 $\{F_n(x_0)\}$ 中选取一个收敛的子序列 $\{F_{m_k}(x_0)\}$,其极限 $F^*(x_0) \neq F(x_0)$. 根据海莱第一定理,一定可以选取 $\{F_{m_k}(x)\}$ 的一个子序列 $\{F_{m_{k_l}}(x)\}$ 弱收敛于某一有界的非降函数 $F^*(x)$,这个极限函数至少在 x_0 点与 $F(x)$ 不相等.但重复前面的论证可知 $F^*(x)$ 亦应是分布函数,其对应的特征函数也是 $f(t)$,由唯一性定理,我们又有 $F^*(x) = F(x)$,引出了矛盾.故 $\{F_n(x)\}$ 弱收敛于 $F(x)$,于是证得定理.

在逆极限定理中,若保留"特征函数列 $\{f_n(t)\}$ 收敛于某一函数 $f(t)$"的要求,而把"$f(t)$ 在 $t=0$ 连续"的要求改成"特征函数列 $\{f_n(t)\}$ 在包含原点的某一区间中一致收敛于函数 $f(t)$",则定理的结论仍然成立.这是因为由一致收敛性及 $f_n(t)$ 在原点的连续性可以推知 $f(t)$ 在原点的连续性.通常把"特征函数列 $\{f_n(t)\}$ 在 $(-\infty,\infty)$ 上的任一有限闭区间中都一致收敛于一个函数 $f(t)$"简称为"$\{f_n(t)\}$ 内闭匀敛于 $f(t)$",这样我们就可以把分布函数列 $\{F_n(x)\}$ 弱收敛于某一分布函数的充要条件简述为:它相应的特征函数列 $\{f_n(t)\}$ 内闭匀敛于某一函数 $f(t)$.

通常把正逆极限定理合称**连续性定理**,因为它们表述了分布函数与特征函数一一对应关系的"连续性".这定理最先由法国数学家莱维(Lévy,1886—1971)及瑞典数学家克拉默(Cramér,1893—1985)证得,因此又称**莱维－克拉默定理**.

三、随机变量的收敛性

概率论中的极限定理研究的是随机变量序列的某种收敛性,

对随机变量收敛性的不同定义将导出不同的极限定理,而随机变量的收敛性的确可以有各种不同的定义,现在就来讨论这个问题.

首先,分布函数弱收敛的讨论启发我们引进如下定义.

定义 5.2.2(依分布收敛) 设随机变量 $\xi_n(\omega)$、$\xi(\omega)$ 的分布函数分别为 $F_n(x)$ 及 $F(x)$,如果 $F_n(x) \xrightarrow{W} F(x)$,则称 $\{\xi_n(\omega)\}$ **依分布收敛**(convergence in distribution)于 $\xi(\omega)$,并记为 $\xi_n(\omega) \xrightarrow{L} \xi(\omega)$.

其次,由伯努利大数定律,我们很自然地引进下面的定义.

定义 5.2.3(依概率收敛) 如果

$$\lim_{n \to \infty} P\{|\xi_n(\omega) - \xi(\omega)| \geq \varepsilon\} = 0 \qquad (5.2.19)$$

对任意的 $\varepsilon > 0$ 成立,则称 $\{\xi_n(\omega)\}$ **依概率收敛**(convergence in probability)于 $\xi(\omega)$,并记为 $\xi_n(\omega) \xrightarrow{P} \xi(\omega)$.

这样一来,伯努利大数定律可以重新叙述如下:

设 μ_n 是 n 次独立试验中事件 A 出现的次数,而 p 是事件 A 在每次试验中出现的概率,则频率 $\dfrac{\mu_n}{n}$ 依概率收敛于概率 p.

上述两种收敛性之间的关系可以从下面定理中看到,这也说明了随机变量序列依概率收敛性的重要性.

定理 5.2.6 $\xi_n \xrightarrow{P} \xi \Rightarrow \xi_n \xrightarrow{L} \xi$.

[证明] 因为,对 $x' < x$ 有

$$\{\xi < x'\} = \{\xi_n < x, \xi < x'\} + \{\xi_n \geq x, \xi < x'\}$$
$$\subset \{\xi_n < x\} + \{\xi_n \geq x, \xi < x'\}$$

所以我们有

$$F(x') \leq F_n(x) + P\{\xi_n \geq x, \xi < x'\}$$

如果 $\{\xi_n\}$ 依概率收敛于 ξ,则

$$P\{\xi_n \geq x, \xi < x'\} \leq P\{|\xi_n - \xi| \geq x - x'\} \to 0$$

因而有

$$F(x') \leq \varliminf_{n \to \infty} F_n(x)$$

同理可证,对 $x'' > x$,成立
$$\varlimsup_{n\to\infty} F_n(x) \leq F(x'')$$
所以对 $x' < x < x''$,有
$$F(x') \leq \varliminf_{n\to\infty} F_n(x) \leq \varlimsup_{n\to\infty} F_n(x) \leq F(x'')$$
如果 x 是 $F(x)$ 的连续点,则令 x',x'' 趋于 x 可得
$$F(x) = \lim_{n\to\infty} F_n(x)$$
定理证毕.

由于不同的随机变量可以对应于同一分布函数,因此一般地讲,由分布函数列的收敛性当然推不出随机变量序列的其他收敛性. 试看下例.

[例3] 若样本空间 $\Omega = \{\omega_1, \omega_2\}$,$P(\omega_1) = P(\omega_2) = \dfrac{1}{2}$,定义随机变量 $\xi(\omega)$ 如下: $\xi(\omega_1) = -1, \xi(\omega_2) = 1$,则 $\xi(\omega)$ 的分布列为

ξ	-1	1
P	$\dfrac{1}{2}$	$\dfrac{1}{2}$

$(5.2.20)$

若对一切 n,令 $\xi_n(\omega) = -\xi(\omega)$,显然 $\xi_n(\omega)$ 的分布列也是 $(5.2.20)$,因此 $\xi_n(\omega) \xrightarrow{L} \xi(\omega)$. 但是对任意的 $0 < \varepsilon < 2$,
$$P\{|\xi_n(\omega) - \xi(\omega)| > \varepsilon\} = P\{\Omega\} = 1$$
因此 $\{\xi_n(\omega)\}$ 不依概率收敛于 $\xi(\omega)$,这为定理 5.2.6 之逆提供了反例.

进一步,若令 $\xi_{2n}(\omega) = \xi(\omega)$,$\xi_{2n+1}(\omega) = -\xi(\omega)$ 则 $\xi_n(\omega) \xrightarrow{L} \xi(\omega)$ 依然成立,但此时对随机变量序列 $\{\xi_n(\omega)\}$ 实在很难有其他的收敛性可言.

但是,在特殊场合却有下面结果.

定理 5.2.7 设 C 是常数,则 $\xi_n \xrightarrow{P} C \Leftrightarrow \xi_n \xrightarrow{L} C$.

[证明] 由定理 5.2.6 可知只须证明由依分布收敛于常数

可推出依概率收敛于常数. 事实上, 对任意的 $\varepsilon > 0$,

$$P\{|\xi_n - C| \geq \varepsilon\} = P\{\xi_n \geq C + \varepsilon\} + P\{\xi_n \leq C - \varepsilon\}$$
$$= 1 - F_n(C + \varepsilon) + F_n(C - \varepsilon + 0)$$
$$\to 1 - 1 + 0 = 0$$
$$(n \to \infty)$$

因为有的大数定律是讨论随机变量序列收敛于常数的, 这时将用到上述结果.

仔细考察上节关于大数定律的证明, 有助于理解下面关于随机变量收敛性的第三种定义.

定义 5.2.4(r 阶收敛) 设对随机变量 ξ_n 及 ξ 有 $E|\xi_n|^r < \infty$, $E|\xi|^r < \infty$, 其中 $r > 0$ 为常数, 如果

$$\lim_{n \to \infty} E|\xi_n - \xi|^r = 0 \qquad (5.2.21)$$

则称 $\{\xi_n\}$ r **阶收敛**(convergence in r-order mean)于 ξ, 并记为 $\xi_n \xrightarrow{r} \xi$.

下面定理揭示了 r 阶收敛与依概率收敛的关系.

定理 5.2.8 $\xi_n \xrightarrow{r} \xi \Rightarrow \xi_n \xrightarrow{P} \xi$.

[证明] 先证对于任意 $\varepsilon > 0$, 成立

$$P\{|\xi_n - \xi| \geq \varepsilon\} \leq \frac{E|\xi_n - \xi|^r}{\varepsilon^r} \qquad (5.2.22)$$

事实上, 若以 $F(x)$ 记 $\xi_n - \xi$ 的分布函数, 则仿切比雪夫不等式的证明可得

$$P\{|\xi_n - \xi| \geq \varepsilon\} = \int_{|x| \geq \varepsilon} dF(x)$$
$$\leq \int_{|x| \geq \varepsilon} \frac{|x|^r}{\varepsilon^r} dF(x) \leq \frac{1}{\varepsilon^r} \int_{-\infty}^{\infty} |x|^r dF(x)$$
$$= \frac{E|\xi_n - \xi|^r}{\varepsilon^r}$$

不等式(5.2.22)是切比雪夫不等式的推广, 通常称作马尔可

夫不等式,当 $r=2$ 时就是切比雪夫不等式.定理 5.2.8 是马尔可夫不等式的直接推论.

下例说明定理 5.2.8 之逆不真.

[例 4] 取 $\Omega=(0,1]$,$\mathscr{F}$ 为 $(0,1]$ 中博雷尔点集全体所构成的 σ 域,P 为勒贝格测度.定义 $\xi(\omega)\equiv 0$ 及

$$\xi_n(\omega) = \begin{cases} n^{1/r}, & 0 < \omega \leqslant \dfrac{1}{n} \\ 0, & \dfrac{1}{n} < \omega \leqslant 1 \end{cases} \quad (5.2.23)$$

显然对一切 $\omega\in\Omega$,$\xi_n(\omega)\to\xi(\omega)$,又对于任意的 $\varepsilon>0$,

$$P\{|\xi_n(\omega)-\xi(\omega)|\geqslant\varepsilon\}\leqslant\frac{1}{n}$$

因此 $\xi_n\xrightarrow{P}\xi$,但是

$$E|\xi_n-\xi|^r = (n^{1/r})^r\cdot\frac{1}{n}=1$$

在 r 阶收敛中,最重要的是 $r=2$ 的情况,这时称为**均方收敛**.

下面是关于随机变量收敛性的第四种定义.

定义 5.2.5(**以概率 1 收敛**) 如果

$$P\{\lim_{n\to\infty}\xi_n(\omega)=\xi(\omega)\}=1 \quad (5.2.24)$$

则称 $\{\xi_n(\omega)\}$ **以概率 1 收敛**(convergence in probability 1)于 $\xi(\omega)$,又称 $\{\xi_n(\omega)\}$ **几乎处处收敛**于 $\xi(\omega)$,记为 $\xi_n(\omega)\xrightarrow{a.s.}\xi(\omega)$.

以概率 1 收敛是概率论中较强的一种收敛性,但是正如例 4 所表明的,一般并不能由它推出 r 阶收敛.关于以概率 1 收敛的讨论将在 §4 中继续进行,在那里将证明可由以概率 1 收敛推出依概率收敛.

***四、波赫纳尔**(Bochner)**- 辛钦**(Хинчин)**定理**

利用这个机会,我们来叙述并证明一个关于特征函数的重要定理.

定理 5.2.9（波赫纳尔－辛钦） 函数 $f(t)$ 是特征函数的充要条件是：$f(t)$ 非负定，连续，且 $f(0)=1$.

在证明的过程中，顺带证明了一个在随机过程中将用到的与上述定理类似的赫格洛茨（Herglotz）定理. 为此，有

定义 5.2.6 如果对任意的正整数 n 及复数 $\lambda_1,\lambda_2,\cdots,\lambda_n$ 均有

$$\sum_{k=1}^n \sum_{j=1}^n C_{k-j}\lambda_k\bar{\lambda}_j \geq 0 \tag{5.2.25}$$

则称复数列 $C_n(n=0,\pm 1,\pm 2,\cdots)$ 是**非负定的**.

定理 5.2.10（赫格洛茨） 数列 $C_n(n=0,\pm 1,\pm 2,\cdots)$ 可以表为

$$C_n = \int_{-\pi}^{\pi} e^{inx} dG(x) \tag{5.2.26}$$

的充要条件是它是非负定的，其中 $G(x)$ 是 $[-\pi,\pi]$ 上有界、非降、左连续函数.

定理 5.2.9 的必要性已在第四章 §5 中证过，定理 5.2.10 的必要性也可类似证明，下面只需证明充分性.

由于 $f(t)$ 是非负定的，故对任何 N，实数 $\dfrac{k}{n}$ 及复数 $e^{-ikx}(k=0,1,\cdots,N-1)$，皆有

$$\mathscr{P}_N^{(n)}(x) = \frac{1}{N}\sum_{k=0}^{N-1}\sum_{j=0}^{N-1} f\left(\frac{k-j}{n}\right)e^{-i(k-j)x} \geq 0$$

易知，其中使 $k-j$ 等于 r 的项有 $N-|r|$ 个，r 可由 $-N+1$ 变到 $N-1$. 因此

$$\mathscr{P}_N^{(n)}(x) = \sum_{r=-N}^{N}\left(1-\frac{|r|}{N}\right)f\left(\frac{r}{n}\right)e^{-irx}$$

从而

$$\int_{-\pi}^{\pi} e^{isx}\mathscr{P}_N^{(n)}(x)dx = \sum_{r=-N}^{N}\left(1-\frac{|r|}{N}\right)f\left(\frac{r}{n}\right)\int_{-\pi}^{\pi} e^{-irx}e^{isx}dx$$

由于

$$\int_{-\pi}^{\pi} e^{-i(r-s)x}dx = \begin{cases} 0, & r \neq s \\ 2\pi, & r = s \end{cases}$$

所以
$$\left(1-\frac{|s|}{N}\right)f\left(\frac{s}{n}\right)=\frac{1}{2\pi}\int_{-\pi}^{\pi}e^{isx}\mathscr{P}_N^{(n)}(x)dx=\int_{-\pi}^{\pi}e^{isx}dF_N^{(n)}(x)$$
其中
$$F_N^{(n)}(x)=\frac{1}{2\pi}\int_{-\pi}^{x}\mathscr{P}_N^{(n)}(t)dt$$
是一个在 $[-\pi,\pi]$ 上有界的非降函数,其全变差为
$$F_N^{(n)}(\pi)=\frac{1}{2\pi}\int_{-\pi}^{\pi}\mathscr{P}_N^{(n)}(t)dt=f(0)=1$$
补充定义 $x<-\pi$ 时 $F_N^{(n)}(x)=0$;$x>\pi$ 时,$F_N^{(n)}(x)=1$,则 $F_N^{(n)}(x)$ 是一分布函数.

按海莱第一定理,存在序列 N_k,使当 $k\to\infty$ 时 $N_k\to\infty$,并使函数序列 $F_{N_k}^{(n)}(x)$ 弱收敛于某一非降函数 $F^{(n)}(x)$. 又因对任何 N 及 $\varepsilon>0$,
$$F_N^{(n)}(-\pi-\varepsilon)=0,\quad F_N^{(n)}(\pi+\varepsilon)=1$$
因而也有
$$F^{(n)}(-\pi-\varepsilon)=0,\quad F^{(n)}(\pi+\varepsilon)=1$$
所以 $F^{(n)}(x)$ 也是分布函数.

按海莱第二定理,
$$\lim_{k\to\infty}\int_{-\pi}^{\pi}e^{isx}dF_{N_k}^{(n)}(x)=\int_{-\pi}^{\pi}e^{isx}dF^{(n)}(x)$$
所以,对一切整数 $s(s=0,\pm1,\pm2,\cdots)$ 有
$$f\left(\frac{s}{n}\right)=\int_{-\pi}^{\pi}e^{isx}dF^{(n)}(x)$$
至此我们已顺便证明了赫格洛茨定理. 特别地
$$f\left(\frac{1}{n}\right)=\int_{-\pi}^{\pi}e^{ix}dF^{(n)}(x) \tag{5.2.27}$$
考虑特征函数序列
$$f_n(t)=\int_{-n\pi}^{n\pi}e^{itx}dF_n(x)$$

其中 $F_n(x) = F^{(n)}\left(\dfrac{x}{n}\right)$. 易知对一切整数 k 有

$$f_n\left(\frac{k}{n}\right) = f\left(\frac{k}{n}\right) \tag{5.2.28}$$

对任何 t,我们总能选取序列 $k = k(n,t)$,使 $0 \leqslant t - \dfrac{k}{n} < \dfrac{1}{n}$. 由于 $f(t)$ 连续,从而

$$f(t) = \lim_{n\to\infty} f\left(\frac{k}{n}\right) = \lim_{n\to\infty} f_n\left(\frac{k}{n}\right) \tag{5.2.29}$$

如能证明对一切实数 t,有

$$f(t) = \lim_{n\to\infty} f_n(t) \tag{5.2.30}$$

那么由逆极限定理即知 $f(t)$ 是特征函数了.

为此,由(5.2.28)式和(5.2.29)式有

$$\lim_{n\to\infty} f_n(t) = \lim_{n\to\infty}\left\{\left[f_n(t) - f_n\left(\frac{k}{n}\right)\right] + f_n\left(\frac{k}{n}\right)\right\}$$
$$= f(t) + \lim_{n\to\infty}\left[f_n(t) - f_n\left(\frac{k}{n}\right)\right] \tag{5.2.31}$$

令 $\theta = t - \dfrac{k}{n}$,那么 $0 \leqslant \theta < \dfrac{1}{n}$. 按 $f_n(t)$ 的定义,有

$$\left|f_n(t) - f_n\left(\frac{k}{n}\right)\right| = \left|\int_{-n\pi}^{n\pi} e^{i(k/n)x}(e^{i\theta x} - 1)dF_n(x)\right|$$
$$\leqslant \int_{-n\pi}^{n\pi} |e^{i\theta x} - 1|\, dF_n(x) \tag{5.2.32}$$

利用柯西-施瓦茨不等式,可得

$$\int_{-n\pi}^{n\pi} |e^{i\theta x} - 1|\, dF_n(x) \leqslant \sqrt{\int_{-n\pi}^{n\pi} |e^{i\theta x} - 1|^2 dF_n(x)}$$
$$= \left[\int_{-n\pi}^{n\pi} 2(1 - \cos\theta x)dF_n(x)\right]^{\frac{1}{2}}$$
$$= [2(1 - \operatorname{Re} f_n(\theta))]^{\frac{1}{2}} \tag{5.2.33}$$

其中 $\operatorname{Re} f_n(\theta)$ 为 $f_n(\theta)$ 的实数部分. 既然在 $0 \leqslant \alpha < 1$ 及 $-\pi \leqslant y < \pi$ 时有 $\cos y \leqslant \cos \alpha y$,则

$$1 - \operatorname{Re} f_n(\theta) = \int_{-n\pi}^{n\pi} (1 - \cos\theta x)\,\mathrm{d}F_n(x)$$

$$= \int_{-\pi}^{\pi} (1 - \cos\theta ny)\,\mathrm{d}F_n(ny) \leqslant \int_{-\pi}^{\pi} (1 - \cos y)\,\mathrm{d}F_n(ny)$$

$$= \int_{-\pi}^{\pi} (1 - \cos y)\,\mathrm{d}F^{(n)}(y)$$

$$= 1 - \operatorname{Re}\int_{-\pi}^{\pi} e^{iy}\,\mathrm{d}F^{(n)}(y)$$

再由(5.2.27)式我们得到

$$1 - \operatorname{Re} f_n(\theta) \leqslant 1 - \operatorname{Re} f\left(\frac{1}{n}\right) \tag{5.2.34}$$

合并(5.2.32),(5.2.33),(5.2.34)式,即得

$$\left| f_n(t) - f_n\left(\frac{k}{n}\right) \right| \leqslant \sqrt{2\left(1 - \operatorname{Re} f\left(\frac{1}{n}\right)\right)}$$

注意到 $f(0) = 1$,则由 $f(t)$ 的连续性推得

$$\lim_{n\to\infty} \left[f_n(t) - f_n\left(\frac{k}{n}\right) \right] = 0$$

于是由(5.2.31)知(5.2.30)成立,定理证毕.

若不证赫格洛茨定理而直接证波赫纳尔-辛钦定理,有比较简练的证法,可参看[26]141-142页.

*五、关于等待时间分布的注记

第三章中对伯努利试验中出现的几何分布及帕斯卡分布与泊松过程中出现的指数分布及埃尔朗分布的对应关系已有阐述,这里将用特征函数作为工具深入处理.

若 ξ_n 服从参数为 r 及 p_n 的帕斯卡分布,其中 r 为正整数,概率 p_n 满足 $np_n = \lambda_n \to \lambda$,由(4.4.13)及(4.5.3)知其特征函数为

$$f_{\xi_n}(u) = \left(\frac{p_n e^{iu}}{1 - q_n e^{iu}}\right)^r \tag{5.2.35}$$

记 $\eta_n = \dfrac{1}{n}\xi_n$,则 η_n 的特征函数

$$f_{\eta_n}(u) = Ee^{i\eta_n u} = Ee^{i\frac{\xi_n}{n}u} = f_{\xi_n}\left(\frac{u}{n}\right)$$

注意到(5.2.35)即知

$$f_{\eta_n}(u) = \left(\frac{p_n e^{i\frac{u}{n}}}{1 - q_n e^{i\frac{u}{n}}}\right)^r = \left(\frac{\dfrac{\lambda_n}{n}e^{i\frac{u}{n}}}{1 - \left(1 - \dfrac{\lambda_n}{n}\right)e^{i\frac{u}{n}}}\right)^r$$

$$= \left(\frac{\lambda_n e^{i\frac{u}{n}}}{\lambda_n e^{i\frac{u}{n}} - n(e^{i\frac{u}{n}} - 1)}\right)^r \to \left(\frac{\lambda}{\lambda - iu}\right)^r$$

从(4.5.8)知 $\left(\dfrac{\lambda}{\lambda - iu}\right)^r = \left(1 - \dfrac{iu}{\lambda}\right)^{-r}$ 是埃尔朗分布 $\Gamma(r, \lambda)$ 的特征函数,故由连续性定理得知第 r 个跳跃时刻服从埃尔朗分布.

当 $r = 1$ 即得几何分布与指数分布的相应结果.

§3. 独立同分布场合的极限定理

一、独立和问题

在 §1 中,我们讨论了伯努利试验场合事件 A 出现次数 μ_n 的极限行为,曾指出 μ_n 可以表示为 n 个独立随机变量之和(以后简称"独立和"),并对它证明了大数定律及中心极限定理,后来又看到这些定理有重要应用. 这里自然会提出这样一个问题:这些性质是否只在伯努利试验场合才具有?

研究表明,许多独立和具有类似的性质,本节就要进一步讨论这个问题.

独立和的问题经常出现,例如测量一物体的某种尺寸,如测量一个圆柱体的直径 d,通常采用的办法是对它进行 n 次测量,得到

数值 $\xi_1, \xi_2, \cdots, \xi_n$,然后采用平均值

$$\eta_n = \frac{\xi_1 + \xi_2 + \cdots + \xi_n}{n}$$

作为 d 的数值.我们知道,测量时有各种随机因素影响,因此其结果带有随机性,这时 η_n 是随机变量之和,如果各次测量是独立的,η_n 便是独立和.为了说明上面所用办法的合理性就必须研究独立和.但这里的 ξ_n 不服从伯努利 0-1 分布,因此已不是伯努利试验场合的问题了.

在数理统计中已经把上述做法一般化.为了研究总体(它通常描述我们感兴趣的某一类现象)的某些特征,就对总体进行若干次观察以得到一批观察值 $\xi_1, \xi_2, \cdots, \xi_n$,并称它们是一个容量为 n 的样本.再利用这个样本来构造各种统计量,例如

$$\frac{\xi_1 + \xi_2 + \cdots + \xi_n}{n} \quad 或 \quad \frac{\xi_1^2 + \xi_2^2 + \cdots + \xi_n^2}{n}$$

以对总体的相应特征作各种推断.虽然每次观察得到的是具体的数值,但是为了比较各个统计量或各种推断方法的优劣,有必要把这些观察看作是某随机变量 ξ 的观察值,通常假定 $\xi_1, \xi_2, \cdots, \xi_n$ 是相互独立的,且它们与 ξ 具有相同的概率分布,这时上面的两个统计量便都是独立同分布(independent and identically distribution 简称 i.i.d.)的随机变量之和.

独立和的问题在许多实际问题中也出现,例如在计算电车整流站的电力负荷时,就遇到独立和问题,因为整流站的电力负荷等于各电车使用电力之和,每辆电车在某时刻的用电量是随机的,作为初步近似,可以假定各电车的用电量是相互独立的,因此这里遇到的正是独立和.在车间用电问题中,若有多类车床,用电量各不相同,则总用电量也需通过独立和来计算.

可见独立和问题经常遇到,而且各加项一般都不是 0-1 分布.本节专门讨论各个加项服从相同分布的场合,这是实际工作(特别是在数理统计)中最常碰到的.从数学方面来看,这是最简

单、最基本、最便于处理的,而且所用的处理方法可以相当方便地运用到更一般的场合.

在上章§5中,我们讨论过独立的服从同类型分布的随机变量之和的分布问题,证明了某些分布的再生性,使用的工具是特征函数.现在我们要处理的问题与那里有很大区别,首先我们将对很一般的分布进行讨论,因而再生性通常都不满足;其次,不是对固定的n进行讨论,而是讨论$n\to\infty$时的情况,即研究极限定理.从数学的角度来看,它们可以看作是伯努利试验场合极限定理的推广,这里也是研究大数定律与中心极限定理.

所使用的工具还是特征函数.我们已经看到它很适合于处理独立和问题,有了上节的连续性定理,我们将进一步看到,它也很适合于处理极限分布问题.事实上,正是由于特征函数这一有力工具的使用,使得所有古典极限定理在短期内便得到了完满的解决.拉普拉斯就已经知道并应用了特征函数,俄国数学家李雅普诺夫(Ляпунов,1857—1918)最先发现并证明了收敛于正态分布的连续性定理(但并未明确叙述),从那时起,特征函数的理论不断得到完善.在这当中,法国数学家莱维有突出的贡献.现在,特征函数法已经成了概率论的基本方法之一.

二、辛钦大数定律

在§1中,我们已经通过切比雪夫不等式建立起多种大数定律,那里都假定了方差的存在性,但是在独立同分布场合,并不需要有这个要求,这就是有名的辛钦(1894—1959)大数定律告诉我们的.用特征函数作为工具,这个定理很容易证明.

定理 5.3.1(辛钦) 设$\xi_1,\xi_2,\cdots,\xi_n,\cdots$是相互独立的随机变量序列,它们服从相同的分布,且具有有限的数学期望
$$a = E\xi_n$$
则对任意的$\varepsilon>0$,有

$$\lim_{n\to\infty} P\left\{\left|\frac{1}{n}\sum_{i=1}^{n}\xi_i - a\right| < \varepsilon\right\} = 1 \tag{5.3.1}$$

[证明]　由于 $\xi_1, \xi_2, \cdots, \xi_n$ 具有相同分布,故有同一特征函数,设为 $f(t)$,因为数学期望存在,故 $f(t)$ 可展开成

$$f(t) = f(0) + f'(0)t + o(t) = 1 + \mathrm{i}at + o(t) \tag{5.3.2}$$

而 $\frac{1}{n}\sum_{i=1}^{n}\xi_i$ 的特征函数为

$$\left[f\left(\frac{t}{n}\right)\right]^n = \left[1 + \mathrm{i}a\frac{t}{n} + o\left(\frac{t}{n}\right)\right]^n \tag{5.3.3}$$

对于固定的 t

$$\left[f\left(\frac{t}{n}\right)\right]^n \to \mathrm{e}^{\mathrm{i}at} \quad (n \to \infty) \tag{5.3.4}$$

极限函数 $\mathrm{e}^{\mathrm{i}at}$ 是连续函数,它是退化分布 $I_a(x)$ 所对应的特征函数,由逆极限定理知 $\frac{1}{n}\sum_{i=1}^{n}\xi_i$ 的分布函数弱收敛于 $I_a(x)$,再由定理 5.2.7 知 $\frac{1}{n}\sum_{i=1}^{n}\xi_i$ 依概率收敛于常数 a,从而证明了定理.

显然,伯努利大数定律是辛钦大数定律的特殊情况.

辛钦大数定律在理论及应用中,特别是在数理统计中,十分重要,下面通过两个例子来略加说明.

[例1]　(矩估计的相合性)　假定总体 ξ 的均值 m_1 未知,通常的做法是对 ξ 进行 n 次独立重复观察,得到样本 $\xi_1, \xi_2, \cdots, \xi_n$,并以它们的平均值

$$A_1 = \frac{1}{n}\sum_{i=1}^{n}\xi_i$$

作为 m_1 的估计量,这样做法的根据之一是依辛钦大数定律应有

$$A_1 \xrightarrow{P} m_1$$

它表明,当样本容量 n 很大时,A_1 作为 m_1 的估计量是合理的.这个性质在数理统计中称为**相合性**,是选择估计量的最起码标准

之一.

更为重要的是,根据辛钦大数定律,若总体的 k 阶原点矩 $m_k = E\xi^k$ 存在,这时样本的 k 阶原点矩

$$A_k = \frac{1}{n} \sum_{i=1}^{n} \xi_i^k$$

作为 m_k 的估计量也成立

$$A_k \xrightarrow{P} m_k \qquad (5.3.5)$$

即样本 k 阶原点矩 A_k 是总体 k 阶原点矩 m_k 的相合估计量. 利用中心矩与原点矩的简单关系,立即可证中心矩也有类似性质. 因此辛钦大数定律保证了矩估计的相合性.

[例2] (用蒙特卡罗方法计算定积分)为计算积分

$$J = \int_a^b g(x) \, dx \qquad (5.3.6)$$

可以通过下面概率论方法实现.

任取一列相互独立的、都具有 $[a,b]$ 中均匀分布的随机变量 $\{\xi_i\}$,则 $\{g(\xi_i)\}$ 也是一列相互独立相同分布的随机变量,而且

$$Eg(\xi_i) = \frac{1}{b-a} \int_a^b g(x) \, dx = \frac{J}{b-a}$$

既然

$$J = (b-a) \cdot Eg(\xi_i) \qquad (5.3.7)$$

因此只要能求得 $Eg(\xi_i)$,便能得到 J 的数值.

为求 $Eg(\xi_i)$,自然想到大数定律,因为

$$\frac{g(\xi_1) + g(\xi_2) + \cdots + g(\xi_n)}{n} \xrightarrow{P} Eg(\xi_i) \qquad (5.3.8)$$

这样一来,只要能生成随机变量序列 $\{g(\xi_i)\}$ 就能对积分(5.3.6)进行数值计算,而生成 $\{g(\xi_i)\}$ 的关键是要生成相互独立相同分布的 $\{\xi_i\}$,这里的 ξ_i 均服从 $[a,b]$ 上的均匀分布.

现在已经可以把上述想法变成现实. 这就是在电子计算机上产生服从均匀分布 $[a,b]$ 的随机数 $\{\xi_i\}$ 并利用(5.3.7)及(5.3.8)

式估算 J,这种做法与我们在蒲丰投针问题中通过投针计算圆周率 π 的做法是一致的.这种通过概率论的想法构造模型从而实现数值计算的方法,正如第一章 §4 所言,已形成一种新的计算方法——**概率计算方法**,亦称蒙特卡罗方法,它在原子物理、公用事业理论中发挥了不少作用,这个方法的理论根据之一就是大数定律.

至于计算积分,蒙特卡罗方法的实用场合是计算重积分

$$I = \int_K g(P) \, dP \tag{5.3.9}$$

其中 P 是 m 维空间的点,当 m 较大时,用蒙特卡罗方法比一般数值法有优点,主要是它的误差与维数 m 无关.

三、中心极限定理

我们转而考虑如何把积分极限定理推广到相互独立相同分布,但分布函数为任意的随机变量序列的场合,这类问题在实际应用中非常重要.

若 $\xi_1, \xi_2, \cdots, \xi_n, \cdots$ 是一串相互独立相同分布的随机变量序列,且

$$E\xi_k = \mu, \quad D\xi_k = \sigma^2 \tag{5.3.10}$$

我们来讨论标准化随机变量和

$$\zeta_n = \frac{1}{\sigma \sqrt{n}} \sum_{k=1}^n (\xi_k - \mu) \tag{5.3.11}$$

的极限分布.

林德贝格(Lindeberg)与莱维建立了下列中心极限定理.

定理 5.3.2(**林德贝格-莱维**) 对于标准化和 (5.3.11),若 $0 < \sigma^2 < \infty$,则

$$\lim_{n \to \infty} P\{\zeta_n < x\} = \frac{1}{\sqrt{2\pi}} \int_{-\infty}^x e^{-t^2/2} dt \tag{5.3.12}$$

[证明] 记 $\xi_k - \mu$ 的特征函数为 $g(t)$,则 ζ_n 的特征函数为 $\left[g\left(\dfrac{t}{\sigma \sqrt{n}} \right) \right]^n$. 由于 $E\xi_k = \mu, D\xi_k = \sigma^2$ 故 $g'(0) = 0, g''(0) = -\sigma^2$. 因此

$$g(t) = 1 - \frac{1}{2}\sigma^2 t^2 + o(t^2) \qquad (5.3.13)$$

所以

$$\left[g\left(\frac{t}{\sigma\sqrt{n}}\right)\right]^n = \left[1 - \frac{1}{2n}t^2 + o\left(\frac{t^2}{n}\right)\right]^n \to e^{-t^2/2}$$
$$(5.3.14)$$

由于 $e^{-t^2/2}$ 是连续函数,它对应的分布函数为 $N(0,1)$,因此由逆极限定理知

$$P\{\zeta_n < x\} \to \frac{1}{\sqrt{2\pi}}\int_{-\infty}^{x} e^{-t^2/2}dt$$

定理证毕.

用这个定理立即可以推出棣莫弗 - 拉普拉斯积分极限定理.

林德贝格 - 莱维定理有广泛应用. 在实际工作中,只要 n 足够大,便可以把独立同分布的随机变量之和当作是正态变量. 这种做法在数理统计中用得尤其普遍.

[例3] 在数理统计中,为对总体 ξ 的许多未知特征进行推断,通常的做法是抽取一个容量为 n 的样本 $\xi_1, \xi_2, \cdots, \xi_n$,把它们看作独立同分布随机变量,为进一步提取信息,还构造一个或几个统计量 $g_k(\xi_1, \xi_2, \cdots, \xi_n), k = 1, 2, \cdots, m$ 作为主要工具. 在推断中通常需要知道这些统计量的分布,事实上却又十分难求,一种解决途径是借助于大样本理论,即在样本容量很大时,求这些统计量的渐近分布. 这时多半利用林德贝格 - 莱维中心极限定理.

事实上,若 $m_{2k} = E\xi_n^{2k}$ 存在,则由林德贝格 - 莱维中心极限定理,有

$$A_k = \frac{1}{n}\sum_{i=1}^{n}\xi_i^k \text{ 的分布渐近于 } N\left(m_k, \frac{m_{2k} - m_k^2}{n}\right).$$

特别地,当 $k = 1$ 时,若 $E\xi_n = \mu, D\xi_n = \sigma^2$ 存在,则

$$\frac{1}{n}\sum_{i=1}^{n}\xi_i \text{ 的分布渐近于 } N\left(\mu, \frac{\sigma^2}{n}\right)$$

这些结论在统计学的几大分支:点估计、置信区间及假设检验中都经常用到.

下面我们介绍另外的两个例子.

[例4] （正态随机数的产生） 在蒙特卡罗方法中经常需要产生服从正态分布的随机数,但是一般计算机只备有产生[0,1]均匀分布随机数(实际上是伪随机数)的程序.怎样通过[0,1]均匀分布的随机数来产生正态随机数呢？这有多种途径,最常用的是利用上述定理来实现.

设 $\xi_1,\xi_2,\cdots,\xi_n,\cdots$ 是相互独立、均服从[0,1]均匀分布的随机变量,这时定理5.3.2的条件得到满足,故 $\xi_1+\xi_2+\cdots+\xi_n$ 渐近于正态变量.一般 n 取不太大的值就可满足实际要求.图5.3.1中给出了 $n=1,2,3$ 时的图像.在蒙特卡罗方法中,一般取 $n=12$,并用(5.3.15)式得到新的随机数序列.

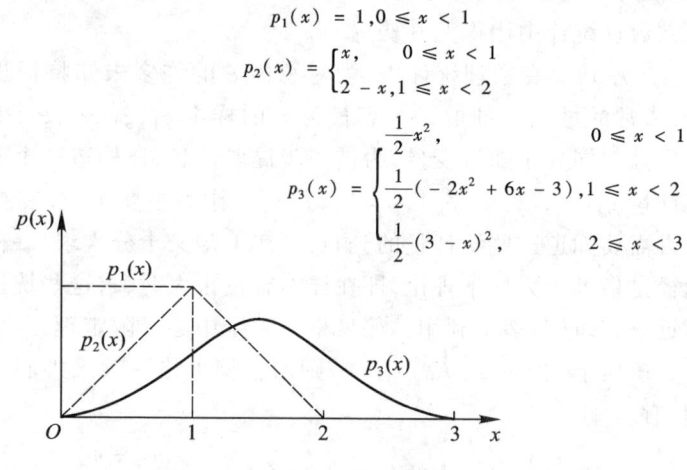

图 5.3.1　均匀分布卷积

$$\eta_k = \sum_{i=1}^{12} \xi_{12(k-1)+i} - 6, \quad k = 1,2,\cdots \quad (5.3.15)$$

显然 $\{\eta_k\}$ 也是独立随机数序列,而且 $E\eta_k=0,D\eta_k=1$.经过

检验证明,这时 η_k 的渐近正态性已能满足一般精度要求.

[例5] (近似数定点运算的误差分析) 数值计算时,任何数 x 都只能用一定位数的有限小数 y 来近似,这就产生了一个误差 $\xi = x - y$,在下面讨论中,我们假定参加运算的数都用十进制定点表示,每个数都用四舍五入的方法取到小数点后五位,这时相应的舍入误差可以看作是 $[-0.5 \times 10^{-5}, 0.5 \times 10^{-5})$ 上的均匀分布.

现在如果要求 n 个数 $x_i (i = 1, 2, \cdots, n)$ 的和 S,在数值计算中就只能求出相应的有限位小数 $y_i (i = 1, 2, \cdots, n)$ 的和 T,并用 T 作为 S 的近似值.自然要问,这样做造成的误差 $\eta = S - T$ 是多少?

因为我们有
$$S = \sum_{i=1}^{n} x_i = \sum_{i=1}^{n} (y_i + \xi_i) = \sum_{i=1}^{n} y_i + \sum_{i=1}^{n} \xi_i$$
故
$$\eta = \sum_{i=1}^{n} \xi_i$$

一种传统的估计方法是这样的:由于
$$|\xi_i| \leq 0.5 \times 10^{-5}$$
所以
$$|\eta| \leq \sum_{i=1}^{n} |\xi_i| \leq n \times 0.5 \times 10^{-5}$$
以 $n = 10\,000$ 为例,所得的误差估计为
$$|\eta| \leq 0.05 \qquad (5.3.16)$$

这种估计方法显然太保守,看来用概率论方法估计是适宜的.这时直接求 $\eta = \sum_{i=1}^{n} \xi_i$ 的分布不容易,但当 n 较大时用极限定理作为工具,则能使问题很快得到解决.因为
$$\mu = E\xi_i = 0, \quad \sigma = \sqrt{D\xi_i} = \frac{0.5 \times 10^{-5}}{\sqrt{3}}$$
如果假定舍入误差 ξ_i 是相互独立的,n 又较大,那么用定理 5.3.2

得到
$$P\left\{\left|\sum_{i=1}^{n}\xi_i\right|<k\sqrt{n}\sigma\right\}\approx\frac{1}{\sqrt{2\pi}}\int_{-k}^{k}e^{-t^2/2}dt$$

取 $k=3$ 时,上式右边为 0.997,因此我们能以 99.7% 的概率断言:
$$|\eta|<3\times100\times\frac{0.5\times10^{-5}}{\sqrt{3}}=0.866\times10^{-3}$$
$$(5.3.17)$$

这只是(5.3.16)式中上限估计的 60 分之一.

历史上,误差分析是概率论的重要生长点之一. 19 世纪初德国数学家高斯正是在研究测量误差时引进了正态分布并发展了有广泛应用的最小二乘法. 至今这仍是概率论与生产实际有广泛联系的领域之一.

下面我们把中心极限定理推广到多变量的场合.

*定理 5.3.3(多元中心极限定理) 若 p 维随机向量 $\boldsymbol{\xi}_1,\boldsymbol{\xi}_2,\cdots,\boldsymbol{\xi}_n,\cdots$ 相互独立,具有相同的分布,其数学期望为 $\boldsymbol{\mu}$,协方差阵为 $\boldsymbol{\Sigma}$,则
$$\boldsymbol{\eta}_n=\{(\boldsymbol{\xi}_1-\boldsymbol{\mu})+(\boldsymbol{\xi}_2-\boldsymbol{\mu})+\cdots+(\boldsymbol{\xi}_n-\boldsymbol{\mu})\}/\sqrt{n} \quad (5.3.18)$$
的极限分布为 $N(\boldsymbol{0},\boldsymbol{\Sigma})$.

[证明] 对 p 维列向量 $\boldsymbol{\lambda}$,构造
$$\zeta_n=\frac{1}{\sqrt{n}}\sum_{i=1}^{n}\boldsymbol{\lambda}^{\mathrm{T}}(\boldsymbol{\xi}_i-\boldsymbol{\mu})=\boldsymbol{\lambda}^{\mathrm{T}}\boldsymbol{\eta}_n \quad (5.3.19)$$

由于
$$E\zeta_n=\frac{1}{\sqrt{n}}\sum_{i=1}^{n}\boldsymbol{\lambda}^{\mathrm{T}}(E\boldsymbol{\xi}_i-\boldsymbol{\mu})=0$$
$$D\zeta_n=E\zeta_n^2=\frac{1}{n}E\left[\sum_{i=1}^{n}\boldsymbol{\lambda}^{\mathrm{T}}(\boldsymbol{\xi}_i-\boldsymbol{\mu})\cdot\sum_{j=1}^{n}(\boldsymbol{\xi}_j-\boldsymbol{\mu})^{\mathrm{T}}\boldsymbol{\lambda}\right]$$
$$=\frac{1}{n}\sum_{i=1}^{n}E[\boldsymbol{\lambda}^{\mathrm{T}}(\boldsymbol{\xi}_i-\boldsymbol{\mu})(\boldsymbol{\xi}_i-\boldsymbol{\mu})^{\mathrm{T}}\boldsymbol{\lambda}]$$
$$=\frac{1}{n}\sum_{i=1}^{n}\boldsymbol{\lambda}^{\mathrm{T}}\boldsymbol{\Sigma}\boldsymbol{\lambda}=\boldsymbol{\lambda}^{\mathrm{T}}\boldsymbol{\Sigma}\boldsymbol{\lambda}$$

因此 ζ_n 是均值为 0,方差为 $\boldsymbol{\lambda}^T\boldsymbol{\Sigma}\boldsymbol{\lambda}$ 的一维随机变量,由定理 5.3.2 知它的分布函数收敛于 $N(0,\boldsymbol{\lambda}^T\boldsymbol{\Sigma}\boldsymbol{\lambda})$,因此,若以 $f_n(t)$ 记 ζ_n 的特征函数,则由正极限定理知

$$f_n(t) \to f(t,\boldsymbol{\lambda}) = \exp(-\boldsymbol{\lambda}^T\boldsymbol{\Sigma}\boldsymbol{\lambda}t^2/2) \quad (n\to\infty) \quad (5.3.20)$$

而

$$f_n(t) = E\mathrm{e}^{\mathrm{i}t\zeta_n} = E\{\exp(\mathrm{i}t\boldsymbol{\lambda}^T\boldsymbol{\eta}_n)\}$$

因而

$$f_n(1) = E\mathrm{e}^{\mathrm{i}\zeta_n} = E\{\exp(\mathrm{i}\boldsymbol{\lambda}^T\boldsymbol{\eta}_n)\}$$

它作为 $\boldsymbol{\lambda}$ 的函数,是 $\boldsymbol{\eta}_n$ 的特征函数.在(5.3.20)式中,令 $t=1$,得到

$$f_n(1) \to f(1,\boldsymbol{\lambda}) = \exp(-\boldsymbol{\lambda}^T\boldsymbol{\Sigma}\boldsymbol{\lambda}/2) \quad (5.3.21)$$

这正是 p 元正态分布 $N(\boldsymbol{0},\boldsymbol{\Sigma})$ 的特征函数.因此由多元的连续性定理即得结论.

[例 6] 服从(3.2.6)中多项分布的随机向量,可以看作 n 个相互独立相同分布随机向量之和,由定理 5.3.3 可知多项分布渐近于正态分布,真正维数为 $r-1$.

*§4. 强大数定律

一、以概率 1 收敛

以前,我们曾顺便提起过以概率 1 收敛及强大数定律,本节将对它们进行深入讨论.

要彻底搞清以概率 1 收敛这个概念,必须对事件(点集)序列的运算有进一步了解,我们就从讨论这个问题开始.

设 $A_1,A_2,\cdots,A_n,\cdots$ 是一列事件,则 $\bigcup_{n=k}^{\infty} A_n$ 表示事件序列 A_k, $A_{k+1},\cdots$ 中至少发生一个,而 $\bigcap_{n=k}^{\infty} A_n$ 则表示 $A_k,A_{k+1},\cdots$ 同时发生.

记

$$\varlimsup_{n\to\infty} A_n = \bigcap_{k=1}^{\infty} \bigcup_{n=k}^{\infty} A_n \qquad (5.4.1)$$

$$\varliminf_{n\to\infty} A_n = \bigcup_{k=1}^{\infty} \bigcap_{n=k}^{\infty} A_n \qquad (5.4.2)$$

称 $\varlimsup_{n\to\infty} A_n$ 为事件序列 $\{A_n\}$ 的**上限事件**,它表示 A_n 发生无穷多次,因为 $\omega \in \bigcap_{k=1}^{\infty} \bigcup_{n=k}^{\infty} A_n$ 当且仅当 ω 属于无穷多个 A_n;类似地称 $\varliminf_{n\to\infty} A_n$ 为事件序列 $\{A_n\}$ 的**下限事件**,它表示 A_n 至多只有有限个不发生,因为 $\omega \in \bigcup_{k=1}^{\infty} \bigcap_{n=k}^{\infty} A_n$ 当且仅当存在一个 N,使 $\omega \in \bigcap_{n=N}^{\infty} A_n$,因此若 ω 发生,则 $A_N, A_{N+1}, \cdots$ 同时发生,这时至多只有前面 $N-1$ 个事件 A_1, $A_2, \cdots, A_{N-1}$ 可能不发生(也可能有些发生).

显然

$$\varlimsup_{n\to\infty} A_n \supset \varliminf_{n\to\infty} A_n \qquad (5.4.3)$$

特别当 $\varlimsup_{n\to\infty} A_n = \varliminf_{n\to\infty} A_n$ 时,记 $\lim_{n\to\infty} A_n \equiv \varlimsup_{n\to\infty} A_n = \varliminf_{n\to\infty} A_n$,并称它为事件序列 $\{A_n\}$ 的**极限事件**.

利用德摩根定理,有

$$\overline{\left(\bigcap_{k=1}^{\infty} \bigcup_{n=k}^{\infty} A_n\right)} = \bigcup_{k=1}^{\infty} \bigcap_{n=k}^{\infty} \overline{A_n}$$

$$\overline{\left(\bigcup_{k=1}^{\infty} \bigcap_{n=k}^{\infty} A_n\right)} = \bigcap_{k=1}^{\infty} \bigcup_{n=k}^{\infty} \overline{A_n}$$

因此

$$\varliminf_{n\to\infty} \overline{A}_n = \overline{\left(\varlimsup_{n\to\infty} A_n\right)} \qquad (5.4.4)$$

$$\varlimsup_{n\to\infty} \overline{A}_n = \overline{\left(\varliminf_{n\to\infty} A_n\right)} \qquad (5.4.5)$$

下面博雷尔 – 康特立(Cantelli)引理在概率论中有众多的应用.

引理 5.4.1(博雷尔 – 康特立引理)

(i) 若随机事件序列$\{A_n\}$满足

$$\sum_{n=1}^{\infty} P(A_n) < \infty \qquad (5.4.6)$$

则

$$P\{\varlimsup_{n\to\infty} A_n\} = 0, \qquad P\{\varliminf_{n\to\infty} \overline{A}_n\} = 1 \qquad (5.4.7)$$

(ii) 若$\{A_n\}$是相互独立的随机事件序列,则

$$\sum_{n=1}^{\infty} P(A_n) = \infty \qquad (5.4.8)$$

成立的充要条件为

$$P\{\varlimsup_{n\to\infty} A_n\} = 1 \quad \text{或} \quad P\{\varliminf_{n\to\infty} \overline{A}_n\} = 0 \qquad (5.4.9)$$

[证明] (i) 由于

$$P\{\varlimsup_{n\to\infty} A_n\} = P\left\{\bigcap_{k=1}^{\infty} \bigcup_{n=k}^{\infty} A_n\right\}$$

$$\leqslant P\left\{\bigcup_{n=k}^{\infty} A_n\right\} \leqslant \sum_{n=k}^{\infty} P\{A_n\} \to 0 \quad (k\to\infty)$$

由(5.4.4)

$$P\{\varliminf_{n\to\infty} \overline{A}_n\} = 1$$

(ii) 先证必要性. 注意到$\{A_n\}$的独立性,有

$$P\{\varliminf_{n\to\infty} \overline{A}_n\} = P\left\{\bigcup_{k=1}^{\infty} \bigcap_{n=k}^{\infty} \overline{A}_n\right\} \leqslant \sum_{k=1}^{\infty} P\left\{\bigcap_{n=k}^{\infty} \overline{A}_n\right\}$$

$$= \sum_{k=1}^{\infty} \prod_{n=k}^{\infty} P(\overline{A}_n) = \sum_{k=1}^{\infty} \prod_{n=k}^{\infty} [1 - P(A_n)] \qquad (5.4.10)$$

由于

$$0 \leqslant 1 - P(A_n) \leqslant \exp\{-P(A_n)\}$$

则从

$$\sum_{n=1}^{\infty} P(A_n) = \infty$$

可得
$$\prod_{n=k}^{\infty}[1-P(A_n)] \leq \lim_{N\to\infty}\exp\{-\sum_{n=k}^{N}P(A_n)\} = 0$$
所以
$$P\{\varlimsup_{n\to\infty}A_n\} = 0$$

再证充分性. 若 $P\{\varlimsup_{n\to\infty}A_n\} = 1$. 假定 $\sum_{n=1}^{\infty}P(A_n) < \infty$, 则由 (i) 得到 $P\{\varlimsup_{n\to\infty}A_n\} = 0$, 产生矛盾. 因 $P(A_n) \geq 0$, 故只可能是 $\sum_{n=1}^{\infty}P(A_n) = \infty$, 引理证毕.

现在讨论随机变量序列的以概率 1 收敛性.

若 $\xi_n(\omega)(n=1,2,\cdots), \xi(\omega)$ 是随机变量, 则
$$\{\omega:\lim_{n\to\infty}\xi_n(\omega) = \xi(\omega)\}$$
$$= \{\omega:\bigcap_{m=1}^{\infty}\bigcup_{k=1}^{\infty}\bigcap_{n=k}^{\infty}\left(|\xi_n(\omega)-\xi(\omega)|<\frac{1}{m}\right)\} \quad (5.4.11)$$

这个式子可以这样理解:因为 $\omega \in \{\lim_{n\to\infty}\xi_n(\omega) = \xi(\omega)\}$ 的充要条件是:对任一正整数 m, 存在一个正整数 N, 使当 $n>N$ 时均有 $|\xi_n(\omega)-\xi(\omega)|<\frac{1}{m}$;即对任一正整数 m, ω 属于 $\left(|\xi_n(\omega)-\xi(\omega)|<\frac{1}{m}\right)$ 的下限事件, 这正是 (5.4.11) 的右边. 从这个表达式中还可以看出, $\{\lim_{n\to\infty}\xi_n(\omega) = \xi(\omega)\}$ 是事件, 因此
$$P\{\lim_{n\to\infty}\xi_n(\omega) = \xi(\omega)\} = 1 \quad (5.4.12)$$
有明确的意义, 这时称 $\{\xi_n(\omega)\}$ **以概率 1 收敛**于 $\xi(\omega)$. 记为 $\xi_n(\omega) \xrightarrow{\text{a.s.}} \xi(\omega)$.

因此下面两个式子都表达了 $\{\xi_n(\omega)\}$ 以概率 1 收敛于 $\xi(\omega)$.
$$P\{\bigcap_{m=1}^{\infty}\bigcup_{k=1}^{\infty}\bigcap_{n=k}^{\infty}\left(|\xi_n(\omega)-\xi(\omega)|<\frac{1}{m}\right)\} = 1 \quad (5.4.13)$$

$$P\left\{\bigcup_{m=1}^{\infty}\bigcap_{k=1}^{\infty}\bigcup_{n=k}^{\infty}\left(|\xi_n(\omega)-\xi(\omega)|\geq\frac{1}{m}\right)\right\}=0 \quad (5.4.14)$$

进一步,我们要说明,$\{\xi_n(\omega)\}$ 以概率 1 收敛于 $\xi(\omega)$ 的定义也可以表达为:对任意的 $\varepsilon>0$,成立

$$P\left\{\bigcap_{k=1}^{\infty}\bigcup_{n=k}^{\infty}(|\xi_n(\omega)-\xi(\omega)|\geq\varepsilon)\right\}=0 \quad (5.4.15)$$

若以 A_n 记 $(|\xi_n(\omega)-\xi(\omega)|\geq\varepsilon)$,上式表示 $\varlimsup\limits_{n\to\infty}A_n$ 的概率为 0,这与我们对以概率 1 收敛的理解一致. 不过,对于这个结论,还是给它一个严格的证明.

事实上,由于对 $\varepsilon>0$,总有

$$\left\{\bigcap_{k=1}^{\infty}\bigcup_{n=k}^{\infty}(|\xi_n(\omega)-\xi(\omega)|\geq\varepsilon)\right\}$$
$$\subset\left\{\bigcup_{m=1}^{\infty}\bigcap_{k=1}^{\infty}\bigcup_{n=k}^{\infty}\left(|\xi_n(\omega)-\xi(\omega)|\geq\frac{1}{m}\right)\right\}$$

因此由(5.4.14)可以推得(5.4.15). 反之,利用

$$P\left\{\bigcup_{m=1}^{\infty}\bigcap_{k=1}^{\infty}\bigcup_{n=k}^{\infty}\left(|\xi_n(\omega)-\xi(\omega)|\geq\frac{1}{m}\right)\right\}$$
$$\leq\sum_{m=1}^{\infty}P\left\{\bigcap_{k=1}^{\infty}\bigcup_{n=k}^{\infty}\left(|\xi_n(\omega)-\xi(\omega)|\geq\frac{1}{m}\right)\right\}$$

可由(5.4.15)推出(5.4.14),这就说明了两种表达法的等价性.

利用概率的连续性可知,(5.4.15)等价于

$$\lim_{k\to\infty}P\left\{\bigcup_{n=k}^{\infty}(|\xi_n(\omega)-\xi(\omega)|\geq\varepsilon)\right\}=0 \quad (5.4.16)$$

根据德摩根定理又知(5.4.15)等价于

$$\lim_{k\to\infty}P\left\{\bigcap_{n=k}^{\infty}(|\xi_n(\omega)-\xi(\omega)|<\varepsilon)\right\}=1 \quad (5.4.17)$$

由于

$$\{|\xi_k(\omega)-\xi(\omega)|\geq\varepsilon\}\subset\left\{\bigcup_{n=k}^{\infty}(|\xi_n(\omega)-\xi(\omega)|\geq\varepsilon)\right\}$$

因此若(5.4.16)成立,则

$$\lim_{k \to \infty} P\{|\xi_k(\omega) - \xi(\omega)| \geq \varepsilon\} = 0$$

这样一来,我们已证得

定理 5.4.1 $\xi_n(\omega) \xrightarrow{\text{a.s.}} \xi(\omega) \Rightarrow \xi_n(\omega) \xrightarrow{P} \xi(\omega)$.

下例说明一般不能由依概率收敛推得以概率 1 收敛,所以以概率 1 收敛是比依概率收敛更强的一种收敛性.

[例1] 取 $\Omega = (0,1]$,$\mathscr{F}$ 为 $(0,1]$ 中博雷尔点集全体所构成的 σ 域,P 为勒贝格测度,令

$$\eta_{ki}(\omega) = \begin{cases} 1, & \omega \in \left(\dfrac{i-1}{k}, \dfrac{i}{k}\right] & i = 1,2,\cdots,k \\ 0, & \omega \bar{\in} \left(\dfrac{i-1}{k}, \dfrac{i}{k}\right] & k = 1,2,\cdots \end{cases} \quad (5.4.18)$$

定义

$$\xi_1(\omega) = \eta_{11}(\omega), \xi_2(\omega) = \eta_{21}(\omega), \xi_3(\omega) = \eta_{22}(\omega)$$
$$\xi_4(\omega) = \eta_{31}(\omega), \xi_5(\omega) = \eta_{32}(\omega), \cdots$$

一般 $\xi_n(\omega) = \eta_{ki}(\omega)$,其中 $n = i + \dfrac{k(k-1)}{2}$,这样定义的 $\{\xi_n(\omega)\}$ 是一列随机变量.但对于任何一个 $\omega \in (0,1]$,$\xi_n(\omega)$ 必有无限个 k,i 使其取值 0,也有无限个 k,i 使其取值 1,因此 $\{\xi_n(\omega)\}$ 不是以概率 1 收敛于 0.但是另一方面,对任意的 $\varepsilon > 0$,

$$P\{|\eta_{ki}(\omega)| \geq \varepsilon\} \leq \dfrac{1}{k}$$

当 $n \to \infty$ 时,由 $n = \dfrac{k(k-1)}{2} + i \leq \dfrac{k(k-1)}{2} + k$,知道 $k \to \infty$,因此

$$\lim_{n \to \infty} P\{|\xi_n(\omega)| \geq \varepsilon\}$$
$$= \lim_{n \to \infty} P\{|\eta_{ki}(\omega)| \geq \varepsilon\} = 0$$

所以 $\{\xi_n(\omega)\}$ 依概率收敛于 0.

不难验证,$\{\xi_n(\omega)\}$ 是 r 阶收敛于 0 的,因此例 1 也提供了 r 阶收敛推不出以概率 1 收敛之例.

我们以前讨论的大数定律只要求依概率收敛,若把收敛性要

求提高为以概率 1 收敛,则得到的大数定律称为**强大数定律**(strong law of large numbers).由定理 1 可知,若强大数定律成立,则通常的大数定律也一定成立,反之不然.有时为区别起见,把依概率收敛意义下的大数定律称为**弱大数定律**(weak law of large numbers).

第一个强大数定律是由博雷尔在 1909 年对伯努利试验场合建立的.

二、博雷尔强大数定律

定理 5.4.2(博雷尔) 设 μ_n 是事件 A 在 n 次独立试验中的出现次数,在每次试验中事件 A 出现的概率均为 p,那么当 $n \to \infty$ 时,

$$P\left\{\frac{\mu_n}{n} \to p\right\} = 1 \tag{5.4.19}$$

[证明] 为使(5.4.19)成立,由(5.4.15)知,只须对任意的 $\varepsilon > 0$,成立

$$P\left\{\bigcap_{k=1}^{\infty}\bigcup_{n=k}^{\infty}\left(\left|\frac{\mu_n}{n} - p\right| \geq \varepsilon\right)\right\} = 0 \tag{5.4.20}$$

若记 $A_n = \left\{\left|\frac{\mu_n}{n} - p\right| \geq \varepsilon\right\}$,则上式可写成 $P\{\overline{\lim_{n\to\infty}} A_n\} = 0$. 根据博雷尔 – 康特立引理,为证明(5.4.20)只要能证明级数

$$\sum_{n=1}^{\infty} P\left\{\left|\frac{\mu_n}{n} - p\right| \geq \varepsilon\right\} \tag{5.4.21}$$

对任何 $\varepsilon > 0$ 都收敛就可以了.

假如像证明伯努利大数定律那样用切比雪夫不等式进行估计,只能得到

$$P\left\{\left|\frac{\mu_n}{n} - p\right| \geq \varepsilon\right\} \leq \frac{1}{4n\varepsilon^2} \tag{5.4.22}$$

这对证明弱大数定律足够了,但为了保证(5.4.21)收敛还不行,

这时必须寻找更好的估计式. 在这种特殊场合,马尔可夫不等式就够用了. 由于

$$P\left\{\left|\frac{\mu_n}{n} - p\right| \geq \varepsilon\right\} \leq \frac{1}{\varepsilon^4} E\left|\frac{\mu_n}{n} - p\right|^4 \quad (5.4.23)$$

问题是要计算 $\frac{\mu_n}{n}$ 的四阶中心矩. 还是像过去一样,我们把 μ_n 表示成独立伯努利 0-1 变量 $\xi_1, \xi_2, \cdots, \xi_n$ 之和,这样

$$\frac{\mu_n}{n} - p = \frac{1}{n} \sum_{i=1}^{n} (\xi_i - p)$$

所以

$$E\left(\frac{\mu_n}{n} - p\right)^4$$

$$= \frac{1}{n^4} \sum_{i=1}^{n} \sum_{j=1}^{n} \sum_{k=1}^{n} \sum_{l=1}^{n} E(\xi_i - p)(\xi_j - p)(\xi_k - p)(\xi_l - p)$$

注意到各 ξ_i 的独立性及 $E(\xi_i - p) = 0$,因此上面的和式中只有 $E(\xi_i - p)^4$ 及 $E(\xi_i - p)^2 (\xi_j - p)^2$ 的项才不等于 0,显然

$$E(\xi_i - p)^4 = pq(p^3 + q^3) \quad (5.4.24)$$

$$E(\xi_i - p)^2 (\xi_j - p)^2 = p^2 q^2 \quad (i \neq j) \quad (5.4.25)$$

(5.4.24) 形式的项有 n 项,(5.4.25) 形式的项有 $\binom{4}{2}\binom{n}{2} = 3n(n-1)$ 项,因此

$$E\left(\frac{\mu_n}{n} - p\right)^4 = \frac{pq}{n^4}[n(p^3 + q^3) + 3pq(n^2 - n)] < \frac{1}{4n^2} \quad (5.4.26)$$

于是

$$P\left\{\left|\frac{\mu_n}{n} - p\right| \geq \varepsilon\right\} < \frac{1}{4\varepsilon^4 n^2} \quad (5.4.27)$$

这个估计式已经比 (5.4.22) 进了一大步,它可以保证 (5.4.21) 收敛,从而证明了定理.

从本书第一节介绍随机事件频率稳定性时,我们就期待着这

样一个结论,即当试验次数无限增加时,频率将趋于概率,博雷尔强大数定律正给出了这个结果. 从伯努利大数定律并不能引申出这个结论,它只断言一个不等式 $\left|\dfrac{\mu_n}{n} - p\right| < \varepsilon$ 成立的概率可以大于 $1 - \eta$,不论 η 是什么正数;但是事件

$$\left|\dfrac{\mu_{n+1}}{n+1} - p\right| \geq \varepsilon, \left|\dfrac{\mu_{n+2}}{n+2} - p\right| \geq \varepsilon, \cdots, \left|\dfrac{\mu_{2n}}{2n} - p\right| \geq \varepsilon, \cdots$$

中至少有一个发生仍是可能的,因为它是可列个事件之并,而我们只知道每个事件的概率很小. 但博雷尔强大数定律则断言 $\left|\dfrac{\mu_n}{n} - p\right|$ 以概率 1 变得很小,而且保持很小. 虽然从逻辑上讲,在投硬币时每次都出现正面是可能的,这时 $\dfrac{\mu_n}{n} = 1$,因而 $\dfrac{\mu_n}{n} \to p$ 并不成立,但是强大数定律断言了这种事件发生的概率为 0.

三、科尔莫戈罗夫强大数定律

下面讨论更一般的强大数定律,先把其含义进一步明确如下:设 $\{\xi_i\}$ 是独立随机变量序列,若

$$P\left\{\lim_{n\to\infty} \dfrac{1}{n} \sum_{i=1}^{n} (\xi_i - E\xi_i) = 0\right\} = 1 \qquad (5.4.28)$$

则称它满足**强大数定律**.

根据(5.4.16),这等价于要求对任意 $\varepsilon > 0$ 成立

$$\lim_{m\to\infty} P\left\{\bigcup_{j=m}^{\infty} \left(\left|\dfrac{1}{j}\sum_{i=1}^{j}(\xi_i - E\xi_i)\right| \geq \varepsilon\right)\right\} = 0 \qquad (5.4.29)$$

由于

$$\bigcup_{j=m}^{\infty} \left(\left|\dfrac{1}{j}\sum_{i=1}^{j}(\xi_i - E\xi_i)\right| \geq \varepsilon\right)$$

$$\subset \left\{\sup_{j \geq m} \left|\dfrac{1}{j}\sum_{i=1}^{j}(\xi_i - E\xi_i)\right| \geq \varepsilon\right\} \qquad (5.4.30)$$

因此需要对概率 $P\left\{\sup_{j \geq m} \left| \frac{1}{j} \sum_{i=1}^{j} (\xi_i - E\xi_i) \right| \geq \varepsilon \right\}$ 进行估计，这相当于在独立和场合对切比雪夫不等式进行推广。这方面已经有不少成果，在这里我们介绍一个由噶依克（Hájek）及瑞尼（Rényi）证明的不等式。

噶依克－瑞尼不等式 若 $\{\xi_i\}$ 是独立随机变量序列，$D\xi_i = \sigma_i^2 < \infty$，$(i = 1, 2, \cdots)$，而 $\{C_n\}$ 是一列正的非增常数序列，则对任意正整数 $m, n (m < n)$ 及 $\varepsilon > 0$，均有

$$P\left\{ \max_{m \leq j \leq n} C_j \left| \sum_{i=1}^{j} (\xi_i - E\xi_i) \right| \geq \varepsilon \right\}$$
$$\leq \frac{1}{\varepsilon^2} \left(C_m^2 \sum_{j=1}^{m} \sigma_j^2 + \sum_{j=m+1}^{n} C_j^2 \sigma_j^2 \right) \quad (5.4.31)$$

[证明] 记

$$S_k = \sum_{j=1}^{k} (\xi_j - E\xi_j)$$

及

$$\eta = \sum_{k=m}^{n-1} S_k^2 (C_k^2 - C_{k+1}^2) + C_n^2 S_n^2 \quad (5.4.32)$$

因此

$$\eta = \sum_{k=m}^{n} S_k^2 C_k^2 - \sum_{k=m}^{n-1} S_k^2 C_{k+1}^2$$
$$= S_m^2 C_m^2 + \sum_{k=m+1}^{n} (S_k^2 - S_{k-1}^2) C_k^2$$

利用 $\{\xi_i\}$ 的独立性

$$ES_k^2 = \sum_{j=1}^{k} \sigma_j^2$$

所以有

$$E\eta = C_m^2 \sum_{j=1}^{m} \sigma_j^2 + \sum_{j=m+1}^{n} C_j^2 \sigma_j^2 \quad (5.4.33)$$

对 $j = m, m+1, \cdots, n$，记

$$E_j = \{C_k \mid S_k \mid < \varepsilon, m \leq k < j; C_j \mid S_j \mid \geq \varepsilon\}$$
(5.4.34)

这样定义的 E_j ($j = m, m+1, \cdots, n$) 是互不相容的,而且

$$P\left\{\max_{m \leq j \leq n} C_j \left| \sum_{i=1}^{j} (\xi_i - E\xi_i) \right| \geq \varepsilon\right\}$$

$$= P\left\{\max_{m \leq j \leq n} C_j \mid S_j \mid \geq \varepsilon\right\} = \sum_{j=m}^{n} P(E_j) \quad (5.4.35)$$

令

$$\chi_j(\omega) = \begin{cases} 1, & \omega \in E_j \\ 0, & \omega \bar{\in} E_j \end{cases} \quad j = m, m+1, \cdots, n \quad (5.4.36)$$

即 χ_j 是 E_j 的示性函数,注意到 E_j 的互不相容性及 $\sum_{j=m}^{n} E_j \subset \Omega$,因而

$$\sum_{j=m}^{n} \chi_j(\omega) \leq 1 \quad (5.4.37)$$

所以有

$$E\eta \geq \sum_{j=m}^{n} E(\eta \chi_j) \quad (5.4.38)$$

对 $j < k \leq n$,

$$S_k = S_j + (\xi_{j+1} - E\xi_{j+1}) + \cdots + (\xi_k - E\xi_k)$$

因此

$$E(S_k^2 \chi_j) = E(S_j^2 \chi_j)$$
$$+ E\{[(\xi_{j+1} - E\xi_{j+1}) + \cdots + (\xi_k - E\xi_k)]^2 \cdot \chi_j\}$$
$$+ 2E\{S_j[(\xi_{j+1} - E\xi_{j+1}) + \cdots + (\xi_k - E\xi_k)] \cdot \chi_j\}$$
$$\geq E(S_j^2 \chi_j) + 2E\{S_j \chi_j [(\xi_{j+1} - E\xi_{j+1}) + \cdots + (\xi_k - E\xi_k)]\} \quad (5.4.39)$$

由于 $S_j \chi_j$ 只与 $\xi_1, \cdots, \xi_j$ 有关,因此与 $[(\xi_{j+1} - E\xi_{j+1}) + \cdots + (\xi_k - E\xi_k)]$ 独立,故

$$E\{S_j\chi_j[(\xi_{j+1}-E\xi_{j+1})+\cdots+(\xi_k-E\xi_k)]\}$$
$$=E(S_j\chi_j)\cdot E[(\xi_{j+1}-E\xi_{j+1})+\cdots+(\xi_k-E\xi_k)]=0$$
$$(5.4.40)$$

而在 E_j 上 $|S_j|\geq\dfrac{\varepsilon}{C_j}$,故有

$$E(S_j^2\chi_j)\geq\frac{\varepsilon^2}{C_j^2}E\chi_j=\frac{\varepsilon^2}{C_j^2}P(E_j) \quad (5.4.41)$$

因此由(5.4.39),(5.4.40)及(5.4.41)得到

$$E(S_k^2\chi_j)\geq\frac{\varepsilon^2}{C_j^2}P(E_j),\ j\leq k\leq n \quad (5.4.42)$$

现在当 $m\leq j\leq n$ 时,由(5.4.32)知

$$\begin{aligned}E(\eta\chi_j)&=\sum_{k=m}^{n-1}E(S_k^2\chi_j)(C_k^2-C_{k+1}^2)+C_n^2E(S_n^2\chi_j)\\&\geq\sum_{k=j}^{n-1}E(S_k^2\chi_j)(C_k^2-C_{k+1}^2)+C_n^2E(S_n^2\chi_j)\\&\geq\frac{\varepsilon^2}{C_j^2}P(E_j)\Big[\sum_{k=j}^{n-1}(C_k^2-C_{k+1}^2)+C_n^2\Big]\\&=\varepsilon^2P(E_j)\end{aligned}$$
$$(5.4.43)$$

由(5.4.38)及(5.4.43)

$$E\eta\geq\varepsilon^2\sum_{j=m}^n P(E_j) \quad (5.4.44)$$

利用(5.4.33),(5.4.35)及(5.4.44)即得不等式(5.4.31).

在噶依克-瑞尼不等式中,特别令 $m=1,C_j=1$,则得到著名的科尔莫戈罗夫不等式.

科尔莫戈罗夫不等式 设 $\xi_1,\xi_2,\cdots,\xi_n$ 是独立随机变量,方差有限,则对任意 $\varepsilon>0$,成立

$$P\Big\{\max_{1\leq j\leq n}\Big|\sum_{i=1}^j(\xi_i-E\xi_i)\Big|\geq\varepsilon\Big\}\leq\frac{1}{\varepsilon^2}\sum_{j=1}^n D\xi_j \quad (5.4.45)$$

科尔莫戈罗夫不等式是概率论中最重要的不等式之一,有广

泛的应用. 在上式中, 若令 $n=1$, 则得到

$$P\{|\xi_1 - E\xi_1| \geq \varepsilon\} \leq \frac{D\xi_1}{\varepsilon^2}$$

这正是切比雪夫不等式. 因此科尔莫戈罗夫不等式是切比雪夫不等式的推广, 而噶依克 – 瑞尼不等式又是科尔莫戈罗夫不等式的推广.

利用噶依克 – 瑞尼不等式, 能证明下面重要结果.

定理 5.4.3(科尔莫戈罗夫强大数定律) 设 $\{\xi_i\}$, $i = 1, 2, \cdots$ 是独立随机变量序列, 且 $\sum_{n=1}^{\infty} \frac{D\xi_n}{n^2} < \infty$, 则成立

$$P\left\{\lim_{n \to \infty} \frac{1}{n} \sum_{i=1}^{n} (\xi_i - E\xi_i) = 0\right\} = 1 \qquad (5.4.46)$$

[证明] 在噶依克 – 瑞尼不等式中, 令 $C_j = \frac{1}{j}$, 可以得到

$$P\left\{\max_{m \leq j \leq n} \left|\frac{1}{j} \sum_{i=1}^{j} (\xi_i - E\xi_i)\right| \geq \varepsilon\right\}$$

$$\leq \frac{1}{\varepsilon^2}\left(\frac{1}{m^2} \sum_{j=1}^{m} D\xi_j + \sum_{j=m+1}^{n} \frac{D\xi_j}{j^2}\right)$$

由概率的连续性

$$P\left\{\sup_{j \geq m} \left|\frac{1}{j} \sum_{i=1}^{j} (\xi_i - E\xi_i)\right| \geq \varepsilon\right\}$$

$$= \lim_{n \to \infty} P\left\{\max_{m \leq j \leq n} \left|\frac{1}{j} \sum_{i=1}^{j} (\xi_i - E\xi_i)\right| \geq \varepsilon\right\}$$

$$\leq \frac{1}{\varepsilon^2}\left(\frac{1}{m^2} \sum_{j=1}^{m} D\xi_j + \sum_{j=m+1}^{\infty} \frac{D\xi_j}{j^2}\right) \qquad (5.4.47)$$

因为 $\sum_{j=1}^{\infty} \frac{D\xi_j}{j^2} < \infty$, 故由 (5.4.47) 得到

$$\lim_{m \to \infty} P\left\{\sup_{j \geq m} \left|\frac{1}{j} \sum_{i=1}^{j} (\xi_i - E\xi_i)\right| \geq \varepsilon\right\} = 0$$

再由(5.4.30)知(5.4.46)成立. 定理证毕.

显然,由科尔莫戈罗夫强大数定律很容易推出博雷尔强大数定律.

四、独立同分布场合的强大数定律

在这种特殊的场合,可以找到强大数定律成立的充要条件,这个结果也属于科尔莫戈罗夫.

定理 5.4.4（科尔莫戈罗夫） 设 $\xi_1, \xi_2, \cdots$ 是相互独立相同分布的随机变量序列,则

$$\frac{1}{n}(\xi_1 + \xi_2 + \cdots + \xi_n) \xrightarrow{a.s.} a \qquad (5.4.48)$$

成立的充要条件是 $E\xi_i$ 存在且等于 a.

[证明] 若 ξ 的分布函数为 $F(x)$,我们来证明不等式:

$$\sum_{n=1}^{\infty} P\{|\xi| \geq n\} \leq E|\xi| \leq 1 + \sum_{n=1}^{\infty} P\{|\xi| \geq n\} \qquad (5.4.49)$$

事实上,

$$E|\xi| = \int_{-\infty}^{\infty} |x| \, dF(x) = \sum_{k=0}^{\infty} \int_{k \leq |x| < k+1} |x| \, dF(x)$$

因此

$$\sum_{k=0}^{\infty} kP\{k \leq |\xi| < k+1\} \leq E|\xi|$$

$$\leq \sum_{k=0}^{\infty} (k+1)P\{k \leq |\xi| < k+1\}$$

现在有

$$\sum_{k=0}^{\infty} kP\{k \leq |\xi| < k+1\} = \sum_{n=1}^{\infty} \sum_{k=n}^{\infty} P\{k \leq |\xi| < k+1\}$$

$$= \sum_{n=1}^{\infty} P\{|\xi| \geq n\}$$

及

$$\sum_{k=0}^{\infty}(k+1)P\{k\leqslant|\xi|<k+1\}$$

$$=\sum_{k=0}^{\infty}kP\{k\leqslant|\xi|<k+1\}+1=\sum_{n=1}^{\infty}P\{|\xi|\geqslant n\}+1$$

这就证得了(5.4.49). 这个不等式说明 $E|\xi|<\infty$ 的充要条件为

$$\sum_{n=1}^{\infty}P\{|\xi|\geqslant n\}<\infty$$

记 $S_n=\xi_1+\xi_2+\cdots+\xi_n$, 若 $\dfrac{S_n}{n}\xrightarrow{a.s.}\mu$, 这里 μ 是有限数, 则

$$\frac{\xi_n}{n}=\frac{S_n}{n}-\frac{n-1}{n}\cdot\frac{S_{n-1}}{n-1}\xrightarrow{a.s.}0 \qquad(5.4.50)$$

这样一来,事件 $\{|\xi_n|\geqslant n\}$ 发生无穷多次的概率为 0, 因此注意到 ξ_i 的独立性, 并利用博雷尔 – 康特立引理(ii), 可知

$$\sum_{n=1}^{\infty}P\{|\xi_n|\geqslant n\}<\infty$$

再由(5.4.49)即知 $E|\xi_i|<\infty$, 这时显然有 $a=E\xi_i$, 这样, 我们已证得必要性.

下证充分性. 用"截尾法", 令

$$\xi_n^*=\begin{cases}\xi_n, & |\xi_n|<n\\ 0, & |\xi_n|\geqslant n\end{cases} \qquad(5.4.51)$$

先验证 $\{\xi_n^*\}$ 满足科尔莫戈罗夫强大数定律条件. 以 $F(x)$ 记 ξ_i 的分布函数, 则

$$D\xi_n^*\leqslant E\xi_n^{*2}=\int_{-n}^{n}x^2\mathrm{d}F(x)\leqslant\sum_{k=1}^{n}k^2P\{k-1\leqslant|\xi_n|<k\}$$

$$\sum_{n=1}^{\infty}\frac{D\xi_n^*}{n^2}\leqslant\sum_{n=1}^{\infty}\sum_{k=1}^{n}\frac{k^2}{n^2}P\{k-1\leqslant|\xi_n|<k\}$$

$$=\sum_{k=1}^{\infty}\sum_{n=k}^{\infty}\frac{k^2}{n^2}P\{k-1\leqslant|\xi_n|<k\}$$

$$= \sum_{k=1}^{\infty} k^2 P\{k-1 \leq |\xi_n| < k\} \sum_{n=k}^{\infty} \frac{1}{n^2}$$

由于

$$\sum_{n=k}^{\infty} \frac{1}{n^2} < \frac{1}{k^2} + \sum_{n=k+1}^{\infty} \frac{1}{n(n-1)} = \frac{1}{k^2} + \frac{1}{k} \leq \frac{2}{k}$$

故

$$\sum_{n=1}^{\infty} \frac{D\xi_n^*}{n^2} < 2 \sum_{k=1}^{\infty} kP\{k-1 \leq |\xi_n| < k\} < \infty$$

因此

$$P\left\{\lim_{n\to\infty} \frac{1}{n} \sum_{i=1}^{n} (\xi_i^* - E\xi_i^*) = 0\right\} = 1 \qquad (5.4.52)$$

因为

$$E\xi_n^* = \int_{-n}^{n} x \mathrm{d}F(x)$$

显然 $\lim_{n\to\infty} E\xi_n^* = E\xi_1 = a$,因此 $\lim_{n\to\infty} \frac{1}{n}\sum_{i=1}^n E\xi_i^* = E\xi_1 = a$,由于

$$\left|\frac{1}{n}\sum_{i=1}^n (\xi_i - a)\right| \leq \left|\frac{1}{n}\sum_{i=1}^n (\xi_i - \xi_i^*)\right|$$

$$+ \left|\frac{1}{n}\sum_{i=1}^n (\xi_i^* - E\xi_i^*)\right| + \left|\frac{1}{n}\sum_{i=1}^n (E\xi_i^* - a)\right| \qquad (5.4.53)$$

为证(5.4.48)成立,只须再证 $\frac{1}{n}\sum_{i=1}^n (\xi_i - \xi_i^*) \xrightarrow{a.s.} 0$. 然而

$$\sum_{i=1}^{\infty} P\{\xi_i \neq \xi_i^*\} = \sum_{i=1}^{\infty} P\{|\xi_i| \geq i\} \leq E|\xi_1| < \infty$$

由博雷尔-康特立引理知,以概率1有

$$\xi_i(\omega) \neq \xi_i^*(\omega), \text{只对有限个} i \text{成立}$$

因此

$$P\left\{\lim_{n\to\infty} \frac{1}{n} \sum_{i=1}^{n} (\xi_i - \xi_i^*) = 0\right\} = 1$$

这样,定理的证明已经完成.

显然,科尔莫戈罗夫的这个结果是辛钦大数定律的加强,只有它才能保证在每次试验中当 $n \to \infty$ 时,样本的均值 $\frac{1}{n}\sum_{i=1}^{n}\xi_i$ 将最终地趋于总体的均值;当然从逻辑上讲也有可能失败,但是这种不愉快场合发生的概率等于 0. 用蒙特卡罗方法计算积分所需要的正是强大数定律.

*§5. 中心极限定理

一、林德贝格条件与费勒(Feller)条件

本节将最后解决古典的中心极限定理. 为此先把问题的提法作进一步明确.

古典的中心极限定理讨论的是独立和的分布函数向正态分布收敛的最普遍条件. 这个问题一方面可以看作是棣莫弗－拉普拉斯古典结果的一般化,另一方面也解释了正态分布为什么是最常见的一种分布.

自从高斯指出测量误差服从正态分布之后,人们发现,正态分布在自然界中极为常见. 例如炮弹的弹落点服从正态分布,人的许多生理特征如身长、体重等也服从正态分布. 观察表明,如果一个量是由大量相互独立的随机因素的影响所造成,而每一个别因素在总影响中所起的作用不很大,则这种量通常都服从或近似服从正态分布.

另外,在数理统计中,经常都假定总体服从正态分布,这也要求通过对中心极限定理的研究来阐明这个假定的正确性和适用条件.

现在,这个问题从某种意义上来讲已经得到了最后解决. 1922 年林德贝格提出了充分条件;1935 年,费勒进一步指出,在某种条件下,这个条件也是必要的. 这样就搞清了向正态分布收敛的充要

条件.下面就介绍这些条件.

设 $\xi_1,\xi_2,\cdots,\xi_n,\cdots$ 是一个相互独立的随机变量序列,它们具有有限的数学期望和方差:
$$a_k = E\xi_k, \quad b_k^2 = D\xi_k \quad (k = 1,2,\cdots,n,\cdots)$$
记
$$B_n^2 = \sum_{k=1}^n b_k^2$$
作标准化和数
$$\zeta_n = \sum_{k=1}^n \frac{\xi_k - a_k}{B_n} \tag{5.5.1}$$
我们需要寻找和数 ζ_n 的分布函数趋于正态分布函数的充要条件.

与独立同分布场合比较,这里保留了独立性的假定,但是去掉了同分布的要求.今后我们将以 $F_k(x)$ 记 ξ_k 的分布函数.显然为了讨论 ζ_n 的极限分布,要使问题的提法有意义,对各个加项必须有一定要求.例如若允许从第二项起都等于 0,则极限分布显然由 $F_1(x)$ 完全确定,这时就很难有什么有意思的结果.排除这个困难的办法是规定加项中不能有某些项起支配作用,在实际工作中人们就是这样处理的,例如为了讨论测量的随机误差,总预先把一些系统性的误差先扣除掉.

为了使极限分布是正态分布,还要求各个加项"均匀地小",怎样明确表达这个要求呢?下面先作一个启发性的推导.

设 A_k 表示下述事件:
$$\{|\xi_k - a_k| > \tau B_n\} \quad (k=1,2,\cdots,n)$$
则有
$$P\left\{\max_{1\leqslant k\leqslant n} |\xi_k - a_k| > \tau B_n\right\} = P\left\{\bigcup_{k=1}^n (|\xi_k - a_k| > \tau B_n)\right\}$$
$$= P\{A_1 \cup A_2 \cup \cdots \cup A_n\} \leqslant \sum_{k=1}^n P(A_k)$$
$$= \sum_{k=1}^n \int_{|x-a_k|>\tau B_n} dF_k(x)$$

$$\leqslant \frac{1}{(\tau B_n)^2} \sum_{k=1}^{n} \int_{|x-a_k|>\tau B_n} (x-a_k)^2 \mathrm{d}F_k(x)$$

$$= \frac{1}{\tau^2 B_n^2} \sum_{k=1}^{n} \int_{|x-a_k|>\tau B_n} (x-a_k)^2 \mathrm{d}F_k(x)$$

因此,只要对于任何 $\tau > 0$,成立

$$\lim_{n\to\infty} \frac{1}{B_n^2} \sum_{k=1}^{n} \int_{|x-a_k|>\tau B_n} (x-a_k)^2 \mathrm{d}F_k(x) = 0 \qquad (5.5.2)$$

就可以保证总和(5.5.1)中各加项"均匀地小". 上述条件(5.5.2)称为**林德贝格条件**. 林德贝格证明了条件(5.5.2)是和数(5.5.1)的分布函数趋于正态分布函数的充分条件.

但是林德贝格条件不是中心极限定理成立的必要条件(参看习题53). 不过,费勒进一步指出,假如下面条件得到满足:

$$\lim_{n\to\infty} \max_{k\leqslant n} \frac{b_k}{B_n} = 0 \qquad (5.5.3)$$

则林德贝格条件也是中心极限定理成立的必要条件.

条件(5.5.3)称为**费勒条件**. 下面考察一下费勒条件的含义.

定理 5.5.1 费勒条件(5.5.3)等价于

$$\lim_{n\to\infty} B_n = \infty \qquad (5.5.4)$$

$$\lim_{n\to\infty} \frac{b_n}{B_n} = 0 \qquad (5.5.5)$$

[证明] 若(5.5.3)成立,则由 $\frac{b_n}{B_n} \leqslant \max_{k\leqslant n} \frac{b_k}{B_n}$ 立刻得到 (5.5.5);又若 $B_n \to B, (B < \infty)$,不妨假定 $b_1 > 0$,则因 $\max_{k\leqslant n} \frac{b_k}{B_n} \geqslant \frac{b_1}{B_n}$,故 $\lim_{n\to\infty} \max_{k\leqslant n} \frac{b_k}{B_n} \geqslant \frac{b_1}{B} > 0$,这与(5.5.3)矛盾,因此应有(5.5.4).

反之,设(5.5.4)(5.5.5)成立. 对任意 $\varepsilon > 0$,存在正整数 M,使 $\frac{b_k}{B_k} < \varepsilon$ 对一切 $k > M$ 成立. 固定 M 之后,由于(5.5.4),可以选一

个正整数 $N \geq M$,使 $\max\limits_{k \leq M} \dfrac{b_k}{B_N} < \varepsilon$,下证对一切 $n \geq N$ 均有

$$\max_{k \leq n} \frac{b_k}{B_n} < \varepsilon \qquad (5.5.6)$$

事实上,利用 B_n 的单调不减性,对一切 $n \geq N \geq M$ 有

$$\max_{k \leq M} \frac{b_k}{B_n} \leq \max_{k \leq M} \frac{b_k}{B_N} < \varepsilon$$

$$\max_{M < k \leq n} \frac{b_k}{B_n} \leq \max_{M < k \leq n} \frac{b_k}{B_k} < \varepsilon$$

因此(5.5.6)成立,这就证得了(5.5.3),定理证毕.

量 $\dfrac{b_k}{B_n}$ 可以看作是分量 ξ_k 对总和 ζ_n 的贡献,因此费勒条件相当于说:总和是大量"可忽略的"分量之和.

下面我们转入证明主要定理.

二、林德贝格-费勒定理

为了不打断主要定理的证明,我们把在定理证明中要用到的若干事实,以引理的形式给出.

引理 5.5.1 对 $n = 1, 2, \cdots$ 及任意的 t,

$$\left| e^{it} - 1 - \frac{it}{1!} - \cdots - \frac{(it)^{n-1}}{(n-1)!} \right| \leq \frac{|t|^n}{n!} \qquad (5.5.7)$$

[证明] 记

$$g_n(t) = e^{it} - 1 - \frac{it}{1!} - \cdots - \frac{(it)^{n-1}}{(n-1)!}$$

先设 $t > 0$,由于

$$g_1(t) = i \int_0^t e^{ix} dx \qquad (5.5.8)$$

因此 $|g_1(t)| \leq t$,其次,对 $n > 1$

$$g_n(t) = i \int_0^t g_{n-1}(x) dx \qquad (5.5.9)$$

用归纳法即得(5.5.7).

由于 $|\overline{g_n(t)}| = |g_n(t)|$,因此(5.5.7)对 $t < 0$ 也成立. $t = 0$ 结论显然成立.

特别地,我们要用到

$$|e^{it} - 1 - it| \leq \frac{|t|^2}{2} \tag{5.5.10}$$

$$\left|e^{it} - 1 - it + \frac{t^2}{2}\right| \leq \frac{|t|^3}{6} \tag{5.5.11}$$

类似地可以得到,对 $t > 0$

$$1 - \cos t = \left|\int_0^t \sin x\,dx\right| \leq \int_0^t |\sin x|\,dx \leq \int_0^t x\,dx = \frac{t^2}{2} \tag{5.5.12}$$

这式两边都是 t 的偶函数,故显然对 $t \leq 0$ 也成立.

引理 5.5.2 对于任何满足 $|a_k| \leq 1$ 及 $|b_k| \leq 1$ ($k = 1, 2, \cdots, n$) 的复数,有

$$|a_1 a_2 \cdots a_n - b_1 b_2 \cdots b_n| \leq \sum_{k=1}^n |a_k - b_k| \tag{5.5.13}$$

[证明] 显然

$$a_1 a_2 - b_1 b_2 = (a_1 - b_1) a_2 + (a_2 - b_2) b_1$$

因此

$$|a_1 a_2 - b_1 b_2| \leq |a_1 - b_1| + |a_2 - b_2|$$

用归纳法即得(5.5.13)

引理 5.5.3 若 $\varphi(t)$ 是特征函数,则 $e^{\varphi(t)-1}$ 也是特征函数,特别地

$$|e^{\varphi(t)-1}| \leq 1 \tag{5.5.14}$$

[证明] 定义随机变量

$$\eta = \xi_1 + \xi_2 + \cdots + \xi_\nu$$

其中 $\xi_1, \xi_2, \cdots$ 相互独立,均有特征函数 $\varphi(t)$,ν 服从参数 $\lambda = 1$ 的泊松分布,且与诸 ξ_i 独立,不难验证 η 的特征函数为 $e^{\varphi(t)-1}$,由特

征函数的性质即知(5.5.14)成立.

现在叙述并证明主要的结果.

定理 5.5.2 对(5.5.1)中定义的和数 ζ_n,成立

$$\lim_{n\to\infty} P\{\zeta_n < x\} = \frac{1}{\sqrt{2\pi}} \int_{-\infty}^{x} e^{-t^2/2} dt \quad (5.5.15)$$

与费勒条件(5.5.3)的充要条件是林德贝格条件(5.5.2)成立.

[证明] 为书写方便起见,我们引用记号

$$\xi_{nk} = \frac{\xi_k - a_k}{B_n} \quad (5.5.16)$$

显然

$$E\xi_{nk} = 0, \quad D\xi_{nk} = \frac{D\xi_k}{B_n^2} = \frac{b_k^2}{B_n^2} \quad (5.5.17)$$

$$\sum_{k=1}^{n} D\xi_{nk} = \frac{1}{B_n^2} \sum_{k=1}^{n} D\xi_k = 1 \quad (5.5.18)$$

以 $f_{nk}(t)$ 及 $F_{nk}(x)$ 分别表示 ξ_{nk} 的特征函数与分布函数,那么

$$F_{nk}(x) = P\left\{\frac{\xi_k - a_k}{B_n} < x\right\} = F_k(B_n x + a_k) \quad (5.5.19)$$

这时

$$\frac{1}{B_n^2} \int_{|x-a_k|>\tau B_n} (x-a_k)^2 dF_k(x)$$

$$= \int_{\left|\frac{x-a_k}{B_n}\right|>\tau} \left(\frac{x-a_k}{B_n}\right)^2 dF_k(x)$$

$$= \int_{|y|>\tau} y^2 dF_{nk}(y)$$

因此林德贝格条件(5.5.2)化为:对任意 $\tau > 0$,

$$\lim_{n\to\infty} \sum_{k=1}^{n} \int_{|x|>\tau} x^2 dF_{nk}(x) = 0 \quad (5.5.20)$$

现在开始证明定理. 设 t 是任意固定的实数.

为证(5.5.15)必须证明,当 $n\to\infty$ 时

$$f_{n1}(t)\cdots f_{nn}(t) \to e^{-t^2/2} \qquad (5.5.21)$$

我们先证明,在费勒条件(5.5.3)成立的假定下,(5.5.21)与下式是等价的:

$$\sum_{k=1}^{n}[f_{nk}(t)-1]+\frac{1}{2}t^2 \to 0 \qquad (5.5.22)$$

事实上,若(5.5.3)成立,则对任意 $\varepsilon > 0$,只要 n 充分大,均有

$$\frac{b_k}{B_n} < \varepsilon, \quad k=1,2,\cdots,n$$

另一方面,由(5.5.10)可知存在复数 θ,使得

$$e^{itx}-1-itx = \theta\frac{(tx)^2}{2}, \quad |\theta| \leq 1 \qquad (5.5.23)$$

因此

$$f_{nk}(t)-1-itE\xi_{nk} = \frac{\theta t^2}{2}\int_{-\infty}^{\infty}x^2\,dF_{nk}(x)$$

再由(5.5.17)可得:

$$|f_{nk}(t)-1| = \left|\frac{\theta t^2}{2}\int_{-\infty}^{\infty}x^2\,dF_{nk}(x)\right|$$

$$\leq \frac{t^2}{2}\int_{-\infty}^{\infty}x^2\,dF_{nk}(x)$$

$$= \frac{t^2}{2}\frac{b_k^2}{B_n^2} < \frac{1}{2}\varepsilon^2 t^2 \qquad (5.5.24)$$

对任意 $\delta > 0$,只要 $|z|$ 充分小,就可以有

$$|e^z-1-z| < \delta|z| \qquad (5.5.25)$$

因此由引理5.5.3、引理5.5.2及(5.5.24)、(5.5.25),只要 n 充分大,就有

$$\left|e^{\sum_{k=1}^{n}[f_{nk}(t)-1]} - f_{n1}(t)\cdots f_{nn}(t)\right|$$

$$\leq \sum_{k=1}^{n}|e^{f_{nk}(t)-1}-f_{nk}(t)|$$

$$\leq \delta\sum_{k=1}^{n}|f_{nk}(t)-1|$$

$$\leqslant \frac{1}{2}\delta t^2 \sum_{k=1}^{n} \frac{b_k^2}{B_n^2} = \frac{1}{2}\delta t^2 \qquad (5.5.26)$$

因为 δ 可以任意小,故左边趋于 0,因此证得(5.5.21)与(5.5.22)的等价性.

接着证明定理的充分性. 先证由林德贝格条件可以推出费勒条件. 事实上,

$$\begin{aligned}\frac{b_k^2}{B_n^2} &= \int_{-\infty}^{\infty} x^2 \mathrm{d}F_{nk}(x) \\ &= \int_{|x|\leqslant \tau} x^2 \mathrm{d}F_{nk}(x) + \int_{|x|>\tau} x^2 \mathrm{d}F_{nk}(x) \\ &\leqslant \tau^2 + \sum_{k=1}^{n} \int_{|x|>\tau} x^2 \mathrm{d}F_{nk}(x) \qquad (5.5.27)\end{aligned}$$

右边与 k 无关,而且 τ 可选得任意地小;对选定的 τ,由林德贝格条件(5.5.20)知道第二式当 n 足够大时也可任意地小.这样,费勒条件成立.

其次证明林德贝格条件能保证(5.5.15)成立. 注意到(5.5.17)及(5.5.18),可知

$$\sum_{k=1}^{n} [f_{nk}(t) - 1] + \frac{1}{2}t^2$$

$$= \sum_{k=1}^{n} \int_{-\infty}^{\infty} \left[\mathrm{e}^{itx} - 1 - itx + \frac{t^2 x^2}{2} \right] \mathrm{d}F_{nk}(x)$$

利用(5.5.11),当 $|x|\leqslant \tau$ 时,

$$\left| \mathrm{e}^{itx} - 1 - itx + \frac{t^2 x^2}{2} \right| \leqslant \frac{|tx|^3}{6} \leqslant \frac{\tau |t|^3 x^2}{6}$$

又利用(5.5.10),当 $|x|>\tau$ 时,

$$\left| \mathrm{e}^{itx} - 1 - itx + \frac{t^2 x^2}{2} \right| \leqslant |\mathrm{e}^{itx} - 1 - itx| + \frac{t^2 x^2}{2} \leqslant t^2 x^2$$

因此

$$\left| \sum_{k=1}^{n} [f_{nk}(t) - 1] + \frac{1}{2}t^2 \right|$$

$$\leqslant \sum_{k=1}^{n} \int_{|x| \leqslant \tau} \frac{\tau |t|^3 x^2}{6} \mathrm{d}F_{nk}(x) + \sum_{k=1}^{n} \int_{|x| > \tau} t^2 x^2 \mathrm{d}F_{nk}(x)$$

$$\leqslant \frac{\tau |t|^3}{6} \sum_{k=1}^{n} \int_{-\infty}^{\infty} x^2 \mathrm{d}F_{nk}(x) + t^2 \sum_{k=1}^{n} \int_{|x| > \tau} x^2 \mathrm{d}F_{nk}(x)$$

$$= \frac{\tau |t|^3}{6} + t^2 \sum_{k=1}^{n} \int_{|x| > \tau} x^2 \mathrm{d}F_{nk}(x) \qquad (5.5.28)$$

对任给 $\varepsilon > 0$，由于 τ 的任意性，可选得使 $\frac{\tau |t|^3}{6} < \frac{\varepsilon}{2}$，对选定的 τ，用林德贝格条件知只要 n 充分大，也可使 $t^2 \sum_{k=1}^{n} \int_{|x| > \tau} x^2 \mathrm{d}F_{nk}(x) < \frac{\varepsilon}{2}$，因此我们已证得了 (5.5.22)，但由于我们已证过费勒条件 (5.5.3) 成立，这时 (5.5.22) 与 (5.5.21) 是等价的，因而 (5.5.21) 也成立，根据特征函数连续性定理可知 (5.5.15) 成立.

再证定理的必要性.

由于 (5.5.15) 成立，因此相应的特征函数应满足 (5.5.21). 但在费勒条件成立时，这又推出 (5.5.22)，因此

$$\sum_{k=1}^{n} [f_{nk}(t) - 1] + \frac{t^2}{2}$$
$$= \sum_{k=1}^{n} \int_{-\infty}^{\infty} \left[e^{itx} - 1 + \frac{t^2 x^2}{2} \right] \mathrm{d}F_{nk}(x) \to 0 \qquad (5.5.29)$$

因为由 (5.5.12) 可得 $\cos tx - 1 + \frac{t^2 x^2}{2} \geqslant 0$，因此上述被积函数的实部是非负的，故

$$\mathrm{Re}\left(\sum_{k=1}^{n} \int_{-\infty}^{\infty} \left[e^{itx} - 1 + \frac{t^2 x^2}{2} \right] \mathrm{d}F_{nk}(x) \right)$$
$$= \sum_{k=1}^{n} \int_{-\infty}^{\infty} \left[\cos tx - 1 + \frac{t^2 x^2}{2} \right] \mathrm{d}F_{nk}(x)$$
$$\geqslant \sum_{k=1}^{n} \int_{|x| > \tau} \left[\cos tx - 1 + \frac{t^2 x^2}{2} \right] \mathrm{d}F_{nk}(x)$$

$$\geqslant \sum_{k=1}^{n} \int_{|x|>\tau} \left(\frac{t^2 x^2}{2} - 2 \right) \mathrm{d}F_{nk}(x)$$

$$= \frac{t^2}{2} \sum_{k=1}^{n} \int_{|x|>\tau} x^2 \mathrm{d}F_{nk}(x) - 2 \sum_{k=1}^{n} \int_{|x|>\tau} \mathrm{d}F_{nk}(x)$$

$$\geqslant \left(\frac{t^2}{2} - 2\tau^{-2} \right) \sum_{k=1}^{n} \int_{|x|>\tau} x^2 \mathrm{d}F_{nk}(x) \qquad (5.5.30)$$

因为对任意 $\tau>0$,可找到 t,使 $\frac{t^2}{2} - 2\tau^{-2}>0$,这时由(5.5.29),(5.5.30)可得

$$\left(\frac{t^2}{2} - 2\tau^{-2} \right) \sum_{k=1}^{n} \int_{|x|>\tau} x^2 \mathrm{d}F_{nk}(x) \to 0$$

故林德贝格条件成立,定理证毕.

三、若干推论

林德贝格条件给出了中心极限定理成立的普遍条件,由它可以推出许多特殊的结果.

首先,我们来说明独立同分布场合的林德贝格-莱维定理是定理 5.5.2 的特例.

若 $\xi_1, \xi_2, \cdots$ 是独立同分布随机变量序列,$E\xi_k = a, 0 < \sigma^2 = D\xi_k < \infty$,则

$$B_n = \sqrt{n}\sigma \qquad (5.5.31)$$

这时

$$\frac{1}{B_n^2} \sum_{k=1}^{n} \int_{|x-a_k|>\tau B_n} (x-a_k)^2 \mathrm{d}F_k(x)$$

$$= \frac{1}{n\sigma^2} \cdot n \int_{|x-a|>\tau\sigma\sqrt{n}} (x-a)^2 \mathrm{d}F(x) \qquad (5.5.32)$$

由于方差 $0 < \sigma^2 < \infty$,上式右边的积分当 $n \to \infty$ 时趋于 0,故林德贝格条件得到满足,所以中心极限定理成立.

下面我们再来给出两个有用的结果.

定理 5.5.3 若 $\xi_1, \xi_2, \cdots$ 是独立随机变量序列,存在常数 K_n,使 $\max\limits_{1 \leqslant j \leqslant n} |\xi_j| \leqslant K_n (n = 1, 2, \cdots)$,且 $\lim\limits_{n \to \infty} \dfrac{K_n}{B_n} = 0$,则

$$P\left\{\sum_{k=1}^n \frac{\xi_k - a_k}{B_n} < x\right\} \to \frac{1}{\sqrt{2\pi}} \int_{-\infty}^x e^{-t^2/2} dt$$

[证明] 由假定,对任意的 $\varepsilon > 0$,只要 n 充分大就有 $2K_n \leqslant \varepsilon B_n$,显然

$$|\xi_j - a_j| \leqslant 2K_n, \quad j = 1, 2, \cdots, n$$

因此

$$\{|\xi_j - a_j| \leqslant \varepsilon B_n\} = \Omega \quad (1 \leqslant j \leqslant n) \tag{5.5.33}$$

所以

$$\lim_{n \to \infty} \frac{1}{B_n^2} \sum_{j=1}^n \int_{|x - a_j| \leqslant \varepsilon B_n} (x - a_j)^2 dF_j(x)$$

$$= \lim_{n \to \infty} \frac{1}{B_n^2} \sum_{j=1}^n \int_{-\infty}^{\infty} (x - a_j)^2 dF_j(x) = 1$$

因此林德贝格条件得到满足,所以中心极限定理成立.

定理 5.5.4(李雅普诺夫) 如果对相互独立的随机变量序列 $\xi_1, \xi_2, \cdots, \xi_n, \cdots$ 能选择这样一个正数 $\delta > 0$,使当 $n \to \infty$ 时,

$$\frac{1}{B_n^{2+\delta}} \sum_{k=1}^n E |\xi_k - a_k|^{2+\delta} \to 0 \tag{5.5.34}$$

则

$$P\left\{\frac{1}{B_n} \sum_{k=1}^n (\xi_k - a_k) < x\right\} \to \frac{1}{\sqrt{2\pi}} \int_{-\infty}^x e^{-t^2/2} dt$$

[证明] 只要验证林德贝格条件就行了. 事实上,

$$\frac{1}{B_n^2} \sum_{k=1}^n \int_{|x - a_k| > \tau B_n} (x - a_k)^2 dF_k(x)$$

$$\leqslant \frac{1}{B_n^2 (\tau B_n)^\delta} \sum_{k=1}^n \int_{|x - a_k| > \tau B_n} |x - a_k|^{2+\delta} dF_k(x)$$

$$\leqslant \frac{1}{\tau^\delta} \cdot \frac{1}{B_n^{2+\delta}} \sum_{k=1}^n \int_{-\infty}^{\infty} |x - a_k|^{2+\delta} dF_k(x) \to 0 \quad (n \to \infty)$$

用定理 5.5.2 就可推得所需的结论.

第五章小结

本章研究了极限定理,这是概率论基础中比较深入的结果;前几章学到的知识在这里得到了综合应用;一些重要问题在这里进一步讨论并获得解决.

在我们的课程中,为了使读者对极限定理有直观的认识,是从伯努利试验场合开始叙述的.这里所用的工具比较初等:伯努利大数定律是用矩法证明的;棣莫弗-拉普拉斯定理则通过利用斯特林公式进行渐近估计而得到.

接着我们处理独立同分布场合,这是伯努利试验的直接推广,也是在实际中,特别是数理统计中,最常碰到的情况.为了证明辛钦大数定律及林德贝格-莱维定理已用到特征函数,所用的方法具有普遍性及简明性,是读者比较容易理解的.应当指出,收敛性概念及特征函数的连续性定理是深入研究极限理论所不可缺少的,所以对这部分内容我们预先作了相当详细的叙述.后面用到的主要是结论,因此有关证明在初学时不妨略去.

最后,介绍了强大数定律及一般场合的中心极限定理,这是概率论中相当深刻的结果.前者的证明通过建立比切比雪夫不等式更为锐利的不等式而实现;后者的证明则得力于特征函数这一有力的工具的巧妙应用.到此为止,概率论中提出的古典极限定理问题已获得了令人满意的解决.

本章对极限定理的处理采用模块式结构,即分伯努利试验、独立同分布、一般等三个场合进行,与历史发展大致平行,这样设计的目的一是体现循序渐进、由浅入深,二是让本书能更好地适应不同教学要求.

纵览整个发展过程,令人印象深刻的是,经典问题的最终解决,主要靠工具的改进,从直接展开,到矩法,再到特征函数法;也靠方法的精密化,例如从切比雪夫不等式,到马尔可夫不等式,再到科尔莫戈罗夫等更精细的不等式.

独立同分布模型事实上成为概率论继古典概型、伯努利概型之后的第三个重要概型,直至近代才让位于随机过程.

习 题 五

1. ξ 为非负随机变量,若 $Ee^{a\xi} < \infty$,$(a>0)$,则对任意 $x>0$,
$$P\{\xi \geq x\} \leq e^{-ax} Ee^{a\xi}.$$

2. 若 $h(x) \geq 0$,ξ 为随机变量,且 $Eh(\xi) < \infty$,则关于任何 $C>0$,
$$P\{h(\xi) \geq C\} \leq C^{-1} Eh(\xi).$$

*3. (单边切比雪夫不等式) 设 ξ 为随机变量,$E\xi = 0$,$D\xi = \sigma^2 < \infty$,则对任何一个 $a>0$,试证
$$P\{\xi \geq a\} \leq \frac{\sigma^2}{\sigma^2 + a^2}.$$

4. 设 $\{\xi_n, n \geq 1\}$ 是独立随机变量序列,对所有 $n \geq 1$,$D\xi_n$ 存在且 $\dfrac{D\xi_n}{n} \to 0$,试证:$\{\xi_n, n \geq 1\}$ 服从大数定律.

5. 若 ξ_k 的分布列为

$\sqrt{\ln k}$	$-\sqrt{\ln k}$
$\dfrac{1}{2}$	$\dfrac{1}{2}$

,试证大数定律适用于独立随机变量序列 $\{\xi_k\}$.

6. 验证概率分布如下给定的独立随机变量序列是否满足马尔可夫条件:

(1) $P\{X_k = \pm 2^k\} = \dfrac{1}{2}$;

(2) $P\{X_k = \pm 2^k\} = 2^{-(2k+1)}$,$P\{X_k = 0\} = 1 - 2^{-2k}$;

(3) $P\{X_k = \pm k\} = \dfrac{1}{2} k^{-\frac{1}{2}}$,$P\{X_k = 0\} = 1 - k^{-\frac{1}{2}}$.

7. 若 ξ_k 具有有限方差,服从同一分布,但各 k 间,ξ_k 和 ξ_{k+1} 有相关,而 $\xi_k, \xi_l (|k-l| \geq 2)$ 是独立的,证明这时对 $\{\xi_k\}$ 大数定律成立.

8. (伯恩斯坦定理) 已知随机变量序列 $\xi_1, \xi_2, \cdots$ 的方差有界:$D\xi_n \leq C$,并且当 $|i-j| \to \infty$ 时,相关系数 $r_{ij} \to 0$,证明对 $\{\xi_n\}$ 成立大数定律.

*9. （格涅坚科定理）对随机变量序列 $\{\xi_i\}$，若记 $\eta_n = \frac{1}{n}(\xi_1 + \cdots + \xi_n)$，$a_n = \frac{1}{n}(E\xi_1 + \cdots + E\xi_n)$，则 $\{\xi_i\}$ 服从大数定律的充要条件是

$$\lim_{n \to \infty} E\left\{\frac{(\eta_n - a_n)^2}{1 + (\eta_n - a_n)^2}\right\} = 0$$

10. 用斯特林公式证明：当 $n \to \infty$，$m \to \infty$，$n - m \to \infty$，而 $\frac{m}{n} \to 0$ 时，

$$\binom{2n}{n-m}\left(\frac{1}{2}\right)^{2n} \sim \frac{1}{\sqrt{\pi n}} e^{-m^2/n}$$

11. 用(5.1.27)计算 $b(5;500,0.01)$ 及 $b(40;10000,0.005)$ 并与精确值比较.

12. 某计算机系统有 120 个终端，每个终端有 5% 时间在使用，若各个终端使用与否是相互独立的，试求有 10 个或更多终端在使用的概率.

*13. 求证，在 $x > 0$ 时，有不等式

$$\frac{x}{1+x^2} e^{-x^2/2} \leq \int_x^\infty e^{-t^2/2} dt \leq \frac{1}{x} e^{-x^2/2}$$

14. 用棣莫弗-拉普拉斯定理证明，在伯努利试验中，若 $0 < p < 1$，则不管 K 是如何大的常数，总有

$$P\{|\mu_n - np| < K\} \to 0 \quad (n \to \infty)$$

15. 用切比雪夫不等式确定当掷一均匀铜币时，需投多少次才能保证使得正面出现的频率在 0.4 至 0.6 之间的概率不小于 90%，并用正态逼近计算同一问题.

16. 用切比雪夫不等式及棣莫弗-拉普拉斯极限定理估计下面概率：

$$P\left\{\left|\frac{\mu_n}{n} - p\right| \geq \varepsilon\right\}$$

并进行比较. 这里 μ_n 是 n 次伯努利试验中成功总次数，p 为每次成功的概率.

17. 现有一大批种子，其中良种占 1/6，今在其中任选 6000 粒，试问在这些种子中良种所占的比例与 1/6 之差小于 1% 的概率是多少？

18. 种子中良种占 1/6，我们有 99% 的把握断定在 6000 粒种子中良种所占的比例与 1/6 之差是多少？这时相应的良种粒数落在哪个范围内.

19. 若飞机乘客购票后按期搭机的概率为 p，各乘客的行动假定是独立的，试问一架 200 座飞机售出 202 张机票不发生超座的概率. 对 $p = 0.97$，

0.96,0.95,计算上述概率.

*20. 设分布函数列 $\{F_n(x)\}$ 弱收敛于连续的分布函数 $F(x)$,试证这收敛对 $x \in \mathbf{R}^1$ 是一致的.

*21. 设 $\{F_n(x)\}$ 为一列正态分布函数,收敛于分布函数 $F(x)$,试证 $F(x)$ 也是正态分布函数.

*22. 试证若正态随机变量序列依概率收敛,则其数学期望与方差也收敛.

*23. 若 X_n 为多维正态随机向量,$X_n \xrightarrow{P} X$,试证 X 为正态向量.

24. 若 X_n 的概率分布为

	0	n
	$1 - \dfrac{1}{n}$	$\dfrac{1}{n}$

,试证相应的分布函数列收敛,但矩不收敛.

*25. (斯卢茨基)随机变量序列 $\{\xi_n\}$ 具有分布函数列 $\{F_n(x)\}$,且 $F_n(x) \to F(x)$,又 $\{\eta_n\}$ 依概率收敛于常数 $C > 0$,试证:(1) $\zeta_n = \xi_n + \eta_n$ 的分布函数收敛于 $F(x - C)$;(2) $\zeta_n = \dfrac{\xi_n}{\eta_n}$ 的分布函数收敛于 $F(Cx)$.

*26. 试证:(1) $X_n \xrightarrow{P} X \Rightarrow X_n - X \xrightarrow{P} 0$;

(2) $X_n \xrightarrow{P} X, X_n \xrightarrow{P} Y \Rightarrow P\{X = Y\} = 1$;

(3) $X_n \xrightarrow{P} X \Rightarrow X_n - X_m \xrightarrow{P} 0 (n, m \to \infty)$;

(4) $X_n \xrightarrow{P} X, Y_n \xrightarrow{P} Y \Rightarrow X_n \pm Y_n \xrightarrow{P} X \pm Y$;

(5) $X_n \xrightarrow{P} X, k$ 是常数 $\Rightarrow kX_n \xrightarrow{P} kX$;

(6) $X_n \xrightarrow{P} X \Rightarrow X_n^2 \xrightarrow{P} X^2$;

(7) $X_n \xrightarrow{P} a, Y_n \xrightarrow{P} b, a, b$ 是常数 $\Rightarrow X_n Y_n \xrightarrow{P} ab$;

(8) $X_n \xrightarrow{P} 1 \Rightarrow X_n^{-1} \xrightarrow{P} 1$;

(9) $X_n \xrightarrow{P} a, Y_n \xrightarrow{P} b, a, b$ 是常数,$b \neq 0 \Rightarrow X_n Y_n^{-1} \xrightarrow{P} ab^{-1}$;

(10) $X_n \xrightarrow{P} X, Y$ 是随机变量 $\Rightarrow X_n Y \xrightarrow{P} XY$;

(11) $X_n \xrightarrow{P} X, Y_n \xrightarrow{P} Y \Rightarrow X_n Y_n \xrightarrow{P} XY$.

*27. 设 $X_n \xrightarrow{P} X$,而 g 是 $\mathbf{R}^1$ 上的连续函数,试证 $g(X_n) \xrightarrow{P} g(X)$.

28. 若 $\{X_n\}$ 是单调下降的正随机变量序列,且 $X_n \xrightarrow{P} 0$,试证 $X_n \xrightarrow{a.s.} 0$.

29. 若 $X_1, X_2, \cdots$ 是独立随机变量序列,其特征函数均为 $\varphi(t)$,μ 是整值随机变量,$P\{\mu=k\}=p_k$,且与 $\{X_i\}$ 独立,求 $\eta = X_1 + X_2 + \cdots + X_\mu$ 的特征函数.

30. 若 $f(t)$ 是非负定函数,试证:(1)$f(0)$ 是实的,且 $f(0) \geq 0$;(2)$f(-t) = \overline{f(t)}$;(3)$|f(t)| \leq f(0)$.

31. 某理发店为每个顾客的服务时间服从均值为 $\frac{1}{3}$(小时)的指数分布,可认为对每个顾客的服务是相互独立的.

(1)求为对 100 个顾客服务,总共需要 31 小时至 35 小时的概率;

(2)以 95% 的概率在 32 小时之内可服务完几个顾客?

(3)找 Δ,使该店对 100 个顾客的服务时间在 $(33.33-\Delta, 33.33+\Delta)$ 之间的概率大于 95%.

32. 若总体 ξ 的数学期望 $E\xi=m$,$D\xi=\sigma^2$,抽容量为 n 的样本,求其平均值 $\bar{\xi}$,为使 $P\{|\bar{\xi}-m|<0.1\sigma\} \geq 95\%$,问 n 应取多大值?

33. 用特征函数法直接证明棣莫弗-拉普拉斯积分极限定理.

34. 若 $\{\xi_n, n=1,2,\cdots\}$ 为相互独立随机变量序列,具有相同分布

$$P\{\xi_n=1\} = \frac{1}{2}, \quad P\{\xi_n=0\} = \frac{1}{2}$$

而 $\eta_n = \sum_{k=1}^{n} \frac{\xi_k}{2^k}$,试证 η_n 的分布收敛于 $[0,1]$ 上的均匀分布.

35. 用特征函数法证明二项分布的泊松逼近定理.

36. 用特征函数法证明,泊松分布当 $\lambda \to \infty$ 时,渐近正态分布.

*37. 若 $\{X_i\}$ 是独立同分布随机变量序列,其分布分别为:(1)$[-a,a]$ 上均匀分布;(2)泊松分布;(3)Γ 分布,记

$$Y_n = \frac{\sum_{i=1}^{n}(X_i - EX_i)}{\sqrt{\sum_{i=1}^{n} DX_i}}$$

试计算 Y_n 的特征函数,并求 $n \to \infty$ 时的极限.

38. 设 $\{X_n\}$ 独立同分布,$P\{X_n=2^{k-2\ln k}\}=2^{-k}$($k=1,2,\cdots$),则大数定律成立.

*39. 若 $\{X_i\}$ 是相互独立的随机变量序列,均服从 $N(0,1)$,试证

$$W_n = \sqrt{n}\,\frac{X_1 + \cdots + X_n}{X_1^2 + \cdots + X_n^2} \quad \text{及} \quad U_n = \frac{X_1 + \cdots + X_n}{\sqrt{X_1^2 + \cdots + X_n^2}}$$

渐近正态分布 $N(0,1)$.

*40. 设 $X_1, X_2, \cdots$ 是独立随机变量序列,均服从 $[0,1]$ 均匀分布,令

$$Z_n = \Big(\prod_{i=1}^{n} X_i\Big)^{1/n}$$

试证 $Z_n \xrightarrow{P} C$,这里 C 是常数,并求 C.

*41. 若 $\{X_i\}$ 是独立同分布随机变量序列,$EX_i = m$,而 $f(x)$ 是一个有界的连续函数,试证

$$\lim_{n\to\infty} E\Big[f\Big(\frac{X_1 + \cdots + X_n}{n}\Big)\Big] = f(m)$$

*42. 若 $\{X_i\}$ 是独立同分布、具有有限二阶矩的随机变量序列,试证

$$\frac{2}{n(n+1)} \cdot \sum_{i=1}^{n} i X_i \xrightarrow{P} EX_1$$

*43. 设 $X_1, X_2, \cdots$ 相互独立,均服从柯西分布 $p(x) = \frac{1}{\pi} \cdot \frac{1}{1+x^2}$,试证它们不满足格涅坚科关于大数定律的充要条件(见本章习题 9),即要指出,当 $n \to \infty$ 时

$$E\Bigg[\frac{\Big(\sum_{i=1}^{n} X_i\Big)^2}{n^2 + \Big(\sum_{i=1}^{n} X_i\Big)^2}\Bigg] \not\to 0$$

*44. (维尔斯特拉斯定理的概率论证明) 设 $f(x)$ 是 $[0,1]$ 上连续函数,利用概率论方法证明:必存在多项式序列 $\{B_n(x)\}$,在 $[0,1]$ 上一致收敛于 $f(x)$.(提示:定义伯恩斯坦多项式

$$B_n(x) = \sum_{m=0}^{n} \binom{n}{m} x^m (1-x)^{n-m} f\Big(\frac{m}{n}\Big)$$

并利用大数定律.)

45. 设 $\{X_n\}$ 是独立随机变量序列,试证 $X_n \xrightarrow{a.s.} 0$ 的充要条件为对任意 $\varepsilon > 0$,有 $\sum_{n=1}^{\infty} P\{|X_n| \geq \varepsilon\} < \infty$.

46. 试证独立同分布随机变量序列,若存在有限的四阶中心矩,则强大

数定律成立.

47. 本章习题 6 的各个独立随机变量序列是否满足强大数定律?

48. 举例说明博雷尔-康特立引理(i)之逆不成立.

49. 设 $\{X_n\}$ 是相互独立且具有有限方差的随机变量序列,若
$$\sum_{n=1}^{\infty} \frac{DX_n}{n^2} < \infty$$
则必有
$$\lim_{n \to \infty} \frac{1}{n^2} \sum_{k=1}^{n} DX_k = 0.$$

*50. 设 $f(x)$ 和 $g(x)$ 在闭区间 $[0,1]$ 上连续,且满足 $0 \leqslant f(x) < Cg(x)$,这里 C 是一个正常数,则成立
$$\lim_{n \to \infty} \int_0^1 \int_0^1 \cdots \int_0^1 \frac{f(x_1) + f(x_2) + \cdots + f(x_n)}{g(x_1) + g(x_2) + \cdots + g(x_n)} dx_1 dx_2 \cdots dx_n$$
$$= \frac{\int_0^1 f(x) dx}{\int_0^1 g(x) dx}.$$

51. 设 $X_1, X_2, \cdots$ 是独立随机变量序列,对它成立中心极限定理,则对 $\{X_n\}$ 成立大数定律的充要条件为 $D(X_1 + \cdots + X_n) = o(n^2)$.

52. 设 $X_1, X_2, \cdots$ 是独立同分布随机变量序列,且 $\dfrac{\sum_{k=1}^{n} X_k}{\sqrt{n}}$ 对每一个 $n = 1, 2, \cdots$ 有相同分布,那么,若 $EX_i = 0, DX_i = 1$,则 X_i 必须是 $N(0,1)$ 变量.

53. 设 $\{X_k\}$ 是独立随机变量序列,且 X_k 服从 $N(0, 2^{-k})$,试证序列 $\{X_k\}$: (1) 成立中心极限定理; (2) 不满足费勒条件; (3) 不满足林德贝格条件, 从而说明林德贝格条件并不是中心极限定理成立的必要条件.

54. 若 $\{X_k\}$ 是独立随机变量序列, X_1 服从 $[-1,1]$ 均匀分布, 对 $k = 2, 3, \cdots, X_k$ 服从 $N(0, 2^{k-1})$, 证明对 $\{X_k\}$ 成立中心极限定理但不满足费勒条件.

*55. 在泊松试验中,第 i 次试验时事件 A 出现的概率为 p_i,不出现的概率为 q_i,各次试验是独立的,以 ν_n 记前 n 次试验中事件 A 出现的次数. 试证:

(1) $\dfrac{\nu_n - E\nu_n}{n} \xrightarrow{P} 0$;

(2) 对 $\{\nu_n\}$ 成立中心极限定理的充要条件是 $\sum_{i=1}^{\infty} p_i q_i = +\infty$.

56. 设 $\{X_k\}$ 是独立随机变量序列，X_k 服从 $[-k, k]$ 均匀分布，问对 $\{X_k\}$ 能否用中心极限定理？

57. 试问对下列独立随机变量序列，李雅普诺夫定理是否成立？

(1) X_k:

$-\sqrt{k}$	$\sqrt{k}$
$\frac{1}{2}$	$\frac{1}{2}$

; (2) X_k:

$-k^\alpha$	0	k^α
$\frac{1}{3}$	$\frac{1}{3}$	$\frac{1}{3}$

, $\alpha > 0$.

*58. 求证：当 $n \to \infty$ 时

$$\frac{\left(\frac{n}{2}\right)^{\frac{n}{2}}}{\Gamma\left(\frac{n}{2}\right)} \int_0^{1+t\sqrt{\frac{2}{n}}} z^{\frac{n}{2}-1} e^{-\frac{nz}{2}} dz \to \frac{1}{\sqrt{2\pi}} \int_{-\infty}^t e^{-z^2/2} dz$$

*59. 独立随机变量序列 $\{\xi_k\}$，对一切 k，ξ_k 以概率 $\frac{1}{2}$ 分别取值 $\pm k^s$，

(1) 试证当 $s < \frac{1}{2}$ 时，大数定律成立；

(2) 试利用中心极限定理证明：当 $s \geq \frac{1}{2}$ 时，大数定律不成立；

*60. 用概率论方法证明：当 $n \to \infty$ 时，$e^{-n} \sum_{k=0}^{n} \frac{n^k}{k!} \to \frac{1}{2}$.

全书小结

本书从大量重复试验中事件出现频率的稳定性这一经验事实出发,引进了一系列概念,建立了既有广泛实际应用又有深刻理论结果的一整套数学理论;最后这个理论又令人信服地解释了作为出发点的经验事实,到此为止,这个课程已告一段落.

读者可以看到,作为概率论研究对象的随机现象,在自然界和人类社会中是普遍存在的,这既说明了概率论理论的重要性,也决定了它的应用的广泛性.

读者也可以看到,概率论是数学的一个有特色的分支.一方面,由于它与其他数学分支(它们都研究决定性现象)研究对象的不同,因此它有着别开生面的研究课题,从而也有着自己独特的概念与方法.另一方面,它又是一个严谨的数学分支,它的概念有明确的定义,它的方法是严格的,它的结果是深刻的,这是许多著名数学家长期耕耘的结果,也得益于不断地从其他数学分支吸取有用的概念与方法.

把概率论最基本的概念——事件,概率,随机变量与数学期望分别看作是集合,规范化测度,可测函数与可测函数关于规范化测度的积分,这种观点自从概率论的公理化结构体系出现之后,已被普遍接受.这里强调的是概率论的测度论基础,对于概率论基本概念的明确定义是至关重要的.

读者应当认识到,上述观点的形成是一个历史过程,同时也不应当忘记这些概念的现实背景,这时研究几个经典的模型是很有帮助的.历史上,古典概型、几何概率、伯努利模型等几个模型孕育了早期的概率论,对后来的发展也有重大影响.即使在今天,这些既直观又具体的模型也还值得我们特别注意.

统计独立性是概率论中特有的概念,它的引进大大丰富了概率论的研究.概率论基础中最深入的结果大都是在独立性的假定下获得的,这主要是指几种形式的极限定理:大数定律、强大数定律与中心极限定理.

条件概率是另一重要概念,它使我们能充分利用有关的信息,在概率计算中十分有用.当进一步研究非独立的场合时,条件概率将起更大的作用.

随机变量概念的普遍使用相对来讲还是近代的事,但是这个概念是很自然的,又便于运算,用它来描述事件有不少好处.涉及随机变量的最重要问题中大多数可以通过分布函数来表述,概率论的这一部分可以独立于它的测度论基础而进行,这里所用的主要是分析方法.

一种分布就是一个数学模型,每种分布有自己的特征;分布之间有各种联系.书中把分布按重要性分成三类:第一类三大分布有专门的节加以介绍;第二类包括十几种重要分布,在正文中指明其背景、性质以及它与其他分布的关系;第三类则多数在例题或习题中出现.最后它们大多在附录四中汇总.

数学期望是概率论中最古老的概念,它的明确的直观含意和良好的数学性质使它在概率论中一直占据着重要的地位,各种重要的数字特征大都是某种数学期望,甚至概率也是一种数学期望.数学期望,以及与它相辅相成的方差,刻画了随机变量的概貌,是实际应用中最关心的两个量.

在多维场合,随机向量由多元联合分布完整描述,用均值向量和协方差矩阵刻画概貌,而边际分布、条件分布、独立性和相关系数等概念更是丰富了研究主题.

极限定理是概率论中最重要的理论结果,本书通过模块式的三个层次介绍了经典结果,相当详尽.主要假设是独立性和矩的存在,而分布函数、矩和特征函数这三者则是解决古典极限定理的主要工具.

总的说来,本书通过经典模型来提供有关背景,采用公理化结构以明确定义概念,强调独立性以突出学科的特点,利用分析方法来获得深刻的结果,最后也是最重要的一点是,试图通过大量的实例来介绍概率论的日益广泛的应用.

正如本书的书名所指出的,这些知识仅仅是概率论的基础,它们是新的研究的出发点.

参 考 书 目

[1] 格涅坚科.概率论教程.丁寿田译.北京:高等教育出版社,1956.

[2] 费勒.概率论及其应用.第一卷.胡迪鹤,林向清译.第二卷.刘文译.北京:科学出版社,1964,1994.

[3] 郑绍濂,吴立德,陶宗英,汪嘉冈.概率论与数理统计.第二版.上海:上海科学技术出版社,1961.

[4] 费史.概率论及数理统计.王福保译.上海:上海科学技术出版社,1962.

[5] 王梓坤.概率论基础及其应用.北京:科学出版社,1976.

[6] 钟开莱.初等概率论附随机过程.魏宗舒,等译.北京:人民教育出版社,1979.

[7] 李贤平,卞国瑞,吴立鹏.概率论与数理统计简明教程.北京:高等教育出版社,1988.

[8] 欣钦.公用事业理论的数学方法.张里千,殷涌泉译.北京:科学出版社,1958.

[9] 雅格洛姆,雅格洛姆.概率与信息.吴茂森译.上海:上海科学技术出版社,1964.

[10] 李贤平,沈崇圣,陈子毅.概率论与数理统计.上海:复旦大学出版社,2003.

[11] 马科维兹 H.资产组合选择和资本市场的均值－方差分析.朱菁,欧阳向军译.上海:三联书店,上海人民出版社,1999.

[12] 杨思梁.最盈利的管理方法——收益管理.北京:航空工业

出版社,2000.

[13] 施利亚耶夫.概率.第一卷.周概容译.北京:高等教育出版社,2007.

[14] 伊藤清.確率論.東京:岩波書店,1953.

[15] 丸山儀四郎等.確率および統計:数學演習講座10.東京:共立出版株式會社,1958.

[16] 野中敏雄,笹井敏夫.確率・統計の演習.東京:森北出版株式會社,1961.

[17] 淺野長一郎,江島伸興,李賢平.基本統計學.東京:森北出版株式會社,1993.

[18] Parzen E. Modern Probability Theory and Its Applications. New York:John Wiley & Sons,1960.

[19] Uspensky J V. Introduction to Mathematical Probability. New York:McGraw-Hill,1937.

[20] Munroe M E. Theory of Probability. New York:McGraw-Hill, 1951.

[21] Rényi A. Probability Theory. New York:North-Holland,1970.

[22] Rohatgi V K. An Introduction to Probability Theory and Mathematical Statistics. New York:John Wiley & Sons,1976.

[23] Lukacs E. Characteristic Functions. London:Charles Griffin, 1960.

[24] Lukacs E and Laha R G. Applications of Characteristic Functions. London:Charles Griffin,1964.

[25] Yeh R Z. Modern Probability Theory. New York:Harper & Row,1973.

[26] Rao C R. Linear Statistical Inference and its Applications. second edition New York: John Wiley & Sons,1973.

[27] Rinaman W C. Foundations of Probability and Statistics, Orlando: Saundors College Publishing,1993.

[28] Bean M A. Probability: The Science of Uncertainty with Applications to Investments, Insurance and Engineering. Florence: Wadsworth Group, 2001.

[29] Rényi A. Wahrscheinlichkeitsrechnung. Berlin: VEB Deutscher Verlag Der Wissenschaften, 1962.

[30] Пугачев В С. Теория Случайных Функций и её Применение к Задачам Автоматического Управления. Москва: Физматгиз, 1960.

习题答案

习 题 一

1. (1) 30% (2) 7% (3) 73% (4) 14% (5) 90% (6) 10%

9. (1) $\dfrac{2}{5}$ (2) $\dfrac{1}{10}$ (3) $\dfrac{7}{10}$ (4) $\dfrac{3}{10}$ (5) $\dfrac{1}{5}$

10. $\dfrac{207}{625}$

11. (1) $\dfrac{2}{n(n-1)}$ (2) $\dfrac{n-3}{n}$ (3) $1-\dfrac{\binom{n-3}{5}}{\binom{n}{5}}$

12. (1) $\dfrac{(N-1)^{k-1}}{N}$ (2) $\dfrac{1}{N}$

13. $\dfrac{16}{33}$

14. (1) $\dfrac{\binom{n}{2r}2^{2r}}{\binom{2n}{2r}}$ (2) $\dfrac{\binom{n}{1}\binom{n-1}{2r-2}2^{2r-2}}{\binom{2n}{2r}}$ (3) $\dfrac{\binom{n}{2}\binom{n-2}{2r-4}2^{2r-4}}{\binom{2n}{2r}}$

(4) $\dfrac{\binom{n}{r}}{\binom{2n}{2r}}$

15. $\dfrac{\binom{m}{n}}{\binom{m+n-1}{n}}$

16. 3∶1

17. (1) $\dfrac{\binom{13}{5}\binom{13}{3}\binom{13}{3}\binom{13}{2}}{\binom{52}{13}}$ (2) $\dfrac{\binom{13}{7}\binom{13}{3}\binom{13}{2}\binom{13}{1}}{\binom{52}{13}} \times 4 \times 3 \times 2$

18. $\dfrac{\binom{4}{4}\binom{48}{9}}{\binom{52}{13}} \times 4$

*19. 分母为 $\binom{52}{5} = 2\,598\,960$，分子为

(1)	(2)	(3)	(4)	(5)	(6)	(7)	(8)	(9)	(10)
4	36	624	3 744	5 108	10 200	54 912	123 552	1 098 240	1 302 540

20. $\dfrac{\binom{N}{n}}{N^n}$

21. $\dfrac{\binom{N+n-1}{n}}{N^n}$

22. $\dfrac{\binom{M-1}{m-1}\binom{N-M}{n-m}}{\binom{N}{n}}$

*23. $\sum\limits_{k_1=0}^{m-1}\sum\limits_{k_2=0}^{n-m} \dfrac{n!}{k_1!\,k_2!\,(n-k_1-k_2)!} \cdot \dfrac{(M-1)^{k_1}(N-M)^{k_2}}{N^n}$

24. (1) 0.68 (2) 0.5966 (3) 0.593

25. $\dfrac{1}{12}$

26. $< \dfrac{10}{9}$

27. $\dfrac{155.5}{576}$

28. $\dfrac{1}{4}$

29. $\dfrac{1}{4}$

30. 一样大

34. $\sum\limits_{l=1}^{N} \dfrac{(-1)^{l-1}}{l!}$

*35. $\dfrac{1}{k!} \sum\limits_{l=0}^{N-k} \dfrac{(-1)^{l}}{l!}$

36. 0.381

*37. $\sum\limits_{k=1}^{N-1} (-1)^{k-1} \binom{N}{k} \left(\dfrac{N-k}{N}\right)^{n}$

*38. $\sum\limits_{k=0}^{108} (-1)^{k} \binom{108}{k} \left(1-\dfrac{k}{108}\right)^{n}$

*39. $N! \cdot \sum\limits_{l=1}^{N} \dfrac{(-1)^{l-1}}{l!}$

*41. $\dfrac{5}{14}, \dfrac{5}{14}, \dfrac{4}{14}$.

43. $r-q, 1-r$

习 题 二

1. $\dfrac{3}{10} \cdot \dfrac{3}{9} \cdot \dfrac{1}{8} \cdot \dfrac{2}{7} \cdot \dfrac{2}{6} \cdot \dfrac{2}{5} \cdot \dfrac{1}{4} \cdot \dfrac{1}{3} \cdot \dfrac{1}{2}$

2. (1) $\dfrac{m(2M-m-1)}{M(M-1)}$ (2) $\dfrac{m-1}{2M-m-1}$ (3) $\dfrac{2m}{M+m-1}$

3. $\dfrac{\binom{a}{0}\binom{b}{2}\binom{\alpha}{2} + \binom{a}{1}\binom{b}{1}\binom{\alpha+1}{2} + \binom{a}{2}\binom{b}{0}\binom{\alpha+2}{2}}{\binom{a+b}{2}\binom{\alpha+\beta+2}{2}}$

5. (1) $\dfrac{p}{2-p}$ (2) $\dfrac{\alpha p(1-p)(2-p)}{2(p^{2}-\alpha p-3p+2)}$

6. 0.9979

7. 0.0435

8. 0.14

9. 0.8

10. (1) 0.44 (2) 0.4348

11. $\dfrac{p_1}{p_1 + (1-p_1)p_2}$

12. 0.23

17. $\dfrac{1}{4}$

20. 0.91

21. (1) $\prod_{k=1}^{n}(1-p_k)$ (2) $1-\prod_{k=1}^{n}(1-p_k)$ (3) $\sum_{j=1}^{n}p_j\prod_{k\neq j}^{n}(1-p_k)$

22. 0.328

24. $\dfrac{2}{27}$

25. (1) $1-2^{-2n}$ (2) $\dbinom{2n}{n}\left(\dfrac{1}{2}\right)^{2n}$

26. (1) $1-(1-p)^n$ (2) $1-(1-p)^n-np(1-p)^{n-1}$

27. $\dbinom{2n}{n}\left(\dfrac{1}{2}\right)^{2n}$

28. $\dfrac{1-(1-2p)^n}{2}$

30. $\dfrac{\dbinom{10}{2}\dbinom{10}{6}}{\dbinom{20}{8}}\cdot\dfrac{8}{12}$

31. $\dfrac{a}{a+b}$

32. $\dfrac{1}{2}\left[1+\left(\dfrac{N-2}{N}\right)^n\right]\to\dfrac{1}{2}$

*33. $\dfrac{1}{2}+\left(c-\dfrac{1}{2}\right)(2p-1)^{n-1}$

*34. $q_{n+1}=\dfrac{2}{3}\left[1-\left(-\dfrac{1}{2}\right)^{n+2}\right]\to\dfrac{2}{3}$, $p_{n+1}=r_{n+1}=\dfrac{1}{6}\left[1-\left(-\dfrac{1}{2}\right)^{n+1}\right]\to\dfrac{1}{6}$

35. (1) 0.959 572 (2) 0.615 960 (3) 8

37. 0.710 2

38. 0.080 302

39. 16

40. 102

41. (1) 0.483 3　(2) 0.98

42. (1) $e^{-\lambda}(e^{\frac{\lambda}{2}}-1)$　(2) $\dfrac{\lambda^2}{8(e^{\frac{\lambda}{2}}-1)}$

43. $\dfrac{(\lambda p)^k}{k!}e^{-\lambda p}$

44. 0.831 2

45. $e^{-\lambda \tau}$

47. 否

48. 0.751 3

*49. $\dfrac{1}{2} < p < 1$

习　题　三

2. $p^k q + q^k p$,　$k = 1, 2, 3, \cdots$

3. (1) 1　(2) $(e^{\lambda}-1)^{-1}$

5. (1) 0.05　(2) 1.96　(3) 1.165

6. (1) 0.682 69　(2) 0.022 75　(3) 0.001 35

7. $x_1 = 55.5, x_2 = 58.5, x_3 = 61.5, x_4 = 64.5$

15. (1) $a = 0.1$　$b = 0.2$　$c = 0.1$

16. (1) $A = 2$　(2) $(1-e^{-1})(1-e^{-4})$, (3) $2e^{-2x}, x > 0$

　　(4) $(1-e^{-2})^2$　(5) $2e^{-2x}, x > 0$,　(6) $1 - e^{-4}$

17. (1) $P(\lambda)$　(2) $P(\lambda p)$　(3) $B(n, p)$　(4) $P(\lambda - \lambda p)$

18. $\Gamma(k_1, 1)$　$\Gamma(k_1 + k_2, 1)$

20. (1) 独立　(2) 不独立.

27. (1) $p(y^{-1})y^{-2}$　(2) $\dfrac{1}{1+y^2}\sum\limits_{n=-\infty}^{\infty} p(n\pi + \text{arctg } y)$　(3) $p(y) + p(-y), y > 0$

29. $p(x) = \begin{cases} x & 0 \leq x \leq 1 \\ 2-x & 1 \leq x \leq 2 \\ 0, & \text{其他} \end{cases}$

30. $F(x) = \begin{cases} 0 & x \leq 0 \\ \dfrac{a^2 - (a-x)^2}{a^2} & 0 < x \leq a \\ 1 & x > a \end{cases}$

33. $\text{Exp}(\lambda_1 + \lambda_2 + \cdots + \lambda_n)$

35. $1 - e^{-\frac{\lambda^2}{2(1-\rho^2)}}$

40. $\sigma_1^2 = \sigma_2^2$

41. (2) $\mu_1 = 4, \mu_2 = 3, \sigma_1^2 = 1, \sigma_2^2 = 2, \rho = -\dfrac{\sqrt{2}}{2}$

45. $p(x) = F'(x) = \begin{cases} \binom{n}{k} p^k q^{n-k}, & k < x \leq k+1, k = 0,1,2,\cdots,n \\ 0, & x \leq 0, x > n+1 \end{cases}$

习 题 四

1. (5) $\dfrac{17}{32}$

2. $A = e^{-a}, B = a$

3. $a, a(a+1)$

4. $\sum\limits_{i=1}^{n} p_i \qquad \sum\limits_{i=1}^{n} p_i q_i$

5. $\dfrac{ac}{a+b}$

6. (1) $N\left(\dfrac{1}{N-r+1} + \cdots + \dfrac{1}{N}\right)$ (2) $108(\ln 108 + 0.5772) \approx 568$

9. $\mu \quad 2\lambda^2$

10. $\dfrac{2\sqrt{2}\sigma}{\sqrt{\pi}} \qquad \dfrac{3}{2} m\sigma^2$

11. $N - \sum\limits_{k=1}^{N-1} \dfrac{k^n}{N^n} \approx \dfrac{n}{n+1} N$

17. $\dfrac{\alpha + \dfrac{ca}{a+b}}{\alpha + \beta + c}$

18. $1 - \dfrac{b}{a+b}\left(1 - \dfrac{1}{a+b}\right)^n$

19. $\dfrac{a+c}{a+b+c+d} + \dfrac{ad-bc}{(a+b)(a+b+c+d)}\left(1 - \dfrac{1}{a+b} - \dfrac{1}{c+d}\right)^n$

20. $\dfrac{na}{a+b}$

*22. $a_i = \dfrac{1}{\sigma_i^2}\left(\sum_{k=1}^{n}\dfrac{1}{\sigma_k^2}\right)^{-1}$

24. $\int_y^\infty p(x)\,\mathrm{d}x = \dfrac{5}{7}$

28. $\begin{cases}(k-1)(k-3)\cdots 5\cdot 3\cdot 1\,\sigma^k & k\text{ 偶数} \\ (k-1)(k-3)\cdots 6\cdot 4\cdot 2\,\sigma^k\sqrt{\dfrac{2}{\pi}} & k\text{ 奇数}\end{cases}$

30. $\dfrac{n-m}{n}$

32. 1, 1.

33.

$\mathbf{1}_B$ \ $\mathbf{1}_A$	0	1	
0	0.6827	0.2718	0.9545
1	0	0.0455	0.0455
	0.6827	0.3173	

$E\mathbf{1}_A = 0.3173 \quad D\mathbf{1}_A = 0.2166$
$E\mathbf{1}_B = 0.0455 \quad D\mathbf{1}_B = 0.0434$
$\rho_{AB} = 0.3204 \quad D(\mathbf{1}_A + \mathbf{1}_B) = 0.3221$

36. 乙袋有更大不肯定性.

37. $-\lg p - \dfrac{q}{p}\lg q$

38. $-\sum\limits_{k=0}^{n}\binom{n}{k}p^k q^{n-k}\lg\binom{n}{k} - np\lg p - nq\lg q$

39. $(1-p)r\lg\dfrac{r}{(1-p)r+pq} + (1-p)(1-r)\lg\dfrac{1-r}{(1-p)(1-r)+p(1-q)}$
$+ p(1-q)\lg\dfrac{1-q}{(1-p)(1-r)+p(1-q)} + pq\lg\dfrac{q}{(1-p)r+pq}$

**40. (1) 至少需称 3 次.

41. $\dfrac{r}{p}$　$\dfrac{rq}{p^2}$

42. （1）$\dfrac{1-p(s)}{1-s}$　（2）$\dfrac{P(\sqrt{s})+P(-\sqrt{s})}{2}$

45. $e^{\lambda t(\sum\limits_{k=0}^{\infty}p_k s^k -1)}$　　$\lambda t\sum\limits_{k=1}^{\infty}kp_k$

48. $\dfrac{e^{it}-1}{it}$

52. $\begin{cases}\sigma^k(k-1)!! & k\text{ 偶数}\\ 0 & k\text{ 奇数}\end{cases}$

习　题　五

6. （1）不满足　（2）满足　（3）不满足

11. 　0.179 31　精确值 0.176 35
    　0.021 4　精确值 0.021 4

12. 0.072

15. 250　68

19.
p	0.97	0.96	0.95
P	0.970	0.991	0.997

29. $\sum\limits_{k=1}^{\infty}p_k[\varphi(t)]^k$

31. （1）0.449 5　（2）81　（3）6.54

32. 385

47. （1）不满足　（2）满足　（3）不满足

56. 能

57. （1）成立　（2）成立

附录一 泊松分布 $P\{\xi=r\}=\dfrac{\lambda^r}{r!}e^{-\lambda}$ 的数值表

r	0.1	0.2	0.3	0.4	0.5	0.6	0.7	0.8
0	0.904 837	0.818 731	0.740 818	0.670 320	0.606 531	0.548 812	0.496 585	0.449 329
1	0.090 484	0.163 746	0.222 245	0.268 128	0.303 265	0.329 287	0.347 610	0.359 463
2	0.004 524	0.016 375	0.033 337	0.053 626	0.075 816	0.098 786	0.121 663	0.143 785
3	0.000151	0.001 092	0.003 334	0.007 150	0.012 636	0.019 757	0.028 388	0.038 343
4	0.000 004	0.000 055	0.000 250	0.000 715	0.001 580	0.002 964	0.004 968	0.007 669
5	—	0.000 002	0.000 015	0.000 057	0.000 158	0.000 356	0.000 696	0.001 227
6	—	—	0.000 001	0.000 004	0.000 013	0.000 036	0.000 081	0.000 164
7	—	—	—	—	0.000 001	0.000 003	0.000 008	0.000 019
8	—	—	—	—	—	—	0.000 001	0.000 002

续表

r	λ							
	0.9	1.0	1.5	2.0	2.5	3.0	3.5	4.0
0	0.406 570	0.367 879	0.223 130	0.135 335	0.082 085	0.049 787	0.030 197	0.018 316
1	0.365 913	0.367 879	0.334 695	0.270 671	0.205 212	0.149 361	0.150 091	0.073 263
2	0.164 661	0.183 940	0.251 021	0.270 671	0.256 516	0.224 042	0.184 959	0.146 525
3	0.049 398	0.061 313	0.125 510	0.180 447	0.213 763	0.224 042	0.215 785	0.195 367
4	0.011 115	0.015 328	0.047 067	0.090 224	0.133 602	0.168 031	0.188 812	0.195 367
5	0.002 001	0.003 066	0.014 120	0.036 089	0.066 801	0.100 819	0.132 169	0.156 293
6	0.000 300	0.000 511	0.003 530	0.012 030	0.027 834	0.050 409	0.077 098	0.104 196
7	0.000 039	0.000 073	0.000 756	0.003 437	0.009 941	0.021 604	0.038 549	0.059 540
8	0.000 004	0.000 009	0.000 142	0.000 859	0.003 106	0.008 102	0.016 865	0.029 770
9	—	0.000 001	0.000 024	0.000 191	0.000 863	0.002 701	0.006 559	0.013 231
10	—	—	0.000 004	0.000 038	0.000 216	0.000 810	0.002 296	0.005 292
11	—	—	—	0.000 007	0.000 049	0.000 221	0.000 730	0.001 925
12	—	—	—	0.000 001	0.000 010	0.000 055	0.000 213	0.000 642
13	—	—	—	—	0.000 002	0.000 013	0.000 057	0.000 197
14	—	—	—	—	—	0.000 003	0.000 014	0.000 056
15	—	—	—	—	—	0.000 001	0.000 003	0.000 015
16	—	—	—	—	—	—	0.000 001	0.000 004
17	—	—	—	—	—	—	—	0.000 001

续表

r	4.5	5.0	6.0	7.0	8.0	9.0	10.0
0	0.011 109	0.006 738	0.002 479	0.000 912	0.000 335	0.000 123	0.000 045
1	0.049 990	0.033 690	0.014 873	0.006 383	0.002 684	0.001 111	0.000 454
2	0.112 479	0.084 224	0.044 618	0.022 341	0.010 735	0.004 998	0.002 270
3	0.168 718	0.140 374	0.089 235	0.052 129	0.028 626	0.014 994	0.007 567
4	0.189 808	0.175 467	0.133 853	0.091 226	0.057 252	0.033 737	0.018 917
5	0.170 827	0.175 467	0.160 623	0.127 717	0.091 604	0.060 727	0.037 833
6	0.128 120	0.146 223	0.160 623	0.149 003	0.122 138	0.091 090	0.063 055
7	0.082 363	0.104 445	0.137 677	0.149 003	0.139 587	0.117 116	0.090 079
8	0.046 329	0.065 278	0.103 258	0.130 377	0.139 587	0.131 756	0.112 599
9	0.023 165	0.036 266	0.068 838	0.101 405	0.124 077	0.131 756	0.125 110
10	0.010 424	0.018 133	0.041 303	0.070 983	0.099 262	0.118 580	0.125 110
11	0.004 264	0.008 242	0.022 529	0.045 171	0.072 190	0.097 020	0.113 736
12	0.001 599	0.003 434	0.011 264	0.026 350	0.048 127	0.072 765	0.094 780
13	0.000 554	0.001 321	0.005 199	0.014 188	0.029 616	0.050 376	0.072 908
14	0.000 178	0.000 472	0.002 288	0.007 094	0.016 924	0.032 384	0.052 077
15	0.000 053	0.000 157	0.000 891	0.003 311	0.009 026	0.019 431	0.034 718
16	0.000 015	0.000 049	0.000 334	0.001 448	0.004 513	0.010 930	0.021 699
17	0.000 004	0.000 014	0.000 118	0.000 596	0.002 124	0.005 786	0.012 764
18	0.000 001	0.000 004	0.000 039	0.000 232	0.000 944	0.002 893	0.007 091
19	—	0.000 001	0.000 012	0.000 085	0.000 397	0.001 370	0.003 732
20	—	—	0.000 004	0.000 030	0.000 159	0.000 617	0.001 866
21	—	—	0.000 001	0.000 010	0.000 061	0.000 264	0.000 889
22	—	—	—	0.000 003	0.000 022	0.000 108	0.000 404

附录二 标准正态分布密度函数的数值表

$$\varphi(x)=\frac{1}{\sqrt{2\pi}}e^{-\frac{x^2}{2}}$$

x	0.00	0.01	0.02	0.03	0.04	0.05	0.06	0.07	0.08	0.09
0.0	0.398 9	0.398 9	0.398 9	0.398 8	0.398 6	0.398 4	0.398 2	0.398 0	0.397 7	0.397 3
0.1	0.397 0	0.396 5	0.396 1	0.395 6	0.395 1	0.394 5	0.393 9	0.393 2	0.392 5	0.391 8
0.2	0.391 0	0.390 2	0.389 4	0.388 5	0.387 6	0.386 7	0.385 7	0.384 7	0.383 6	0.382 5
0.3	0.381 4	0.380 2	0.379 0	0.377 8	0.376 5	0.375 2	0.373 9	0.372 5	0.371 2	0.369 7
0.4	0.368 3	0.366 8	0.365 3	0.363 7	0.362 1	0.360 5	0.358 9	0.357 2	0.355 5	0.353 8
0.5	0.352 1	0.350 3	0.348 5	0.346 7	0.344 8	0.342 9	0.341 0	0.339 1	0.337 2	0.335 2
0.6	0.333 2	0.331 2	0.329 2	0.327 1	0.325 1	0.323 0	0.320 9	0.318 7	0.316 6	0.314 4
0.7	0.312 3	0.310 1	0.307 9	0.305 6	0.303 4	0.301 1	0.298 9	0.296 6	0.294 3	0.292 0
0.8	0.289 7	0.287 4	0.285 0	0.282 7	0.280 3	0.278 0	0.275 6	0.273 2	0.270 9	0.268 5
0.9	0.266 1	0.263 7	0.261 3	0.258 9	0.256 5	0.254 1	0.251 6	0.249 2	0.246 8	0.244 4
1.0	0.242 0	0.239 6	0.237 1	0.234 7	0.232 3	0.229 9	0.227 5	0.225 1	0.222 7	0.220 3
1.1	0.217 9	0.215 5	0.213 1	0.210 7	0.208 3	0.205 6	0.203 6	0.201 2	0.198 9	0.196 5
1.2	0.194 2	0.191 9	0.189 5	0.187 2	0.184 9	0.182 6	0.180 4	0.178 1	0.175 8	0.173 6
1.3	0.171 4	0.169 1	0.166 9	0.164 7	0.162 6	0.160 4	0.158 2	0.156 1	0.153 9	0.151 8
1.4	0.149 7	0.147 6	0.145 6	0.143 5	0.141 5	0.139 4	0.137 4	0.135 4	0.133 4	0.131 5
1.5	0.129 5	0.127 6	0.125 7	0.123 8	0.121 9	0.120 0	0.118 2	0.116 3	0.114 5	0.112 7
1.6	0.110 9	0.109 2	0.107 4	0.105 7	0.104 0	0.102 3	0.100 6	0.098 93	0.097 28	0.095 66

续表

x	0.00	0.01	0.02	0.03	0.04	0.05	0.06	0.07	0.08	0.09
1.7	0.094 05	0.092 46	0.090 89	0.089 33	0.087 80	0.086 28	0.084 78	0.083 29	0.081 83	0.080 38
1.8	0.078 95	0.077 54	0.076 14	0.074 77	0.073 41	0.072 06	0.070 74	0.069 43	0.068 14	0.066 87
1.9	0.065 62	0.064 38	0.063 16	0.061 95	0.060 77	0.059 59	0.058 44	0.057 30	0.056 18	0.055 08
2.0	0.053 99	0.052 92	0.051 86	0.050 82	0.049 80	0.048 79	0.047 80	0.046 82	0.045 86	0.044 91
2.1	0.043 98	0.043 07	0.042 17	0.041 28	0.040 41	0.039 59	0.038 71	0.037 88	0.037 06	0.036 26
2.2	0.035 47	0.034 70	0.033 94	0.033 19	0.032 46	0.031 74	0.031 03	0.030 34	0.029 65	0.028 98
2.3	0.028 33	0.027 68	0.027 05	0.026 43	0.025 82	0.025 22	0.024 63	0.024 06	0.023 49	0.022 94
2.4	0.022 39	0.021 86	0.021 34	0.020 83	0.020 33	0.019 84	0.019 36	0.018 88	0.018 42	0.017 97
2.5	0.017 53	0.017 09	0.016 67	0.016 25	0.0²1585	0.015 45	0.015 06	0.014 68	0.014 31	0.013 94
2.6	0.013 58	0.013 23	0.012 87	0.012 56	0.0²1223	0.011 91	0.011 60	0.011 30	0.011 00	0.010 71
2.7	0.010 42	0.010 14	0.0²9871	0.0²9606	0.0²9347	0.0²9094	0.0²8846	0.0²8605	0.0²8370	0.0²8140
2.8	0.0²7915	0.0²7697	0.0²7483	0.0²7274	0.0²7071	0.0²6873	0.0²6679	0.0²6491	0.0²6307	0.0²6127
2.9	0.0²5953	0.0²5782	0.0²5616	0.0²5454	0.0²5296	0.0²5143	0.0²4993	0.0²4847	0.0²4705	0.0²4567
3.0	0.0²4432	0.0²4301	0.0²4173	0.0²4049	0.0²3928	0.0²3810	0.0²3695	0.0²3584	0.0²3475	0.0²3370
3.1	0.0²3267	0.0²3167	0.0²3070	0.0²2975	0.0²2884	0.0²2794	0.0²2707	0.0²2623	0.0²2541	0.0²2461
3.2	0.0²2384	0.0²2309	0.0²2236	0.0²2165	0.0²2096	0.0²2029	0.0²1964	0.0²1901	0.0²1840	0.0²1780
3.3	0.0²1723	0.0²1667	0.0²1612	0.0²1560	0.0²1508	0.0²1459	0.0²1411	0.0²1364	0.0²1319	0.0²1275
3.4	0.0²1232	0.0²1191	0.0²1151	0.0²1112	0.0²1075	0.0²1033	0.0²1003	0.0³9689	0.0³9358	0.0³9037
3.5	0.0³8727	0.0³8426	0.0³8135	0.0³7853	0.0³7581	0.0³7317	0.0³7061	0.0³6814	0.0³6575	0.0³6343
3.6	0.0³6119	0.0³5902	0.0³5693	0.0³5490	0.0³5294	0.0³5105	0.0³4921	0.0³4744	0.0³4573	0.0³4408
3.7	0.0³4248	0.0³4093	0.0³3944	0.0³3800	0.0³3661	0.0³3526	0.0³3396	0.0³3271	0.0³3149	0.0³3032

续表

x	0.00	0.01	0.02	0.03	0.04	0.05	0.06	0.07	0.08	0.09
3.8	$0.0^3 2919$	$0.0^3 2810$	$0.0^3 2705$	$0.0^3 2604$	$0.0^3 2506$	$0.0^3 2411$	$0.0^3 2320$	$0.0^3 2232$	$0.0^3 2147$	$0.0^3 2065$
3.9	$0.0^3 1987$	$0.0^3 1910$	$0.0^3 1837$	$0.0^3 1766$	$0.0^3 1693$	$0.0^3 1633$	$0.0^3 1569$	$0.0^3 1508$	$0.0^3 1449$	$0.0^3 1393$
4.0	$0.0^3 1333$	$0.0^3 1286$	$0.0^3 1235$	$0.0^3 1186$	$0.0^3 1140$	$0.0^3 1094$	$0.0^3 1051$	$0.0^3 1009$	$0.0^4 9687$	$0.0^4 9299$
4.1	$0.0^4 8926$	$0.0^4 8567$	$0.0^4 8222$	$0.0^4 7890$	$0.0^4 7570$	$0.0^4 7263$	$0.0^4 6967$	$0.0^4 6683$	$0.0^4 6410$	$0.0^4 6147$
4.2	$0.0^4 5894$	$0.0^4 5652$	$0.0^4 5418$	$0.0^4 5194$	$0.0^4 4979$	$0.0^4 4772$	$0.0^4 4573$	$0.0^4 4382$	$0.0^4 4199$	$0.0^4 4023$
4.3	$0.0^4 3854$	$0.0^4 3691$	$0.0^4 3535$	$0.0^4 3386$	$0.0^4 3242$	$0.0^4 3104$	$0.0^4 2972$	$0.0^4 2845$	$0.0^4 2723$	$0.0^4 2606$
4.4	$0.0^4 2494$	$0.0^4 2387$	$0.0^4 2284$	$0.0^4 2185$	$0.0^4 2090$	$0.0^4 1999$	$0.0^4 1912$	$0.0^4 1829$	$0.0^4 1749$	$0.0^4 1672$
4.5	$0.0^4 1593$	$0.0^4 1528$	$0.0^4 1461$	$0.0^4 1396$	$0.0^4 1334$	$0.0^4 1275$	$0.0^4 1218$	$0.0^4 1164$	$0.0^4 1112$	$0.0^5 1062$
4.6	$0.0^4 1014$	$0.0^4 9684$	$0.0^5 9248$	$0.0^5 8830$	$0.0^5 8430$	$0.0^5 8047$	$0.0^5 7681$	$0.0^5 7331$	$0.0^5 6996$	$0.0^5 6676$
4.7	$0.0^5 6370$	$0.0^5 6077$	$0.0^5 5797$	$0.0^5 5530$	$0.0^5 5274$	$0.0^5 5030$	$0.0^5 4796$	$0.0^5 4573$	$0.0^5 4360$	$0.0^5 4156$
4.8	$0.0^5 3961$	$0.0^5 3775$	$0.0^5 3593$	$0.0^5 3428$	$0.0^5 3267$	$0.0^5 3112$	$0.0^5 2965$	$0.0^5 2824$	$0.0^5 2690$	$0.0^5 2561$
4.9	$0.0^5 2439$	$0.0^5 2322$	$0.0^5 2211$	$0.0^5 2105$	$0.0^5 2003$	$0.0^5 1907$	$0.0^5 1814$	$0.0^5 1727$	$0.0^5 1643$	$0.0^5 1563$

附录三 标准正态分布函数的数值表

$$\Phi(x) = \frac{1}{\sqrt{2\pi}} \int_{-\infty}^{x} e^{-\frac{y^2}{2}} dy \quad (x \geq 0)$$

x	0.00	0.01	0.02	0.03	0.04	0.05	0.06	0.07	0.08	0.09
0.0	0.500 00	0.504 0	0.508 0	0.512 0	0.516 0	0.519 9	0.523 9	0.527 9	0.531 9	0.535 9
0.1	0.539 8	0.543 8	0.547 8	0.551 7	0.555 7	0.559 6	0.563 6	0.567 5	0.571 4	0.575 3
0.2	0.579 3	0.583 2	0.587 1	0.591 0	0.594 8	0.598 7	0.602 6	0.606 4	0.610 3	0.614 1
0.3	0.617 9	0.621 7	0.625 5	0.629 3	0.633 1	0.636 8	0.640 4	0.644 3	0.648 0	0.651 7
0.4	0.655 4	0.659 1	0.662 8	0.666 4	0.670 0	0.673 6	0.677 2	0.680 8	0.684 4	0.687 9
0.5	0.691 5	0.695 0	0.698 5	0.701 9	0.705 4	0.708 8	0.712 3	0.715 7	0.719 0	0.722 4
0.6	0.725 7	0.729 1	0.732 4	0.735 7	0.738 9	0.742 2	0.745 4	0.748 6	0.751 7	0.754 9
0.7	0.758 0	0.761 1	0.764 2	0.767 3	0.770 3	0.773 4	0.776 4	0.779 4	0.782 3	0.785 2
0.8	0.788 1	0.791 0	0.793 9	0.796 7	0.799 5	0.802 3	0.805 1	0.807 8	0.810 6	0.813 3
0.9	0.815 9	0.818 6	0.821 2	0.823 8	0.826 4	0.828 9	0.831 5	0.834 0	0.836 5	0.838 9
1.0	0.841 3	0.843 8	0.846 1	0.848 5	0.850 8	0.853 1	0.855 4	0.857 7	0.859 9	0.862 1
1.1	0.864 3	0.866 5	0.868 6	0.870 8	0.872 9	0.874 9	0.877 0	0.879 0	0.881 0	0.883 0
1.2	0.884 9	0.886 9	0.888 8	0.890 7	0.892 5	0.894 4	0.896 2	0.898 0	0.899 7	0.901 47
1.3	0.903 20	0.904 90	0.906 58	0.908 24	0.909 88	0.911 49	0.913 09	0.914 66	0.916 21	0.917 74
1.4	0.919 24	0.920 73	0.922 20	0.923 64	0.925 07	0.926 47	0.927 85	0.929 22	0.930 56	0.931 89
1.5	0.933 19	0.934 48	0.935 74	0.936 99	0.938 22	0.939 43	0.940 62	0.941 79	0.942 95	0.944 08
1.6	0.945 20	0.946 30	0.947 38	0.948 45	0.949 50	0.950 53	0.951 54	0.952 54	0.953 52	0.954 49

续表

x	0.00	0.01	0.02	0.03	0.04	0.05	0.06	0.07	0.08	0.09
1.7	0.955 43	0.956 37	0.957 28	0.958 18	0.959 07	0.959 94	0.960 80	0.961 64	0.962 46	0.963 27
1.8	0.964 07	0.964 85	0.965 62	0.966 38	0.967 21	0.967 84	0.968 56	0.969 26	0.969 95	0.970 62
1.9	0.971 28	0.971 93	0.972 57	0.973 20	0.973 81	0.974 41	0.975 00	0.975 58	0.976 15	0.976 70
2.0	0.977 25	0.977 78	0.978 31	0.978 82	0.979 32	0.979 82	0.980 30	0.980 77	0.981 24	0.981 69
2.1	0.982 14	0.982 57	0.983 00	0.983 41	0.983 82	0.984 22	0.984 61	0.985 00	0.985 37	0.985 74
2.2	0.986 10	0.986 45	0.986 79	0.987 13	0.987 45	0.987 78	0.988 09	0.988 40	0.988 70	0.988 99
2.3	0.989 28	0.989 56	0.989 83	0.$9^2$0097	0.$9^2$0358	0.$9^2$0613	0.$9^2$0863	0.$9^2$1106	0.$9^2$1344	0.$9^2$1576
2.4	0.$9^2$1802	0.$9^2$2024	0.$9^2$2240	0.$9^2$2451	0.$9^2$2656	0.$9^2$2857	0.$9^2$3053	0.$9^2$3244	0.$9^2$3431	0.$9^2$3613
2.5	0.$9^2$3790	0.$9^2$3963	0.$9^2$4132	0.$9^2$4297	0.$9^2$4457	0.$9^2$4614	0.$9^2$4766	0.$9^2$4915	0.$9^2$5060	0.$9^2$5201
2.6	0.$9^2$5339	0.$9^2$5473	0.$9^2$5604	0.$9^2$5731	0.$9^2$5855	0.$9^2$5975	0.$9^2$6093	0.$9^2$6207	0.$9^2$6319	0.$9^2$6427
2.7	0.$9^2$6533	0.$9^2$6636	0.$9^2$6736	0.$9^2$6833	0.$9^2$6928	0.$9^2$7020	0.$9^2$7110	0.$9^2$7197	0.$9^2$7282	0.$9^2$7365
2.8	0.$9^2$7445	0.$9^2$7523	0.$9^2$7599	0.$9^2$7673	0.$9^2$7744	0.$9^2$7814	0.$9^2$7882	0.$9^2$7948	0.$9^2$8012	0.$9^2$8074
2.9	0.$9^2$8134	0.$9^2$8193	0.$9^2$8250	0.$9^2$8305	0.$9^2$8359	0.$9^2$8411	0.$9^2$8462	0.$9^2$8511	0.$9^2$8559	0.$9^2$8605
3.0	0.$9^2$8650	0.$9^2$8694	0.$9^2$8736	0.$9^2$8777	0.$9^2$8817	0.$9^2$8856	0.$9^2$8893	0.$9^2$8930	0.$9^2$8965	0.$9^2$8999
3.1	0.$9^3$0324	0.$9^3$0646	0.$9^3$0957	0.$9^3$1260	0.$9^3$1553	0.$9^3$1836	0.$9^3$2112	0.$9^3$2378	0.$9^3$2636	0.$9^3$2886
3.2	0.$9^3$3129	0.$9^3$3363	0.$9^3$3590	0.$9^3$3810	0.$9^3$4024	0.$9^3$4230	0.$9^3$4429	0.$9^3$4623	0.$9^3$4810	0.$9^3$4911
3.3	0.$9^3$5166	0.$9^3$5335	0.$9^3$5499	0.$9^3$5658	0.$9^3$5811	0.$9^3$5959	0.$9^3$6103	0.$9^3$6242	0.$9^3$6376	0.$9^3$6505
3.4	0.$9^3$6633	0.$9^3$6752	0.$9^3$6869	0.$9^3$6982	0.$9^3$7091	0.$9^3$7197	0.$9^3$7299	0.$9^3$7398	0.$9^3$7493	0.$9^3$7585
3.5	0.$9^3$7674	0.$9^3$7759	0.$9^3$7842	0.$9^3$7922	0.$9^3$7999	0.$9^3$8074	0.$9^3$8146	0.$9^3$8215	0.$9^3$8282	0.$9^3$8347
3.6	0.$9^3$8409	0.$9^3$8469	0.$9^3$8527	0.$9^3$8583	0.$9^3$8637	0.$9^3$8689	0.$9^3$8739	0.$9^3$8787	0.$9^3$8834	0.$9^3$8879
3.7	0.$9^3$8922	0.$9^3$8964	0.$9^4$0039	0.$9^4$0426	0.$9^4$0799	0.$9^4$1158	0.$9^4$1504	0.$9^4$1838	0.$9^4$2159	0.$9^4$2468

续表

x	0.00	0.01	0.02	0.03	0.04	0.05	0.06	0.07	0.08	0.09
3.8	0.$9^4$2765	0.$9^4$3052	0.$9^4$3327	0.$9^4$3593	0.$9^3$3848	0.$9^4$4094	0.$9^4$4331	0.$9^4$4558	0.$9^4$4777	0.$9^4$4988
3.9	0.$9^4$5190	0.$9^4$5385	0.$9^4$5573	0.$9^4$5753	0.$9^4$5926	0.$9^4$6092	0.$9^4$6253	0.$9^4$6406	0.$9^4$6554	0.$9^4$6696
4.0	0.$9^4$6833	0.$9^4$6964	0.$9^4$7090	0.$9^4$7211	0.$9^4$7327	0.$9^4$7439	0.$9^4$7546	0.$9^4$7649	0.$9^4$7748	0.$9^4$7843
4.1	0.$9^4$7934	0.$9^4$8022	0.$9^4$8106	0.$9^4$8186	0.$9^4$8263	0.$9^4$8338	0.$9^4$8409	0.$9^4$8477	0.$9^4$8542	0.$9^4$8605
4.2	0.$9^4$8665	0.$9^4$8723	0.$9^4$8778	0.$9^4$8832	0.$9^4$8882	0.$9^4$8931	0.$9^4$8978	0.$9^5$0226	0.$9^5$0655	0.$9^5$1066
4.3	0.$9^5$1460	0.$9^5$1837	0.$9^5$2199	0.$9^5$2545	0.$9^5$2876	0.$9^5$3193	0.$9^5$3497	0.$9^5$3788	0.$9^5$4066	0.$9^5$4332
4.4	0.$9^5$4587	0.$9^5$4831	0.$9^5$5065	0.$9^5$5288	0.$9^5$5502	0.$9^5$5706	0.$9^5$5902	0.$9^5$6089	0.$9^5$6268	0.$9^5$6439
4.5	0.$9^5$6602	0.$9^5$6759	0.$9^5$6908	0.$9^5$7051	0.$9^5$7187	0.$9^5$7318	0.$9^5$7442	0.$9^5$7561	0.$9^5$7675	0.$9^5$7784
4.6	0.$9^5$7888	0.$9^5$7987	0.$9^5$8081	0.$9^5$8172	0.$9^5$8258	0.$9^5$8340	0.$9^5$8419	0.$9^5$8494	0.$9^5$8566	0.$9^5$8634
4.7	0.$9^5$8699	0.$9^5$8761	0.$9^5$8821	0.$9^5$8877	0.$9^5$8931	0.$9^5$8983	0.$9^6$0320	0.$9^6$0789	0.$9^6$1235	0.$9^6$1661
4.8	0.$9^6$2067	0.$9^6$2453	0.$9^6$2822	0.$9^6$3173	0.$9^6$3508	0.$9^6$3827	0.$9^6$4131	0.$9^6$4420	0.$9^6$4696	0.$9^6$4958
4.9	0.$9^6$5208	0.$9^6$5446	0.$9^6$5673	0.$9^6$5889	0.$9^6$6094	0.$9^6$6289	0.$9^6$6475	0.$9^6$6652	0.$9^6$6821	0.$9^6$6981

附录四 常用分布一览表

分布名称	概率分布或密度函数 $p(x)$	数学期望	方差	特征函数	有关章节
退化分布 $I_c(x)$	$p_c = 1$ (c 为常数)	c	0	e^{ict}	三 §1;四 §5;五 §1, §2, §3.
伯努利分布(两点分布)	$p_k = \begin{cases} q, & k=0 \\ p, & k=1 \end{cases}$ $0<p<1, q=1-p$	p	pq	$pe^{it}+q$	二 §3;三 §1;四 §1, §2, §4;五 §1.
二项分布 $B(n,p)$	$b(k;n,p) = \binom{n}{k} p^k q^{n-k}$ $k=0,1,\cdots,n$ $0<p<1, q=1-p$	np	npq	$(pe^{it}+q)^n$	一 §3;二 §3, §4;三 §1;四 §1, §2, §4, §5;五 §1.
泊松分布 $P(\lambda)$	$p(k;\lambda) = \dfrac{\lambda^k}{k!}e^{-\lambda}, k=0,1,2,\cdots$ $\lambda>0$	λ	λ	$e^{\lambda(e^{it}-1)}$	二 §4;三 §1;四 §1, §2, §4, §5.

· 387 ·

续表

分布名称	概率分布与密度函数 $p(x)$	数学期望	方差	特征函数	有关章节
几何分布	$g(k;p) = q^{k-1}p$ $k = 1, 2, \cdots$ $0 < p < 1, q = 1-p$	$\dfrac{1}{p}$	$\dfrac{q}{p^2}$	$\dfrac{pe^{it}}{1-qe^{it}}$	一 §3; 二 §3; 三 §1; 四 §1, §4. 五 §2
超几何分布	$p_k = \dfrac{\binom{M}{k}\binom{N-M}{n-k}}{\binom{N}{n}}$, $\begin{array}{l}M \leq N\\ n \leq N\\ M, N, n\\ \text{正整数}\end{array}$ $k = 0, 1, 2, \cdots, \min(M, n)$	$\dfrac{nM}{N}$	$\dfrac{nM}{N}\left(1-\dfrac{M}{N}\right) \cdot \dfrac{N-n}{N-1}$	$\sum_{k=0}^{n} \dfrac{\binom{M}{k}\binom{N-M}{n-k}}{\binom{N}{n}} e^{itk}$	一 §3; 三 §1; 四 §1, §2, §4.
帕斯卡分布	$p_k = \binom{k-1}{r-1} p^r q^{k-r}, k=r, r+1, \cdots$ $0 < p < 1, q = 1-p, r$ 正整数	$\dfrac{r}{p}$	$\dfrac{rq}{p^2}$	$\left(\dfrac{pe^{it}}{1-qe^{it}}\right)^r$	二 §3; 三 §1. 四 §4. 五 §2.
负二项分布	$p_k = \binom{-r}{k} p^r (-q)^k, k=0, 1, 2, \cdots$ $0 < p < 1, q = 1-p, r > 0$	$\dfrac{rq}{p}$	$\dfrac{rq}{p^2}$	$\left(\dfrac{p}{1-qe^{it}}\right)^r$	三 §1.

续表

分布名称	概率分布与密度函数 $p(x)$	数学期望	方差	特征函数	有关章节
正态分布（高斯分布）$N(\mu,\sigma^2)$	$p(x)=\dfrac{1}{\sqrt{2\pi}\sigma}e^{-\dfrac{(x-\mu)^2}{2\sigma^2}}$ $-\infty<x<\infty,\mu,\sigma>0,$ 常数	μ	σ^2	$e^{i\mu t-\frac{1}{2}\sigma^2 t^2}$	三 §1，§2，§3；四 §1，§2，§3，§5，§6；五 §1，§3，§5.
均匀分布 $U[a,b]$	$p(x)=\begin{cases}\dfrac{1}{b-a},a\leqslant x\leqslant b\\0,\text{其他}\end{cases}$ $a<b,$ 常数	$\dfrac{a+b}{2}$	$\dfrac{(b-a)^2}{12}$	$\dfrac{e^{ib}-e^{ia}}{it(b-a)}$	一 §4；三 §1，§2，§3；四 §1，§2，§3；五 §3.
指数分布 $\mathrm{Exp}(\lambda)$	$p(x)=\begin{cases}\lambda e^{-\lambda x},&x\geqslant 0\\0,&x<0\end{cases}$ $\lambda>0,$ 常数	λ^{-1}	λ^{-2}	$\left(1-\dfrac{it}{\lambda}\right)^{-1}$	三 §1；四 §2，§3，§5；五 §2.
χ^2 分布	$p(x)=\begin{cases}\dfrac{1}{2^{n/2}\Gamma\left(\dfrac{n}{2}\right)}x^{\frac{n}{2}-1}e^{-x/2},x\geqslant 0\\0,\qquad\qquad\qquad\qquad x<0\end{cases}$ n 正整数	n	$2n$	$(1-2it)^{-n/2}$	三 §3. 四 §5，§6.
Γ 分布 $\Gamma(r,\lambda)$ r 为正整数时的埃尔朗分布	$p(x)=\begin{cases}\dfrac{\lambda^r}{\Gamma(r)}x^{r-1}e^{-\lambda x},x\geqslant 0\\0,\qquad\qquad\qquad x<0\end{cases}$ $r>0,\lambda>0,$ 常数	$r\lambda^{-1}$	$r\lambda^{-2}$	$\left(1-\dfrac{it}{\lambda}\right)^{-r}$	三 §1，§3. 四 §5. 五 §2.

续表

分布名称	概率分布与密度函数 $p(x)$	数学期望	方差	特征函数	有关章节
柯西分布	$p(x) = \dfrac{1}{\pi} \cdot \dfrac{\lambda}{\lambda^2 + (x-\mu)^2}$, $-\infty < x < \infty$, $\lambda > 0$, μ 常数	不存在	不存在	$e^{i\mu - \lambda|t|}$	三 §3; 四 §1.
t 分布	$p(x) = \dfrac{\Gamma\left(\dfrac{n+1}{2}\right)}{\sqrt{n\pi}\,\Gamma\left(\dfrac{n}{2}\right)} \left(1 + \dfrac{x^2}{n}\right)^{-(n+1)/2}$, $-\infty < x < \infty$, n 正整数	$0\,(n>1)$	$\dfrac{n}{n-2}\,(n>2)$		三 §3.
帕雷托分布	$p(x) = \begin{cases} rA^r \dfrac{1}{x^{r+1}}, & x \geq A \\ 0, & x < A \end{cases}$, $r>0, A>0$	$(r>1$ 时存在$)$	$(r>2$ 时存在$)$		习题四.
F 分布	$p(x) = \begin{cases} \dfrac{\Gamma\left(\dfrac{k_1+k_2}{2}\right)}{\Gamma\left(\dfrac{k_1}{2}\right)\Gamma\left(\dfrac{k_2}{2}\right)} k_1^{k_1/2} k_2^{k_2/2} \cdot \dfrac{x^{k_1/2-1}}{(k_2 + k_1 x)^{(k_1+k_2)/2}}, & x \geq 0 \\ 0, & x < 0 \end{cases}$, k_1, k_2 正整数	$\dfrac{k_2 - 2}{k_2 > 2}$ $(k_2 > 2)$	$\dfrac{2k_2^2(k_1 + k_2 - 2)(k_2 - 4)}{k_1(k_2 - 2)^2}$ $(k_2 > 4)$		三 §3.

续表

分布名称	概率分布与密度函数 $p(x)$	数学期望	方差	特征函数	有关章节
β 分布	$p(x)=\begin{cases}\dfrac{\Gamma(p+q)}{\Gamma(p)\Gamma(q)}x^{p-1}(1-x)^{q-1},\\ \qquad\qquad 0<x<1\\ 0,\quad x\leq 0\text{ 或 }x\geq 1\end{cases}$ $p>0,q>0$ 常数	$\dfrac{p}{p+q}$	$\dfrac{pq}{(p+q)^2(p+q+1)}$	$\dfrac{\Gamma(p+q)}{\Gamma(p)}\cdot$ $\displaystyle\sum_{j=0}^{\infty}\dfrac{\Gamma(p+j)(\mathrm{i}u)^j}{\Gamma(p+q+j)\Gamma(j+1)}$	习题三.
对数正态分布	$p(x)=\begin{cases}\dfrac{1}{\sigma x\sqrt{2\pi}}\mathrm{e}^{-\dfrac{(\ln x-a)^2}{2\sigma^2}},x>0\\ 0,\quad x\leq 0\end{cases}$ $\alpha,\sigma>0$ 常数	$\mathrm{e}^{a+\sigma^2/2}$	$\mathrm{e}^{2a+\sigma^2}(\mathrm{e}^{\sigma^2}-1)$		三 §3.
韦布尔分布	$p(x)=\begin{cases}\alpha\lambda x^{\alpha-1}\mathrm{e}^{-\lambda x^\alpha},x>0\\ 0,\quad x\leq 0\end{cases}$ $\lambda>0,\alpha>0$ 常数	$\Gamma\left(\dfrac{1}{\alpha}+1\right)$ $\lambda^{-1/\alpha}$	$\lambda^{-2/\alpha}\left[\Gamma\left(\dfrac{2}{\alpha}+1\right)\right.$ $\left.-\left(\Gamma\left(\dfrac{1}{\alpha}+1\right)\right)^2\right]$		习题三.

索 引
（汉语拼音为序）

* *分布　　387－391
$(\Omega,\mathscr{F},P)$　　53,63,119,142,158,165,247
(n,c)方案　　99
（联合）分布函数　　143
（随机）试验　　9
1_A　　116,186,213,273,276
Γ分布　　140,182,249,257
σ域　　44
χ^2分布　　162,170,182,249,257,268
Black－Scholes 期权定价公式　　275
Bonferroni 不等式　　49
n重伯努利试验　　81
OC 曲线　　99
r阶收敛　　313

A

埃尔朗　　139,141,178,318

B

巴拿赫火柴盒问题　　88
半不变量　　278
包含　　12

保险　　100,190,288,297,298

报童问题　　197

贝特朗(Bertrand)奇论　　39,42,183

贝叶斯公式　　69

贝叶斯决策　　72

贝叶斯学派　　72

必然事件　　3,12,45,129

边际(分布)密度函数　　148

边际分布　　146

边际分布函数　　148

标准差　　201

标准化　　203

标准正态分布　　131

并　　13

波赫纳尔-辛钦定理　　315

波利亚　　65,283

波利亚坛子模型　　65

伯努利　　8,80,92,281

伯努利大数定律　　285

伯努利分布　　83,124,186,202,243

伯努利概型　　8,81,83

伯努利试验　　81,280

泊松　　8,102,104,286

泊松逼近　　102,243

泊松大数定律　　286

泊松分布　　103,125,187,202,240,241,249,256

泊松过程　　107,138-140,318

博雷尔(可测)函数　　158,174,195,198

博雷尔　　46,282,335

博雷尔点集 46, 55, 119, 128, 142, 155, 158, 174
博雷尔－康特立引理 331, 335
博雷尔强大数定律 335
不放回抽样 28
不可能事件 3, 12, 45, 129
不相关 209
布尔不等式 49

C

彩票 23, 189
参数估计 217, 287
测度 43, 61
测度论 120, 142, 155, 195, 364
差 13
超售问题 2, 83, 100, 299
车间用电 101, 299
乘法公式 64, 65
重复独立试验 80
重期望公式 223
抽样调查 214
抽样检查 18, 28, 84, 98

D

大数定律 8, 282, 283
单调性 49
德·梅尔问题 33
德摩根定理 13
等待时间 141
等待时间分布 318

等价　　12
棣莫弗　　8,282
棣莫弗-拉普拉斯极限定理　　288,356
独立和　　242,251,319,345
独立同分布　　320,357
独立性　　72,79,153
赌徒输光问题　　92
对立事件　　13
对偶原理　　13
多项分布　　93,144,207,329
多元超几何分布　　144
多元特征函数　　257
多元正态分布　　146,259
多元中心极限定理　　328

E

二阶矩理论　　225
二项分布　　29,84,94,102,124,186,202,239,241,242,248,256
二元正态(分布)密度函数　　148
二元正态密度函数的典型分解　　148
二元正态分布　　148,211

F

方差　　201
放回抽样　　28
非负定　　206,250,262,315
非负性　　34,42,48
费勒条件　　347
费马　　8,33,87

分布函数　119

分布函数列弱收敛　302

分布列　122

分赌注问题　58,87

分割　67

分位数　222

傅里叶变换　248,256

复合泊松分布　246

复随机变量　247

负相关　207

G

噶依克-瑞尼不等式　338

概率　6,48

概率的古典定义　18

概率分布　119,122

概率空间　53

概率论　1,6,8,120,364

概率论公理化结构　43,56,120,364

高尔顿板　5,301

高斯　8,156,222,328,345

高斯分布　156

估计量　32,217,322

古典概型　18,41,42,47,56,62,364

规范性　34,42,48

H

海莱定理　304

和　13

后验概率　　69

互不相容　　13

回归　　223,271

会面问题　　36,154

惠更斯　　8,87,92

混合中心矩　　221

J

几何概率　　35,43,44,47,61,63,154

积分极限定理　　289

极限定理　　280

极值分布　　169

集合　　11

加法公式　　49

假设检验　　97,326

简单随机抽样　　214

交　　13

截尾法　　343

局部极限定理　　288

矩　　220

矩法　　285,356

卷积公式　　167

决定性现象　　3

绝对矩　　221

绝对连续函数　　128

均方收敛　　314

均方误差　　223

均匀分布　　129,145

均值　　186

均值-方差模型　　218

K

柯西-施瓦茨不等式　　208,263,317
科尔莫戈罗夫　　43
科尔莫戈罗夫不等式　　340,357
科尔莫戈罗夫的概率论公理化结构　　53,120
科尔莫戈罗夫强大数定律　　341,342
可测性　　120
可靠性理论　　77
可列可加性　　42,48,52,64
克拉默　　310

L

拉普拉斯　　8,18,32,43,239,282,288,321
莱维　　310,321,324
莱维-克拉默定理　　310
勒贝格　　43,165,314,334
勒贝格分解　　141
离散卷积公式　　160,242
离散型随机变量　　117,122
离散样本空间　　17,54
李雅普诺夫　　321,355
连续型随机变量　　128
连续性定理　　259,262,310,329,353,356
列联表　　147
林德贝格-费勒定理　　348
林德贝格-莱维定理　　324,354,356
林德贝格条件　　347

M

马尔可夫　　285,287
马尔可夫不等式　　313,336,357
马尔可夫大数定律　　285
马尔可夫条件　　285
蒙特卡罗　　39,155,219,323,326,345
密度函数　　128,145
摸球模型　　19,28
母函数　　239

N

逆极限定理　　308,310,322,325
逆事件　　13
逆转公式　　253,255,258

P

帕斯卡　　8,33,87
排队论　　8,139
匹配问题　　50
频率的稳定性　　6,287,364
频率稳定性　　4,47,280,336
蒲丰　　4,37,294
蒲丰投针　　37,155,324

Q

强大数定律　　282,335,337
切比雪夫　　204,284,286
切比雪夫不等式　　204,284,313,335,341,356

切比雪夫大数定律　　284

全概率公式　　68

R

弱收敛　　303,310

S

熵　　231

生日问题　　25

示性函数　　116,186,213,273

事件　　3,11,45

事件的运算　　12

事件域　　45,118

试验　　9,79

收敛性　　301

数理统计　　8,31,32,97,162,172,174,176,217,320,325,345

数学期望　　186,192,193,199

数字特征　　184

顺序统计量　　167

似然函数　　32,156

随机变量　　117,119,183

随机变量的存在性定理　　165

随机过程　　8,10,109,110

随机事件　　3

随机试验　　9,43

随机数　　39,165,175,219,323,326

随机现象　　3

随机向量　　142,199,205,257,328

随机游动　　88,110

索赔模型　　246

T

特征函数　　248,261,308,315,322,324,350,356,365
条件分布　　151,222,269
条件概率　　63
条件数学期望　　222
统计独立性　　72,287,365
统计规律性　　6
统计假设检验法　　97
统计量　　217,320,325
推广的乘法公式　　65

W

完备事件组　　67
完全负相关　　209
完全正相关　　209
唯一性定理　　255
文(Venn)图　　14
无记忆性　　125,138,141
无偏性　　217
误差　　130,133,156,201,223,327,345

X

下连续的　　52
先验概率　　69
现代证券组合理论　　218
线性回归　　224
相关系数　　206

相合性　　322
相互独立　　73,75,76,80,153
香农　　226
协方差　　206
协方差矩阵　　206
辛钦　　314,321
辛钦大数定律　　321,345,356
信号-噪声模型　　216
信息量　　235
信息论　　8,238

Y

延森(Jensen)不等式　　232
样本　　30,165,217,320,322,325,345
样本点　　9,43
样本空间　　9,44
一般加法公式　　49
一维博雷尔 σ 域　　46
一维博雷尔点集　　46
依分布收敛　　311
依概率收敛　　311,334
以概率 1 收敛　　314,332
佚名统计学家公式　　195,198,239,247
有限可加性　　48,50,52
有限样本空间　　16
有效　　218
有效性　　218
鱼数的估计　　31
原点矩　　220

Z

再生性　256
整值随机变量　238
正极限定理　308,310
正态变量　131,267
正态分布　131,192,203,252,256,259,282,345
正态分布的导出　156
正相关　207
置信区间　295,325
中位数　222
中心极限定理　8,282,284
中心矩　220
主观概率　72
总体　320,322,325,345
组合分析　20
最大熵　236
最大似然法　156
最大似然估计法　32
最佳线性预测　222
最小二乘法　222

郑重声明

高等教育出版社依法对本书享有专有出版权。任何未经许可的复制、销售行为均违反《中华人民共和国著作权法》,其行为人将承担相应的民事责任和行政责任;构成犯罪的,将被依法追究刑事责任。为了维护市场秩序,保护读者的合法权益,避免读者误用盗版书造成不良后果,我社将配合行政执法部门和司法机关对违法犯罪的单位和个人进行严厉打击。社会各界人士如发现上述侵权行为,希望及时举报,我社将奖励举报有功人员。

反盗版举报电话　　(010)58581999　58582371
反盗版举报邮箱　　dd@hep.com.cn
通信地址　　北京市西城区德外大街4号　高等教育出版社法律事务部
邮政编码　　100120

读者意见反馈

为收集对教材的意见建议,进一步完善教材编写并做好服务工作,读者可将对本教材的意见建议通过如下渠道反馈至我社。

咨询电话　　400-810-0598
反馈邮箱　　hepsci@pub.hep.cn
通信地址　　北京市朝阳区惠新东街4号富盛大厦1座
　　　　　　高等教育出版社理科事业部
邮政编码　　100029

图书在版编目(CIP)数据

概率论基础/李贤平编. —3 版. —北京:高等教育出版社,2010.4
(2025.5 重印)
ISBN 978 – 7 – 04 – 028890 – 2

I. ①概… II. ①李… III. ①概率论 – 高等学校 – 教材 IV. ①O211
中国版本图书馆 CIP 数据核字(2010)第 023487 号

策划编辑	李 蕊	责任编辑	杨 帆	封面设计	张 志
责任绘图	黄建英	版式设计	王艳红	责任校对	王 超
责任印制	高 峰				

出版发行	高等教育出版社	网 址	http://www.hep.edu.cn	
社 址	北京市西城区德外大街 4 号		http://www.hep.com.cn	
邮政编码	100120	网上订购	http://www.landraco.com	
印 刷	北京市艺辉印刷有限公司		http://www.landraco.com.cn	
开 本	850 × 1168 1/32			
印 张	13	版 次	1979 年 4 月第 1 版	
字 数	330 000		2010 年 4 月第 3 版	
购书热线	010 – 58581118	印 次	2025 年 5 月第 20 次印刷	
咨询电话	400 – 810 – 0598	定 价	32.00 元	

本书如有缺页、倒页、脱页等质量问题,请到所购图书销售部门联系调换。
版权所有 侵权必究
物料号 28890 – A0